U0180885

基于 5G 的信息通信基础设施规划与设计

深圳市城市规划设计研究院

陈永海　陈晓宁　张文平　黄正育　刘　冉　　编著

中国建筑工业出版社

图书在版编目(CIP)数据

基于5G的信息通信基础设施规划与设计 / 陈永海等
编著. —北京：中国建筑工业出版社，2021.9
ISBN 978-7-112-26738-5

Ⅰ. ①基… Ⅱ. ①陈… Ⅲ. ①市政工程－通信工程－
基础设施建设－研究 Ⅳ. ①TU994

中国版本图书馆 CIP 数据核字(2021)第 215337 号

5G移动通信正深刻改变基站、机房、机楼等基础设施的设置规律，影响信息通信基础设施布局，也促进接入基础设施全面纳入城乡规划建设；智慧城市已广泛融入各行各业的日常建设管理中，促进多功能智能杆、数据中心等新型基础设施纳入城乡规划建设；而通信管道作为同时承载5G移动通信和智慧城市的公共基础设施，也迎来双路由需求和体系化布局的发展新契机。作为中国特色社会主义先行示范区，深圳已将上述六类基础设施先行纳入"规划一张图"统筹管理，成为全球新型信息通信基础设施全面纳入城乡规划建设的典型范例。本书由多位资深专家或专业人员组成编写组共同创作而成，也是对深圳近几年信息通信基础设施（含接入基础设施）规划建设的总结，以期更好、更全面地推动信息通信基础设施有序纳入我国城市化进程中。

本书可供国土空间规划领域从事信息通信基础设施规划的工作人员参考，也可供建筑设计和市政设计的技术人员，以及信息通信行政主管单位、通信运营商的基础设施管理部门、信息通信基础设施运营管理单位、相关专业大专院校教学或专业培训参考。

责任编辑：朱晓瑜

责任校对：赵　颖

基于 5G 的信息通信基础设施规划与设计

深圳市城市规划设计研究院
陈永海　陈晓宁　张文平　黄正育　刘　冉　编著
*
中国建筑工业出版社出版、发行（北京海淀三里河路9号）
各地新华书店、建筑书店经销
北京红光制版公司制版
北京中科印刷有限公司印刷
*
开本：787 毫米×1092 毫米　1/16　印张：21¾　字数：516 千字
2022 年 1 月第一版　　2022 年 1 月第一次印刷
定价：**85.00** 元
ISBN 978-7-112-26738-5
　　　（38549）

本书编委会

主　　编：司马晓　丁　年　刘应明

执行主编：陈永海　陈晓宁　张文平　黄正育　刘　冉

编撰人员：徐环宇　陈　旭　彭坷珂　张　翼　马龙彪

　　　　　江泽森　张　捷　蔡衍哲　张雅萱　张婷婷

　　　　　温　亮　韩毅斐　陈若忻　申宇芳

前　言

我们正处在 5G 和智慧城市交相辉映的时代。在这个时代，4G 和 5G 会在较长时间内并存发展，在通信无隙的情况下实现万物互联、智联互动，形成天地一体的网络；在这个时代，信息技术和通信技术会深度融合、相互依存，不断衍生出新业态、新行业，并促进各行各业提高生产效率、提升产品质量；在这个时代，大数据与人工智能将协同发展，推动城市由数字化向智能化、智慧化演进，人们自由游走在孪生城市之间。

在这个时代，信息通信网络、产品、终端等完全融入市民生活，普通市民不仅对"4G 改变生活、5G 改变社会"耳熟能详，而且对大数据、边缘计算、人工智能、AR&VR、区块链、物联网等信息通信行业的名词也如数家珍；人与人之间的交流沟通更加便捷高效，每个人的生活也变得绚丽多彩。信息通信行业正成为与市民生产生活密切相关的全社会行业，也成为与新技术、新产业、新经济密切相关的孵化器和重要引擎，举国上下对发展信息通信行业形成高度共识。

把握城市化和现代化共振的历史机遇，将支撑技术和设备不断迭代更新的信息通信基础设施，全面融入我国城市化建设过程中，建设满足百年需求的新型信息通信基础设施；这既是每个基础设施规划建设工作者的责任与义务，也是必须面对的难题和需要完成的基本任务。在优化通信基础设施的基础上，将信息基础设施纳入城乡规划建设，并将行业独特的接入基础设施融入每项建筑市政工程之中，是深圳市近年来探索出的新路径。

优化通信基础设施

在 20 世纪 80 年代末，随着我国对通信、能源等行业的倾斜性政策引导，通信行业进入持续 20 多年高速发展的轨道，通信基础设施成为继水、电之后的新增城市基础设施，城市通信基础设施规划也应运而生，主要规划通信机楼和通信管道。在 20 世纪 90 年代中期，随着光缆大规模进入城域网，通信基础设施规划的自我革新之路就徐徐开启，促使规划工作者采用更加科学合理的方法来确定通信管道容量；在手机逐步从奢侈品演变为普通市民生活的日用品和必需品后，随着移动通信制式演进，基站设置规律也每 5～10 年出现重大变化，其数量也从每平方公里几个增加到几十上百个，基站也成为城市新增基础设施，并在 4G、5G 系统建设之时得到不断强化。

受以互联网为主的信息技术影响，通信行业不断出现技术更新；经过多年的技术累积，以及程控交换机全部退网，通信网络已实现全网光纤化、IP 化、扁平化，通信机楼的组网原则、设置规律和建设需求也相应变化，需要优化通信机楼设置规律及布局。多家通信运营商因发展起点、主导业务及市场份额、城域网规模、基础设施资源等不同，出现通信汇聚机房、有线电视分中心等新型基础设施;在通信网络重心下沉后,通信机房的类别、层次也不断增加,需要优化和更新。另外,随着智慧设施大量出现且分布在道路两侧,对通信管道的构成、体系和容量均产生影响,需要优化和更新。

增加信息基础设施

近年来,我国政府在世界范围内率先颁布以 5G 和数据中心为首的新基建及建设任务,已相当明确地说明数据中心是城市新型基础设施,也是未来城市建设之重。对于通信基础设施规划而言,将信息基础设施纳入规划范畴,还需要开展更广泛的讨论(如除数据中心外还有哪些设施是信息基础设施?其设置规律如何?推动的具体路径?),以更严谨的方法来推动其系统建设。

数据中心是城市信息基础设施已无非议,但其由互联网数据中心演变过来的发展历程,以及与产业、市场结合十分紧密的特点,且随技术进步和对数据中心要求提高,数据中心的类别、规模和建设方式的差异化特征十分明显,需要规划工作者认真思考:哪类数据中心适合纳入城乡基础设施范畴?哪类数据中心适合通过产业用地来推动建设?在分析解析上述问题后,能更好地研究市级、区级数据中心的设置规律和设置要求,更有针对性地推动其建设,并确定与之配套的管理措施与方法。

多功能智能杆因承载多种信息通信设施、智慧感知设施而成为新型综合载体,是近年来国内外城市正在推动建设的城乡基础设施,也是与通信基础设施密切相关的信息基础设施。多功能智能杆的主要功能是为城乡提供持续的数据流或信息流,也不可避免地对城乡通信和电力基础设施规划建设产生重大影响;在城市化进程中,多功能智能杆的建设途径主要有随新建(整体改造)道路配套建设和在现状道路上补点建设等方式,需要结合其挂载的功能需求有步骤地推动其规划建设。

夯实信息通信接入基础设施

在信息与通信深度融合之后,衍生出大量信息通信接入基础设施,此类基础设施是信息通信行业比较独特的基础设施,位于国土空间规划的末端和建筑市政设计的前端,处于规划与设计的交叉地带,是城乡规划设计过程中的难点、盲点,也是行业关注的焦点、痛点。接入基础设施具有种类多、数量庞大、分布广等特点,需根据各类接入基础设施的特点,采取标准、规划与设计相结合的路径来推动。

基站、信息通信机房是接入基础设施中的典型代表,自 2014 年起已逐步纳入城乡规划建设中。随着 5G 大规模建设,除宏基站外,微基站、室内覆盖系统等接入型基站也急需通过标准纳入建筑设计中;机房也因 5G 系统组网和边缘计算需求,其层次和面积也相应增加,需要增补或优化机房的设置规律,大型、中型机房纳入城乡基础设施布局,小型机房也需通过标准纳入建筑设计中。另外,随着智慧设施大量出现且分布在道路两侧和建筑内,需要建设满足智慧设施需求的通信接入管道和通道,通过标准和建筑、市政设计推动接入管道和通道建设。

多功能智能杆也是接入基础设施，目前主要分布在道路上，今后将向小区、公园、广场等公共场所延伸，形成层次清晰的建设体系。对于数据中心而言，随着5G和智能城市向纵深发展，除了建设城市级数据中心外，还要建设一定数量的边缘计算节点，对时延等要求短的数据中心，为产业服务的公共数据中心，以及为智慧城市服务的街道级、小区级和建筑级的微型数据中心，这些小微型数据中心需要结合其建设规模和要求，通过规划和标准来推动其建设。

本书以《深圳市信息通信基础设施专项规划》《广东省信息通信基础设施规划设计标准》为基础，集合深圳市工业和信息化局、深圳市信息基础设施投资发展有限公司、深圳市城市规划设计研究院（以下简称"深规院"）等三家单位专家或技术人员的智慧，顺应5G和智慧城市对信息通信基础设施需求发生的趋势性变化，将与先进技术发展密切相关的信息通信机楼、数据中心、信息通信机房、基站、多功能智能杆、通信管道六类信息通信基础设施，全面纳入城乡规划建设。对于邮政通信、大型无线通信及无线广播电视等常规性信息通信基础设施内容，由于近几年受技术影响变化不大，本书不再赘述，有兴趣的人员可参阅《城市通信基础设施规划方法创新与实践》。

在专项规划、技术标准以及本书编写过程中，深圳市规划和自然资源局、深圳市通信管理局、深圳信息通信研究院、中国城市规划设计研究院深圳分院、中国移动通信集团广东有限公司深圳分公司、深圳市建筑设计研究总院有限公司、北建院建筑设计（深圳）有限公司、广东省电信规划设计院有限公司、中国铁塔股份有限公司深圳市分公司、中国电信股份有限公司深圳分公司、中国联合网络通信有限公司深圳市分公司、深圳市天威视讯股份有限公司等单位，提供了大量帮助、支持和建设性意见，在此表达深深谢意！

目　录

第1章 绪　　论

以信息通信技术和网络为基础的新经济，已持续成为 21 世纪大国角逐未来的焦点；近 10 年来，我国政府先后提出宽带中国、网络强国、大数据、数字中国四大国家战略，引领信息通信行业及新经济的超常规发展。受四大战略引导，我国通信设备及网络应用已处于世界领先水平，新经济也出现创新层出不穷、业态相互影响促进、动力持续充沛的良好局面，并成为拉动经济发展的重要动力。作为支撑信息通信技术和网络发展的新型信息通信基础设施，如能抓住城市化和信息化并存发展的历史机遇，建设满足多代技术迭代更新的百年信息通信基础设施，将十分有利于促进我国晋升世界高科技强国之列。

1.1　概论

自 20 世纪 90 年代中期互联网大规模应用以来，信息与通信技术一直呈现相互影响、融合共生的发展态势；如今，信息通信已深度融合，正以磅礴之势深刻改变着现代化城市和信息社会。信息通信在提供丰富多彩的网络内容、促进人与人便捷交流和高效沟通的同时，也逐步改变我们的劳动、消费、交往、闲暇等生活方式；在不断提高各行各业生产效率和产品质量，衍生出新业态、新行业、新生态的同时，也将逐步影响或改变社会经济、行政管理以及政治、外交、军事等方方面面，并成为促进中华民族伟大复兴的重要力量。

1.1.1　技术发展回顾

1. 发展路径

从通信技术与信息技术发展过程来看，两者发展路径有较大的不同：通信技术属于信息论的一种工程应用，基于数学、通信协议、通信标准、电路等，基本遵循"先有标准、后有产品和网络"的发展路径，着重于消息传播的传送技术，形成完整、独立的物理通信网，需要硬件制造、网络搭建等技能；而现代信息技术发展以市场发展为先导，基本按照"先占有市场、被市场认可后而成为标准"发展路径，依托计算机和通信行业快速发展起来，需要体系结构、编码原理、数据结构等知识，借助通信物理网构建虚拟网络，着重于信息的编码或解码，以及通过通信介质传输的方式，需要编程测试等技能。

尽管通信技术与信息技术发展的发展路径存在较大差异，但两者围绕电子化的信息而相互关联、影响，在通信网络和信息网络交汇处逐步融合；融合之后的信息通信网络，在标准（较多通信技术标准委员会也开始着手制定信息技术标准）和市场之间协调发展，也秉承了两者的技术优势，功能更加强大、应用更加广泛，打开了更加广阔发展的新空间。信息通信融合发展的概略情况参见图 1-1。

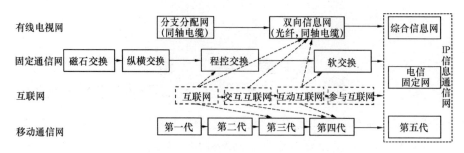

图 1-1　信息与通信融合发展概略示意图

2. 通信技术及网络发展

电通信拉开现代通信发展的大幕，也按动通信网络迭代更新、新业务不断涌现的按钮。在固定电话一百多年的演进历程中，先后经过磁石式、共电式、步进制、纵横制、数字式程控交换机和软交换等多代技术演进，光缆大规模使用更加促进通信网络规模急速增长；对于诞生于现代的移动通信、有线电视、数据通信来说，直接借助数字、调制解调、蜂窝网络以及光纤、电子集成等先进技术的东风，也快速完成 3～5 代技术更新。

在以计算机和互联网为代表的信息技术大规模进入商业化后，通信网络的重要性、普及性、多样性、丰富性得到了更加完美展示的发展机会。

3. 信息技术及网络发展

互联网按动信息行业发展的快进键，也推动信息行业成为新经济发展的主力先锋。计算机和互联网作为第三次工业革命的代表，如同第一次工业革命的蒸汽机、第二次工业革命的电机和内燃机一样，在改变工业发展方向的同时，也对政治、经济、文化、社会、生活等产生巨大影响，并带来深刻的变化。

早期信息网络以局域网方式存在，自传输控制协议/网络协议（TCP/IP）取代网络控制协议（NCP）后，互联网就以耀眼光芒横空出世，后经过万维网、浏览器、交互方式等技术变革，以及光纤、电子集成、芯片等关联技术协同发展，互联网就以"简单、方便、免费"的标签为人们熟知；随着无线城市、移动互联网的快速发展，互联网再次被贴上"无处不在"的标签，以"高铁、扫码支付、共享单车、网络购物"为代表的新四大发明成为移动互联网广泛应用的最好注脚。伴随互联网从信息显示向交互、互动等深层次发展，信息传播方式也从由上向下的传统模式改变为多源多维并存的互动模式，创造一种前所未有的人与人之间信息连接的交互方式，为普通大众表达意愿、发出声音、维权、成为网红、实现个人价值等提供便捷通道，彻底重构了国人的生活习惯、沟通方式和行动趋向。

以互联网为基础、诞生于 1998—2000 年 BAT（百度、阿里、腾讯）企业不断发展壮大，也开启了新经济发展的新模式，并逐渐成长为国际 IT 巨头企业；以移动互联网为基础、诞生于 2010 年左右的美团、字节跳动、滴滴出行等企业，正不断刷新人们对新经济、新财富的认知，并逐渐成长为行业独角兽，创建新生态环境。这些企业在短时间内创造了神话，颠覆或改变了行业和企业的形态，改变了企业运转和经济增长方式，重构了企业组织和管理模式；而且，改变仍在继续……

4. 信息通信网络发展

自从 IP 协议成为电话、电视、电脑共同接受的技术以来，三大通信网络就一直向网络融合、业务融合、管理融合方向发展，向路由主导的 IP 网络转移；兼容了语音通信、音乐播放器和网络浏览器且没有键盘的智能手机，是信息通信终端融合的划时代标识，以 3G 为代表的移动通信网也成为信息通信率先融合的网络；信息与通信之间的边界变得越来越模糊，而数字式程控交换机于 2017 年彻底退网，成为信息通信网络完全融合的典型标识。通信网络实现信息化管理，信息网络植于通信网络，通道、流量成为信息通信网络的新标签，市民通过网络可以拨打市话、长途电话，也可通过手机（移动终端）方便操作网络购物、控制智能家具、掌控各种工作业务，开启了全新的工作生活方式。

随着 IP 网络的迅速发展，新的信息通信技术层出不穷，产生了以 5G 移动通信和智慧城市为典型代表的集大成者。5G 源发于通信技术，是信息和通信深度融合的最佳技术，产生增强宽带、海量机器通信、低时延高可靠三大应用场景，以及网络切片等灵活组网方式，系统也更加智能、无处不在，实现"信息随心至，万物触手及"愿景。智慧城市是从信息计算机网络源发的，是信息和通信融合发展的最佳综合载体，并组成十分复杂的巨型系统，物联网、移动互联网以及大数据、云计算、边缘计算、区块链等技术在智慧城市领域相互协同和互惠发展，形成"虚拟和现实相映射、产业和行业皆智慧"的宏大平台，满足政府、企业、市民的智慧需求。信息通信网络已成为支撑 5G 和智慧城市等发展的综合载体，相关情况参见图 1-2。

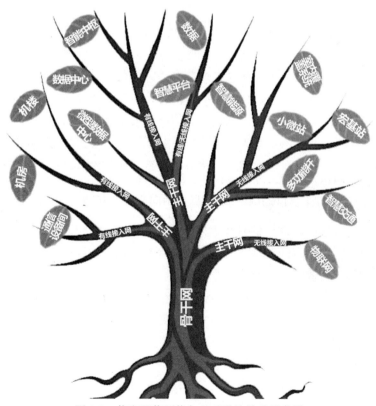

图 1-2　信息通信网络与基础设施关系示意图

1.1.2 技术宏观环境

信息通信是科学、工程等技术发展到当下融合产生的新技术，具有较鲜明的时代特征、发展规律和技术背景；以手机、互联网、移动宽带为代表的信息通信典型应用，自大规模商用后，就出现比其他基础设施或公共设施超常发展的趋势，相关情况参见图 1-3。

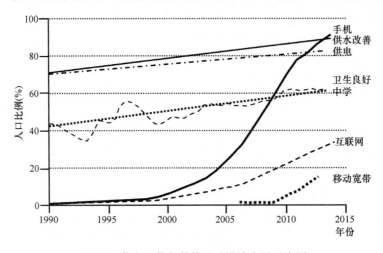

图 1-3　信息通信与其他基础设施发展示意图

(图片来源：世界银行 . 2016 年世界发展报告 . 数字红利［R］. 2016)

1. 全球一体化

随着近半个多世纪交通、通信等技术工具的飞速发展，全球已进入一体化发展的宏观环境中；中国利用加入 WTO 的历史机遇，迅速融入世界经济全球化大潮，并在国际环境中发挥重要作用。全球一体化首先建立在通信网络一体化基础上，全球通信用户在天地一体通信网络中随时随地交流沟通；信息网络一体化让地球村居民随时随地了解世界发生的政要大事，及时处理处置身边事务。在通过一体化的通信网络、信息网络畅快交流沟通的基础上，地球村居民也很容易实现技术一体化，共享先进技术为生产生活带来的便利；同时，按照经济发展规律推动全球产业一体化发展，在一体化宏观经济环境中找准自身的位置，实现与世界协同发展。

2. 多种高科技技术交相辉映

出现信息通信行业欣欣向荣的景象，除了信息、通信网络自身技术进步和高速发展外，还因为有以光纤为代表的新材料、以芯片为代表的电子集成电路、以程序算力为代表的计算机等多种相关行业的相互影响、迭代更新、滚动加持。自从 20 世纪 90 年代光纤大规模商用以来，光纤的容量大、成本低、更加安全可靠的特征，促进信息通信网络成长为巨型网络。集成电路上可容纳的元器件的数目，每隔 18～24 个月便会增加一倍，性能也提升一倍，促进各种信息通信设备更加小型化、集成化；在对空间需求减小的大趋势下，信息通信设备还能更好地支撑巨型信息通信网络的持续发展。在计算机不断小型化的基础上，分布式存储、云计算、深度学习、人工智能等先进计算机技术，促进通信网络实现信息化管理，从自动化向智能化、智慧化演进。

3. 产业链长、宽且密度高

信息通信网络巨型化、信息通信设备小型化微型化协同发展，带来了 ICT 服务业（含电信业、互联网行业、软件和信息技术服务业）和 ICT 制造产业链空前繁荣，形成兼具产业链长、行业边界宽、知识和资金密度高的产业特征。ICT 服务业具有系统和终端两大产业高地，多套系统并存发展，每套系统有多个层次，终端数量和种类更是与人口数量和个人喜好密切相关，一个人因生活条件改善可拥有多种多样的设备终端，从而使得终端具有巨大的增长空间和较小的边际成本；ICT 制造业不仅与系统和终端密切相关，还可因智能化而深入家具、家电以及各种日常生活用品、各行业生产设备，形成的产业链更加长且宽广。另外，芯片微型化、设备小型化，使得技术密度、资金密度、产值密度大幅提高，远高于传统的钢铁、化工、电力等行业，为经济持续高速发展打开更广阔的发展空间。

1.1.3 四大国家战略

国家战略对于国民经济和社会发展具有全局性和长远性影响。信息通信行业先后有"宽带中国""网络强国""大数据""数字中国"四大国家战略，其中"数字中国"是综合性的宏观战略，含前面三个战略。四大战略不仅深刻改变信息通信行业的发展方式和规模，使之成为我国重要产业支柱，且推动新一代信息通信技术与各行各业融合发展，产生新的生产方式、产业形态、商业模式和经济增长点。

1. 宽带中国战略

1）背景

随着互联网不断丰富人们生活内容、改变人与人之间交流沟通方式，并深刻影响各行各业的生态环境及产业发展，人们通过网络传输的内容也从文字、数字等窄带信息，向图片、视频等宽带信息转移，网络接入的带宽也越来越宽，网络带宽在经济、社会、科技发展中正发挥着越来越重要的作用，光纤、第三代移动通信网络为宽带接入提供良好的技术支撑。同时，从全球范围看，宽带网络推动了新一轮信息化发展浪潮，众多经济发达国家纷纷将其作为优先行动的发展战略，宽带网络也成为新时期经济社会发展的战略性公共设施。

2）历程及主要内容

宽带中国战略首次由工业和信息化部（以下简称"工信部"）部长在 2011 年全国工业和信息化工作会议上提出，国务院于 2013 年正式公布《国务院关于印发"宽带中国"战略及实施方案的通知》（国发〔2013〕31 号）。该实施方案部署了未来 8 年宽带发展目标及路径，要求到 2013 年底，学校、图书馆、医院等城市重要公共设施实现无线网络覆盖；到 2015 年，基本实现城市光纤到楼入户、农村宽带进乡入村，城市家庭达 20Mbps。同时，明确要求把宽带网络纳入城乡规划建设，将光纤、第三代移动通信及其所需的通信基础设施与住宅区、住宅建筑同步建设。

3）发展意义

宽带中国侧重基础设施等硬件建设，该国家战略发布促进光纤、无线城市和第三代移动通信网络的阔步发展,光纤到户等国标也相继颁布,相当于在国内修建有线、无线两条信息发展的宽阔高速公路,奠定了信息基础设施是国家战略性、先导性、关键性的基础设施,也为信息通信网络发展及互联网多元应用提供无限可能:不仅推动宽带网络技术和基础设施快速改造升级,信息通信网络水平、产业整体实力提质升级,拓宽下一代互联网、新一代移动通信、物联网、云计算的发展空间,而且促进宽带信息应用加速向经济和社会各领域广泛渗透,由此衍生的新业务、新服务,将影响和引导更多相关产业的发展,促进宏观经济的发展。

2. 网络强国战略

1)背景

我国是互联网大国,网络规模、网民数量、智能手机用户以及利用智能手机上网的人数等都处于世界首位;但与国际网络强国先进水平有较大差距,主要表现在区域和城乡差异比较明显,人均宽带远低于国际先进水平,自主创新能力不强,核心关键技术受制于人,网络安全面临严峻挑战。急需从网络大国向网络强国转变,促进信息化、网络化成为推动经济社会转型、实现可持续发展、提升国家综合竞争力的强大动力。

2)历程及主要内容

2014 年 2 月,习近平总书记在中央网络安全与信息化领导小组第一次会议上,明确提出建设网络强国的战略构想,全面缩小我国网络建设与国际网络强国的差距,并大力加强网络安全建设,"没有网络安全就没有国家安全,没有信息化就没有现代化"。2015 年 11 月 29 日,党的十八届五中全会通过的"十三五"规划建议中指出:实施网络强国战略,加快构建高速、移动、安全、泛在的新一代信息基础设施。2016 年 7 月,中共中央办公厅、国务院办公厅印发《国家信息化发展战略纲要》,提出网络强国"三步走"(2020 年、2025 年、21 世纪中叶)的战略目标。

网络强国战略确定以人民福祉为核心、以技术创新为动力、以网络文化为根植、以基础设施为前提、以网络安全为保障、以国际合作为依托的建设方针,主要包括以下几个方面:第一,加快构建高速、移动、安全、泛在的新一代信息基础设施,形成万物互联、人机交互、天地一体的网络空间。第二,拓展网络经济空间,实施"互联网+"行动计划,发展物联网技术和应用,发展分享经济,促进互联网和经济社会融合发展。第三,加强人才队伍建设,要有高素质的网络安全和信息化人才队伍。第四,加强网络安全及保障建设。第五,推进产业组织、商业模式、供应链、物流链创新,支持基于互联网的各类创新。

3)发展意义

网络强国侧重软实力建设,属于国家中长期战略,系统地强化了信息基础设施是国家战略性、先导性、关键性的基础设施,从基础设施、网络文化、产业发展、人才队伍、网络安全、商业模式等方面促进网络强国持续发展,全面激发信息通信行业的创新能力;通过"互联网+"行动计划,促进网络与各行各业融合发展,提升各行业的效率,优化各行业的产业生态环境,孵化新产业;同时,在芯片等关键环节实现突破,带动各行各业持续发展,坚定不移地执行制造强国、质量强国、网络强国的路途,全面提高我国综合国际竞争力。

3. 大数据战略

1）背景

随着科学技术及互联网的发展，人们生产生活以及各行各业运行均会产生数据，数据量正在呈指数级增长，数据种类日趋增加、实时要求日趋严格、蕴藏的价值也逐渐增大；在合理时间内对数据进行撷取、分析、处理，并进行归纳、总结，能帮助各行业技术人员更好地把握各行各业的深层次发展规律。国外发达经济体认为数据资源是继陆空海三大资源外的另一种重要的国家战略资源，但哪些数据可收集、怎么利用、怎么保护个人隐私数据等相关法规还在广泛讨论中。在国内，发展大数据、运用大数据推动经济发展、完善社会治理、提升政府服务和监管能力正成为趋势，大数据成为与信息通信发展密切相关的新型国家产业战略。

2）历程及主要内容

2015 年 6 月，国务院办公厅印发了《关于运用大数据加强对市场主体服务和监管的若干意见》，提出运用大数据提高加强市场和改进市场监管，在税收征缴、资源利用、金融服务、食品药品安全等多个民生领域实施大数据应用示范。2015 年 8 月底，国务院印发了《促进大数据发展行动纲要》，提出加快政府数据开放共享，推动资源整合，提升治理能力等，开展国家大数据资源统筹发展工程。2015 年 10 月，十八届五中全会正式提出"国家大数据战略"，全面推进我国大数据发展和应用，加快建设数据强国，推动数据资源开放共享，促进经济转型升级；至此，大数据上升为国家战略。国务院办公厅、自然资源部及部际联席会议等先后出台相关大数据行动方案，广东、上海、重庆等省市专门设置了大数据管理的组织机构；一座城市较常见的公共大数据可参见图 1-4。

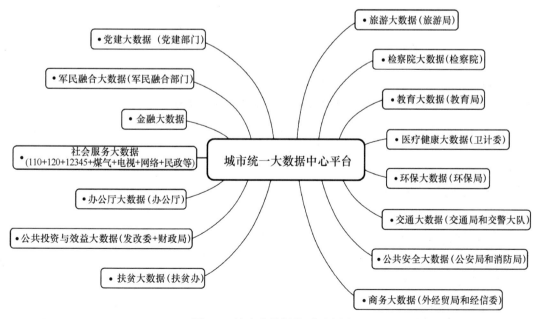

图 1-4 城市大数据类别示意图

《促进大数据发展行动纲要》是我国大数据发展的顶层设计，是指导未来大数据发展的权威性、系统性、纲领性文件。该文件要求大力推动政府部门数据共享，稳步推动公共数据资源开放，统筹规划大数据基础设施建设，支持宏观调控科学化，推进商事服务便捷化，促进安全保障高效化，加快民生服务普惠化；同时，该文件还确定基于经济大数据、政治大数据、文化大数据、社会大数据、生态大数据"五位一体"的国家大数据战略应用布局，以及工业和新兴产业大数据、现代农业大数据、万众创新大数据、大数据关键技术及产品研发与产业化、大数据产业支撑能力提升、政府数据资源共享开放、精准化政府治理大数据、文化产业创新、公共服务大数据、社会治理大数据应用体系十大应用工程。

3）发展意义

大数据是一项技术，也是新型战略资源；是大力发展宽带中国、网络强国战略的必然结果以及技术发展的进一步升华。大力发展大数据战略，至少具有以下三大意义：

第一，全面提高政府治理能力和水平；借助大数据体系，形成"中央＋基层＋服务型政府"三元结构的社会治理框架，收集乡村、社区等细微数据，辅之以数据开放、透明，促进公共资源配置更加合理、管理更加精细化，领导决策从拍脑袋向"用数据说话"，为各级政府向服务转型提供坚实的基础。

第二，全面促进经济转型升级；大大小小、层层叠叠的数字生态，构成数字经济的最小单元，融合形成数字经济，实现数据跨行业、跨地域、跨组织、跨部门、跨系统的流转，推动智能制造和精准服务，降低交易成本，提升生产效率、运营效率，促进生产关系的巨大飞跃，对全球生产、流通、分配、消费活动以及经济运行机制产生重大改变。

第三，孵化新产业和新行业；以大数据为基础，通过对大数据的采集、分析、挖掘、处理，形成共生、互生乃至再生的价值循环体系，形成新产业，为各行业的生产、销售、流通以及商业、金融等提供再服务；或者建立新模型或新算法，实现智能制造、智能管理、精准服务和智能运营；或者大量的异质性的企业，通过互联网紧密融合在一起，实现不同行业业务交叉、数据互联、运营协同，形成新产业，并建立融合机制。

4. 数字中国战略

1）背景

数字中国战略是我国在宽带中国、网络强国、大数据战略发展到一定程度时提出的综合战略，也是激活数据要素潜能，加快建设数字经济、数字社会、数字政府，以数字化转型整体驱动生产方式、生活方式和治理方式变革的重大战略。数字中国战略内涵丰富，涵盖经济、政治、文化、社会、生态等各领域信息化建设，包括"宽带中国"、"互联网＋"、网络强国、大数据、云计算、人工智能、新基建、数字经济、电子政务、新型智慧城市、数字乡村等多方面内容。上述各项战略及之间的相互关系参见图 1-5。

2）历程及主要内容

互联网在中国丰富且多姿多彩的应用，以及"互联网＋"与各行各业融合发展，形成"数字中国"的发展历程；数字化已为生产、生活以及管理注入全新动能。据《数字中国建设发展进程报告（2019 年）》，我国数字经济增加值规模达到 35.8 万亿元，占国内生产总值（GDP）比重达到 36.2%，对 GDP 增长的贡献率为 67.7%，产业数字化增加值占数

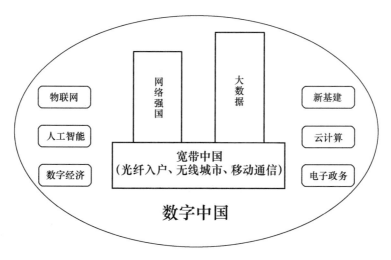

图 1-5 四大国家战略关系示意图

字经济比重达 80.2％；由此可见，数字经济在国民经济和社会发展中起到非常重要的作用。2015 年 12 月，习近平总书记在第二届世界互联网大会上提出了推进"数字中国"建设，从国家层面对中国信息化进行顶层设计和统筹部署；2021 年 3 月，第十三届全国人民代表大会第四次会议审查通过政府工作报告和《中华人民共和国国民经济和社会发展第十四个五年规划和二〇三五年远景目标的建议》（以下简称"十四五"规划），将数字中国正式上升为国家战略。

"十四五"规划以"加快数字化发展，建设数字中国"专篇对"数字中国"进行了全面和详尽的布局；具体包括打造数字经济新优势、加快数字社会建设步伐、提高数字政府建设水平、营造良好数字生态四个大章，每章又包括众多分项，每个分项又包括十分详尽的内容。其中，打造数字经济新优势含加强关键数字技术创新应用、加快推动数字产业化、推进产业数字化转型等内容，同时对云计算、大数据、工业互联网、人工智能、物联网等重点产业的发展方向予以规划引导；加快数字社会建设步伐（含提供智慧便捷的公共服务）、建设智慧城市和数字乡村、构筑美好数字生活新图景，并对智能交通、智能制造、智慧能源、智慧政务、智慧医疗等场景建设内容进行引导；提高数字政府建设水平（含加强公共数据开放共享）、推动政务信息化共建共用、提高数字化政务服务效能；营造良好数字生态（含建立健全数据要素）市场规则、营造规范有序的政策环境、加强网络安全保护、推动构建网络空间命运共同体。

3）发展意义

"数字中国"是信息时代国家发展的宏观战略，对基础设施建设以及国民经济和社会发展影响巨大，意义深远。

首先，数字中国战略进一步强化宽带中国、网络强国、大数据等战略，促进多个战略协同发展和综合应用，同时增加了新基建、人工智能、云计算等相关新技术，从而构建更加宽厚的数字基础设施，能更好地构建新城市形态（智慧城市）和新生产关系（数据）链条，且持续高效地支撑新经济、新服务的健康发展。

其次，数字经济是引领经济高质量发展的新动力，是一种新的经济形态、新的资源配置方式。以数据要素为基础，通过网络实现数据互联、整合、分析、再利用，能够极大地提升资源的利用率；以信息技术为引导，构建现代技术产业体系，能引领经济数字化转型发展，同时孵化新业务，并催化新业务茁壮成长。

另外，数字中国战略将极大地丰富市民生活内容、改善公共服务和提高国家治理的效率。信息通信网络已完全改变市民交流、沟通以及生产、工作的方式，随着 5G 移动通信大规模商用以及下一代信息通信网络迭代更新，人们获取信息的方式将会更加便捷高效，智能交通、智慧能源、智慧家居让市民生活更加舒适、低碳；在教育、医疗卫生、交通旅游、社会保障等公共服务领域，各种智能方式将协助人们突破物理世界的资源瓶颈，享受更加便捷、优质的服务；在政务服务、城市管理、社会治理、公共安全等领域，以开放、共享和隐私保护相结合的大数据为基础，数字政府将促进政府部门向个性化服务、精细化管理和科学决策方向转变，大幅提高国家治理的效率。

1.1.4 主要作用

21 世纪初，美国、英国、德国、法国、日本、意大利、加拿大及俄罗斯八大工业联盟在日本冲绳发表的《全球信息社会冲绳宪章》中认为："信息通信技术是 21 世纪社会发展的最强有力动力之一，并将迅速成为世界经济增长的重要动力。"信息和通信技术是人类社会最具活力、最大规模、最具影响力的技术，基本没有副作用和负效应；推动信息通信行业发展，与我国四大国家战略密切相关，对城市基础设施高水平建设、产业高质量发展、孵化新行业和改善市民生活质量具有重大意义和作用。

1. 筑牢现代城市和信息社会的生命线

信息通信系统是现代化城市的重要基础设施，如同水、电、气等基础设施一样，是城市不可或缺的基础设施；同时，信息通信系统是当今信息社会的神经系统，可便捷感知、收集和传输信息，延展人类神经末梢，是城市生命线的重要组成部分。信息通信不仅能为市民提供便捷的沟通、交流渠道，提供丰富多彩的通信终端和生活内容，而且能有效提高各行各业生产效率，提升城市管理水平并实现精细化管理，促进城市协调为有机整体，对城市稳定运行发挥着不可替代的作用；特别是在城市面对紧急状况或自然灾害等特殊情况更是如此，信息通信成为城市应急指挥的中枢系统和灾备管理的重要手段。

发生在 2020 年初蔓延全球的新冠疫情，无论是一个国家或城市内疫情预警、制定全方位防护措施、全民防护动员、个人行程跟踪，还是国家之间防止疫情扩散、全球疫情信息共享、调拨抗疫物资、防治经验共享等，信息通信网络让我们更清晰地看到不同国家、不同城市采取的措施，以及不同措施带来的效果，也看到信息通信网络在面对看不见的世界性重大疫情中所起的巨大作用，有效避免了"世纪大流感"的悲剧重演；同时，新冠疫情也是一场大考，对智能城市及数据利用、数据孤岛消除，以及网络和智能城市的发展方向都给出较清晰的判别，并让以中国为代表的行动高效国家，迅速从经济重创中走了出来。信息通信网络的全球性全程全网特征，使得城市生命线扩展为国家生命线，甚至全球生命线。信息通信网络与新冠疫情防治关系参见图 1-6。

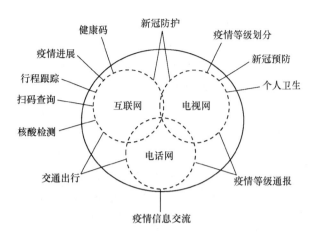

图 1-6　信息通信网络与新冠疫情防治关系示意图

2. 成为重要经济支柱性产业，且促进各行各业提质增效

信息通信行业是我国战略性、基础性、先导性产业，对经济发展和走向有较大影响。据统计资料，我国 ICT（含制造业和服务业）行业 2019 年底市场规模占 GDP 比例约为 27.56%（部分发达国家高达 30%～40%），是我国最主要经济支柱产业；另外，我国 ICT 行业的增长率大幅高于同期 GDP 的增长率，发展空间较大；以信息传输、软件和信息技术服务业为例，近五年 GDP 增长率约为 GDP 的 2～7 倍（相关情况参见图 1-7）；其中受新冠疫情影响，2020 年增长对比情况最为明显，也促进实体经济向数字经济转型。

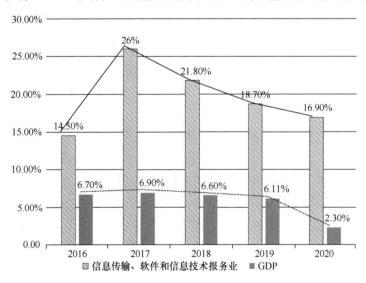

图 1-7　信息通信网络增速与 GDP 增速示意图

信息通信行业对经济影响除了本身产值外，还赋能其他行业，提高其他行业的产品（服务）质量和生产效率；"互联网＋"就是互联网赋能各行业的最好注解。以互联网为主的新一代信息技术不仅对商业、交通运输、公共服务、政务管理等有巨大帮助作用，而且对钢铁、化工、煤炭等传统行业也能很好地提质增效，消除库存，提高安全生产；也是现

11

代商业、现代物流、现代金融、先进制造、智能生产以及人工智能、生命健康等战略新兴产业发展的催化剂，能加快相关产业发展，扩展产业规模。新冠疫情后，以信息网络为基础的在线办公、视频直播、互联网医疗等数字经济得到了迅速推广和普及；信息通信行业进一步受到重视，传统的经济运行模式正加速向数字经济转型，数字经济将成为未来经济转型的必然方向，也将更广泛地融入各行各业的日常生产和经营之中。

3. 孵化新产业，引领新经济发展

诞生于 20 年前的以互联网为基础 BAT（百度、阿里、腾讯）企业，以及诞生于 2010 年的美团、字节跳动、滴滴出行等企业，在近 10～20 年时间内成长为独角兽或国际 IT 巨头的历史，让我们充分感受到信息通信行业孵化新企业、新产业的魅力。当下，以大数据、人工智能等新一代信息通信技术为基础的新产业集群已经被成功孵化，正在茁壮成长过程中，将初步改变未来我们工作和生活的方式；可以预计，10 多年后以新一代信息通信技术为基础还将出现一批独角兽或世界级企业。

在新冠疫情之后，以数字经济为代表的新经济已显现强大的经济活力，成为新时代引领经济发展的重要引擎；根据 IDC 预测数据，我国 GDP 的数字化占比将从 2018 年 35％上升为 2023 年的 52％，这也意味着数字经济将对我国的实体经济产生深远的影响。其中，以新一代信息通信技术和数字创意为代表、规模达 10 万亿元级的新产业支柱已初具规模，将成为数字经济的领跑产业。

4. 拉近时空距离，提高生活质量

电通信拉开了现代通信发展的序幕，也奠定现代通信行业可按每秒 30 万 km 的速度拉近地球村的时空距离，交换技术使得这种交流变得更加顺畅，移动通信技术使得这种交流变得更加便捷，互联网技术使得这种交流更加无缝。随着光纤传输、卫星通信、海底光缆等技术突破和实施，乡镇、城市、国家被通信网络紧密联系在一起，人们在网络覆盖范围内可以随心、随时、随地交流，及时了解地球村发生的政治、军事、经济以及奇闻逸事，融入全球一体化的大潮中。

信息通信设备终端的多样性和网络内容的丰富性，不断刷新人们的认知，提高大众的生活质量。以固定电话、话务机、对讲机为代表的第一代通信终端，改变了我们认知时空的方法；以手机、电脑为代表的第二代信息通信终端，开启了我们认知信息的大门；以无键盘的智能手机为代表的第三代信息通信终端，启动了我们认知智能、智慧的想象力。目前，以 AR/VR、智能手环为代表的可穿戴设备，赋能我们穿行于由实物世界、虚拟世界组成的孪生城市之间，步入理想与现实融为一体的云世界。

1.2 信息通信基础设施

信息通信基础设施是承载多种信息通信网络设备和传输缆线的基础，是信息通信行业发展的基础。当下，抓住新一代信息通信技术对基础设施需求变革的技术机遇，以及我国城市化正在进行中的历史机遇，将信息通信基础设施全面融入城乡规划建设之中，十分有利于促进信息通信行业成为我国跻身世界科技强国的先锋和主力。

1.2.1 技术影响

信息通信行业具有技术含量高、迭代更新快的特点，移动通信代际演进（约 5～10 年）是最典型的代表，每一代移动通信技术大规模商用后，基站的设置规律和通信机楼的建设都会产生十分明显的影响；5G 大规模商用后，不仅对基站和通信机楼产生较大影响，对数据中心、通信机房、多功能智能杆、通信管道等基础设施也产生较大影响。相比较而言，大部分固定电信网、有线电视网的技术以及信息通信技术的迭代不是太明显，或对设备某项性能和虚拟网络产生影响，迭代积累后再逐步显现出对设备、网络产生影响，进而影响基础设施的设置规律和设置要求，需要从事基础设施工作人员持续跟踪技术变化，滚动更新、辨析、总结和量化新技术对基础设施的影响。

有些革命性技术横跨多种通信系统，对行业产生较大影响，也直接对基础设施产生较大影响，如光纤和 IP 技术。光纤与电缆相比，不仅传输容量、无中继距离、传输衰耗等方面的性能指标有十分大的提高，而且价格也便宜很多、重量也大幅减少，从而带来通信网络及组网方式从星状网向环状网转变，通信管道容量也从以通信机楼为中心的递减网向匀称网转变。IP 技术也是一种重大技术革命，改变电话语音、数据、电视信号交换（传输）的方式，开启了简单、高效的信息通信融合发展的新模式，使得信息通信机楼、机房的设置规律和设置要求也发生变化。

经过近 20～30 年技术持续迭代更新或变革，信息通信网络已发生了趋势性变化：信息通信机楼的层级减少，按区域或组团设置，数量变少，单个机楼的容量变大，"少局址、大容量"已成为设置机楼的基本原则；网络更加扁平化且重心下沉（图 1-8），产生了行

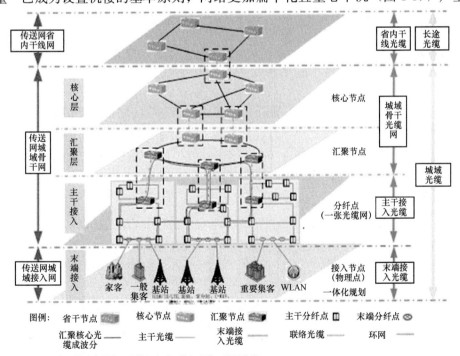

图 1-8 通信网络示意图

业独有的、种类多样的、数量庞大的、分布广泛的接入基础设施,对城乡规划与建筑和市政设计的要求也发生了变化;另外,受电子和半导体集成技术发展,设备小型化、用电密度大幅提高,对基础设施的配套设施也产生较大影响。上述趋势性变化需要通过规划布局、设置标准和市场化建设等因素结合推动其协调发展,更好地支撑国家战略的实施。

1.2.2 发展定位

正因为信息通信行业对产业创新发展的特殊作用和对城市高效治理的积极意义,信息通信基础设施除了具备城乡基础设施的重要生命线的基础定位外,还具有更重要的国家和城市的战略定位。

战略性和先导性的基础设施:在经历了 20 世纪 90 年代通信行业及基础设施高速发展、21 世纪头十年互联网和移动通信基础设施快速发展之后,随着信息和通信全面融合发展以及云计算、物联网等新一代信息技术全新突破,党中央和国务院洞察了信息通信已突破传统的应用边界、向各行各业以及物理和生物系统延伸的先机,通过多个文件将信息(通信)基础设施确定为国家战略性、先导性基础设施,促进其全面、系统发展,并拉动其他基础设施和行业发展。

产业创新孵化和技术迭代更新的百年基础平台:作为 21 世纪最具活力和最强动力的先进技术,信息通信行业已成功孵化互联网、移动互联网以及大数据、人工智能等一代又一代新技术及新产业,城乡无线和有线信息通信设施均提供了较好的空间支撑;随着信息通信基础设施以及行业特有的接入基础设施全面融入城乡规划建设,并成为城市和乡镇的有机组成部分,这些满足新时代和新技术需求的新型信息通信基础设施,能更好地支撑每隔 5～10 年技术迭代更新,成为支撑近百年技术创新发展的基础平台。

智慧城市和数字经济的效能底座:经过 21 世纪前两个十年信息通信全面进入数字经济发展,信息通信已促进智慧＋行业等全新理念深入城市和社会的深层机理之中;在信息通信行业为我国成功抵御 2020 年新冠疫情影响和重启经济做出巨大贡献之后,信息通信的倍增器的强大功效再次得到验证。如今,智慧城市已与我国城市建设深度融合,数字经济已成为数字中国战略的引擎,而信息通信基础设施加速和深入建设,将会更好地促进智慧城市的高效发展,提高以数字经济为代表的新经济发展的能力、效率和质量。

1.2.3 设施与基础设施

在数字化日趋普遍、信息通信融合发展以后,由于软件、通道、切片以及编码、频率复用、频分复用等虚拟技术的出现,使得网络和设备的利用更加高效、精细,网络和设备也成为支持上述虚拟技术的基础,行业内外一般将各种信息通信设备、网络、传输缆线及其配套设施均称为信息通信基础设施。

从城乡规划建设角度来看,习惯将信息通信设备、传输缆线及配套设施称为信息通信设施,此类设施由通信运营商、铁塔公司或专网管理单位建设;而将承载上述设备的机楼、机房等场所,以及敷设缆线的管道、通道等称为基础设施,此类设施由城市政府职能部门负责管理,与给水、排水和电力、燃气专业的各类场站基础设施的内涵一致,侧重各类场站的外部特征和空间属性。

与一般基础设施服务一家公司一张网相比，信息通信基础设施服务四家及以上通信运营商，且受信息通信技术影响，信息通信运行的颗粒度更细小、数量更加庞大，能衍生出更多专业技术、手段、终端以及技术组合、迭代更新，发展潜力更大、更宽广；信息通信基础设施和电力基础设施的对比示意参见图 1-9。

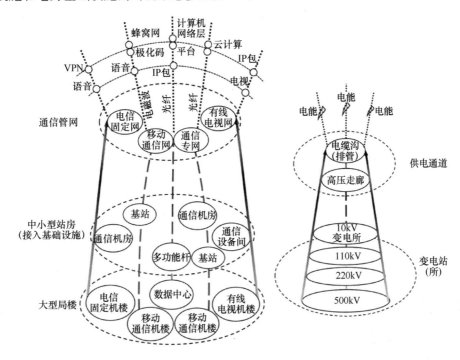

图 1-9　信息通信基础设施与电力基础设施对比示意图

本书正是从城乡规划角度来阐述信息通信基础设施，重点研究各类基础设施的外部特征和空间属性；将以信息和通信全面融合为出发点，结合智能城市、信息通信技术发展以及城乡规划建设发展要求，全面探讨信息通信基础设施的架构、内容以及各分项基础设施的设置规律、设置要求等，促进各种信息通信基础设施全面有效地纳入城乡规划建设之中。

1.2.4　新基建与基础设施

新基建是指立足于先进科学技术的新型基础设施建设的简称，它既是基础设施建设，同时又是与新兴产业密切相关的新型基础设施建设；既能满足基础设施公共属性需求，又对未来社会和新兴产业发展产生影响。

1. 新基建

2018 年 12 月 19—21 日，中央经济工作会议在北京举行，会议把 5G 网络、人工智能、数据中心、工业互联网、物联网、无人配送、在线消费、医疗信息化等列为"新型基础设施建设"（简称"新基建"），随后"加强新一代信息基础设施建设"被列入 2019 年政府工作报告，新基建的概念由此产生，这也是新基建首次出现在中央层面的会议中。

2020 年遭遇新冠肺炎疫情以来，社会及经济活动受到重创，党中央和国务院对新基建的重视程度显著提高，将其作为重启和拉动经济发展的重要抓手。2021 年 3 月，中共中央政治局常务委员会召开会议，明确强调加快 5G 网络、数据中心等新型基础设施建设进度。此后，列出了新基建主要包括的七大领域：5G 网络、特高压、城际高速铁路和城市轨道交通、新能源汽车充电桩、大数据中心、人工智能、工业互联网（图 1-10）。

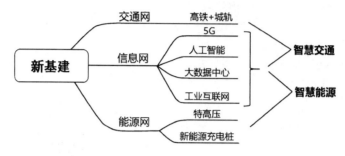

图 1-10　新基建领域示意图

2021 年 4 月，国家发展改革委在新闻发布会上，对新基建范围进一步延展，使其更加系统化，明确新基建包括信息基础设施、融合基础设施、创新基础设施三个方面。

信息基础设施：主要是指基于新一代信息技术演化生成的基础设施，比如，以 5G、物联网、工业互联网、卫星互联网为代表的通信网络基础设施，以人工智能、云计算、区块链等为代表的新技术基础设施，以数据中心、智能计算中心为代表的基础设施等。

融合基础设施：主要是指深度应用互联网、大数据、人工智能等技术，支撑传统基础设施转型升级，进而形成的融合基础设施，比如，智能交通基础设施、智慧能源基础设施等。

创新基础设施：主要是指支撑科学研究、技术开发、产品研制的具有公益属性的基础设施，比如，重大科技基础设施、科教基础设施、产业技术创新基础设施等。

2. 与传统基础设施的区别

传统基础设施涵盖面很广，既包括学校、医院、社会保障等公共服务性基础设施，也包括水务及给水和排水、道路及交通场站、电力及能源、通信、燃气等技术性基础设施；这些基础设施主要是为社会生产和居民生活提供公共服务的工程设施，用于保证国家或地区社会经济活动正常进行。这些基础设施是城市运营的必备设施，由政府投资建设，对产业拉动较少，一般不以营利为目的；已实现市场化运行的，一般只能以微利为目的运营。

新型基础设施具有传统基础设施的主要特征，还具有类型多样化、来源多元化以及科技含量高、附加值高等特点，其内涵更加丰富，涵盖范围更广，承载着海量数据，更能体现数字经济特征。新基建以新一代信息技术为支撑，与信息、能源、交通等基础设施产业关系密切，涉及领域大多是中国经济未来发展的短板；大力促进新型基础设施建设，对促进经济长远发展、提升制造产能效率和推动工业企业向数字化、信息化、智能化转型升级具有重要作用。

3. 与信息通信基础设施的关系

新型基础设施与信息通信基础设施之间既有交叉的内容，也有关联和并列的内容。在七类新型基础设施中，有四类与信息通信基础设施密切相关；其中 5G 和数据中心是与信息通信基础设施交叉的内容，这两者同时也是信息通信基础设施的重要内容和组成部分；

人工智能、工业互联网与信息通信基础设施相关联，由信息通信网络、设施提供直接支撑，而信息通信网络、设施由信息通信基础设施提供基础支撑；上述四类新型基础设施均与信息通信基础设施密切相关，也与四个国家战略密切相关。特高压、城际高速铁路和城市轨道交通、新能源汽车充电桩，这三类新型基础设施主要是交通、能源类新基建，应用信息通信网

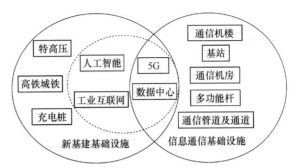

图 1-11　新基建基础设施与信息通信基础设施网络示意图

络进行管理，与信息通信基础设施并列存在。上述两类基础设施之间的交叉、关联、并列关系示意参见图 1-11。

1.2.5　基础设施的架构

城市通信基础设施的发展历程较长，基础设施架构相对完整，一般包括邮政通信局所、无线通信场站、有线通信局房及通道等基础设施。而信息网络发源于市场，依托通信网络传输，信息基础设施的市场化特征比较明显，受技术影响变化快，其所含内容一般包括数据中心、接入载体和通道等，且不同数据中心的规模差异十分大，尚无较明确的方法将其纳入城乡规划建设体系中；受新基建政策影响，国内较多城市或新区（如深圳、雄安等）正在探讨促进其有序发展的方法和路径。

城市信息通信基础设施的架构，融合通信和信息基础设施的层次和内容，含大型机楼、中小型站房、通信通道三个层次，具体架构参见图 1-12。其中，大型局楼、通信通道这两个层次与给水排水和电力等基础设施的层次基本相同。在大型局楼基础设施中，本

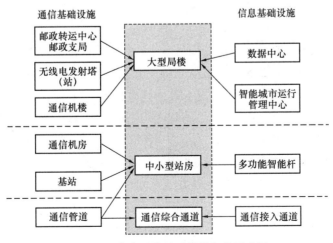

图 1-12　信息通信基础设施归类示意图

书重点探讨信息通信机楼、数据中心两部分内容；而邮政通信处理设施、无线通信发射塔（站）、微波通道三类基础设施受技术影响变化不大，本书不展开探讨相关内容，感兴趣的人员可参阅《城市通信基础设施规划方法创新与实践》。中小型局房是信息通信基础设施体系中比较独特的层次，是接入基础设施的主体，具有类别多、数量庞大、分布广泛等特点，也是信息通信技术和网络发展产生的新内容。

1.2.6 基础设施的内容

按照上述信息通信基础设施的架构，其内容包括信息通信机楼、数据中心、信息通信机房、基站、多功能智能杆、通信管道及通道六类。接入基础设施是满足各种信息通信终端接入信息通信系统的基础设施，含中心、站址、机房、杆体、通道等，与上述六类基础设施中五类密切相关，也由此看出接入基础设施是信息通信行业十分特殊的基础设施；尽管接入基础设施的规模有一定差异，但一般都是中小型基础设施，附设在建筑单体、小区或市政设施、城市道路、高速公路、轨道等主体工程内，可因地制宜地采取多种措施推动其有序发展。

1. 信息通信机楼

信息通信机楼是区域级、城市级基础设施，是通信机楼发展的延伸和扩展；因信息通信网络融合和通信局端设备退网，机楼内主要布置核心网、城域网等重要设备及配套设施。信息通信机楼以单独占地的专业建筑居多，满足电信固定网、移动通信网、有线电视网、数据通信网等公共通信网的发展需求；在建设用地资源紧缺、数据高端需求十分突出的中心城区，也可建设附设式机楼，满足公共通信网和社会信息网络的综合需求。大部分机楼以满足本地城市的城域网需求为主，分布在城市不同业务重心或地理中心位置；因功能需求不同，区域性机楼还可服务一定行政区域乃至国家的需求。

信息通信机楼是大型基础设施，一般通过城乡规划引导其建设；随着 5G 大规模商用，软件定义网络（SDN）和网络功能虚拟化（NFV）两种技术被全面引入 5G 核心网，单个网元服务移动通信用户更多，不同网元还可布置在不同位置（如通信机房）内，信息通信机楼的"少局址、大容量"组网原则表现得更加突出，机楼设置也更灵活，更适合结合城市功能区划和开发强度等因素来布置。

2. 数据中心

数据中心是新型城市基础设施，也是新基建的重要组成部分；数据中心由互联网数据中心发展演变而来，其内主要布置网络服务器及配套设施，其功能也由仅存储数据扩展为兼具存储、计算、按需访问等多种功能。因计算机网络十分普及，且 IT 企业数量、规模、需求差异较大，数据中心的规模、类别、需求主体等差异十分大；因云计算、云存储等技术发展，布置数据中心更加机动、灵活，同时也加大了规划数据中心的不确定性；因与产业、公共设施等多种因素相关，其需求更需要区别对待。

将数据中心纳入城乡规划的方法和路径正在探讨中，结合深圳和雄安新区在规划建设数据中心方面的探索，作者团队更倾向于城乡规划主要研究公共数据中心的需求，并确定其布局；对企业需求给予方向性指导。在将规划研究对象聚焦公共数据中心基础上，梳理市级、区级以及片区级、建筑级等各级数据中心的需求，通过差异化技术措施，推动数据中心纳入城乡规划之中。

数据中心既可以因功能需要建设成为大型局楼，通过城乡规划来引导其建设；也可以因规模、需求不同而建设成中小型站房，通过城乡规划和相关标准来促进其建设。随着5G 大规模商用，海量机器将持续产生巨量的数据，通过物联网连接汇聚到不同功能的数据中心，对数据中心的需求也将更加多元化。

3. 信息通信机房

信息通信机房是片区级、单元级、建筑级基础设施，是通信机房发展的延伸和扩展；因信息通信网络融合和扁平化发展而增设，由汇聚机房扩展和裂变成多种机房，机房内主要布置路由器、边缘计算和接入网、传输网等设备及配套设施。信息通信机房一般附设在建筑单体或小区内，不仅满足建筑本身对信息通信网络的需求（如光纤到户、移动通信网等通信设备布置的空间），还要满足电信固定网、移动通信网、有线电视网、数据通信网等网络设备的布置需求（如区域机房、片区机房、单元机房）。

信息通信机房是接入基础设施的重要组成部分，也是城乡规划和建筑设计需要大大加强的内容；部分大中型机房还可承接机楼功能溢出，也可布置边缘计算等设备；建制镇和乡村等低密度用户分布区域一般通过机房汇聚各类业务。另外，随着5G 大规模商用，不仅需要设置单元机房满足多个 5G 基站集中布置基带单元的需求，也需要设置机房实现5G 时延降低 90％，机房功能也会更加多元。信息通信机房可通过城乡规划引导和机房设置标准等路径全面融入城乡建设之中。

4. 基站

城乡规划研究的基站指公众移动通信基站，主要确定基站站址，同一站址内可布置多家运营商和多种制式的逻辑基站；站址是单元级、建筑级基础设施，其内布置无线终端接入有线通信系统的双向通信设备。公安、广播、气象等专业部门的无线对讲基站，适合通过专项规划和专业设计来推动。基站含宏基站、室内覆盖系统、微基站等类别，具有数量庞大、分布广泛等特点。基站既可附设在建筑屋顶，也可单独立杆建设；既要满足信号覆盖的需求，也要满足信号容量需求（乡镇基站数量及密度远小于城市）；既需要分布在城乡建设区，也需要分布在城乡非建设区；融入城乡规划建设的技术难度大、挑战多，适合作为独立的研究对象。

基站是接入基础设施的重要组成部分，将其融入城乡规划中各层次规划、建筑和市政设计的技术方法和路径正在探讨中。随着5G 大规模建设，不仅要建设满足覆盖需求的宏基站，还要随着业务开展建设室内覆盖系统和微基站，满足容量发展需求。基站适合通过城乡规划引导和基站设置标准等路径全面融入城乡建设之中。

5. 多功能智能杆

多功能智能杆（也可称为智慧灯杆）是近几年新出现的新型基础设施，杆体主要承载智能设施、感知设施、5G 基站等设施，是挂载智慧城市外场设施的重要载体。因城市道路资源丰富，道路上杆体林立、设施众多，依托道路改造或建设多功能智能杆成为发展突破点，也将向公园、小区、公路、广场等空间拓展；因在道路上增加大量通信和电力接入管道，对道路上人行道有限资源的综合利用提出严峻挑战；因涉及路灯、通信、公安、交通、交警等多个管理部门，其管理方式和市场化运营模式值得广泛探讨。

多功能智能杆是接入基础设施的新增内容，将其融入城乡规划、市政设计的技术方法和路径正在探讨中。随着 5G 应用日趋广泛、智能交通的外场设施日趋丰富和成熟、城市治理要求越来越高，多功能智能杆的建设方式将更加多元，应用场景也将更加丰富，利用率也会逐步提升。多功能智能杆适合通过城乡规划引导和设置标准等路径全面融入城乡建设之中。

6. 通信管道及通道

通信管道是多种城域网在城市道路中公共敷设通道，承载的城域网包括电信固定网、移动通信网、有线电视网、数据通信网等公共通信网，以及政务、军队、公安、铁路等通信专网。通信管道可分为骨干、主干、次干、一般、接入等层次的管道，不同层次管道的容量存在差异；通信管道一般附设在道路内，以集中布置为主。通信线路除了敷设在通信管道外，也可采取架空方式敷设，这种情况下通信基础设施的表现形态为通信线路架空通道；通信线路也可敷设在综合管廊或缆线管廊内，这种情况下通信线路通道与其他市政通道共用通道；当通信管道容量较大时，还可以建设专用地下通信通道，如通信机楼的出局管道或通信机楼的周边管道。[①]

通信管道是传统城市基础设施，可通过城乡规划和市政设计促进其建设。随着 5G 和智能城市的持续开展，道路上接入基础设施日趋增多，特别是多功能智能杆的批量建设，对道路上通信接入管道产生较大影响；另外，随着信息通信机房进入建筑单体或小区，对小区管道产生了较大影响；有必要对通信接入管道进行系统性完善。

综上，信息通信基础设施的概略内容可参见图 1-13。

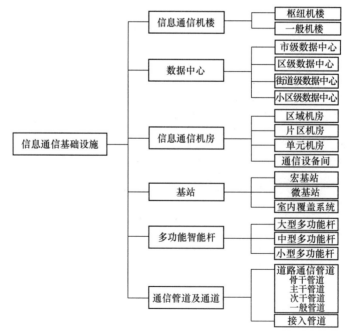

图 1-13　信息通信基础设施分类示意图

---

① 陈永海，孙志超，等．城市通信基础设施规划方法创新与实践［M］．北京：中国建筑工业出版社，2019.

1.2.7　面临的机遇和挑战

在上述六类信息通信基础设施中，既有信息通信机楼、通信管道等传统基础设施，也有基站、数据中心、多功能智能杆、信息通信机房等新型基础设施，推动其有序建设是机遇和挑战并存。

1. 发展机遇

1) 技术需求与城市化建设协同发展

绝大部分信息通信基础设施是信息通信技术发展到近十多年内产生的需求，与我国城市化进程时间基本相同，这种机遇千载难逢；将信息通信基础设施与城市同步建设，不仅在当下将起到事半功倍的效果，且由于其使用周期与主体工程的使用周期基本同步，能对未来至少几十年信息通信发展奠定良好基础。而欧美国家早已完成城市化过程，大量新增信息通信基础设施只能采取市场化方式来建设，且受到相关法规的制约，建设难度远高于我国，这也是欧美国家城市网络及应用不如我国城市的主要原因。

2) 政府、运营商、社会形成合力支持基础设施建设

我国政府管理体制属于集中管理，政府部门的统筹能力极强，在集中力量办大事方面具有无可比拟的强大优势，如促进 5G 基站和新基建等基础设施建设就是最好的例证，深圳、上海、北京等城市能在短短两年内迅速建立覆盖全城的 5G 网络。在政府部门号召和统筹的宏观背景下，通信运营商、规划设计咨询以及政府物业管理单位，多方能形成一种合力，共同支持信息通信基础设施的建设。可以预计的是，我国在信息通信基础设施建设方面，无论是数量还是质量，都将大大优于欧美国家。

2. 面临的挑战

1) 系统地建立信息通信基础设施体系

目前，《城市通信工程规划规范》已建立以通信机楼和通信管道为主的通信基础设施系统，并建立相对完整的体系；随着 5G 及信息通信技术的发展，基站、通信机房作为重要内容，也需要纳入现有通信基础设施体系中，其层次也需要重新梳理和划分。同时，随着互联网及智慧城市的高速发展，出现依托通信基础设施的数据中心、多功能智能杆、信息接入设施等信息基础设施，也需要纳入城乡规划建设中，并与通信基础设施协同、融合发展。另外，以 5G 基站和数据中心为代表的新基建，急需纳入城乡规划建设中，并与通信基础设施融合发展。

上述基础设施从多个维度要求实现信息通信基础设施融合发展，也需要城乡规划技术人员把握新技术发展趋势，建立包含信息通信机楼、数据中心、信息通信机房、基站、多功能智能杆、通信管道在内的全类型基础设施；每种类型结合信息通信技术发展需求、城乡规划建设层次和特点，细分为不同层次，建立覆盖大型、中型、小型基础设施在内的连续系统，从而形成相互联系、支撑的信息通信基础设施体系；并建立以主导业务为基础，按照工程规划的基本逻辑、常规指标和做法，全面建立信息通信基础设施规划建设的技术路径。

2) 基础设施建设周期长、支撑设备更新的时间长与设施建设时间要求短、技术迭代

更新快、基础设施的设置规律易变化之间协调发展面临挑战

国土空间规划期限长（近期建设一般为 5 年，中远期为 10～15 年），城市新建城区新建片区发展过程更长（一般需要 15～30 年），规划滚动修编的时间间隔也较长；相应地导致信息通信基础设施规划建设周期较长，单独占地的大型基础设施，建设周期一般需要 5～8 年；附设式基础设施的建设周期取决于主体工程的建设，即使开始建设后，建设周期也有 3～8 年不等，且建设期间面临多种不确定性。基础设施建设完成后，可支撑几代信息通信设备和系统迭代更新，对电力、通信等半永久性配套设施的建设要求十分高。

通信运营商一般编制三年发展规划，且每年滚动更新，基站、机房等接入基础设施从立项到建设，时间约为 0.5～2.0 年，多为年度计划；机楼等大型基础设施的时间需求一般为 3 年；需要的时间均较短。另外，从 1.1.1 节技术发展回顾和 1.2.1 节技术影响来看，在电子和半导体、材料等协同创新的背景下，信息通信凭借本行业近水楼台的优势，在电信固定网、移动通信网、有线电视网和互联网，以及信息通信融合发展方面，技术迭代更新十分明显；少量革命性技术直接改变基础设施的布局和设置条件、设置规律，大部分技术迭代对信息通信设施产生影响，积累叠加后对基础设施的设置规律产生影响；多重技术共同作用后，基础设施也会出现趋势性变化。相比较而言，城乡规划须更注重趋势性变化和革命性技术变革，持续跟踪行业技术发展，分析和总结不同技术对基础设施的影响，滚动更新各类基础设施的设置规律。

面对两者的功能差别和需求时间差，需要规划工作者充分把握信息通信技术发展趋势，建立合理的架构，并总结好各类基础设施的设置规律；另外，还必须尽早地纳入城乡规划建设，实现基础设施与城乡之间有序发展，避免需要空间资源时，城乡却没有空间资源来满足信息通信行业发展。

3）基础设施分类多、接入基础设施分布广、技术含量高与国土空间规划和城乡发展建设的大众化管理平台之间协调发展面临技术挑战

从 1.2.6 节内容可以看出，信息通信基础设施的分类较多，每类基础设施又包括大中小等分项；接入基础设施是行业比较独特的需求，具有数量多、分布广等特点，且与技术发展密切相关，具有较高的技术含量，如基站的设置规律和布局就是比较典型的代表，从而要求相关技术工作者均有一定的行业基础知识和分析应用能力。近几年出现的数据中心、多功能智能杆等新型基础设施，具有明显信息行业的市场化特征，还面临建立一套规划和管理体系的挑战：界定边界条件、确定预测方法和措施、总结设置规律、布局基础设施等，难度更大。

相比较而言，国土空间规划和城乡工程建设是比较成熟和大众化的管理平台，先进技术应用到普通工程建设需要较长过渡时间，也需要从业工作者不断学习技术，了解各项设施的特点、应用条件和应用场景，掌握已总结设置规律和技术应用路线，促进其纳入城乡规划建设之中；而在通信基础设施扩展为信息通信基础设施过程中，从业工作者还面临尽快掌握新增基础设施的技术挑战。

面对上述技术挑战，需要规划、设计行业吸纳电信设计院等专业力量，开展横向技术合作和商务合作，通过多种措施尽量完善和优化技术规范标准，建立多条技术路径，促进

信息通信基础设施尽快纳入城乡规划建设中。

4）信息通信行业多家运营商并存、新增基础设施较多等特殊性需要建立相关公共政策法规来引导与"放管服"等宏观背景之间的协调平衡面临挑战

信息通信行业有四家国家级主导运营商，而城乡规划建设一套基础设施满足四家运营商和其他网络建设发展需求，两者之间需要公共第三方平台提供服务、公共政策来引导发展、公共价格来保障供需平衡；另外，行业容易出现信息通信机房、数据中心、多功能智能杆等新型基础设施，每类基础设施的服务对象、服务方式、建设方式以及建设主体、运营维护单位、管理单位、使用单位以及价格等均存在较大的不同，都需要建立一套完整的管理办法来引导其有序发展，较难套用已存在的普适性规章、常规的物业管理方法来管理；需要每座城市结合自身发展情况，建立一整套完整的管理措施来规范管理基础设施。

另一方面，《行政许可法》已成为行政和办事准绳，普适性内容都依法（依章）办事，信息通信基础设施拟新增行政许可事项的难度十分大，尽可能通过规章或管理办法有针对性地规范行业发展；另外，在发展市场经济的大背景下，"放管服"已成为政府部门服务企业、市民的主流趋势，制定具体条文时掌握好尺度，保持与国家的宏观政策基本一致，在提供服务和规范发展之间取得平衡。

面对上述挑战，需要城市政府和行业主管部门充分考虑本地信息通信基础设施资源和管理情况，在建立第三方平台、新增管理内容、确定公共政策、建立服务标准等方面，适度地推动规章或管理办法出台，促进本地信息通信基础设施持续发展。

综合而言，上述挑战属于主观性内容，在政府主管部门和多方力量的共同努力下，均会在发展中给出圆满的解决方案。

1.2.8　发展策略

信息通信基础设施的发展目标、技术要求、发展路径比较接近，推动其持续发展的共同策略如下：

1. 规划与标准双轮驱动

从推动上述六类基础设施建设的技术路径来看，一般可通过规划引导、标准推动两条路径来开展。单独占地的独立式基础设施（如大型信息通信机楼、大型数据中心等），可通过规划布局、用地出让、建筑建设等步骤开展；附设类大中型基础设施（如综合性机楼或数据中心、区域机房、片区机房、单元机房、宏基站等），可参考独立式基础设施来开展，通过规划布局、纳入规划设计要点、开展建筑市政设计等步骤落实；附设类小微型基础设施（如通信设备间、室内覆盖系统、小微站、多功能智能杆、接入管道、接入通道等），可通过符合设置条件和设置标准、开展建筑市政设计等步骤落实。

考虑到国内绝大多数城市均未系统地开展信息通信基础设施专项规划，开展规划和实施规划引导的时间周期太长，且受规划立项、编制、审批、分区分批建设等较多环节不确定性影响，对于附设式大中型基础设施，也可通过事先设置技术条件、满足条件即在建筑市政中落实建设。同时，运营商采用租赁（购买）物业改造的市场化方式，仍可作为一种建设方式；必要时，采取政府引导方式来推动，如同超级大城市推动 5G 基站建设一样。

同时上述多种方式可共同推动信息通信基础设施建设。

2. 技术与法规协同并举

在行政许可管控内容日趋严格的大背景下，信息通信基础设施因内容新、分项之间差异性大、技术性强、涉及的主体单位多等原因，在规划、建设、管理等方面有较多特殊性，需要地方政府主管部门建立与之相适应的管理办法，促进行业持续发展。

首先，信息通信行业有四家运营商平等竞争，需秉承共建共享的基本原则来建设基础设施，还有大量的接入基础设施需要通过建筑、市政建设来达到使用要求，需要一整套制度来管理，而带有明显市场化运行特征的多功能智能杆、数据中心这两类最新基础设施加入后，牵涉到政府单位和使用单位更多，更需要为此建立公平的管理制度，需要确定基础设施管理的共性原则和操作措施，明确各方的责任和义务。其次，不同于传统的水、电、气等基础设施，各类信息通信基础设施的技术含量高，设计、验收、运维等难度较大，差异化特征明显，普通建筑、市政设计院，以及施工、竣工验收、小区物业管理单位均较难承担对光纤、室内覆盖系统等设备和线路的建设维护管理，也需颁布单独的管理办法。最后，各类基础设施建设完成后，交由谁运营管理？如何分配给四大运营商和市、区政府部门，以及众多使用者，都是很棘手的问题，城乡规划和工程建设的普适性流程和措施较难完全覆盖信息通信基础设施，也需要管理办法予以明确。

1.3 规划与设计总则

1.3.1 行业特点

信息通信基础设施除具有城乡基础设施的基本特点外，还具有以下独特特点：

1. 内涵不断拓展，接入基础设施众多，设置规律易出现变化

水、电、气等基础设施一般由场（厂）站、管网或通道两部分组成，而信息通信基础设施也具有对应的大型局楼、通信管网及通道；同时，信息通信基础设施还具有中小型站房这个层次，且所含内容众多。随着信息通信技术创新，以及信息社会和智能城市的深入发展，上述三个层次基础设施的分项内容也在不断增加，10 多年前新增的基站、机房，以及近几年出现的数据中心、多功能智能杆，都较好地诠释了这种分项内容逐步增加的趋势；新增的基础设施，需要建立整套技术路线、规划方法以及对应的管理措施，使之融入现有的规划和建设体系之中。随着 5G 大规模商用和人工智能广泛使用，信息通信基础设施的内涵可能还会发生变化。

信息通信网络巨型化、扁平化和丰富的终端设备相结合，以及设备小型化和行业颗粒度小等特征，产生了大量的接入基础设施。在六类信息通信基础设施中，除了信息通信机楼没有接入基础设施外，其他五类均存在接入基础设施，且有些基础设施又包括多个分项，如基站含宏基站、室内覆盖系统、微基站三个分项，信息通信机房包括通信设备间、单元机房、片区机房、区域机房四个分项；接入基础设施广泛分布导致产生了大量的接入管道；接入基础设施广泛分布在建筑单体、小区（园区）以及城市道路、公园内，对信息通信基础设施规划设计产生较大影响。由于接入基础设施的体量有大有小，需要通过规划和设计等途径，使其融入城乡规划建设之中。

无论是传统基础设施还是近几年出现的新型基础设施，在近 10～20 年时间内均出现十分明显的变化或出现新的设置规律。除了因移动通信系统迭代更新，基站设置规律发生较明显变化外，信息通信机楼也从每局 5 万～10 万门向 30 万～40 万户，乃至 100 万户转变，"少局址、大容量"成为主要组网原则，且机楼内设备可灵活地布置到大型机房内，实现机楼和机房并存发展的格局；因 5G 的大规模商用，机房由 1 个分项需求（汇聚机房）裂变为 2 个分项需求（通信设备间、片区机房），再到 4 个分项（通信设备间、单元机房、片区机房、区域机房）需求，每个分项机房的设置规律也在相应变化。这种设置规律变化增加信息通信基础设施规划的难度。

2. 多家运营商并存发展，多种城域网叠加形成共同需求

经过多次电信改革和企业重组，我国电信行业形成中国移动、中国电信、中国联通、中国广电四家国家级主导电信运营商，四家运营商并存发展、平等竞争（相关历程参见示意图 1-14），为市民提供固定电话、移动电话、有线电视、网络等电信业务；市民也可自由选择运营商。目前，四家运营商开展的业务基本相同，城域网的架构基本相同，但由于各家运营商的发展历程有差异，主导业务及市场份额略有不同，拥有的机楼、机房、管道等基础设施资源有一定差异。相应的，城域网功能、组网方式以及机楼、机房的设置规律也会略有不同。

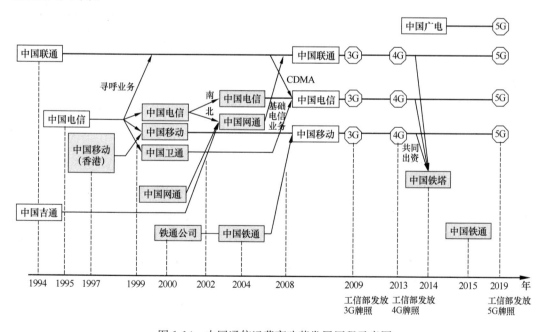

图 1-14　中国通信运营商改革发展历程示意图

［图片来源：孙松林 . 5G 时代经济增长新引擎 . 金融纵横，2020（3）］

四家电信运营商经营的 4 张公共城域网，对六类基础设施都会产生需求，且绝大部分基础设施需求彼此独立，形成叠加需求，但需要的大小或程度有差异；除了 4 张公共城域网外，城乡范围内还有政务、公安、交警、军队、海关等信息通信专网，专网在不同规模城市对六类基础设施的需求规模有较大差异，一般信息化程度高的城市（特别是特大城市、超级城市）需求量会相对大些；乡镇和小城市需求相对较小，可通过城市公共城域网来实现通信组网。随着智能城市的各个智能分项的持续深入开展，专网对接入管道、多功能智能杆、数据中心、机房等基础设施的需求呈现大幅增长态势，需要在规划设计时予以重视。上述公共城域网和专网对基础设施的需求，可叠加也可融合，视城市规模和乡镇的经济发展水平、信息化水平等确定。

3. 与宏观政策关系密切，也需要公共政策引导

通信是各国政府重点管控的行业，中国的电信基础业务运营商以及基础设施服务商都是特许经营或特批，运营商的数量、主导业务与通信改革、政策和法规等密切相关，也因此决定了通信行业的基本状况，这也是城乡基础设施规划建设开展工作的前提条件。从中国 20 多年改革情况来看，信息通信行业的改革比其他基础设施行业频繁，今后可能还会出现改革，这也直接决定了信息通信基础设施与宏观政策密切相关的特点。

多家电信运营商平等竞争和多种城域网叠加需求信息通信基础设施，使得城乡信息通信基础设施的规划、建设、管理会出现大量需要统筹协调的事情，特别是多家运营商都同时有需求时问题就更加突出，如信息通信机房、通信管道、基站站址等接入基础设施就是如此。另外，由于地块开发建设、市政工程建设等已基本市场化，六类基础设施采取市场化运营是大势所趋；在运营基础设施过程中，既需要第三方提供公共设备的建设和公平使用机会，也迫切需要公共政策引导，如信息通信基础设施管理办法、接入基础设施规划设计标准、通信管道使用价格指引、信息通信机楼和机房的租赁价格指引等。

1.3.2 主要任务

结合国土空间规划层次和建筑市政设计阶段，将六类信息通信基础设施分层次纳入国土空间规划和建筑设计、市政道路设计，是信息通信基础设施工作者的主要任务；专项规划的内容和深度根据要求开展，与信息通信行业对应的主要是信息通信基础设施规划。

1. 国土空间规划体系

目前，国土空间规划分为"五级三类"，实现全域覆盖和多规合一。"五级"指国家级、省级、市级、县级、乡镇级，与行政体系对应；国家级规划侧重战略性，省级规划侧重协调性，市县级和乡镇级规划侧重实施性。"三类"分为总体规划、详细规划、相关的专项规划。总体规划强调的是规划的综合性，对行政区全域范围涉及的国土空间保护、开发、利用、修复做全局性的安排；详细规划强调实施性，一般是在市县以下组织编制，是对具体地块用途和开发强度等做出的实施性安排；相关的专项规划强调的是专门性，对特定的区域或者流域的特定功能的空间开发保护利用做出专门性安排。从市级操作层面来看，国土空间规划体系架构如图 1-15 所示；与信息通信基础设施密切相关的是总体规划和详细规划，两个层次因主体规划内容不同，规划信息通信基础设施的内容也有所差异。

2. 国土空间总体规划

1）市级国土空间规划确定单独占地的信息通信机楼和数据中心（以满足城市公共使

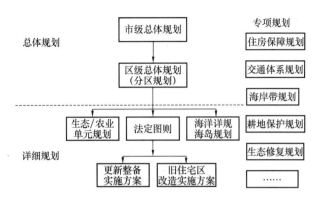

图 1-15　国土空间规划体系架构图

用需求为主）的布局和用地需求，以及通信管道的体系。

2）县（区）级国土空间规划落实上层次规划内容，确定信息通信机楼和数据中心（含单独占地式和附建式）的布局、用地规模或建筑面积，确定信息通信区域机房、片区机房及微型数据中心（街道级）的布局、建筑面积，确定道路上通信管道的体系和容量。

3. 国土空间详细规划

因国土空间详细规划的层次和内容尚未确定，参考早期层次确定对应层次规划的内容。

1）控规级详细规划落实上层次规划内容，确定信息通信机楼和数据中心（含单独占地式和附建式）、信息通信区域机房、片区机房及微型数据中心（街道级）的位置、用地规模或建筑面积；确定信息通信单元机房、宏基站的布局和建设要求；确定道路通信管道的位置和容量。

2）修规级详细规划（含城市更新）落实上层次规划内容，确定信息通信机楼和数据中心（含单独占地式和附建式）、信息通信区域机房、片区机房及微型数据中心（街道级）的位置、用地规模或建筑面积；确定信息通信单元机房、宏基站的位置和建设要求；确定道路通信管道和机楼机房出局管容量。

3）乡镇规划宜确定宏基站和通信设备间、信息通信单元机房、片区机房、架空线路或通信管道路由等内容。

4. 建筑市政设计

本书设计指建筑单体（小区）、道路市政等常规设计，非电信规划设计单位开展的各类信息通信设备、缆线等信息通信设施的设计，此部分内容一般在建筑和道路等土建完成后根据需要分步开展。

1）开展信息通信机楼、数据中心的建筑设计，或落实上层次规划确定的各类信息通信基础设施的具体位置和配套设施；

2）具备设置信息通信单元机房、片区机房、区域机房的条件时，落实机房的具体位置；

3）按建筑的功能、建设规模和道路的等级，确定通信设备间、室内覆盖系统、基站及机房、多功能智能杆等设施位置，开展信息通信机房和微型数据中心的配套设施、通信接入管道及通道等设计。

1.3.3 目标及原则

1. 规划设计目标

1）建立信息通信基础设施体系，总结分类基础设施的设置规律；

2）建立将分类基础设施纳入国土空间规划和建筑市政设计的路径、平台及措施，将信息通信基础设施有效纳入城乡规划建设；

3）探讨与信息通信基础设施特殊性相适应的管理政策。

2. 规划设计原则

1）功能主导、滚动跟踪

与信息通信技术密切相关，信息通信基础设施都是专业性较强的功能性设施；无论是大型局楼，还是中小型站房以及通道，主导功能都十分明确，需要从技术发展和功能要求的角度来仔细研究其需求，坚持功能主导原则，把握发展趋势和主导脉络，总结分类基础设施的设置规律。

由于信息通信技术含量高、变化快，技术变革或技术变化累积对信息通信基础设施的设置规律产生影响，或重新建立系统和设置规律，或更新已有设置，需要坚持滚动跟踪原则，按 5 年左右时间间隔对基础设施设置规律进行评估，确保信息通信基础设施与技术发展基本同步，并支持信息通信行业持续发展。

2）因地制宜、适度超前

因地制宜是市政基础设施规划建设遵守的共同原则，信息通信基础设施也是如此；无论是信息通信机楼、数据中心，还是信息通信机房、多功能智能杆以及通信管道，都需要根据片区的土地利用规划及功能，因地制宜开展信息通信基础设施布局；而基站还与城市建筑形态及周边建筑相关，更需要因地制宜地开展规划设计。

适度超前是市政基础设施规划遵守的共同原则，信息通信基础设施更应如此。由于信息通信技术迭代更新的时间间隔较短，因此，在总结设置规律时，应适度超前地留有一定的发展余地（预留 50％及以上需求）；另外，信息通信基础设施的建设周期较长，基础设施建设完成后使用时间更长，且实时通信的要求使得基础设施改造难度大，有必要在可预知的技术基础上，按照适度超前的原则，高标准地开展基础设施规划设计。

3）集约建设、公平使用

多家运营商平等竞争和多种城域网叠加需求对信息通信基础设施规划提出挑战，而城市空间不可能预留多套基础设施来满足发展需求，因此，开展信息通信基础设施规划设计时，需坚持集约建设的原则，大型局楼基础设施采取适度集约建设，中小型站房和公共通道等基础设施采取集约集中建设，节约土地资源和公共资源。

鉴于信息通信基础设施须满足众多使用者的需求，且主导运营商之间还存在公平竞争的要求，因此，需要以独立第三方为公共平台，为众多使用者提供公平服务，避免因基础设施制约运营商业务发展；同时，对于按市场化运营的基础设施，还需要在供需双方之间建立公平合理的价格，同时满足运营单位和使用者的利益需求，避免偏离基础设施提供基础服务为主导的初衷，更好地促进信息通信行业发展。

1.3.4　政策与法规

工业和信息化部是信息通信行业的主管部门，信息通信行业的大部分政策由工业和信息化部发布，重要政策由工业和信息化部联合其他部委一起发布；各省、城市政府主管部门一般转发执行。近几年，国家重要战略由中共中央、国务院直接在重要文件中明确，全国落实执行。与信息通信基础设施规划建设相关的主要政策、法规如下。

1）国家战略

①《国务院关于印发"宽带中国"战略及实施方案的通知》（2013 年 8 月）。

② 国务院印发《促进大数据发展行动纲要》（国发〔2015〕50 号）。

③《中共中央关于制定国民经济和社会发展第十三个五年规划的建议》（2015 年 10 月，以下简称"十三五"规划）。

④《中华人民共和国国民经济和社会发展第十四个五年规划和二〇三五年远景目标的建议》（2020 年 10 月，以下简称"十四五"规划）。

解读：这四个文件分别由中共中央和国务院发布，是中国十分重要的政策文件，共涉及四个国家战略和一个行动计划。其中，第①②个文件分别对应宽带中国战略、网络强国战略，第③个文件对应大数据战略、"互联网＋"行动计划，第④个文件对应数字中国战略。党和国家充分意识到发展信息通信对城市和社会的意义和作用，这不仅仅是行业本身重要和需要重点支持，而且能带动新兴产业、网络经济的发展壮大，并成为促进中国跻身世界强国的重要措施。尽管与四个战略直接相关的是光纤、网络等信息通信设施以及大数据等内容，但这些都需要城市信息通信基础设施提供基础支撑。

2）重要政策

①《关于推进电信基础设施共建共享的紧急通知》（工信部联通〔2008〕235 号，二部委）。

②《关于推进光纤宽带网络建设的意见》（工信部联通〔2010〕105 号，七部委）。

③《关于推进第三代移动通信网络建设的意见》（工信部联通〔2010〕106 号，八部委）。

④《关于促进智慧城市健康发展的指导意见》（发改高技〔2014〕1770 号，八部委）。

⑤《关于加强城市通信基础设施规划的通知》（建规〔2015〕132 号，二部委）。

⑥《"双千兆"网络协同发展行动计划（2021—2023 年）》（工信部通信〔2021〕34 号）。

⑦《全国一体化大数据中心协同创新体系算力枢纽实施方案》（发改高技〔2021〕709 号）。

解读：上述七个重要文件均是多个国家部委联合发布，针对通信行业的战略地位、特点和急需解决问题而颁发，突显信息通信行业是与多个行业（领域）相关的支撑性行业。其中，第②～④个文件与信息通信设施和行业发展密切相关，对当时基础设施规划也产生重要影响，深圳市开展通信接入基础设施研究就是在第②③个文件颁布后开展的。第①⑤

两个文件与通信基础设施密切相关，特别是第⑤个文件对通信基础设施规划产生重大影响，全国多个城市首次开展通信基础设施专项规划，就是在这个文件的推动下开展，该文件直接明确了通信基础设施包含内容，也明确了各类城市完成专项规划的时间；与 2013 年颁布的《城市通信工程规划规范》相互呼应，共同形成指导通信基础设施规划建设的最权威指导文件。第⑥个文件是促进 5G 和光纤协同发展的行动计划，对 5G 网络及基站有重大推动作用；第⑦个文件是大数据中心系统建设的指导文件，有序推动区域、省、市之间的算力数据中心的协同发展，避免资源重复建设。

3）法律

①《电信条例》（2016 修订）。

②《广东省通信设施建设与保护规定》（2019 年 1 月 1 日）。

解读：《电信条例》是《电信法》出台前的行业最高法律，主要明确政府、运营商、社会的权利和义务。尽管在 2016 年做了修订，但大部分内容是相同的；关于通信基础设施的内容有两条，一条是电信运营商都有建设通信管道的权利，一条是电信运营商可在现状建筑上建设基站，但必须事先告知业主，缴纳使用费。《广东省通信设施建设与保护规定》针对通信行业多家运营商公平竞争、并存发展的特殊性，制定了反小区宽带垄断、用户自由选择运营商等规定，同时，针对通信行业新型设施较多的特点，强调将通信设施规划的有关内容列入土地出让的城乡规划设计要点中，推动通信设施与主体工程同步建设，并预留配套设施。

1.3.5 技术标准与规范

技术规范是城乡开展信息通信基础设施规划或建筑市政设计的最主要依据，含国家级、省、城市的技术标准或规范。受光进铜退、信息通信融合发展等主流技术的影响，近几年较多规范进行了修编或更换名称，以更好地促进信息通信设施、信息通信基础设施的发展；近年颁布或修编的规范如下：

1. 国家级规范

①《住宅区和住宅建筑内光纤到户通信设施工程设计规范》（GB 50846—2012）。

②《城市通信工程规划规范》（GB/T 50853—2013）。

③《综合布线系统工程设计规范》（GB 50311—2016）。

④《数据中心设计规范》（GB 50174—2017）。

⑤《通信管道与通道工程设计标准》（GB 50373—2019）。

⑥《民用建筑电气设计标准（共二册）》（GB 51348—2019）。

⑦《通信建筑工程设计规范》（YD 5003—2014）。

⑧《通信局站共建共享技术规范》（GB/T 51125—2015）。

⑨《多功能路灯技术规范》（T/CALI 0802—2019）。

解读：上述①~⑥个规范为国家级规范，第⑦个为行业标准，第⑨个为团体标准；1 个规划规范和 7 个设计规范，设计规范的数量、覆盖内容等都超过规划规范。前 3 个为新颁布的标准，对信息通信设施、信息通信基础设施的规划设计起了重要推动作用；其中第

②项为指导通信基础设施规划的规范，对通信基础设施的内容做了全面界定，内容偏重宏观层次的大型通信基础设施；其他为设计规范；第①③两项是设计规范，指导光纤到户、光纤到桌面设计，对建筑内部信息通信需求的设备间进行规定。第④～⑦项是修编规范，对相关名称、计算方法、做法根据市场和技术发展进行了修改；其中，第④项由《电子信息系统机房设计规范》（GB 50174—2008）（已废止）修改而成，也因信息技术发展增加数据中心级别及配套设施做法；第⑤项对通信管道容量计算进行更新，第⑥项将建筑物内电子信息设备机房改为智能化系统机房，适应范围缩小为针对民用建筑（群）中普遍设置的各类智能化系统设备机房、监控机房、管理机房及进线间、弱电间等，第⑦项为行业标准，针对早期邮电部电信专用房屋进行修编，结合新要求指导通信机房向综合性方向发展。第⑧项为国家标准，针对通信行业多家运营商并存、大量基础设施需要共建共享而制定，从技术角度支撑各类通信局站共建共享。第⑨项为标准编制改革后的行业团体标准，因智能城市和5G发展而将路灯功能进行全面提升。

2. 省级及地市级技术标准

①《深圳市城市规划标准与准则》（2013版）。

②《智慧灯杆技术规范》（DBJ/T 15—164）。

③《园区和商业建筑内宽带光纤接入通信设施工程设计规范》（DBJ/T 15—131）。

④《广东省建筑物移动通信基础设施技术规范》（DBJ/T 15—190）。

⑤《广东省城市通信接入基础设施规划设计标准》（T GDJSKB 003—2021）。

⑥《广东省信息通信接入基础设施规划设计标准》（DBJ/T 15—219—2021）。

⑦ 山东省《建筑物移动通信基础设施建设规范》（DB 37/5057—2016）。

解读：在省、市信息通信基础设施地方标准制订方面，深圳市及广东省的规划主管部门做得相对较好，近3年内制订了较多这方面的标准。深圳市在2013年修订了《深圳市城市规划标准与准则》，对通信工程规划的内容做出明确的规定，除了进一步完善通信机楼、通信管道等传统基础设施外，还增加了基站、通信机房以及小区总机房、建筑单体机房等接入基础设施。广东省在近几年先后对园区和商业楼宇电信固定网的接入基础设施需求、移动通信的接入基础设施、城市通信接入基础设施、城乡信息通信接入基础设施进行较全面的制订，部分内容略有交叉。

综上，因信息通信技术发展需要，国标、省标、市标在基础设施标准编制方面做了大量实践，设计标准的数量比规划标准多；从内容上看，规划标准已出现滞后于设计标准，明显缺少数据中心，接入基础设施规划设计仅广东省做了较全面的实践；也从另外一个角度说明了信息通信技术发展变化大、有较多需要探讨更新的内容，基础设施的设置规律需要隔5年左右进行检讨和滚动更新。

1.3.6 重难点分析

受5G和智能城市处于炽热建设状态的影响，信息通信基础设施备受关注，也让我们更清晰地看到信息通信基础设施规划设计状况及重点和难点。

1. 行业状况分析

党中央、国务院以及省、市政府高屋建瓴地推动 5G、智能城市及新基建的建设，促进通信基础设施扩展为信息通信基础设施；这既凸显了通信基础设施规划建设的原有问题，也对信息通信基础设施规划建设提出更高的要求。

1）信息通信基础设施在规划、设计方面处于参差不齐状况

信息通信基础设施规划及标准整体上滞后于现状：住房和城乡建设部于 2013 年颁布《城市通信工程规划规范》，该规范的支撑技术对应 2010 年左右，与目前技术发展差距较大；住房和城乡建设部于 2015 年发布《关于加强城市通信基础设施规划的通知》，部分城市首次开展通信基础设施专项规划，其中大部分城市以基站规划为主（由各城市铁塔公司推动），但总体情况不容乐观，与网络强国、宽带中国、大数据等国家战略要求以及信息通信在城市中的地位和作用相比，存在较大反差。在通信基础设施扩展为信息通信基础设施的过程中，也正是信息通信行业的技术和基本面变化最大的时期，加上《城市通信工程规划规范》的修编工作又遇到国土空间规划体系建立和新冠疫情暴发，修编工作多次延期，从而出现规划及标准严重滞后现状的情况。另一方面，随着智慧城市、新基建等内容持续深入发展，各行各业规划建设智慧城市、智慧行政区、智慧园区（社区）、智慧行业的积极性高涨，主动要求将新基建、新技术纳入各层次规划，反过来倒逼国土空间规划、技术标准纳入新基建等内容。

信息通信基础设施设计及标准与现状基本相适应：在建筑和市政道路开展信息通信基础设施设计时，主要依据现行的设计标准。从 1.3.5 节内容可以看出，设计行业的相关标准均根据技术发展做了制订和适宜修编，光纤到户的设备间已能较好地按照设计规范落实，数据中心以及智慧路灯等新型基础设施，基本能满足当下技术发展需求。较遗憾的是，由于缺少规划的指导，建筑和市政的设计内容以满足建筑或道路自身的需求为主，一直缺少信息通信城域网的内容；此部分内容由通信运营商采取市场化方式来推动建设，存在选址难、建设难、维护难的行业顽疾。

2）信息通信基础设施建设采取多种方式推进

中小型站房及新型基础设施采取市场化方式推动建设：满足城域网需求的信息通信机房（如区域机房、片区机房、单元机房）及中小型数据中心，以附设在建筑单体内的方式建设为主，由运营商或建设单位租赁或购买物业改造；此类基础设施面临站房选址难、建设难（变更建筑性质）、功能欠缺、运营难（面临涨价或被逼迁，站址不稳）等难题，建筑面积较大（如 $100m^2$ 及以上）的机房更难。中大型数据中心一般由取得相关资质的单位购买厂房改建而成，分布在城市外围；大型或超大型数据中心一般选取工业用地，采取兼容通信基础设施类方式建设，部分新建城市或新区已将数据中心纳入详细规划中，并开展建设，如深汕合作区，此类单独占地的数据中心的用地性质尚在探讨之中。

5G 基站和智慧城市由政府主导建设：根据党中央、国务院和各省市政府的指示精神，各城市的 5G 基站和智慧城市正全面开展建设；借助设备厂商、专业设计院和运营商的努力，深圳、上海、北京等超级大城市的 5G 基站已基本完成初始覆盖；借助设备厂商、蛰

伏许久的大量的系统集成商（服务商）、信息行业巨头等多方力量，各城市智慧大脑的框架已基本形成。上述建设均未借助国土空间规划、建筑设计、市政设计等存量资源，均采用市场上新生力量来推动建设，也为信息通信基础设施建设提供了第三条路径。

上述不同建设路径参见图 1-16。

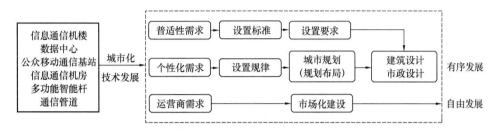

图 1-16   信息通信基础设施建设路径示意图

3）信息通信基础设施在国土空间规划中尚处于较边缘的状态

国土空间规划体系正在构建过程中，当前开展工作的内容侧重体系和总体规划层面；在总体规划层面对应的大型基础设施主要是信息通信机楼和数据中心，而数据中心（特别是区域型数据中心）是否纳入和怎样纳入国土空间规划尚有争议，信息通信机楼的用地较小，在市政交通基础设施中关注度不高。国土空间详细规划层面尚未开展，信息通信基础设施中较特殊、数量十分多的中小型基础设施，本身体系尚在构建过程中，加上原城乡规划中详细规划已被停止，中小型基础设施缺少应用平台，导致此类基础设施延续城乡规划时处于边缘状态。造成目前这种状态是由各行业认识不统一、专业技术人员严重不足及实践机会太少、技术标准不完善及收费标准太低等多重因素交织影响而形成的。

党中央、国务院及各城市政府均十分重视信息通信产业发展，力促培育信息通信企业国际巨头、中小企业成长壮大以及新产业孵化；工业和信息化部是信息通信行业主管部门，对行业的重要性把握很透彻，抓住行业发展不同阶段的时机，促进发布宽带中国、网络强国、大数据、数字中国四大国家战略，也协同住房与城乡建设部推动通信基础设施纳入城乡规划建设。作为落实信息通信基础设施的主管部门，住房与城乡建设部、自然资源部也高度重视信息通信基础设施规划建设，但由于信息通信基础设施具有体量小、接入基础设施多以及多家运营商并存发展等独特特点，且相关标准内容待完善，推动其纳入城乡规划建设时，对采取技术路径、针对性方法和措施等方面，尚未形成统一认识，有待不断深化、优化、完善、统一。

目前，据作者团队初步了解，国内地级市（及以上）的城市规划设计单位从事通信基础设施规划的技术人员十分少，一般由电力规划人员兼做；与给水排水、电力、环卫等相比，开展通信、信息类基础设施专项规划较少。在已开展通信基础设施专项规划的城市中，因信息通信技术含量高、变化快且设置规律易变化，大部分城市由电信设计院和城市规划院联合编制；另外，在已开展通信基础设施规划中，大部分城市以基站规划为主，如落实 2015 年住房和城乡建设部及工业和信息化部联合发文的规划，且此部分费用由各城市铁塔公司和运营商出资推动（与其他基础设施规划由政府推动不同），这在一定程度上制约了通信基础设施规划的持续性。

《城市通信工程规划规范》（GB/T 50853—2013）于 2013 年颁布，而 2013 年之后发生了较多新事件，需要新规范来补充完善。如 4G、5G 移动通信系统投入使用，对基站建设高度关注，需要规范予以指导；如新基建中共有 7 项建设内容，其中 4 项与信息通信相关，也需要规范补充；又如智慧城市建设渐入佳境，信息基础设施内容大幅增加，而规范缺少此部分内容。与规范内容相对应，规划设计收费标准却一直停留在 2003 年、2004 年的认识上，收费标准脱离了实际需求，也制约了信息通信基础设施规划的开展。

2. 规划设计重点

信息通信基础设施规划设计按主要任务开展，规划重点确定布局或位置，设计重点满足功能需求；规划设计重点一般围绕以下三个方面展开。

1）确定大型信息通信基础设施的规划布局或详细位置，按设计规范开展设计

大型通信基础设施是指单独占地的信息通信机楼、数据中心等，此类基础设施建设周期长，要从城市中远期发展角度来考虑。

信息通信机楼需要综合现状机楼布局及使用情况、通信增量业务、几种城域网的发展需求以及城市规划建设等因素而确定，可结合运营商的数据中心需求一起建设，数量相对较少。信息通信机楼一般建设在城市，布局机楼时需分析各通信运营商的现状机楼及使用情况，明确不同通信运营商需求及规模；结合土地利用规划及新建地块，对需求进行整合，采取差异化方式进行布局；对于以新建为主的城市（新区、城区），可按机楼设置规律和通信用户预测布置，需求较大且土地资源丰富时可按运营商布置；详细规划阶段，需落实信息通信机楼的控制坐标。开展信息通信机楼设计时，按《通信建筑工程设计规范》（YD 5003—2014）开展，并按要求建设专业功能型建筑。

数据中心是新型基础设施，也是新基建的重要组成部分；数据中心的需求对象较多，规模差别十分大，可采取差异化方式开展数据中心的布局。国土空间规划以布局公共需求的数据中心为主，大型企业的需求以空间和产业引导、政策指导为主。城市公共需求的数据中心含政务、产业等，政务需求主要指智慧城市及其需求，分市区两级；产业需求包括工业、金融等行业；每类需求可结合城市经济和信息化发展水平、现状需求等因素确定；详细规划阶段，需落实数据中心的控制坐标。部分中型规模的数据中心可参考中小型基础设施方式规划设计。开展数据中心设计时，按《数据中心设计规范》（GB 50174—2017）开展，并按要求建设专业功能型建筑。

2）确定中小型信息通信基础设施的规划布局、设置规律或具体位置，预留配套基础设施

中小型信息通信基础设施是指附设在其他建（构）筑物或城市公共空间内的信息通信机房、基站站址、多功能智能杆等，这是信息通信行业比较独特的需求，具有类型新、数量多、分布广、建设方式灵活等特点，可通过设置规律在规划、设计阶段落实。

信息通信机房分区域机房、片区机房、单元机房和通信设备间，前三者以布置城域网设备为主，主要通过详细规划落实，确定其位于的地块或建筑单体（小区）和建筑面积；后者布置城域网设备和满足建筑本身需求设备，主要在建筑设计阶段落实，确定其位于的

楼层和建筑面积。不同城市的不同运营商对机房需求类别和规模存在差异，可通过设置规律体现差别；不同类别机房的服务面积有差异，可结合详细规划范围大小落实不同规模的机房。在缺少规划指引时，可在建筑设计阶段按照一定设置条件直接落实区域机房、片区机房、单元机房；可结合建筑功能和规模，直接确定通信设备间的规模。在建筑设计、市政设计阶段，主要在主体工程中预留或控制机房的面积，并预留电源、通信通道和做好接地等配套设施，除了光纤配线架外，其他设备留待通信运营商和其他单位建设。

基站分为宏基站、室内覆盖系统、微基站，前者通过规划或设置规律在详细规划中落实，确定到地块或建筑单体（小区）；后两者通过设置规律直接在建筑设计或市政设计阶段落实；因基站跟空间形态密切相关，所有基站都需在建筑或道路施工图设计阶段进行确认。不同城市宏基站的设置规律比较接近，但因城市开发强度、人口密度以及建筑总体布置、空间形态等不同，基站服务范围略存在差异。开展建筑、市政设计时，落实基站以确定天线位置（支撑杆体）和预留通道、配套设施为主；有运营商或铁塔公司参加时，可与主体工程同步建设。

多功能智能杆是新型基础设施，其体型小、关联内容多，其规划设计的内容正在探讨之中。规划阶段主要确定多功能智能杆的建设目标、设置原则、建设方式以及优先建设区域、建设时序、建设数量等，并确定规划布局，同时确定基础设施建设标准和建设方式。设计阶段按设计要求开展，按中远期需求配套设计电力通道、通信管道等地下基础设施；因其承载的设备较多，实施时序差异化较大，各类挂载设备根据需要逐步挂载。

3）确定综合通信管网的建设规模和要求

综合通信管网分市政通信管道、出局管道、通信接入管道、建筑接入通道等，形成敷设所有通信公网和专网的共同通道。

市政通信管道是综合通信管网的主体，宜由骨干管道、主干管道、次干管道、一般管道组成，其他管道均与市政通信管道连通，形成全程全网的综合通信管网。与其他市政管道一样，市政通信管道一般与道路同步建设；但通信管道由一根根管道组成管束，也便于扩容建设。与其他管道不一样的是，通信管道需满足多家运营商的需求，而《电信条例》又赋予通信运营商建设管道的权利，故国内有两种建设管道的方式：一种是由政府或组建专业管道公司统一建设管道，一种是各运营商各自建设管道。这两种方式对管道规划有一定影响，特别是后一种方式，很容易出现多家运营商分别建设多条通信管道路由的不利情况，需要对管道建设进行统筹，需要确保通信管道路由符合《城市工程管线综合规划规范》（GB 50289—2016）的要求。

大型机楼、中小型站房因功能不一样，对出局管道的路由及容量等要求也不一样，需分别规划设计，特别是含中小型站房的建筑单体，需预留至少两个对外出局管道。因基站、多功能智能杆以及智慧设施的规模化建设，通信接入管道日趋普遍，部分道路需规划设计独立的接入管道路由，与市政通信管道形成双路由管道格局。建筑接入通道因光纤到桌面、室内覆盖系统以及信息通信机房等需求，须在建筑物内建立通达、连续的通道。

3. 规划设计难点

尽管信息通信行业及基础设施越来越受到重视，但由于受客观条件限制，开展信息通信基础设施规划设计时存在规范标准待完善、技术障碍待破局、政策需要完善等难点。

1）建立适合行业需求的标准框架难度大

国家级、省级、市级的规范标准是开展规划设计的技术依据，对规划设计有重要指导作用；但标准同时具有立项难、编制时间长、程序严谨复杂、修编间隔时间长等特点，这对技术发展变化快、基础设施内容不断拓展和设置规律需要滚动更新的信息通信基础设施提出严峻挑战。如 2013 年版《城市通信工程规划规范》（GB/T 50853—2013），立项时间是 2007 年，支撑技术与 2010 年基本对应，编制时间前后共用 6 年；2013 年发布后，信息通信行业出现大量新内容和新变化，很多内容需要增补或更新，但修编工作尚未开展，从而导致较多内容滞后现状发展，对建设新基建和支撑四大国家战略实现严重缺位。

自 2017 年国务院办公厅推行《深化标准化工作改革方案》以来，团体标准因立项渠道多、编制时间短、修编快捷等特点，在工程建设和新型基础设施建设方面得到广泛应用，这正好契合信息通信基础设施的特点；经过近几年的摸索，作者团队觉得采取国标和团标相结合的方式，更有利于信息通信基础设施规划设计。《城市通信工程规划规范》（GB/T 50853—2013）针对大型基础设施，编制标准时侧重建立更加合理的架构、把握发展趋势、预留发展空间；而团体标准针对接入基础设施，编制标准时侧重中小型附设式基础设施，总结分类接入基础设施设置规律，在设计阶段增设小微型基础设施，同时在规划、设计两个领域推动基础设施建设。尽管采取国标和团标相结合是兼具尽早发挥标准指导和快速推动标准实施的方法，但同样面临需多方达成共识、标准立项难、编制标准难度大、标准落实时间长等难题。

2）编制国家级规范标准的技术难度大

建立合理的技术架构、把握发展趋势难：随着通信基础设施向信息通信基础设施扩展，以及接入基础设施的内容日趋丰富且建设迫切；编制标准时首先面临确定信息通信基础设施框架的难题，其中通信基础设施的框架已基本成型，但以数据中心、多功能智能杆为代表的信息基础设施，还需要探讨。另外，还需要把握信息通信技术发展趋势，对信息通信基础设施的每个分项的层次和内容进行梳理、划分和优化，使其更好地适应未来技术发展。

总结分类基础设施设置规律难：信息通信基础设施二级分项有 6 类，与信息通信技术密切相关，而信息通信技术纷繁复杂、迭代更新快，相互联系和影响。编制标准的难题在于，透过各类信息通信技术，建立其与空间、通道的关联性，区别分项之间的异同点及关键特点，建立普适性基础平台；针对 6 个分项基础设施，按照国土空间规划的基本方法分别量化各种参数，总结通俗易懂的设置规律，确定相对应的技术方法和措施，形成有机整体，同时适应不同城市和不同经济发展状况的需求。

适宜地开展滚动更新难：有些技术迭代更新后，需要对设置规律进行更新，如每一代移动通信系统升级后，需要了解工作频率、传播模型以及覆盖距离，掌握覆盖和容量预测的基本方法和关键参数，综合确定基站站址的设置规律；但大部分技术变化对基础设施的影响没有典型标识，需要编制人员主动识别，并分析判断对基础设施的影响程度，从而对分项基础设施进行更新或维持不变，部分关联度较大的技术，还需要对相关技术一起判断；这正是难点所在。

3）新型基础设施规划难度大，接入基础设施落实难度大

规划新型基础设施时，因面临建立完整的规划体系，系统考虑各类相关问题，规划难度较大；规划数据中心就会遇到系列难题，如确定数据中心架构，数据中心如何分类分级？不同类别数据中心采取何种技术路线？数据中心需求规模如何量化？数据中心用地性质怎样确定？数据中心如何规划布局？上述问题都需要在规划时统筹考虑，并与设置规律形成有机整体；其他类别的新型基础设施，因其特点和关键因子不同，规划时都需要有针对性地开展规划和统筹布局。

接入基础设施是信息通信比较独特的设施，因信息通信网络既满足人群通信的基本需求，也需要满足物体连接需要，且新建接入基础设施主要分布在城市建成区（特别是已建建筑及小区），这正是规划短板，也是规划难点所在。落实接入基础设施时，需结合分项接入基础设施的建设要求、城市各片区的基本资源和土地利用情况等因素，采取多种方法和路径推动，如基站与信息通信机房就采取完全不同的技术路线来推动，基站与多功能智能杆也存在较大差异，不同类型基站也需采取不同方法来推动，需因地制宜落实各种不同接入基础设施。

4）建立专项法规和公共政策的难度大

因信息通信基础设施的特殊性，使得信息通信基础设施的管理更需要管理办法、技术标准、价格指引三方面的公共政策支持；难点在于，在"放管服"大背景下，如何推动上述三方面公共政策的落实？该由哪个政府主管部门来推动落实？特别是管理办法和价格指引两部分公共政策。

自行政许可法实施以来，政府主管部门在规划、建设审批、管理等过程中更加规范，信息通信基础设施分项内容比较多，新型基础设施和接入基础设施也较多，面临新问题也比较多，需要政府规章进行公平指导。在基础设施建设管理日趋市场化和行政审批实施"放管服"的大趋势下，在多家政府主管部门达成编制管理办法和管理内容共识的基础上，取得做好坚持基础设施定位、提供优质服务于行业的平衡，由第三方提供基础建设和基本服务。另外，多类基础设施的租赁、服务价格也是关键问题，需要在供需双方之间保持利益平衡，如广东省早期由省物价局颁布过通信管道的租赁价格指导价，这个价格就相对公正，后来因多种原因取消政府指导价；上海市还颁布过基站天线租赁；随着信息通信机房、微型数据中心等接入基础设施的广泛使用，会出现大量机房管理问题，其租赁价格也需要相关指导价。

1.3.7　规划思路方法和设计要点

开展信息通信基础设施规划设计须根据各分项基础设施的主导功能和需求特点，结合信息通信国土空间规划层次和建筑市政设计要求，采取针对性思路、差异化的方法，促进基础设施支撑信息通信设施持续发展。

1. 规划思路

在国土空间规划阶段，一般根据规划层次将对应规模的大中型信息通信基础设施纳入规划中；同时，也可通过专项规划、配套规划等开展信息通信基础设施布局。相关规划思路及方法如下。

1）建立满足多家运营商和多种需求的信息通信基础设施规划系统

四家通信运营商是信息通信基础设施的需求主体，信息通信机楼、机房、基站一般以通信运营商需求为主；除此之外，以数据中心、多功能智能杆为代表的新型基础设施，还需要满足数据中心运营商、云服务商以及政数、公安、交警等单位需求；受道路人行道较窄等条件限制，通信管道需要满足所有通信公网和专网的敷设需求。这种需求特点需要建立各分项基础设施系统时，统筹分析各类需求，并进行整合、综合，预留充足发展空间，满足各种不确定性需求。

2）紧扣各分项基础设施的主导功能及特点，采取贴合需求的针对性思路

在六类信息通信基础设施中，信息通信机楼与大型机房、数据中心有一定相似性，也有一定差异性；与基站、多功能智能杆、通信管道三类基础设施差异十分明显。各分项基础设施的主导功能及特点，决定需要采取不同的规划方法，如基站布局，需采取容量和覆盖相结合进行预测，结合城市空间确定基站布局；其他分项基础设施也是如此，需抓住各自主导功能和特点，确定对应的技术方法，提高规划成果质量。

3）以公共需求为主线，统筹规划基础设施

在六类信息通信基础设施中，其需求包括通信公网和专网，包括通信运营商、大型IT 企业、政府部门、专业服务商等，因有些需求的边界条件无法界定，无法按闭环原理建立完整的系统和开展工作，相比较而言，公共需求就容易按工程规划的技术路线开展，建立以此为基础的工作主线，而专网、个性等需求，能量化时可以纳进来，不能量化时采取预留备用量的方法来统筹考虑。

2. 规划方法

1）以通信主导业务为基础，按照工程规划的技术路线开展规划

通信工程规划有成熟的技术路线，与信息融合后，通信网络是承载的共同平台；通信行业有基础业务、增值业务、虚拟业务等多种，信息行业有连接数、带宽等业务；与通信网络对应的是通信主导业务，即光纤端口用户、移动通信用户、有线电视用户等。以此类主导业务为基础，能总结出各分项基础设施的设置规律，从而确定大部分基础设施的布局；而其他基础设施则通过相关技术措施来确定。

2）建立业务密度分区，多路径推动信息通信基础设施融入城乡规划建设

信息通信基础设施的分项较多，各分项基础设施的差异性比较明显，分属不同政府部门主管，开展分项专项规划的周期较长，且存在较大不确定性；除了按工程规划的技术路线外，还需要建立通信用户业务密度分区；以此为基础，建立以密度分区的技术路径，确定各分项基础设施的设置规律、设置条件和设置要求，增加不同分项基础设施纳入城乡规划建设的条件和机会，舒缓信息通信基础设施规划建设面临的诸多困境。

3）采取差异化方法拓展在现状城区内规划建设接入基础设施

信息通信技术迭代更新的特点使得较多新建基础设施首先需要在现状城区建设，而现状城区是增补建设基础设施的局限区域，且信息通信基础设施颗粒较小，接入基础设施较多，分布较广；因此，可结合信息通信基础设施的主导功能和特点，因地制宜地采取扩建、改造、新建等方式来规划基础设施，其中基站站址、通信管道扩建是较常用的方法，新建的接入基础设施可在公共空间内布置，还可利用政府、国企等物业规划增补基站站址，利用路灯改造多功能智能杆作为智慧城市感知系统的综合载体等等，拓展现状城区规划建设接入基础设施的方法和措施。

4）采取规划、标准、设计相结合方法推动接入基础设施建设

接入基础设施是信息通信行业较特殊的内容，分项内容较多，含大型、中型、小型、微型等类别，其中，大型、中型基础设施适宜通过国土空间规划推动其建设，小型、微型类基础设施较难纳入国土空间规划，可通过技术标准和建筑市政设计相结合来推动其规划建设。另外，对于中型基础设施，由于存在国家规范标准待更新优化、开展专项规划实践少、配套规划内容确定等现实问题，可以已编制的地方标准或团体标准为依据，采取标准与建筑市政设计相结合的方法来推动接入基础设施有序建设。

3. 设计要点

在建筑设计和市政道路设计阶段，在落实规划方案或基础设施时，重点满足信息通信基础设施主导功能的需求，为后续信息通信设施建设和运营打下良好的基础。

对于单独占地的信息通信机楼和数据中心而言，主要坚持专用建筑的主导功能；此类专用建筑布置数据存储、交换等专业设备，以及高低压配电、电池组、配线架等辅助设施，设备布置及其电源保障和通信安全是主导功能，小型化、模块化、用电密度高是其主要特征，需预留充足的发展空间；建筑的层高、荷载、电源、接地均须按照专业设计规范开展。

对于附设在其他主体工程中的信息通信基础设施而言，重要的是同步建设电源、通信通道等配套基础设施。与机楼类专用建筑相比，机房的配套设施要求均略为下降，同时还需与主体工程进行协调；附设在道路和小区内的通信管道及多功能智能杆等基础设施，均须按中远期需求建设管道容量、电源线等地下配套基础设施。

4. 推进路径及技术路线

针对目前各城市开展信息通信基础设施专项规划实践机会较少、技术难度较大的现实情况，城市规划单位可与电信规划设计单位联合推动专项规划，或以正在建设的项目、正在编制的重点片区为试点（如北京市推动重点片区 5G 基站规划），开展信息通信基础设施详细规划，不断积累经验、锻炼技术队伍，尽快尽早地系统推动信息通信基础设施融入城乡规划建设之中。

综合上述规划思路和规划方法，开展信息通信基础设施规划时，可以国土空间规划为主线，同时结合各分项基础设施特点和要求，采取多种方法来推动其建设；相关技术路线参见图 1-17。

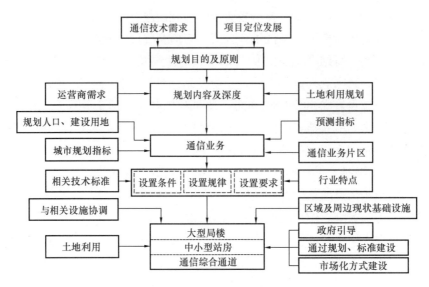

图 1-17　信息通信基础设施规划技术路线示意图

1.4　广东标准与深圳规划

近年来，广东省在光纤到户、综合布线等国标的基础上，出台了较多信息通信基础设施方面的地方规范标准，同时出台《广东省通信设施建设与保护规定》，全方位促进信息通信行业持续发展；深圳市在信息通信基础设施全要素规划方面也做了探索。

1.4.1　广东标准

与经济改革及市场化走在全国前列相对应，广东省通信业务（特别是移动通信用户数和手机每月消费能力）和信息化水平处于国内前列，对信息通信基础设施建设要求更加迫切；另外，深圳市、广州市等城市在老城区开展城市更新时采取整体建设方式，其做法与国内大部分城市不同，为同步建设附设式信息通信基础设施提供了较好的条件。

在 2012 年国家发布《住宅区和住宅建筑内光纤到户通信设施工程设计规范》后，由于该规范仅覆盖住宅区，广东省补充《园区和商业建筑内宽带光纤接入通信设施工程设计规范》，促进光纤覆盖更多建筑；同时，由于该规范仅将电信固定网延伸到建筑内，广东省又编制《广东省建筑物移动通信基础设施技术规范》，指导移动通信网络及基础设施纳入城乡规划建设。随着智慧路灯在全国各城市试点普及，广东省又组织编制《智慧灯杆技术规范》，指导新建道路配套建设智慧路灯，或将存量路灯改造为智慧路灯。

在 2013 年国家发布《城市通信工程规划规范》后，由于该规范缺少信息通信行业特有的接入基础设施，且 2014 年后，信息通信行业发生了较大变化，对基础设施需求也出现相应变化，广东省组织编制了《广东省城市通信接入基础设施规划设计标准》《广东省信息通信接入基础设施规划设计标准》，这两本标准以接入基础设施为主线，将所有接入基础设施纳入规划、设计两个阶段，并在两个阶段建立既相互联系又彼此独立的设置规律，促进接入基础设施多路径纳入城乡规划建设。

1.4.2 深圳规划

深圳市有较雄厚的电子信息产业，也有华为、中兴等 5G 标准的主要制定者和参与者，信息通信业务及产业居于国内前列，市委市政府充分认识到推动 5G 系统及基站建设对拉动 5G 庞大产业链的快速发展、推动深圳走向世界具有重大意义，于 2019 年 9 月 2 日颁布《深圳市关于率先实现 5G 基础设施全覆盖及促进 5G 产业高质量发展的若干措施》，全面推动深圳市在 2020 年建设 5G 基站覆盖密度最高的城市。以 5G 建设为主线，深圳市工业和信息化局联合市规划和自然资源局、市通信管理局，组织编制《深圳市信息通信基础设施专项规划》，深规院作为规划承担单位，联合多家电信规划设计院及咨询单位，利用 18 个月左右时间完成专项规划。

该专项规划含信息通信机楼、数据中心、基站、信息通信机房、多功能智能杆、通信管道六个分项内容，支撑信息通信网络和智慧城市对基础设施需求；相关支撑示意参见图 1-18。专项规划与城市总体规划期限相同，除了多功能智能杆的规划期限到 2025 年，其他基础设施规划期限到 2035 年（含近期建设规划）。6 个分项基础设施规划布局均纳入规划主管部门的"规划一张图"进行统一管理，与规划主管部门日常行政审批相互关联，促进基础设施全面有效纳入城市规划建设。

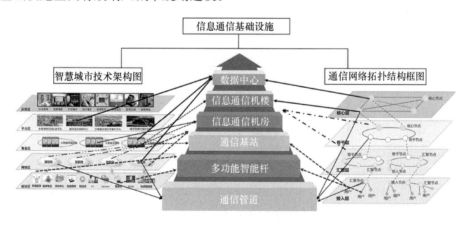

图 1-18　信息通信基础设施支撑通信网络及智慧城市示意图

深圳市是土地资源严重紧缺、开发强度较高的超级大城市，对规划单独占地的信息通信机楼和数据中心提出严峻挑战，规划根据具体情况推动信息通信机楼和数据中心采取联合建设、分别单独建设、附设建设等多种方式。同时，深圳市在现状建成区开展规模化城市更新，为城市中心城区布置附设式数据中心、信息通信机房创造了十分难得的机会。规划对近期建设基站，按物理站址进行落实；对中远期需求的基站，结合地块按空间站址进行控制。部分资源紧缺且需求相同的站房基础设施，采取集约共址方式布置。以基站和多功能智能杆以及信息通信机楼、机房和数据中心为基础，对通信管道进行统筹规划，并在有条件的道路推行双路由通信管道建设。

1.4.3 思考与展望

中国推动信息通信行业以及信息通信设施和基础设施发展，正处于天时、地利、人和的有利条件，抓住时机大力促进基础设施发展，能更好地促进信息通信产业和网络的持续发展，支撑国家四大战略顺利实施，达到事半功倍的效果。

1. 思考

大力建设新基建为全面系统地建设信息通信基础设施提供较好的契机，急需要规划建设主管部门改善薄弱的工作基础，利用成熟的规划建设平台，促进信息通信基础设施和谐发展。

1）全方位、全要素地促进信息通信基础设施有效纳入城乡规划建设

在信息通信基础设施规划、建设、管理的全链条发展环节中，规划起着重要的先锋带头作用，须秉承"适度超前、滚动更新、支撑设施"的先进理念，把握信息通信技术发展的趋势，总结各类基础设施的设置规律，把握城市化发展的机遇，引导信息通信基础设施有效纳入国土空间规划建设中；同时，在创新基础设施建设过程中，把握信息通信基础设施的特征，高度重视安全生产及管理，审慎地推动缆线管廊大规模应用等不利于通信缆线安全运行的做法，确保通信网络的安全持续发展。

随着信息通信技术发展和智慧城市要求不断提高，信息通信基础设施的内容已拓展到 6 个分类，需结合规划、设计的阶段要求和 6 类基础设施及各分项的特点，将 6 类基础设施分层次地纳入国土空间规划建设。如在 2G、3G 时代，设置室内覆盖系统是一种高品质通信的选择，而在 4G、5G 乃至 6G 时代，由于工作频率的不断提高，必须设置室内覆盖系统，否则，地下室等环境下智慧交通、无感支付等较普及的线上活动均无法开展；相应地，6 类基础设施的分项要素，均需有效纳入国土空间规划建设中。

2）集合多种力量多路径推动信息通信基础设施建设

住房和城乡建设部于 2015 年 10 月发布《关于加强城市通信基础设施规划的通知》，尽管较多城市也完成通信基础设施规划，但由于是首次在国内开展通信基础设施规划，主管部门不太明确、很多城市以铁塔公司推动为主，导致规划内容参差不齐，实施效果不尽如人意；随着新基建深入开展，有必要将通信基础设施扩展为信息通信基础设施，系统地推动 6 类信息通信基础设施及各分项纳入国土空间规划及建筑市政设计。

鉴于建设信息通信基础设施意义十分重大，任务又十分艰巨，而信息通信基础设施规划建设的基础十分薄弱，需集合政府主管部门、通信运营商及基础设施平台公司、城乡规划和建筑市政设计等力量，开展单位协作和合作，完善技术规范标准，多路径推动信息通信基础设施建设。以城乡重点片区、新建城区为突破点，开展信息通信基础设施规划，将大中型基础设施（单独占地的基础设施、区域机房等）纳入国土空间规划，通过规划、纳入规划设计要点等步骤引导基础设施建设；将小微型基础设施（通信设备间、室内覆盖系统、小微站、多功能智能杆、接入管道等）直接纳入建筑市政设计，结合主体工程同步建设；对于严重缺乏的中小型基础设施（区域机房、片区机房、单元机房以及微型数据中心等），可设置条件同时纳入国土空间规划或建筑设计。

3）进一步完善或制订技术标准及法规等公共政策

信息通信基础设施公共政策主要包括技术标准和管理法规规章及指导价格等。

修编《城市通信工程规划规范》：如前所述，该规范于 2013 年颁布，支撑技术约对应 2010 年，加上 2013 年之后信息通信行业发生了诸多变化，规范的较多内容需要修编，如修编预测方法、完善机楼的设置规律；还有更多的内容需要增加，如系统地增加数据中心、基站、通信机房等内容。目前，修编工作已立项，待条件成熟即开展修编。

制订和出台《城乡信息通信接入基础设施规划设计标准》：接入基础设施是信息通信行业独特的内容，具有类别多、数量庞大、分布广等特点，且大部分接入基础设施悬浮在现状规划建设体系外，其建设维护存在选址难、建设难、维护难等遗留问题；另外，各城市早期信息通信基础设施均采取市场化方式建设，大量信息通信基础设施存在无规划指导、建设手续不全、改变建筑功能等历史遗留问题，在市民法治意识普遍提高的背景下，上述基础设施面临被逼迁的困境，也需要专项法规来维持现状基础设施稳定，维护通信系统的正常运行。目前，在城市通信工程规划与建筑设计和市政设计之间存在大量的空白地带（图 1-19）。

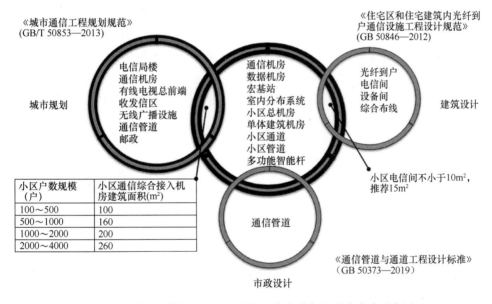

图 1-19 信息通信接入基础设施与现行规范标准所含内容示意图

基站、通信城域网以及智慧城市等需要的机房及配套设施，在建筑单体（小区）中无法得到落实，需要建立单独的标准，如《广东省城乡信息通信接入基础设施规划设计标准》，覆盖微型数据中心、信息通信机房、基站、多功能智能杆、通信接入管道及通道五类接入基础设施，同时将国土空间规划和建筑设计、市政设计连接起来，实现接入基础设施无缝衔接，促进接入基础设施系统地纳入城乡规划建设。

制订和颁布《城市信息通信基础设施管理办法》：由于信息通信基础设施分类多，不断出现新型基础设施，每类基础设施出现都面临重构系统、融入现有管理体系中，需要法规或政策引导；尚未出台分类基础设施管理办法的城市，还面临对 6 类信息通信基础设施进行规制。信息通信行业有 4 家国家级主导运营商，还有众多使用基础设施的云服务商、物理网络建设单位，而信息通信基础设施必须采取共建共享的原则集中建设 1 套，满足各单位集约使用要求，众多需求单位使用一套基础设施（6 类及分项基础设施），不可避免地存在建设、提供服务、配建基础设施等工作，由第三方管理平台来承担，需要法规来界定相关的权利和义务以及监管责任；同时，大量信息通信接入基础设施附设在建筑单体（小区）内，开发商或建设单位须承担建设接入基础设施的义务，并出台相关规章来约束各种建设行为。另外，信息通信基础设施的技术含量高，建筑内普通水电维护人员较难承担光纤等维护工作，也必须建立第三方管理平台，提供专业服务，并出台相关规章来规范各种行为。综合而言，由于信息通信基础设施的特殊性和历史发展特殊原因，每个城市都需要信息通信基础设施管理办法来统一管理。

制订信息通信基础设施的租赁价格：城市基础设施实施市场化管理是大势所趋，作为最早开始市场化改革的行业，信息通信基础设施更有条件实施市场化经营管理。在 6 类基础设施中，除了为主体工程服务的附设式基础设施（光纤到户、通信设备间、室内覆盖系统等）可不实现市场化经营外，其他均可采取市场化方式运营；而价格是市场化运营的关键。鉴于信息通信基础设施是为城市服务的，其定位以提供服务、满足信息通信行业发展需求为主；同时，基础设施采取市场化运营，也须保证经营单位能正常经营；另外，基础设施具有一定基础性和垄断性，不同于一般商品，需要进行价格指导，最好由政府部门或独立第三方核算价格，由政府部门颁布和监督实施。在深圳、上海、北京等超级大城市推行通信管道市场化管理的年代，广东省颁布通信管道租赁价格就是比较好的做法；上海在基站天线租赁方面也取得十分好的效果。

2. 展望

在上述国土空间规划、建筑设计、市政设计、技术规范标准、专项法规、指导价格等限制条件逐步改善后，再经过 3～5 年磨合，我国城乡信息通信基础设施的数量、质量以及运营环境将大大改观，将为四大国家战略实施奠定良好的基础，并支撑未来几十年信息通信行业持续发展。

1）更好地促进、支撑信息通信产业和网络的持续发展

信息通信基础设施具有投入少、建设受制约条件多、服务期限长等特点，其使用年限与主体工程相同，可达 50～70 年，并与城市协同、滚动发展，能直接拉动 3～5 倍信息通信设施的投资发展；按照信息通信设备 5～10 年左右进行一次技术更新，50～70 年的使用年限可支持通信设备、通信线路进行 5～7 次改造升级或迭代更新。如果考虑信息通信网络对信息通信产业、孵化新产业以及传统产业的升级改造等间接影响，信息通信基础设施产生的间接效益和社会效益更大；另外，在现状建成区内建设的信息通信机房、通信管道等基础设施，可为低时延业务提供较高的使用价值，推动金融等行业高质量发展，也能更好地支撑车联网等未来业务稳步发展。

2）创新创建信息通信基础设施规划建设管理新模式

信息通信基础设施是技术发展到当下产生的新生事物，其规划建设又正逢我国开展城市化、城镇化建设；这种机遇千载难逢，十分有利于创新其规划建设管理新模式，实现信

息通信基础设施与城乡融合发展，远胜于欧美国家信息化与城市化错位发展（欧美国家城市网络不如我国城市，其主要原因在于基础设施只能采取市场化方式建设，建设数量、密度及水平远低于我国）。将 6 种信息通信基础设施纳入国土空间规划，通过多种措施实现其与城乡发展同步建设、集中建设，满足多家使用单位需求，不仅在当下将起到事半功倍的效果，且由于其使用周期与主体工程的使用周期基本同步，能对未来至少几十年信息通信发展奠定良好基础；同时，借助我国体制优势，建立第三方管理平台，统筹管理多类及各分项基础设施，促进各类基础设施集约使用，高效利用基础设施，更好地发挥城市生命线的支撑和保障功能。

3）引领世界信息通信基础设施发展新方向

我国政府部门统筹能力强、行动高效，创建信息通信基础设施规划建设管理新模式，能引领世界信息通信基础设施发展新方向。将接入基础设施纳入城乡规划建设，是信息通信基础设施发展的新趋势，不仅在法理上稳定各类站房，而且可配套建设功能完整的电力通信基础设施，更长远地支撑信息通信行业持续发展；同时，我国能快速集合地方政府、通信运营商以及规划设计咨询单位、第三方管理平台等力量，采取多方合力的方式来建设信息通信基础设施，既能在现状城区或现状建筑上建设或扩建基础设施，也能在新建城区或新建工程中同步建设基础设施，这样能将信息通信基础设施在世界范围内做到最好；另外，我国通过规划设计、规范标准、管理办法、价格指引等公共政策的协同管理，实现多种关键要素协调发展，可为信息通信基础设施指出一条光明、宽阔的发展方向。

第2章　新需求对基础设施的影响

2.1　新需求概述

1. 概况

从现在往后的 10～20 年时间内，对信息通信基础设施有需求并产生较大影响的主要有 5G（6G）移动通信和智慧城市；前者是融合了信息和通信的综合型技术，将会对信息通信行业和社会的方方面面产生巨大影响，改变信息通信基础设施的很多做法；后者是融合了物联网、云计算等众多新技术的城市发展新形态，将会产生新型信息通信基础设施。5G 移动通信和智慧城市对信息通信基础设施的影响参见图 2-1。

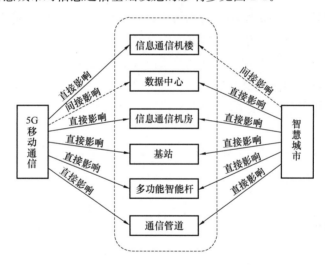

图 2-1　5G 和智慧城市对信息通信基础设施影响示意图

2. 5G 移动通信

5G 移动通信是在智能手机广泛普及、数据业务大幅增长、传输速率需求加快、带宽需求加大、连接数量呈倍数增长等宏观需求条件下产生；由于采用极化码、大规模天线阵列等近几年最新技术成果，工作毫米波波段，同时将软件定义网络（SDN）和网络功能虚拟化（NFV）等技术引入核心网，5G 打通 IT 和 CT 之间的硬件通道以及计算机网络和电信网络之间的逻辑通道，实现信息通信网络由自动化向智能化转变，可形成全球一体的移动通信网络。"4G 改变生活、5G 改变社会"。5G 除了满足人们对移动通信需求外，还为工业制造、交通运输、电力、医疗、广播电视和媒体、教育和内容创作等行业，提供增强宽带、海量机器通信、低时延高可靠的应用场景，助力实体经济持续转型升级，为经济的持续增长赋予新动能。

5G 移动通信对基础设施需求改变是急迫且深入的。5G 核心网元采用分布式架构，不同网元组可分设在不同位置，对信息通信机楼的空间和位置需求更加灵活；5G 对信息通信机房的需求更加普遍，不仅需要集中布置 BBU 机房，还需要边缘计算等机房；5G 宏基站覆盖半径减少，可由小微站来补充宏基站的弱信号区域；因机房、基站布局发生改变，相对应通信接入管道的路由和容量也发生变化。

3. 智慧城市

智慧城市是信息通信、计算机网络发展到高阶段而产生的融合型需求；由通信网络将感知设施、城市大脑及公共服务平台、各行业智慧应用终端或执行设施等组成有机整体。智慧城市的总体架构包括物理层、网络层、支撑服务层、应用层和展现层，对数字政府、智慧民生、智慧产业进行统一管理，按照底座共用、数据共享、设施共建的原则统筹建设；通过物联网、移动互联网以及大数据、人工智能、边缘计算、区块链等技术，收集、处理、管理政府部门和各行业数据，并对数据进行智能分析、预测预判，为城市管理提供科学合理的辅助决策，实现从管理到服务、从治理到运营、由局部应用到协同一体的跨越式发展。

智慧城市对信息通信基础设施需求更加广泛和持久。各行各业都会开展智慧城市建设，都需要建设数据中心，各种规模的数据中心布置十分广泛；数据云化管理为数据中心建设增添了灵活性，部分行业需提供高质量的数据服务和边缘计算，加大对中心城区数据中心的需求，基础设施规划主要确定公共需求的数据中心；数据中心可结合信息通信机楼、机房建设，也可单独建设。智慧城市将建设海量的传感器和收集数据的终端、执行指令任务的智慧设备，需要在城市道路等公共空间内布置多功能智能杆，承载上述传感器和智慧设备。数据中心、多功能智能杆等智慧设施均需要通信管道，为通信线路敷设提供路由。

2.2　5G 移动通信

2019 年 6 月 6 日工业和信息化部正式向中国电信、中国移动、中国联通、中国广电发放 5G 商用牌照，至此，移动通信网正式迈入第五代。从第一代（1G 移动通信）发展到第五代移动通信（5G）经过了 30 多年，经历了从模拟到数字、语音到数据的演进，网络速率千万倍增长。

5G 指第五代移动通信技术，具有高速率、低时延、广连接的特点，主要包括三大应用场景、八大性能指标、两种组网方式以及若干关键技术，如图 2-2 所示。

5G 的愿景是"信息随心至，万物触手及"。如图 2-3 所示，这个愿景以人为中心，从穿戴式设备到移动终端，从家居环境到工作场地，从医疗教育到工业农业，从金融交通到环境保护，希望从内到外、从个体到世界都能提供信息连接。这些愿景在 1G、2G、3G和 4G 时代只能说部分实现了，而 5G 的雄心更大，"信息随心至"指的是以人为服务对象，以信息世界为资源池，可以随心所欲地获得任何信息；"万物触手及"指的是以物为资源池，可以任意感受到物的存在。移动互联网和物联网两大时代发展趋势跃然纸上，万

图 2-2　5G 移动通信系统基本内容

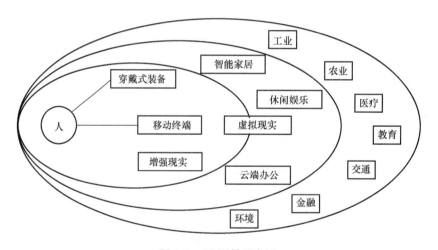

图 2-3　5G 愿景示意图

[图片来源：孙松林 . 5G 时代：经济增长新引擎 [J]．金融纵横，2019（12）：127]

物互联就在眼前。[①]

2.2.1　移动通信发展历程

　　移动通信技术日新月异，从第一代移动通信系统（1G）开始逐渐发展，先后经历了"1G 空白、2G 跟随、3G 突破、4G 发展"的历程，目前迎来了第五代移动通信系统（5G）的普及与推广，移动通信发展历程参见图 2-4。移动通信技术的发展深刻改变了我们的生活，下面主要介绍国内外移动通信的发展情况以及移动通信系统的网络制式。

---

　　① 孙松林 . 5G 时代：经济增长新引擎 [J]．金融纵横，2019（12）：126.

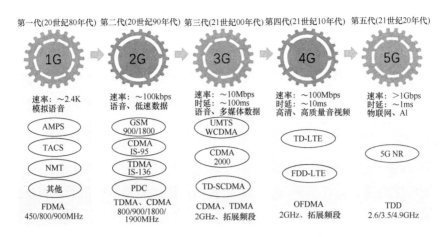

图 2-4　移动通信发展历程

1. 国内外移动通信发展介绍

自公元 1897 年马可尼完成无线通信试验开始，人类便正式踏上了移动通信研究和应用的征途，从此移动通信就一直影响和推动着人类文明的发展。现代移动通信技术自 20 世纪 20 年代产生至今，经历了 1G 系统到 5G 系统的发展变革。4G 时代，中国移动发展的 TD-LTE 成为全球事实上的 4G 标准；2018 年 6 月，国际移动通信标准化组织 3GPP 批准了第五代移动通信技术标准（5GNR：5G 新空口）独立组网功能冻结；同年，5G 第一个版本 R15 标准（R15 主要针对 eMBB 场景）完成冻结；2020 年 7 月，5G 的 R16 标准（R16 重点关注垂直行业应用及整体系统提升）也完成了冻结，标志着 5G 有了第一个演进版本。与此同时，3GPP 已经紧锣密鼓启动了 5G 的 R17 技术标准（R17 主要是对现有版本标准进行增强演进）的研究工作，预计于 2022 年 6 月完成此版本协议代码冻结，上述三个版本标准的应用场景参见图 2-5；R18 标准将综合运用人工智能等技术手段，进一步优化网络性能，在物联网、工业互联网、毫米波等领域进一步演进，以支持更多的业务

图 2-5　5G R15、R16 及 R17 标准应用场景

［图片来源：孟月 . IDC 崔凯：R16 标准冻结　5G 行业应用加速落地［J］. 通信世界，2020（19）：20-21］

49

应用场景，据悉，3GPP 将于 2021 年年底立项 R18，正式启动此项标准制定。

中国公众移动通信事业发展始于 20 世纪 80 年代，在短短 20 年的时间里，不仅网络规模和用户规模双双成长为世界第一，还在知识产权、国际标准、移动通信设备研制等方面取得了历史性的突破。2015 年底，中国移动主导制定的 TD-LTE 网络成为世界主流的 4G 商用网络；2019 年，中国四大运营商相继获得 5G 商用牌照，中国正式进入 5G 商用元年；2020 年，中国 5G 用户超过 1.1 亿，5G 正式大规模商用。

2. 移动通信网络制式

1）第一代移动通信系统（1G）——模拟时代

1G 是模拟蜂窝系统，采用频分复用（FDMA）模拟制式，将介于 300Hz 到 3400Hz 的语音转换到高频的载波频率（MHz）上，抗干扰性能差，频率复用度、系统容量低，主要用于提供模拟语音业务。1G 主要有两种制式，分别是来自美洲的 AMPS 和来自欧洲的 TACS，我国采用的是来自欧洲的 TACS。

2）第二代移动通信系统（2G）——数字时代

2G 是窄带数字蜂窝系统，数字通信具有保密性强、频谱利用率高、抗干扰能力强、能提供丰富的业务、标准化程度高等特点，主要提供数字化的话音业务及低速数据业务，为 3G 和 4G 的发展奠定了基础。2G 主要有两种制式，分别是来自欧洲 ETSI 组织的 GSM（GPRS/EDGE）和来自美洲以高通公司为主力的 TIA 组织的 CDMA IS95/CDMA2000 1x。

中国移动与中国联通 2G 制式使用的是 GSM，使用频段为 900MHz 或 1800MHz。GSM 较之它以前的标准最大的不同是他的信令和语音信道都是数字式的，因此 GSM 被看作是第二代（2G）移动电话系统。这说明数字通信从很早就已经构建到系统中。GSM 是由 3GPP 开发的开放标准。GSM 系统的重要特点：防盗能力佳、网络容量大、手机号码资源丰富、通话清晰、稳定性强、不易受干扰、信息灵敏、通话死角少、手机耗电量低、机卡分离。

中国电信 2G 网络制式使用的是 CDMA，使用频段为 800MHz。"码分多址"是每一个信号被分配一个"伪随机二进制"的序列进行扩频，不同信号被分配到不同的伪随机序列中。在接收机里，信号用"相关器"加以分离，这种相关器只接受确定选定的二进制序列并压缩频谱。

3）第三代移动通信系统（3G）——宽带时代

3G 采用宽带码分多址技术，具有数据传输速率、频谱利用率、传输的稳定性高等特点，可以同时提供语音和数据业务，开启了移动通信新纪元。3G 主要有三种制式，分别是 WCDMA、CDMA2000 和 TD-SCDMA，其中 WCDMA 是国际使用范围最广的制式，TD-SCDMA 是我国自主研发的一种基于 CDMA，结合智能天线、高质量语音压缩编码等先进技术的网络制式。

中国移动 3G 制式使用的是 TD-SCDMA，使用频段有 A 频段 1880-1920MHz、B 频段 2010-2025MHz、C 频段 2300-2400MHz，随着通信网络的进一步发展，TD-SCDMA 系统逐渐采用 A 频段。该标准是国产通信标准 NO.1，所有技术特点在空中接口的物理层体现，而物理层技术的差别是 TD-SCDMA 与 WCDMA 最主要的差别；核心网方面 TD-SCDMA 与 WCDMA 采用相同的标准规范。TD-SCDMA 具有单独组网，网络规划简单，建设、维护成本低，尤其是非对称数据业务传输的特点等优势。

中国联通 3G 网络制式使用的是 WCDMA，使用频段为上行 1940M～1955MHz，下行 2130M～2145MHz。WCDMA 源于欧洲和日本几种技术融合，其核心网络基于 GSM/GPRS 网络演进。WCDMA 可支持 384kbps 到 2Mbps 不等的数据传输速率，在高速移动的状态，可提供 384kbps 的传输速率，在低速或是室内环境下，则可提供高达 2Mbps 的传输速率。而 GSM 系统目前只能传送 9.6kbps，固定线路 Modem 也只是 56kbps 的速率，由此可见 WCDMA 是无线的宽带通信。

中国电信 3G 网络制式使用的是 CDMA2000，使用频段为上行 1920M～1935MHz，下行 2130M～2145MHz。CDMA2000 是一个由美国高通公司主导的 3G 移动通信标准，它与另两个主要的 3G 标准 WCDMA 和 TD-SCDMA 互不兼容。CDMA2000 是 2G CDMA 标准（IS-95）的延伸，可以从原有的 IS-95 结构直接升级到 3G，建设成本低廉。CDMA2000 的主要优点是天然同频组网，用户容量灵活，频谱功率密度低。对抗多普勒效应能力强，也容易扩展到多天线技术上。

4）第四代移动通信系统（4G）——互联网时代

4G，即宽带数据移动通信技术，集 3G 与 WLAN 于一体，具有快速传输数据、高质量、音频、视频和图像等特点，几乎可以满足所有用户对于无线服务的要求。4G 主要有两种制式，分别是 TD-LTE 和 FDD-LTE，其中 FDD-LTE 的传输速率更快，国际上采用的较多，TD-LTE 是我国在 TD-SCDMA 基础上自主研发的标准。

中国移动 4G 制式使用的是 TD-LTE，其使用频段为 1880M～1900MHz、2320M～2370MHz 和 2575M～2635MHz。LTE，俗称 3.9G，是从 3G 向 4G 演进的主流技术。LTE 以 OFDM（正交频分复用）/FDMA（单载波频分多址）技术为核心，具有 100Mbps 的数据下载能力；相对 3G 来讲，LTE 就好比特快列车升级到了动车、高铁，用户不仅能体验到速度的飞跃，更能感受到服务质量的升级，以及移动数字生活方式的转变。TDD 用时间来分离接收和发送信道。在 TDD 方式的移动通信系统中，接收和发送使用同一频率载波的不同时隙作为信道的承载，其单方向的资源在时间上是不连续的，时间资源在两个方向上进行了分配。某个时间段由基站发送信号给移动台，另外时间由移动台发送信号给基站，基站和移动台之间必须协同一致才能顺利工作。

中国联通与中国电信 4G 网络制式使用的是 FDD-LTE，联通的使用频段为 2300M～2320MHz 和 2555M～2575MHz，电信的使用频段为 2370M～2390MHz 和 2635M～2655MHz。这套无线通信标准，从技术标准的角度看，按照 ITU 的定义，静态传输速率达到 1Gbps，用户在高速移动状态下可以达到 100Mbps。FDD 模式的特点是在分离（上下行频率间隔 190MHz）的两个对称频率信道上，系统进行接收和传送，用保证频段来分离接收和传送信道。FDD 模式的优点是采用包交换等技术，可突破二代发展的瓶颈，实现高速数据业务，并可提高频谱利用率，增加系统容量。

5）第五代移动通信系统（5G）——万物互联时代[①]

---

① 何晶．5G 时代移动通信技术发展进程研究［J］．中国新通信，2020，22（8）：36-38.

2019 年 6 月 6 日，工信部向中国电信、中国移动、中国联通、中国广电四家企业颁发了基础电信业务经营许可证，批准四家企业经营"第五代数字蜂窝移动通信业务"。

中国移动获得 2515M～2675MHz 和 4800M～4900MHz 两个共 260MHz 带宽的 5G 频段，其中 2515M～2575MHz、2635M～2675MHz 和 4800M～4900MHz 频段为新增频段，2575M～2635MHz 频段为中国移动重耕 TD-LTE（4G）频段；中国联通获得 3500M～3600MHz 共 100MHz 带宽的 5G 频段；中国电信获得 3400M～3500MHz 共 100MHz 带宽的 5G 频段；中国广播电视有限公司获得 703M～733MHz、758M～788MHz 和 4900～4960MHz 共 120MHz 带宽的 5G 频段。

中国电信和中国联通的 3.5GHz 是目前全球成熟度最高的 5G 频率，广电所获得的 700MHz 是 5G 的黄金频段，而中国移动又一次担当了重任，需要花费很大的成本和精力去推动整个产业链条研发和应用的落地。

5G 是 4G 移动通信技术的一种延伸及优化，具有速率极高、容量极大、时延极低的特点。相对 4G 网络，传输速率提升 10～100 倍，峰值传输速率达到 10G～20Gb/s，端到端时延达到毫秒级。在 5G 移动通信技术中，多载波技术的引入极大地提升频谱效率、系统容量及信号传输质量，基于大规模多入多出（Massive MIMO）技术的 5G 移动通信网络，提升通信传输速度、频谱效率、安全性、可靠性更高，并细分三大主要业务场景，提供极高的数据速率、低时延通信和极端的覆盖能力；支持不同设备可以在同一时间传输大量的数据；可以应用在 VR 和 AR 还有社交网络上，给用户带来更好的体验。

为提供极高的速率，5G 网络采用 6GHz 以下低频段（FR1）和 6～100GHz 的高频段（FR2）全频谱接入，毫米波的引入带来更宽的频带，低频和高频混合组网实现网络核心区域的无缝覆盖和热点区域高速率数据传输。5G 通信通过新的编码方式及各种关键技术的突破，满足各类细分业务场景，由移动互联网向移动物联网拓展，加速各垂直行业的数字化转型。5G 网络朝更加开放式、虚拟化的方向发展，相比 4G 前网络以人的通信为主，5G 致力于人、网、物之间实现联通，构建起高速、移动、安全、泛在的新一代信息基础设施，使人类社会进入万物互联的新时代，5G 网络架构参见图 2-6。

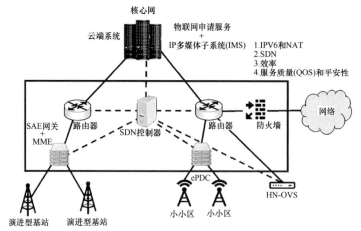

图 2-6 5G 网络架构图

[图片来源：孙松林 . 5G 时代：经济增长新引擎［J］. 金融纵横，2019（12）：79]

从移动通信的发展历程可以看出总体趋势是频率越来越高，频宽越来越大，传输速度越来越快，时延越来越小，各系统的技术和性能对比参见表 2-1。正是高速移动数据需求和通信技术的创新发展推动了移动通信的更新发展，不断研究启用更高的频段带来更大的带宽，大规模多输入多输出技术得到更高的传输速度，接近极限的信道编译码技术，带来更大的容量，先进的多址技术提升频谱利用率。无线数据业务发展的两大驱动力——移动互联网和物联网，将为 5G 后和未来移动通信发展提供广阔的前。

1G～5G 的技术和性能对比   表 2-1

	1G	2G	3G	4G	5G
起始/部署日期	20 世纪 70 年代/20 世纪 80 年代	20 世纪 80 年代/20 世纪 90 年代	20 世纪 90 年代/21 世纪	21 世纪/21 世纪 10 年代	21 世纪 15 年代/21 世纪 20 年代
理论下载速度（峰值）	2kbit/s	384kbit/s	21Mbit/s	1Gbit/s	10Gbit/s
无线网络往返时延	N/A	0.600s	0.200s	0.010s	<1ms
单用户体验速率	N/A	100kbit/s	1Mbit/s	10Mbit/s	100Mbit/s
标准	ANPS	TDMA/CDMS/GSM/EDGE/GPRS/1xRTT	WCDMA/CDMA2000/TD-SCDMA	LTE-FDD/LTE-TDD/WiMax	5G NR
支持服务	模拟（语音）	数字（语音、短信、全 IP 包交换）	高质量数字通信（音频、短信、网络数据）	高速数字通信（VoLTE、高速网络数据）	高速移动宽带（eMBB）、广域物联网（mMTC）、高可靠低时延物联网（uRLLC）
多址方式	FDMA	TDMA/CDMA	CDMA	OFDMA	filteredOFDM/FBMC/PDMA/SCMA（未定）
信道编码	N/A	Turbo	Turbo	Turbo	LDPC/Polar

表格来源：孙松林.5G 时代：经济增长新引擎［J］.金融纵横，2019（12）：25.

2.2.2 组网特征

5G 的组网方式主要有两种：一种是基于现有 4G 核心网建设 5G 接入网的方式，这种方式被称为非独立组网（NSA）；另一种是直接同时建设 5G 核心网及接入网的方式，这种方式被称为独立组网（SA）。按照独立部署和非独立部署的划分，3GPP 制定的架构已分别于 2017 年和 2018 年完成，共有 Option1～Option8 八种选项，两种部署方式各有四种选项，独立组网包括 Option1/2/5/6 四个选项，非独立组网包括 Option3/4/7/8 四个选项，详细情况参见图 2-7。

独立组网（SA）采用全新的 5G 核心网 NGC，建立端到端网络，充分利用 5G 技术优势以提高服务质量；非独立组网（NSA）进行 5G 与 LTE 的联合组网，采用双连接技术，便于利用现有的网络资源来减少 5G 网络建设成本。SA 是 5G 的最终目标部署方案，在初始应用阶段主要采用非独立组网模式，随着 5G 技术的快速发展，独立组网将会逐渐

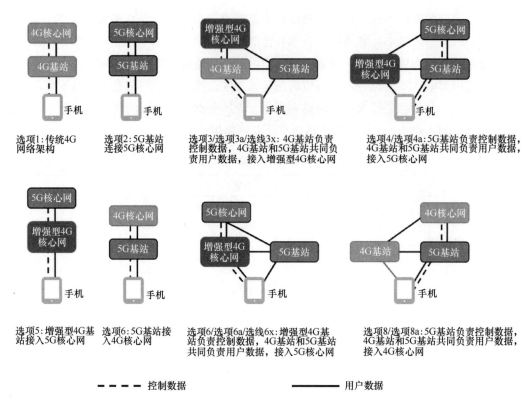

选项1：传统4G
网络架构

选项2：5G基站
连接5G核心网

选项3/选项3a/选线3x：4G基站负
责控制数据，4G基站和5G基站共同负
责用户数据，接入增强型4G核心网

选项4/选项4a：5G基站负责控制数据，
4G基站和5G基站共同负责用户数据；
接入5G核心网

选项5：增强型4G基
站接入5G核心网

选项6：5G基站接
入4G核心网

选项6/选项6a/选线6x：增强型4G基
站负责控制数据，4G基站和5G基站
共同负责用户数据，接入5G核心网

选项8/选项8a：5G基站负责控制数据，
4G基站和5G基站共同负责用户数据；
接入4G核心网

- - - - - 控制数据   ——————用户数据

图 2-7　非独立组网与独立组网的 8 种选项

[图片来源：孙松林 . 5G 时代：经济增长新引擎［J］. 金融纵横，2019（12）：147]

替代非独立组网。

1. 独立组网（SA）

组网特点：采用新网络架构，新型核心网 NGC，无线系统采用 gNodeB，支持 5G 新空中接口，提供 5G 类服务，组网架构参见图 2-8。5G 核心网与 5G 基站由 NG 接口直接相连，传递 NAS 信令和数据；5G 无线空中接口的 RRC 信令、广播信令、数据都通过 5G NR 传递；终端只接入 5G 或 4G（单连接），手机终端可以在 NR 侧上行双发[①]。

组网优势：从核心网来说，SA 独立组网方式的控制面实现统一部署，用户分布方式更加灵活，使 4G 和 5G 网络实现有效协同，其核心是为网络服务，提供更加完善的定制化 5G 服务，不局限于 eMBB（超大宽带）服务，能够进一步满足不同业务要求。从业务角度来说，可保证 5G 业务各项优势得到全面发挥，可以对 5G 新型业务（如灵活分配网络切片服务等）起到良好的支持，对垂直业务的拓展起到良好促进作用，能够进一步满足不同场景用户的个性化需求。[②]

难点分析：从投资角度来说，SA 独立组网方案需要无线接入网和 5G 核心网全部新

---

① 深圳市城市规划设计研究院有限公司 . 深圳市信息通信基础设施专项规划［R］. 2020.

② 王大朋，吴明明，邹鑫，等 . 5G 独立组网（SA）与非独立组网（NSA）的相关研究［J］. 中国新通信，2020，22（20）：36.

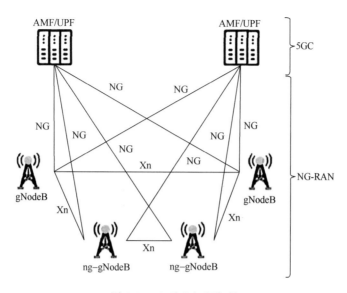

图 2-8　5G 独立组网架构

（图片来源：深圳市城市规划设计研究院有限公司 . 深圳市信息通信基础设施专项规划［R］.2020）

建，在覆盖初始阶段，投资相对较大，建设时间较长；从技术角度来说，采取新型架构与新接口技术，其面临的技术挑战及困难较多。

2. 非独立组网（NSA）

组网特点：采用双连接技术实现 4G 与 5G 混合组网，组网架构参见图 2-9。核心网采用 EPC，5G 无线网经由 4G 网络融合到 4G 核心网 EPC，融合的锚点在 4G 无线网。4G 基站和 5G 基站用户面直连到 4G 核心网 EPC，控制面则通过 4G 基站连接到 4G 核心网 EPC。用户面通过 4G 基站、EPC 或者 5G 基站进行分流。其中 Option3 数据分流在 LTE，对 LTE 硬件容量要求高；Option3a 数据分流在核心网，对核心网要求高；Op-

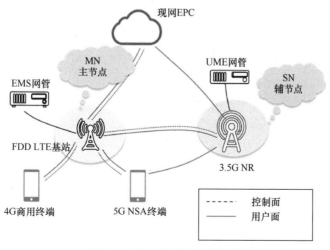

图 2-9　NSA 非独立组网架构

tion3x 数据分流在 5G NR。[1]

组网优势：从架构性能角度来说，NSA 非独立组网采用 4G 与 5G 连接方式，以 4G 网络为基础，可以利用现有的 4G 基础设施实现 5G 连续、不间断的覆盖，尤其在上行手机发射功率受限的场景下。同时，运用双连接技术促进 4G 业务和 5G 业务间的有效连接，可以提高用户体验感。从投资成本的角度来说，NSA 非独立组网架构的网络资源更加丰富，通过利用既有的网络资源及基础设施，在短时间内快速推进 5G 业务，能够显著降低 5G 初始阶段的建设成本。[2]

难点分析：NSA 非独立组网受到 4G 网 EPC 的限制，无法满足 5G 对时延和传输可靠性的要求，无法提供网络切片等个性化的 5G 业务服务。[3]

综上所述，5G 的两种组网方式各有优劣势，SA 独立组网是 5G 的最终目标部署方案。4G 在我国取得了巨大的成果，考虑到现有网络设备资源的部署情况以及建网成本的日益增高，需要在不同的发展阶段科学灵活地选取不同的网络路径。移动通信的发展是一个循序渐进的过程，未来有较长一段时间将会处于 4G、5G 并存发展时期，因此，在 5G 建设初期可以采用建设成本较低的 NSA 非独立组网方式，随着 5G 业务范围的不断扩大、5G 网络及基础设施的不断完善，逐渐转为使用业务能力更强的 SA 独立组网方式，全面推动 5G 技术及各类业务的快速发展。

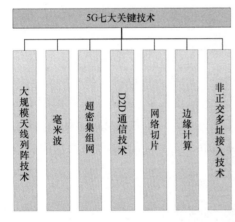

图 2-10　5G 系统核心关键技术

2.2.3　关键技术

经过 2G、3G、4G 的发展，移动通信已经产生了多输入多输出技术（MIMO）、软件无线电技术（SDR）等多个关键技术，5G 作为 4G 的延续，上述技术也将在 5G 系统继续延伸应用。5G 系统涉及众多的核心关键技术，为满足 5G 传输速率、频谱效率等方面的性能要求，将综合运用众多的支撑技术，本书重点介绍 5G 系统中最新采用的被普遍提及且看好的七大关键技术：大规模天线列阵技术（Massive MIMO 技术）、毫米波、超密集组网、D2D 通信技术、网络切片、边缘计算、非正交多址接入技术，详见图 2-10。

1. 大规模天线列阵技术（Massive MIMO 技术）

Massive MIMO 技术是 5G 最重要的物理层技术之一，是 5G 高速率的保障。主要是利用基站端来布置天线规模的天线阵，通过运用波束成形技术构建朝向多个目标客户的不同波束，以此来降低不同波束之间存在的干扰，可处理多个天线通信系统，实现多个天线

①　深圳市城市规划设计研究院有限公司. 深圳市信息通信基础设施专项规划［R］. 2020.
②　王大朋，吴明明，邹鑫，等. 5G 独立组网（SA）与非独立组网（NSA）的相关研究［J］. 中国新通信，2020，22（20）：36.
③　张军，宦天枢，姜雯雯. 5G 独立和非独立组网的混合应用［J］. 中国新通信，2019，21（21）：90-91.

系统信号的发出与接收，提升了传输速度，具有复原信息的能力。[①] 充分挖掘空间资源，实现对稀缺的、宝贵的、有效的频带资源的利用，将网络容量提升几十倍。

基于 Massive MIMO 技术的 5G 基站，可以通过更多无线信号流的复用来实现网络容量的提升，也可以利用波束赋形的方式来提升网络的实际覆盖能力。波束赋形技术主要是通过对天线增益空间分布的调整，在发送的时候就可以将信号能量集中指向目标终端，弥补在空间传输过程中信号出现的损耗，以此来提升网络的实际覆盖能力，同时降低高频建网的成本，这也是 5G 通信技术可以大范围低成本普及和应用的重要原因。无线信号的同步收发，可以有效缩短数据延时，提升数据无线传输能力，增强数据传输的稳定性和时效性，为用户提供满意的通信服务。

Massive MIMO 技术对通信基础设施的影响主要是体现在 5G 基站这方面，基于 Massive MIMO 技术的 5G 基站，具有以下五大优势[②]：

1）覆盖与容量可以得到有效提升；

2）高频建网的成本得以降低；

3）当波束集中到一定范围时，可以减少干扰；

4）空间分辨率较高；

5）频谱效率高。

但 Massive MIMO 技术的使用，也会使功耗大幅度上升，会给运营商的建设和运营带来较大的压力，此技术需要结合节能技术综合运用。

2. 毫米波通信技术

毫米波是波长为 1～10mm 之间、介于微波与光波之间的电磁波，通常对应 30G～300GHz 频段，往往也包含 24GHz 以上的频段，毫米波通信就是指以毫米波作为传输信息的载体而进行的通信，毫米波通信技术是"微波高频"和"光波低频"的延伸应用。

现有的商用无线电频段（300M～3GHz）因为穿透性好、覆盖范围大而过于拥挤，这部分频段已经很难找到闲置的频谱用来通信。而 3GHz 以上最好的频谱之一就是毫米波频段，从长远来看，抛弃毫米波频谱中两个特殊的部分：氧气吸收频谱和水蒸气吸收频谱，剩余部分带宽（252GHz）也远远大于现存的 1G～4G 商用频谱的总和（3GHz），足以满足未来带宽的需求[③]，详见图 2-11。

毫米波由于其频率高、波长短，具有以下五大特点：

1）频谱宽，配合各种多址复用技术的使用可以极大提升信道容量，适用于高速多媒体传输业务。

2）可靠性高，较高的频率使其受干扰很少，能较好抵抗雨水天气的影响，提供稳定的传输信道。

3）方向性好，毫米波受空气中各种悬浮颗粒物的吸收较大，使得传输波束较窄，增

---

① 庄继龙 . 5G 移动通信网络关键技术分析［J］. 通信电源技术，2020，37（11）：210-212.
② 商建波 . 5G 通信的关键技术分析［J］. 电子技术，2021，50（2）：40-41.
③ 孙松林 . 5G 时代：经济增长新引擎［J］. 金融纵横，2019（12）：151.

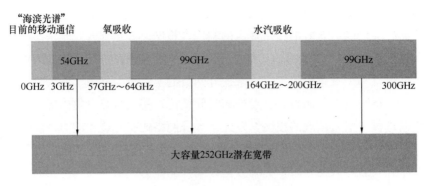

图 2-11 毫米波频谱分布图

[图片来源：孙松林 . 5G 时代：经济增长新引擎［J］. 金融纵横，2019（12）：152]

大了窃听难度。

4）适合短距离点对点通信。

5）波长极短，所需的天线尺寸很小，易于在较小的空间内集成大规模天线阵。

因为以上特点，毫米波也成为 Massive MIMO 通信系统的首要选择，因此，毫米波技术对通信基础设施的影响也主要体现在 5G 基站这块，此项技术可以在基站端实现大规模天线阵列的设计，使毫米波应用结合在波束成形技术上，有效提升基站的天线增益。

虽然毫米波频段有大量频谱可供使用，但也因为它的波长短，依然存在一些基础性问题，如电信号在传播的过程中会遭遇非常严重的路径损耗（路衰和雨衰），因此，毫米波一般只能用于视距通信，无法承受遮挡，而且在多障碍物的室内会引发严重的多径效应。多径效应的后果是接收机难以分清信号的主要来源，也就是信号主径。在这种情况下，不同路径的信号会因为到达时间不同而产生相互干扰，降低接收机信噪比。

3. 超密集组网技术（UDN）

超密集组网的核心技术是虚拟层技术和无线物理层技术，细分又涵盖了 MAC 技术、编码技术、多址技术等。UDN 技术对通信基础设施的影响也主要体现在 5G 基站，此项技术是以宏基站为"面"，在其覆盖范围内，在室内外热点区域，采用宏微异构的超密集组网架构进行部署，密集部署低功率的小微基站，将这些小微基站作为一个个"节点"，可以有效打破传统的扁平、单层宏网络覆盖模式，形成"宏—微"密集立体化组网，组网方案参见图 2-12。

高频段是 5G 时代主要频段，而移动数据流量呈现爆发式增长，但传统的无线传输技术，如编码技术、调制技术、多址技术最多只能将数据传输速率提升约 10 倍。即便再增加频谱带宽，也只能将传输速率提升几十倍，远不能满足 5G 网络的数据传输要求。因此，为满足未来 5G 网络数据流量增加 1000 倍以及用户体验速率提升 10 倍到 100 倍的需求，除了增加频谱带宽、利用先进的无线传输技术外，还需利用超密集组网技术，增加单位面积内小微基站的部署数量。

在 5G 热点高容量密集场景下，无线环境复杂且干扰多变，超密集组网可以更灵活地进行网络部署、有效消除信号盲点、改善网络覆盖环境、大幅度提升系统容量，并且通过

图 2-12　超密集组网示意图

[图片来源：孙松林 .5G 时代：经济增长新引擎 [J] . 金融纵横，2019（12）：150]

资源调度可以快速进行无线资源调配，对业务进行分流，提高系统无线资源利用率和频谱效率。

但当用户同时被多个基站覆盖时，会因为子载波频段被同时占用而可能存在小区干扰，同时也带来了如下四大问题。

1）系统干扰问题

在复杂、异构、密集场景下，高密度的无线接入站点共存可能带来严重的系统干扰问题，甚至导致系统频谱效率恶化。

2）移动信令负荷加剧

随着无线接入站点间距进一步减小，小区间切换将更加频繁，会使信令消耗量大幅度激增，用户业务服务质量下降。

3）系统成本与能耗

为了有效应对热点区域内高系统吞吐量和用户体验速率要求，需要引入大量密集无线接入节点、丰富的频率资源及新型接入技术，需要兼顾系统部署运营成本和能源消耗，尽量使其维持在与传统移动网络相当的水平。

4. D2D 通信技术

D2D 即 Device-to-Device，也称之为终端直通。D2D 通信技术是一种基于蜂窝系统的近距离数据直接传输技术。D2D 会话的数据直接在终端之间进行传输，不需要通过基站转发，而相关的控制信令，如会话的建立、维持、无线资源分配以及计费、鉴权、识别、移动性管理等仍由蜂窝网络负责。

按照蜂窝网络覆盖范围区分，把 D2D 通信可以分为：蜂窝网络覆盖下的 D2D 通信、部分蜂窝网络覆盖下的 D2D 通信和完全没有蜂窝网络覆盖下的 D2D 通信三种场景。在由 D2D 通信用户组成的分散式网络中，每个用户节点都能发送和接收信号，并具有自动路由（转发消息）的功能。网路的参与者共用它们所拥有的一部分硬体资源，包括信息处理、存储以及网络连接能力等。这些共用资源向网路提供服务和资源，能被其他用户直接访问而不需要经过中间实体。在 D2D 通信网络中，用户节点同时扮演服务器和客户端的角色，用户能够意识到彼此的存在，自组织地构成一个虚拟或者实际的群体。

D2D 通信技术无须借助基站的帮助就能够实现通信终端之间的直接通信，拓展网络连接和接入方式。具有以下三大优势：

1）大幅度提供频谱利用率

在该技术应用下，用户通过 D2D 进行通信连接，避开了使用蜂窝无线通信，可以不使用频带资源，减轻了基站负担，也降低了端到端的传输时延；且 D2D 所连接的用户设备可以共享蜂窝网络的资源，提高资源利用率。

2）改善用户体验

随着移动互联网的发展，相邻用户进行资源共享，基于邻近特性的社交、本地数据传输、蜂窝网络流量卸载等相关本地特色业务逐渐成为重要的业务增长点，而 D2D 在此类场景下可以充分提高用户体验度。

3）拓展应用

传统的通信网需要进行基础设施建设，要求较高，设备损耗或影响整个通信系统。而 D2D 可以使两个邻近的移动终端之间建立无线通信，且灵活性较强，相较于传统通信方式而言，在应急通信、车联网等安全领域具有先天优势。

但 D2D 通信技术在 5G 通信网中的应用还存在如下三大问题及挑战。

1）传统蜂窝网络需要全面修改和升级。要想在 5G 通信网中应用 D2D 技术，首先要确保其不会与 D2D 通信技术产生冲突。然而，传统蜂窝网络比较封闭，无法支持 D2D 通信的有效应用。因此，对传统蜂窝网络进行全面的修改与升级非常有必要，其中包括元件升级、控制平面修改、数据平面修改等，是一个极大的工程，必须要有足够先进的技术支持和大量的资金投入。

2）频谱资源共享造成的干扰。由于近年来频谱资源已经非常匮乏，尽管 D2D 技术在 5G 通信网中的应用可以有效解决频谱资源不足的问题，依靠设备之间的直接连接进行通信，大幅提高了频谱资源的利用率；但频谱资源的共享，可能会对用户的通信造成干扰，从而影响用户通信体验。

3）通信高峰造成的通信问题。与当前广泛应用的 4G 网络相比，5G 网络在传输速度、效率等方面都有所提升，尤其是对延迟、资源使用率和可扩展性等提出了较高要求。为了保证 5G 通信网的通信质量，需采取建设超密集异构网络来提升网络的覆盖密度，增加重复覆盖区域。这种方案虽然在一定程度上扩宽了 5G 通信网的覆盖范围，也对通信质量的提高有着一定的意义作用。但是当大量用户同时通过 D2D 设备连接入网时，很可能造成 5G 网络通信延迟大幅提升，对用户的实际使用造成影响。

5. 边缘计算

边缘计算也是一种分布式计算，是指在靠近物体数据源头的网络边缘侧，融合网络、计算、存储、应用核心能力的开放平台，就近提供边缘智能服务，以满足行业数字化在敏捷连接、实时业务、数据优化、应用智能、安全与隐私保护等方面的关键需求，仅作用于网络边缘节点[①]。

5G 时代，大量的数据在终端与云端之间不停地传输，而传统的云端计算方法整体时延较大，难以满足云游戏、无人驾驶等对时延有超高要求的业务场景需求。边缘计算的核心是将计算中心下沉分散至用户侧，是将计算任务从云计算中心，迁移到产生源数据的边缘设备上，在靠近数据源或用户的地方布置"智能存储处理节点"（即边缘计算节点），并为边缘应用提供云服务和 IT 环境服务，也就是说，边缘计算可以创造出一个高性能、较低功耗、低时延和高带宽的电信级网络服务环境，可以被扩展为城镇级或者小区级的小型数据中心。边缘计算是 5G 网络区别于 3G、4G 的重要标准之一，也是支撑物联技术低延时、高密度等条件的具体网络技术，具有场景定制化强等特点。

相比集中部署的云计算而言，边缘计算不仅解决了时延过长、汇聚流量过大等问题，同时为实时性和带宽密集型的业务提供更好的支持。综合来看，具有以下优点：

1）安全性更高。边缘计算中的数据仅在源数据设备和边缘设备之间交换，不再全部上传至云计算平台，防范了数据泄漏的风险。

2）低时延。据通信运营商估算，若业务经由部署在接入点的 MEC 完成处理和转发，则时延有望控制在 1ms 之内；若业务在接入网的中心处理网元上完成处理和转发，则时延约在 2～5ms 之间；即使是经过边缘数据中心内的 MEC 处理，时延也能控制在 10ms 之内，对于时延要求高的场景，如自动驾驶，边缘计算更靠近数据源，可快速处理数据、实时做出判断，充分保障乘客安全。

3）减少带宽成本。一些连接的传感器（例如相机或在引擎中工作的聚合传感器）会产生大量数据，在这些情况下，将所有这些信息发送到云计算中心将花费很长时间和过高的成本，如若采用边缘计算处理，将减少大量带宽成本。

6. 网络切片

网络切片就是在现有网络的硬件条件下，根据不同的服务需求（时延、带宽安全性和可靠性等），将一个物理网络切割成多个虚拟的端到端网络，每个虚拟网络之间，包括网络内的设备、接入、传输和核心网，是逻辑独立的，任何一个虚拟网络发生故障都不会影响到其他虚拟网络[②]。

5G 网络切片技术网络由无线网子切片、核心网子切片和承载网子切片三个逻辑网络和网络切片管理子系统四部分组成。5G 网络端到端切片业务管理和编排的实现，需要协同无线网、核心网和承载网子切片。网络切片管理子系统根据业务级别，把不同业务需求分解为无线网、核心网和承载网等子网网络需求，实现端到端切片业务生命周期和整体设计的统一管理。

5G 网络切片的先决技术是需要能够通过软件控制各个不同的网元，也就是 SDN（软件定义网络）、NFV（网络功能虚拟化）两种关键技术。

① 孙松林 . 5G 时代：经济增长新引擎［J］. 金融纵横，2019（12）：161.
② 彭登，姚光韬 . 5G 网络切片技术研究及应用［J］. 信息技术与信息化，2021（1）：202-205.

　　SDN 技术架构具有数据平面和控制平面分离、逻辑集中控制和开放的接口以及网络可编程性三大特点；在 5G 网络切片网络中，SDN 具有消除底层网络设备之间的差异、按需调配网络资源，通过可控软件来部署相关功能，按需求匹配业务和服务等三大功能。

　　NFV 技术能将通用的网络、计算、存储等硬件设备分解为多种虚拟资源，再通过软件编程控制等方式，实现一种硬件设备的多种不同网络功能。NFV 技术架构由 VNF（虚拟网络功能）、NFVI（基础设施）和 NFVMO（管理和业务编排）三部分组成。其中 VNF 由软件实现转发网络功能，可以对网络功能起到有效控制；NFV 基础设施包括服务器、存储设备、网络等基础设施，是 5G 网络切片网络中实现网络功能虚拟化的必备设施；NFV 管理和业务编排处于网络功能虚拟化的管理和控制层，主要用于 VNF 生命周期的虚拟化管理。

　　实现 5G 网络切片，首先通过 NFV 技术将网络中专用设备的功能特性转移到虚拟主机上，用虚拟主机代替传统网络中的专用设备，经过网络功能虚拟化后，无线接入网专用设备和核心网专用设备被分别定义为边缘云和核心云；然后边缘云和核心云中的 VMs（虚拟主机）通过 SDN 技术实现网络协议的集中处理、传输带宽的统一调配、虚拟网络的动态配置，达到不同应用场景需求下的业务相互传递；最后，通过采用 NFV 和 SDN 技术，5G 网络就"切"成多个虚拟子网络，作用于 5G 高容量、低时延和大连接等三大场景。5G 网络切片技术的实现过程如图 2-13 所示。

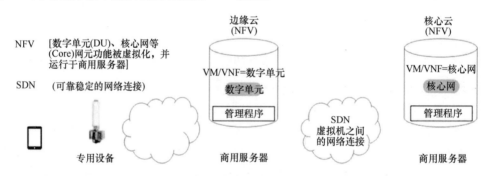

图 2-13　5G 网络切片技术的实现过程

[图片来源：彭登，姚光韬 .5G 网络切片技术研究及应用［J］. 信息技术与信息化，2021（1）：202-205]

　　网络切片是 5G 引入的特色能力，也是 5G 的基本能力，5G 网络切片可以实现专网与公网数据的逻辑隔离，可以为不同的应用场景提供隔离的网络环境，并根据自身要求定制不同的功能与特性，是 5G 服务垂直行业的基础和关键。网络切片具有动态分配资源、最优化利用网络资源、提升网络灵活性、提高网络安全性等特点。

7. 非正交多址接入技术（NOMA）

　　NOMA 技术是在同一个子载波、同一个 OFDM 符号对应的同一个资源单元上，根据不同的信号功率为多个用户使用，达到多址接入的目的。由于系统在频域和时域上仍然保持各子载波正交和每个 OFDM 符号前插入 CP，NOMA 技术的基础是成熟的 OFDM 技术。

　　4G 以正交频分多址接入技术（OFDMA）为基础，数据统计 4G 的数据传输速率在每秒百兆比特，峰值可以达到每秒千兆。4G 的带宽在一段时期内满足了移动通信的需求。

随着智能移动终端的普及和社会的业务场景的丰富，对移动网络的要求也越来越高，4G 的无线传输速率将不能满足未来的需求。

　　NOMA 是一种融合了 3G 和 4G 的新技术，既克服了 3G 的远近效应问题，又解决了 4G 的同频干扰问题，是真正利用频域、时域、功率域的多用户复用技术，技术原理参见图 2-14。NOMA 不同于以往的正交传输，发送端是用非正交的传输方式，将功率域由单用户独占改为由多用户共享，使无线接入总量提高了 50％。采用非正交多址接入技术的 5G 移动通信网络的无线传输速率可以达到 1GB/8s，相比 4G 的传输速率有质的飞跃。[①]

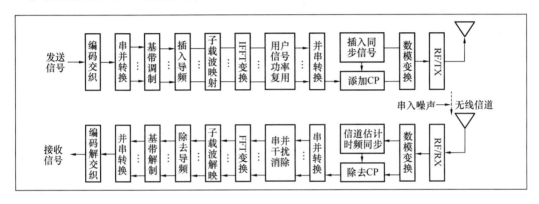

图 2-14　NOMA 技术原理简图

[图片来源：张长青. 面向 5G 的非正交多址接入技术（NOMA）浅析 ［J］. 邮电设计技术，2015（11）：49-53]

2.2.4　主要技术参数

　　我国对 5G 性能指标提出了著名的"5G 之花"，主要包括九大技术指标，如图 2-15 所

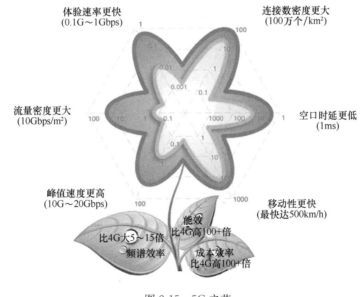

图 2-15　5G 之花

① 马伟. 5G 移动通信网络关键技术分析 ［J］. 信息技术与信息化，2020（5）：147-148.

示。性能和效率需求共同定义了 5G 的关键能力，犹如一株绽放的鲜花。红花与绿叶相辅相成，其中移动性、峰值速率、体验速率、空口时延、流量密度、连接数密度"六个花瓣"代表了 5G 的六大性能指标，体现了 5G 满足未来多样化业务与场景需求的能力，而花瓣顶点代表了相应指标的最大值；频谱效率、成本效率、能效"三片绿叶"则代表三个效率指标，是实现 5G 可持续发展的基本保障。

对用户来说，最关心的是移动性、峰值速率、体验速率、空口时延、流量密度、连接数密度"六个花瓣"的性能指标，用户可以据此选择合适的设备和服务，而开发者也可以据此选择合适的场景。"三片绿叶"则是从频谱效率、成本效率、能效对设备商和运营商提出的要求。

对于我国提出的"5G 之花"九大技术指标，ITU 接受了除成本效率外的八大技术指标，如图 2-16 所示，它可以更形象地表示不同场景所需的关键性能指标。除了成本效率外，其他 8 个指标在 4G 与 5G 中的对比以及提升的效果如表 2-2 所示。

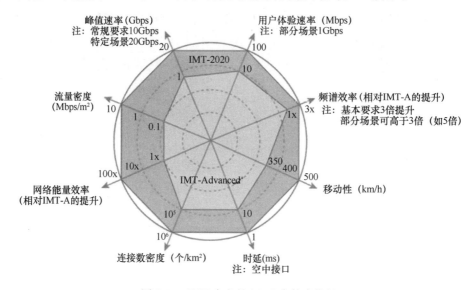

图 2-16　ITU 定义的 5G 八大技术指标

（图片来源：ITU-RM.2083-0（2015）建议书）

4G 和 5G 的八大技术指标对比表　　　　　　　　　　　　　　　　　表 2-2

	峰值速率（Gbps）	用户体验速率（Gbps）	频谱效率（相对 IMT-A 的提升）	移动性（km/h）	时延（ms）	连接数密度（个/km²）	流量密度（Mbps/m²）	网络能量效率（相对 IMT-A 的提升）
4G	1	10	1 倍	350	10	105	0.1	1 倍
5G	20（常规：10Gbps，特定场景：20Gbps）	100（部分场景：10Gbps）	3 倍	500	1	106	10	100 倍
提升效果	20 倍	10 倍	3 倍	1.43 倍	10 倍	10 倍	100 倍	100 倍

1. 峰值速率

指用户可以达到的最高传输速率。因为在移动通信系统中，基站能量往往大于用户终端能量，所以从基站传输到用户终端的速率（称为下行速率）一般大于从用户终端传输到基站的速率（称为上行速率），而峰值速率指的是下行速率。4G 最高是 1Gbps，而 5G 在特定场景下极限可以达到 20Gbps，这为大带宽高速率业务的发展奠定了基础。

2. 用户体验速率

指单位时间内用户终端连接网络的速率，受限于上行速率和网络能力。5G 时代将构建以人为中心的移动生态信息系统，首次将用户体验速率作为网络性能指标。4G 仅有 10Mbps，而 5G 普遍能达到 100Mbps。在 5G 建成后，如果只有一个用户，该用户终端的速率将远远超过用户体验速率；但随着用户数量的增多，这个速率将会下降，因此用户体验速率对于大带宽的要求非常高。

3. 频谱效率

指每模拟频率宽度上能传输多少数字信息量，也就是"bpsHz"，这可以通过通信理论计算出来，主要取决于信道编码方式、调制方式和天线的使用。5G 的频谱效率将比 4G 提高 3 倍。在无线信道利用已经非常接近香农极限的今天，能有如此高的提升，实在难得。

4. 移动性

指用户在多大的移动速率下仍然可以顺利地接入网络、收发信息，在历代移动通信系统中都是非常重要的性能指标。5G 移动通信系统需要支持飞机、高速公路、城市地铁等超高速移动场景，现今中国高铁速度一般在每小时 350km 之内，我们平时在高铁上连接 4G 网络还是比较通畅的，但下一代的高铁时速将接近 500km，网络连接唯有 5G 可以做到。

5. 时延

指用户信号在接入网、核心网内传送的总时长。时延通常采用 OTT 或 RTT 来衡量，前者是指发送端到接收端接收数据之间的间隔，后者是指发送端到发送端，数据从发送到确认的时间间隔。

在移动速度越来越快、精度要求越来越高的 5G 时代，无人驾驶、远程医疗、工业自动化等业务应用场景，对时延提出了更高的要求。对于 350km/h 的高铁，每秒将行驶 97m，信令传输每延误 1s，则很可能会带来无法弥补的损失，时延指标尤为重要。4G 时延的设计指标是 10ms，5G 最低空口时延则要求缩短到 1ms。

6. 连接数密度

指每平方千米接入网络的设备数量，主要面向物联网的海量设备。在 4G 中，每平方千米可以接入 10 万个终端，而 5G 则扩大了 10 倍，达到 100 万个终端。连接数密度是衡量 5G 移动网络对海量规模终端设备支持能力的重要指标，它对于未来万物互联是非常重要的。

7. 流量密度

指每平方米的网络流量。连接数密度可以确保接入设备数量足够多，但接入后能否提供足够流量，就取决流量密度；流量密度是衡量移动网络在一定区域范围内数据传输能力的重要指标。

5G 的流量密度是每平方米 10Mbps，比 4G 提高了 100 倍。按照每平方千米接入 100 万个终端来算，平均每个终端会拥有 10Mbps 的流量，这对于目前只有数十千比特每秒的物联网设备来说，是一个巨大的跨越。

8. 网络能量效率

指在单位功耗下的信息传输能力，5G 比 4G 提高了 100 倍。这个指标在信息技术行业中也同样非常受关注，无论是通信还是计算，对功耗的要求都很重视，通信技术与信息技术在这个指标上的诉求是一致的。在 5G 时代，万物皆计算，当通信可以用计算来表示的时候，这两个指标是等价的。[①]

2.2.5　三大应用场景

通过对以上技术指标的分析，专家们最初将 5G 分成了面向技术指标的 8 种典型技术场景，如图 2-17 所示，通过对这些典型技术场景的特征进行归纳和改进，来形成实现路径。

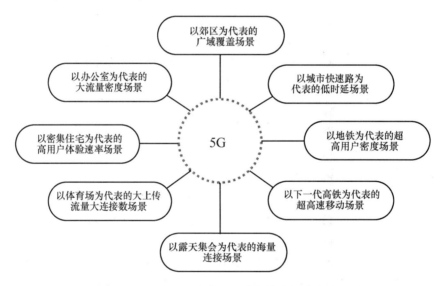

图 2-17　5G 初期 8 种典型技术场景

基于上述技术指标，根据应用业务和信息交互对象的不同，国际电信联盟（ITU）最终正式定义 5G 分为三大核心应用场景：增强移动宽带（eMBB）、海量机器类通信（mMTC）和超高可靠低时延通信（uRLLC），可以有效满足 5G 对超大连接、超高流量、超低时延的基本需求。根据 5G 发展策略，在 5G 部署初期，eMBB 和 uRLLC 业务共存场景将会成为典型应用场景。

---

① 孙松林.5G 时代：经济增长新引擎［J］.金融纵横，2019（12）：129.

1. 增强移动宽带（eMBB），峰值速率是 4G 网络的 10 倍以上

eMBB 是对 4G 移动互联网业务的延续、优化和体验升级，是以人为中心的应用场景，具有超高的传输数据速率以及广覆盖下的移动性特点，可以提供大带宽高速率的移动服务，将用户体验速率从 10Mbps 提升到 100Mbps～1Gbps（峰值或可达到 10G～20Gbps），为移动互联网业务提供前所未有的极致体验。

eMBB 的应用场景主要有：3D/4K/8K 等格式的超高清视频（高清视频将成为消耗移动通信网络流量的主要业务）、高清语音（多人高清语音或视频）、AR/VR（增强现实/虚拟现实）、云服务等大流量移动宽带业务，随时随地（包括小区边缘、高速移动等恶劣环境和局部热点地区）为用户提供无缝的高速业务，eMBB 将会是 5G 网络建成初期的最主要应用，满足移动数据流量快速增长的需要。

2. 海量机器类通信（mMTC），实现"万物互联"

随着各类通信技术和业务的发展，由机器主导的 M2M 通信模式开始形成。该模式指通信一方或双方是机器，且机器通过程序控制能自动完成整个通信过程。自 M2M 通信模式出现后，每一代移动通信技术的更新迭代与 mMTC 业务场景概念的升级演进，在时间维度上大体一致；在 5G 时代 mMTC 业务场景概念初步形成[1]，如图 2-18 所示。

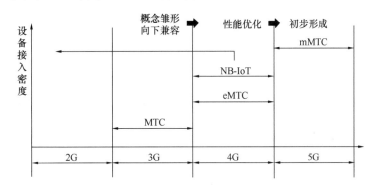

图 2-18　mMTC 技术概念演进

[图片来源：崔枭飞，樊晓贺 . 新基建浪潮下 5G mMTC 业务场景安全问题研究［J］. 信息安全研究，2020，6（8）：710-715]

mMTC 具有低功耗、海量接入、低时延、高可靠的特点，突破人与人之间的通信，实现人与机器的连接、机器与机器的连接，可以对万物互联这样需要大量连接和自动化灵活控制的场景起核心支撑作用，这也是 5G 最主要的价值之一。当前传统基站用户接入范围仅有数个到数十个，5G 时代的基站连接密度每平方公里可以超过 100 万，保证某个区域内多终端的顺利通信。

mMTC 主要面向广域低功耗覆盖的物联网服务，目前相当多的物联网无法使用固定电源供电，只能使用电池，需要较大的功耗，mMTC 可以让功耗降至极低水平，让大量的物联网设备一个月甚至更久不用充电；预计 2025 年，中国的移动终端产品将达到 100 亿，

---

① 崔枭飞，樊晓贺 . 新基建浪潮下 5G mMTC 业务场景安全问题研究［J］. 信息安全研究，2020，6（8）：710-715.

其中有 80 亿以上的物联网终端,目前 4G 网络无法支持如此大数量的设备接入,而 mMTC 可以提供海量接入能力,支持大量的物联网设备接入。

mMTC 的应用场景主要有:智慧城市、智能家居、环境监测、智能农业、森林防火、物流管理、旅游管理、智慧社区等以传感和数据采集为目标的应用场景,重点解决传统移动通信无法很好支持的物联网及垂直行业应用,可以快速促进各垂直行业的深度融合。

3. 超高可靠低时延通信(uRLLC),将通信响应速度降至毫秒级

uRLLC 具有高可靠、低时延、可用性强的特点,4G 网络时延只能做到 20ms,而 uRLLC 场景下的连接时延可达到 1~10ms 级别,并支持高速移动(500km/h)情况下的高可靠性(99.999%)连接。

uRLLC 的应用场景主要有:无人驾驶、远程医疗、工业自动化、人工智能、远程制造、远程培训、远程施工、同声翻译等对时延和可靠性具有极高要求的垂直行业,通过超低时延保证微妙级响应时间,为用户提供毫秒级的端到端时延和接近 100% 的业务可靠性保证。

工业自动化控制需要时延大约为 10ms,而无人驾驶对时延的要求则更高,传输时延需要低至 1ms,而且对安全可靠的要求极高,这在 4G 时代难以实现,uRLLC 领域的应用也是 5G 应用的最高层次。

综上所述,三大应用场景是指 5G 采用网络切片等方式使一张网络同时为不同用户提供服务,是整合了多种关键技术于一身的、真正意义上的融合网络。eMBB 可大幅提升用户体验感,体现的是 5G 大带宽、大流量的技术特性和优势[1],而 uRLLC 和 mMTC 可满足物联网和垂直行业的多样化应用需求,具有更广泛的应用空间和更大的行业应用价值。5G 三大应用场景参见图 2-19。

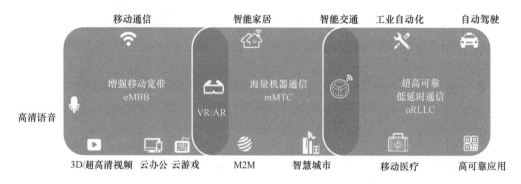

图 2-19　5G 三大应用场景

(图片来源:孙松林. 5G 时代:经济增长新引擎 [J]. 金融纵横,2019 (12):132)

2.2.6　赋能社会与产业

1G~4G 时代实现了人与人、人与机器的连接,5G 时代已然到来,将实现人、机器、

---

① 卢迪,邱子欣. 5G 新媒体三大应用场景的入口构建与特征 [J]. 现代传播(中国传媒大学学报),2019,41 (7):7-12.

物相互之间的超级链接。5G 是移动通信领域的颠覆性技术，也是对相关领域具有重大影响的通用技术，4G 改变的是生活，而 5G 的持续发展改变的将会是整个社会。

自发牌之日起，5G 就以高速率、高带宽、低时延的特性，成为引发信息革命和引领万物互联的强力催化剂。5G 作为一项通用技术与人工智能、云计算、大数据等新一代信息技术的深度融合、相互赋能，对产业转型升级、消费升级、就业等发挥了巨大作用，成为产业升级和跨界集成的催化剂和助推器，有力地推动了数字经济的发展，进而催生新技术、新产品、新业态和新商业模式。

在产业方面，5G 可以促进传统产业的服务升级，以有线、WiFi 替代等方式提高生产效率，显著增强工业互联网的上下行能力，提高生产效率并降低运营成本，推动制造业高质量发展；还可以拓展现有业务，将现有业务延伸至云 VR/AR、云游戏等更多领域，赋能相关垂直产业，实现跨越空间的产业优化升级；还可以创新全新的产业价值链，通过产业投资深度参与产业业务经营，推动产业创新发展[①]。

在经济方面，5G 在 2C（To Consumer，指面向消费者用户）消费端将形成增强流量经营模式，大幅提升个人的数字化体验，带动娱乐、新闻、社交、电商、游戏等方面的消费互联网发展。5G 在 2B（To Business，指面向企业客户）商业端将拓展数字经营模式，推动制造业、交通运输、仓储物流、健康医疗、农业等领域数字化发展。粗略估计，约 20% 是用在传统的消费物联网上，约 80% 是用在物联网特别是工业互联网上。

据中国移动预估，随着 5G 与下游产业联动和协作相继深入，十万亿级规模的 5G 大生态终将形成，将创造巨大的经济效益，如图 2-20 所示。据中国信息通信研究院预计，至 2025 年，我国 5G 商用直接创造的经济增加值约 3.3 万亿元，间接带动的经济增加值达 8.4 万亿元；直接带动的经济总产出约 10.6 万亿元，间接拉动的经济总产出约 24.8 万亿元。

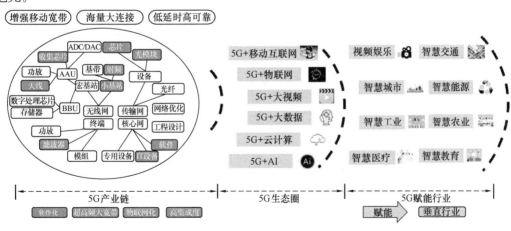

图 2-20　5G 大生态示意图

（图片来源：中国移动《洞见 5G 投资未来》报告）

---

① 李锋. 推动 5G 及相关产业发展 [J]. 宏观经济管理，2020（6）：23-31.

5G 三大应用场景是构建万物互联的基础，5G 与相关信息技术的结合将极大激发数字经济发展潜能，应用于生活娱乐、消费零售、交通出行、城市管理、工业制造、农业生产、医疗健康、教育文化、旅游等领域，具体应用如下。

1. 5G＋云 AR/VR

5G 大带宽的网络特性，可以实现数据的存储、计算实时上云，有效降低重量及生产成本；5G 低时延的特性，可以有效降低眩晕感，加速云 AR/VR 的应用，并拓展交互性和沉浸式体验。

5G 与云 AR/VR 的结合，可以有效解决传统 AR/VR 数据传输速度慢、延时高的问题，可以减轻本地计算力和对设备的要求，还可以降低手机功耗，广泛适用于云游戏、社交和影视直播、虚拟社区、VR 巨幕影院、VR 全景直播等。5G 云 VR 解决方案参见图 2-21。

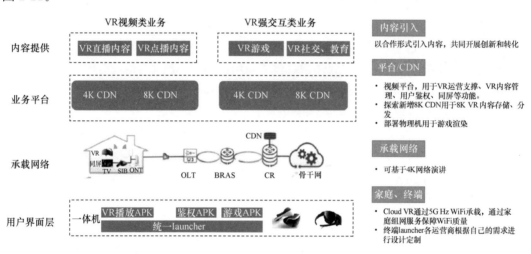

图 2-21　5G 云 VR 解决方案示意图

（图片来源：靳欣欣. 戴英豪. 5G 赋能云 VR 直播迎来新一轮发展契机［J］. 通信世界，2020（14）：21-23）

2. 5G＋超高清视频

5G 与超高清视频的结合，可以有效满足超高清视频产业传输速率的要求，带动超高清视频产业从技术、硬件、应用等方面的产业升级。

在文教娱乐方面，5G＋超高清视频可以应用于游戏、影视娱乐、体育赛事直播、艺术课堂教学、远程教育、科研交流等场景；在智慧医疗方面，可以显著提高医学图片的清晰度，为教学诊治、手术导航提供有力技术支撑；在安防监控方面，可以真实还原区域高清细节，提升安防监控水平；在工业制造方面，可以实现原材料识别、质量检测、精密定位测量、工业可视化、机器人巡检、人机交互协作等功能，有效提高工业自动化、智能化水平。

3. 5G＋智能交通

5G 具有低时延特性，5G＋智能交通可以通过前后车、车与路、车与人、车与路灯杆的联系获取实时信息数据，人车路协同、车联网、辅助驾驶、编队行驶等 5G 应用将逐步走向城市道路。

同时，降低汽车使用成本，提升乘车体验和出行效率，提高道路交通安全、行人出行安全和道路运行效率，减少交通拥堵，有效缓解城市交通压力，提高交通、运输、道路和环保的管理能力。

4. 5G＋智能医疗

如今智能医疗业务逐步走向云化，基于5G的智能医疗可以实现医疗健康应用中各要素（医疗设备、医护人员、患者等各相关要素）之间的全连接。

5G＋智能医疗，可以在导诊服务、机器人查房、物资管理、多学科会诊、电子病历、视频监控、VR探视、VR虚拟教学、移动急救、远程手术直播等应用场景中提升医疗品质、提高医疗效率与效益、降低医疗人工出错率。如通过远程问诊、远程机器人监测、远程手术等可以让诊断和医疗突破地域限制，解决偏远城市医疗资源不足、水平低下的问题，优质分配医疗资源，提升医疗工作效率。

5. 5G＋工业互联网

5G推动传统生产向智能生产转型升级。在智能制造领域，5G低时延、高可靠、广连接的网络特性可以为远程作业、柔性生产、自动控制、辅助装配、云化机器人、机器视觉、场外物流追踪配送、远程监控与调度、大规模调度、多工厂联动等智能制造应用场景提供支撑，可参见图2-22。

5G赋能工业互联网，不仅能够满足工业智能化的发展需求，而且能促进工业质量效益提高、产业结构优化、发展方式转变、增长动力转换，推动工业实现高质量发展。5G切片能够支持多业务场景、多用户及多行业的隔离和保护。5G高频和多天线技术支持工

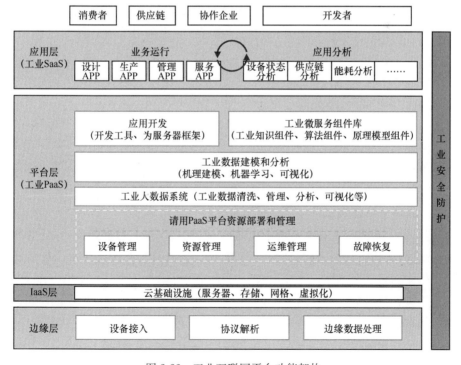

图 2-22　工业互联网平台功能架构

（图片来源：孙松林. 5G时代：经济增长新引擎［J］. 金融纵横，2019（12）：264）

厂内精准定位和高带宽通信，能够大幅提高远程操控领域的操作精度。5G 边缘计算可以加速工业信息网络和操作网络融合，能够提升制造工厂智能化，让生产设备实现无缝连接，进一步打通设计、采购、仓储、物流等环节，使生产更加扁平化、定制化、智能化。

6. 5G＋智能教育

5G 与智能教育相结合，以可触达、多互动的表现方式，实现教育领域的个性化与智能化。

5G＋AR/VR 技术，可以将展示内容由平面内容变为栩栩如生的三维内容，听课体验从 2D 跃升到 3D，提升认知和理解；可以拓展游戏化教学方式，激发学习意愿，可以有效提高学习效果；交互智能大屏、学生终端、答题反馈器、录播等 5G 硬件终端的应用，提升课堂效率，提升体验效果，实现教学信息化与智能化。

7. 5G＋智慧农业

5G 为农业发展提供有力的支撑，智能种植、智能畜牧、无人机作业等 5G 应用可以有效改善农业生产条件，提高生产可控性。

5G 与智慧农业相结合，在智能种植方面，可以实时监控湿度、光照等因素，实时分析诊断相关数据，可以及时精确地操控农业设备自行灌溉、施肥；在农业植保方面，利用依托 5G 网络的无人机可以进行大面积农作物护养、喷洒种子及药剂、牲畜监控寻找等作业；在智慧畜牧方面，可以实时采集牲畜生理状况、位置等信息，结合语音识别、图像分析、人工智能等手段监测分析其健康和安全，大幅提升生产品质及整体经济效益。

8. 5G＋智慧港口

5G 与智慧港口相结合，几乎可以完成港口的主要核心作业流程，提高港口智慧化水平，大大增强安全性，实现提质增效。下面以卸货的三大业务为例，简要概述 5G＋智慧港口的优势。

1）5G 智能理货业务

理货直接影响集装箱码头的作业效率。5G＋智慧港口可以实现 5G 智能理货，即在岸桥上安装多个通过 5G 回传的高清摄像头，智能理货系统对摄像头中的视频数据（标准集装箱的箱号、箱型，码头内集卡的作业号、单小箱压箱位置以及车道编号及状态等）进行全自动、快速、智能地识别，有助于改善工作环境和保障安全，提升理货的准确率和工作效率。

2）5G 无人集卡自动物流

5G 可以实现无人驾驶，也就是现代化港口的 5G 无人集卡自动物流。5G 无人集卡有着超级"5G＋AI 大脑"，利用岸桥把集装箱放置货车上确认无误后，无人集卡便会自动启动，识别周围的集装箱物体、机械设备、灯塔等，可以自主减速、刹车、转弯、绕行、停车等各种决策，提供最优运行路线，精准驶入轮吊作业指定位置，满足港口封闭区域内水平运输的需求，实现全程自动物流，提升运输效率和安全。

3）5G 轮吊远程操控

在港口操作业务中，大部分操作都已实现自动化，仅吊车吊具的抓举集装箱才需人工远程操控干预执行；通过 5G 实现远程操控，由人工一人操作一台到现在的一人同时轻松操作 3～4 台，极大地提升了工作效率。

总而言之，5G 将会构造智慧生活和智慧生产的全新图景，5G 及垂直产业的融合发展是实现网络强国战略和构建高速、移动、安全、泛在的信息基础设施的重要基础，是促进产业升级和结构优化的主要动力，也是下一代新技术进步的重要推动力，万物感知、万物互联、万物智能的全新时代就在眼前。

2.3　5G 与基础设施

5G 移动通信是由 4G 移动通信迭代发展而成，是多种通信城域网中的一种，对 6 类信息通信基础设施的需求会产生不同程度的影响，从而影响基础设施的布局和规模。

2.3.1　对机楼的影响分析

在 5G 大规模投入商用后，2G、3G 将会初步退网，但 4G 和 5G 将在较长时间（至少 10 年）内并存发展。在通信机楼内，4G 和 5G 的核心网设备是两套不同的系统设备，需要设置单独的主机房，5G 所需主机房面积也需单独计算；有条件时，4G 和 5G 核心网设备最好布置在不同楼层或功能区。相应的，辅助设备机房及发展备用机房等也相应增加；但机楼的出局管道一般按机楼的终局要求设置，局间中继等缆线视不同路由光缆的使用情况而定，大部分情况下，可利用现状局间中继光缆和汇聚层光缆。

另外，5G 核心网设备布置更灵活，可布置在不同地理位置，如可布置在区域机房（通信机楼的功能延伸）内，从而需要从城市角度评估规划通信机楼的数量。

2.3.2　对数据中心的影响分析

5G 对规划数据中心有间接影响。5G 并不直接产生数据，但可以更广泛地收集和传输数据，主要起着传输作用；5G 三大应用场景之一是海量机器连接，是指 5G 可接收单位面积内海量物联网设备产生的数据（如 1km² 内最大可接收 100 万物联网设备），将数据汇聚到不同功能需求的数据中心；因此，在测算数据中心的规模时，可不单独考虑 5G 对数据中心的机房面积需求。

2.3.3　对机房的影响分析

5G 对机房的需求十分迫切。4G 对信息通信机房的需求，在超级大城市已出现端倪，主要体现在需要机房承载一定范围内无线接入设施；5G 把这种需求进一步强化，也促进机房向更加系统化方向发展，并与其他系统共用机房。5G 对信息通信机房的需求体现在两个方面：一方面，与 4G 一样，需要小型机房承载无线接入设施以及基带单元设备，如一个 30～40m² 的机房，可汇聚 10～15 个宏基站的相关设备；另一方面，与 4G 相比，5G 时延下降近 90%（图 2-23），其中主要原因是通过机房内边缘计算等设备，实现数据或信号按最短路径来传输，不需要再经过通信机楼来统一交换、转接，从而大大节省了数据或信号的传输时间。

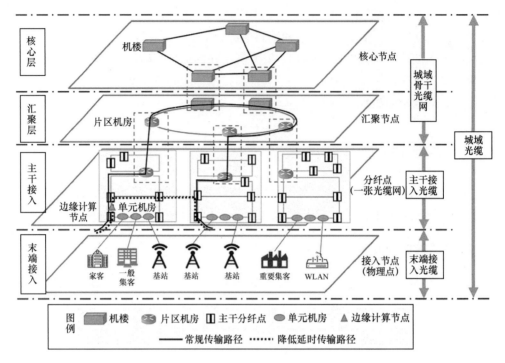

图 2-23　边缘计算降低时延示意图

2.3.4　对基站的影响分析

基站是支撑移动通信系统运行的重要设施；随着 5G 移动通信的工作频率提高，5G 基站密度比 4G 提高 30％以上，5G 对基站的影响明显。5G 系统的初始覆盖主要通过宏基站来完成；5G 宏基站首先利用 4G 基站站址（利用光缆及电源等），视运营商使用频率情况和基站天线抱杆情况，确定是新建 5G 天线或合用（共 4G）天线；其次，由于 5G 速率比 4G 高近 7～8 倍，天线覆盖范围会减少，出现信号盲区，需要新建基站站址。另外，在 5G 运营阶段，视基站使用情况会因网络优化而新增站址，这点与 4G 系统是一样的。

除了宏基站外，因 5G 的工作频率高、穿透能力变差，对室内覆盖系统更加需要，且因采用数字系统而需要建设有源室内覆盖系统，这种需要更加迫切。另外，对于 5G 基站信号的空洞地区、盲区或热点地区，一般采用小微站来延伸 5G 信号覆盖；可借助多功能智能杆来承载小微站。

2.3.5　对多功能智能杆的影响分析

多功能智能杆是新型信息通信基础设施，主要承载城乡道路等公共空间内感知设施或智慧设施，满足 5G 系统或智慧城市所需的丰富外场设备需求；前文所述 5G 信号的小微站，就是其中一种挂载设备。随着 5G 的个人用户、商业用户逐渐增加，应用场景也将丰富，5G 对多功能智能杆的需求也会不断增加；但这类需求的地点不确定性较强，与路灯结合建设或预留，是目前较普遍的方式；这也是国内较多城市正在结合路灯试点建设多功能智能杆的主要原因。

2.3.6　对通信管道的影响分析

5G 对通信管道的影响主要侧重对接入管道的需求上。新增的宏基站站址、室内覆盖系统、小微站均需要光纤资源；共用站址一般可利用现状基站的光纤资源。接入管道的管道容量可结合多功能智能杆、信息通信机房等接入基础设施统筹考虑。

2.4　智慧城市与基础设施

2.4.1　智慧城市

智慧城市是利用物联网、云技术、大数据、空间地理信息等信息技术，搭建全域感知的信息生态，统筹管理城市，使城市成为一个由大数据覆盖、网络连接、算力和人工智能支撑的可持续发展生态系统。

1. 发展背景

在城市发展的过程中，随着城市化的不断推进和城市规模不断增长，交通拥堵、资源短缺、环境恶化等城市病问题不断加深，城市发展进入一个不可持续的过程中；在此背景下，IBM 于 2008 年正式提出"智慧地球"的概念，通过"云计算"将"物联网"整合起来，通过智能的方式实现各类资源的充分利用和高效管理。这种发展方式被世界广泛认同，成为信息时代下城市发展的方向，进而演变为智慧城市概念。在我国不断发展城市化的过程中，城市发展面临着相同的问题，为了缓解城市病问题，实现城市的可持续发展，国家部委于 2012 年发布了智慧城市试点和指标体系，开始了智慧城市的试点与建设。

2. 国外发展情况

新加坡多次获得国际智慧城市大奖，其智慧城市建设水平处于世界领先水平，以新加坡为例能较好地展现智慧城市发展阶段。新加坡国土面积较小，建设智慧城市基本相当于建设智慧国家；根据 2021 年 3 月新加坡外交部发布的国家概况，新加坡是一个国土面积 724.4km^2（2020 年），人口 570 万，人口密度 7868 人/km^2，人均 GDP 达到 6.2 万美元的发达资本主义国家，为解决日益增长的人口、老龄化、自然资源匮乏带来的城市不可持续发展的问题，新加坡于 20 世纪 90 年代便开始了建设智慧城市的探索。

1）发展阶段

新加坡建设智慧城市可划分为四个阶段，分别为数字化、网络化、智能化、智慧化。

① 数字化（1980—1990 年）

新加坡首先进行了国家电脑化，逐渐在社会之间形成了一个个数字化、自动化的系统应用，广泛运用于政府、企业、商业、工厂，完成了绝大多数社会运行要素数字化。

② 网络化（1991—2000 年）

在这个阶段，新加坡提出来国家科技计划和 IT2000 计划，主要是针对已经进行数字化的政府、企业等社会信息资源进行互相连通和数据共享，从行政和技术层面消除"信息孤岛"，1998 年全面运行并覆盖全国的高速宽带多媒体网络新加坡一号工程（Singapore One)，对企业和社会公众提供全天候不间断的网络接入服务，使得在新加坡处处都有 IT 服务。

③ 智能化（2001—2014 年）

进入新世纪，新加坡政府提出"信息与应用整合平台－ICT"计划（ICT，Information Communication Technology)，侧重于推进信息和应用平台的整合，利用数字化技术服务政府和社会行业，完成国家工业从劳动密集型向资本密集型、技术密集型转型。

2006 年 6 月，新加坡启动了"智慧岛 2015（iN2015)"计划，通过创新、整合、国际化的发展原则，推进商业模式与解决方案的创新、跨地区跨行业跨政府部门的资源整合，服务媒体、教育、金融、政府、生物医药、制造业、旅游业发展；为了保证计划能够顺利实施，新加坡政府制定了四项战略，涵盖基础设施建设、资讯通信产业的发展、人才培养、经济的提升。

④ 智慧化（2014 至今）

2014 年，新加坡在超前完成"智慧岛 2015"计划的基础上，开始了下一个十年计划"智慧国家 2025"，建设智慧国家的核心理念是"连接、收集和理解"，实际上是对"智慧岛 2015"计划的升级，通过信息通信基础设施的互相连接和城市传感器的数据收集，向城市公民进行数据分享，使得民众充分参与到城市的建设与发展中，实现整个国家从智能向智慧层面的转变，其中"数字经济""数字政府""数字社会"作为新加坡智慧国家的建设支柱在"智慧国家 2025"计划中被提出，而作为支撑国家战略的承载 5G、物联网、大数据、云计算、人工智能技术为代表的信息通信基础设施的发展与建设，也被提高到前所未有的地位，新加坡智慧国家架构如图 2-24 所示。

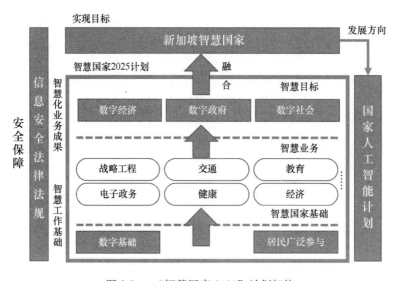

图 2-24　"智慧国家 2025"计划架构

2) 主要应用

政务领域，新加坡政府于 2011 年 6 月推出全新的"电子政府 2015"规划，建设 CO-

DEX 数字运营平台，通过 1600 多项便捷的在线服务及 300 多项移动服务，建立一个与国民互动、共同创新的合作型政府。

交通领域，新加坡推出了电子道路收费系统（Electric Road Pricing）等多个智能交通系统。

医疗领域，开发了综合医疗信息平台，推行全国电子健康记录，实现病患信息管理的智能便利化，同时发起了远程医疗合作征求计划，在 ICT 技术的帮助下，实现特殊人群的远程医疗。

教育领域，推出新加坡未来学校计划，通过在教学中学习使用最新的应用软件，开发 3D 仿真学习情境模式，创新课程体系方法，大大提升了学生对学习的关注度。

文化领域，国家图书馆部署了一套灵活且性能超强的大数据架构，通过云端计算的模式，处理从战略、战术到实际业务的不同分析需求，提供高性价比的解决方案。

民生领域，构建全国性的近距离无线通信技术（Near Field Communication，NFC）系统，实现手机用户在零售点购物或搭乘的出租车可以通过手机实现一键购买。

3）启示

新加坡政府紧跟世界信息通信产业发展趋势，结合自身政府、人才、产业、经济的发展情况，从顶层设计入手，早在 20 世纪 80 年代，便确定了国家及城市向信息通信产业发展的方向，建设了完善的诸如数据中心、机房、基站、多功能智能杆等系列信息通信基础设施，通过数字化、网络化、智能化、智慧化（未完成）的建设过程，一步步覆盖智慧城市的方方面面，最终完成"智慧国家"的设想。从新加坡智慧城市建设的过程可以看出，智慧城市的建设是复杂的、长期的、持续性投入，也需要不断改进、优化、完善。

3. 国内发展情况

1）试点

国内智慧城市建设经过了试点探索阶段（2012—2014 年 8 月）后，开展智慧城市试点的城市近 600 个，但各地在智慧城市试点建设过程中也暴露了诸如技术导向、盲目建设、信息孤岛、业务独立、标准接口各异、信息安全不受控等问题，急需全国层面统一的顶层设计与统筹指导。

2014 年 8 月，针对这些问题国家发展改革委等八部委联合印发了《关于促进智慧城市健康发展的指导意见》（以下简称《意见》），《意见》强调建设智慧城市过程中要加强顶层设计，从城市发展的战略全局出发，建设智能化基础设施，利用先进信息技术，结合区域相关规划，促进智慧城市建设的健康发展。

2）新型智慧城市发展

2015 年 10 月，十八届五中全会提出的"创新、协调、绿色、开放、共享"发展理念，给"智慧城市"建设提出了新的要求。同年 12 月国家互联网信息办公室等单位经过广泛的城市调研，提出了建设新型智慧城市的概念，并推动深圳、福州、嘉兴三地进行试点。

在国家部委随后发布的智慧城市建设众多指导意见中，加强顶层设计、分级分类推进新型智慧城市建设成为共识；在智慧城市建设过程中，各地城市政府逐渐形成从强化顶层设计入手,统筹各部门协同融合,建设城市大脑,利用智慧灯杆、传感器等外场设施,分级分类建设新型智慧城市的建设路径。

3)建设案例

① 上海

2011 年上海市发布了建设智慧城市的行动计划;基于处于国内领先水平的信息化建设基础,上海市将智慧城市建设重点移向宽带城市、无线城市、信息感知和智能应用方面,同时发展产业技术和信息安全,从产业方面助力智慧城市建设。

2014 年,上海市在之前行动计划的基础上完善信息化应用水平,使得智能化服务覆盖全体市民,加强数据的有效利用,实现城市管理的精细化,同时推动政务信息化水平的提升,设立智慧城市示范区等一系列智慧场景作为试点,探索智慧城市在不同试点的管理模式,加强信息基础设施服务能力和网络安全能力,服务产业和城市居民。

至 2016 年,上海市已实现包含医疗、教育、交通等民生服务信息化应用的全覆盖,城市管理方面已实现联勤联动,完成政府数据资源服务平台建设;以此基础上,支撑智慧生活、智慧经济、智慧治理、智慧政务四个智慧业务的发展,实现各个场景的智慧化管理,并开始新型智慧城市建设探索。

至 2020 年,上海发布了以大数据中心为基底、以城市大脑为核心,实现政务服务"一网统管"、城市运行"一网通办"的总体框架,继续坚持全市"一盘棋、一体化"建设,全面赋能数字经济、完善信息基础设施布局,不断增强上海作为国际化城市的吸引力、创造力和竞争力;同年,上海市在全球智慧城市大会上获得"世界智慧城市大奖"。

② 深圳

深圳市与上海市建设新型智慧城市的理念基本一致,通过完善信息基础设施、数据有效利用,实现对城市治理和城市运行现代化的精细化管理。深圳市智慧城市的发展历程大致可分为三个阶段。

信息化发展时期:深圳市在"十一五"期间已完成全程全网有线电视双向改造和数字化整体转换,数字深圳空间基础信息平台初步建成,数字化城市管理系统启用,初步实现了公共服务管理等网上处理业务的能力,但各业务数据隔离,无法形成高效便捷的运行管理,2010 年深圳提出建设"智慧深圳"的概念。

智慧城市发展时期:在国家智慧城市发展政策指引下,深圳市于 2012 年发布了智慧城市规划,通过全覆盖感知网络、高速融合网络、公共服务的支撑平台、"深圳云"、智慧应用等一系列建设工程,实现城市感知能力、网络环境等方面的提升,并且在数据层面进行融合,形成公共服务、城市治理等方面的联动。

新型智慧城市阶段:作为新型智慧城市的试点城市,深圳市在"十三五"信息化发展规划中,将信息基础设施建设、民生领域信息服务、现代化治理能力等方面作为发展目标,提出均等优质的公共服务、智慧化精细化的城市管理、"互联网+"、大数据应用提升政府决策能力和一系列技术支撑体系等方面的建设任务;2018 年,深圳市出台新型智慧城市建设总体方案,坚持"一体化、一盘棋"的建设原则,通过感知网络体系的构建,将数据汇聚到城市大脑管理中心,然后共享到各个业务部门,实现"一图全面感知""一号走遍深圳""一键可知全局""一体运行联动""一站创新创业""一屏智享生活"的"六个一"的目标。2020 年，在全球智慧城市大会上，深圳获得"全球使能大奖"；同年，深圳市与华为宣布共建鹏城智能体，通过数据的深度学习和使用，建成"1＋4"发展框架，"1"即"以新型基础设施建设为支撑"，"4"即"公共服务、城市治理、数字经济和安全防控"四大板块，全面细化优化城市服务，让城市成为能感知、会思考、可进化、有温度的智能体系。

4. 智慧城市的基本组成

智慧城市由城市大脑、外场设施和信息通信网络组成，并通过软件使其成为有机整体。

① 城市大脑

城市大脑是互联网和政府现代化治理的融合，通过运用大数据、云计算、人工智能等前沿科技，构建人工智能中枢平台，包含运营决策中心、数据处理中心与应急指挥中心等，通过汇集政府、企业和社会数据，使得城市数据得到最大化利用，实现城市的一体化管理、公共资源的合理配置、事件的预测预警和治理"城市病"问题的能力。由于城市职能管理部门多、分工细，城市大脑除了整座城市的脑中枢外，还可能包含多种功能的小脑（公安、交通、国土规划、综合救援等职能管理中心）。

② 外场设施

外场设施包括感知设施、信息收集和发布设施、执行设施等多种，智慧交通、智慧水务、智慧消防等智慧分项有自成一体的外场设施，部分外场设施及其产生的数据均可共建共享；其中智慧交通的外场设施相对复杂，又包含相互联系的多个子系统。多功能智能杆是承载外场设施的综合载体，可集合视频监控、交通灯控管理、环境和气象感知、应急求助等多种感知设施。

③ 信息通信网络

信息通信网络承担着连接各种设备并传输数据的任务，主要包含有线通信网和无线通信网，以及由此拓展或衍生的物联网、互联网等虚拟网络，将智慧城市的各种系统、城市大脑及小脑、各类感知设备设施连接成有机整体。信息通信网络包含有线、无线接入基础设施及传输网络，如宏基站、微基站、WiFi 等设备设施，此类接入基础设施也可布置在多功能智能杆上，传输网络一般依托城市公共通信网、专网以及各类有线、无线接入网。

5. 建设特点

新型智慧城市建设是一个巨型系统，涉及众多城市管理部门，以及城市现代化治理、信息基础设施建设、民生服务、经济发展等，其建设特点如下：

① 建设周期长、投资大，且须持续建设、滚动更新。一座城市的智慧城市建设，可能需要 20～30 年时间，由众多项目持续建设，不仅城市大脑需要滚动更新，外场设施的建设更需要随智慧分项工程逐步完善，向精细化、精准化深入发展，且随着信息通信技术的迭代更新，技术发展存在不确定性，需要滚动发展。

② 数据呈几何级数增长，且相互关联，向可视化方向发展。随着智慧城市和信息化深入发展，任何人、所有物、每项工作、每个轨迹等都会产生数据，数据也由结构化向非

结构化转变，由文字、图片向视频方向发展；数据之间彼此关联，相互联动，并通过算法、模型，推动城市向智能、智慧演进。同时，数据通过图、表等方式，可视化呈现出来，实现多维管理，不断提升管理水平。

③万物互联、人机互动，向现实、虚拟共生的孪生城市发展。在天地一体的信息通信网络中，不仅人与人之间随时随地交流沟通，万物也相互连接，且人与物之间能便捷交换信息、随心掌控设备；同时，将现实世界投射到虚拟世界中，并通过孪生城市实现精细、精准管理。

2.4.2 整体架构及层级

1. 整体架构

我国人口众多、幅员辽阔，城市级别多且城市人口数量大，智慧城市是由国家、省、市、区、街道、社区六级组成，层层汇聚，将数据传送到上一层；其中城市级智慧城市相对比较复杂，各种功能齐全，各类证照、人口、法人等基础数据在此存储、汇聚、交换、共享，各类业务数据及局委办信息也相互共享、互通；由此形成横向联系、纵向贯通的整体架构。全国智慧城市整体架构参见图 2-25，图中仅画出国家、省、市三级的架构。

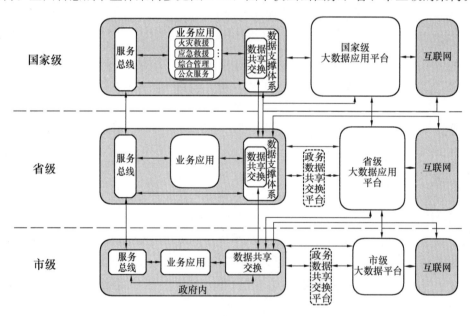

图 2-25　全国智慧城市整体架构图

2. 智慧城市的分级

从一座城市角度来看，智慧城市的层级大致上分为市级、区（县）级、街道（镇）级、小区或建筑级四个层级，通过市级层面的统筹规划，形成全市一体化的建设方案，通过在市级搭建公共信息基础设施等支撑平台与各业务部门进行数据连接，进而辐射到（县）区级、街道和小区，同时各级智慧城市通过各自的实际情况发展出符合业务的智慧化应用。

下面以市级、区级两级智慧城市为例，展示其架构，由此可推演街道、社区、建筑等级别的智慧城市架构，具体内容从略。

3. 市级智慧城市

不同层级智慧城市架构比较接近，以市级智慧城市的架构来分析，基本可看出其他层级智慧城市的架构。按照国家新型智慧城市建设指导意见，新型智慧城市一般采用1＋1＋N的架构，即一个数字底座、一座城市大脑、N项业务应用，通过1个城市数字平台，综合不同领域的数据和能力，提供公共服务、城市治理、数字经济和安全防控等智慧应用；对于中小城市来说，可将城市大脑和数字底座结合，形成"1＋N"的模式，因地制宜地建设新型智慧城市。

在市级智慧城市建设中，数字政府和业务平台是最常见的内容，以此可以推演其他层次智慧城市和平台的建设架构。

1）数字政府架构

数字政府是城市大脑的核心，其架构包括基础设施层、智能中枢层、应用服务层三个层级，其架构示意见图2-26；三层基本情况如下：

基础设施层：包括物联感知网络、移动宽带网络、有线电视网络、数据存储等相关内容，涉及物联传感设备布设，通过边缘计算节点进行数据的预处理，传输到数据中心，实现数据的收集，组成智慧城市的基础。

智能中枢层：包含数据资源管理、数据中台、共享平台，通过基础设施层产生并传输的数据，经过云计算、大数据、人工智能平台的处理和业务应用进行匹配和传输，为应用系统支撑平台层提供对应业务数据，对于有效数据进行共享，实现数据资源高效筛选分配共享。

应用服务层：根据各城市自身情况进行建设，包含业务中台、业务应用、服务门户，

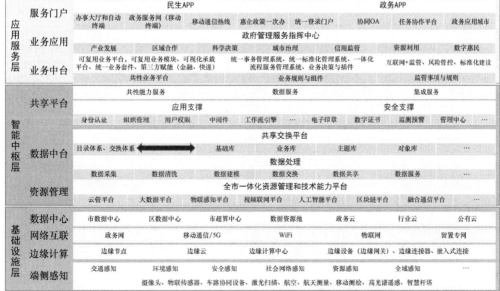

图 2-26　市级数字政府架构示意图

是城市展示的门户，通过对于政府、企业、团体、个人不同的业务服务，实现智慧城市服务的最后一公里，实现全市"一张图"的设想。

2）业务平台架构

以某市智慧水务为例来说明某项业务平台架构。"1＋4＋N"是比较典型的智慧水务架构，即包括 1 个指挥决策中心、"政务运行、业务调度、工程管理、公众服务"四大智慧平台、N 个应用模块；结合市级数字政府搭建的大数据平台及云平台获取数据，成为市级智慧城市的一环，既保持了业务部门的垂直管理，也保证了数据的横向连通。智慧水务总体框架见图 2-27。

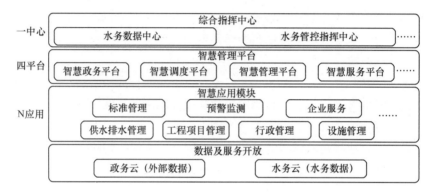

图 2-27　某市智慧水务总体框架

4. 区（县）级智慧城市

在与市级智慧城市纵向贯通的前提下，区级智慧城市侧重应用，其架构一般分为感知层、网络层、城市数字平台层、应用层、展示层，通过感知层面获得数据后，经过网络层传递到区级数字平台进行数据的处理、分发、共享，实现各类智慧应用，在区级城市大脑中展示共享，实现智慧城区的智慧管理。区级数字政府架构图参考图 2-28。

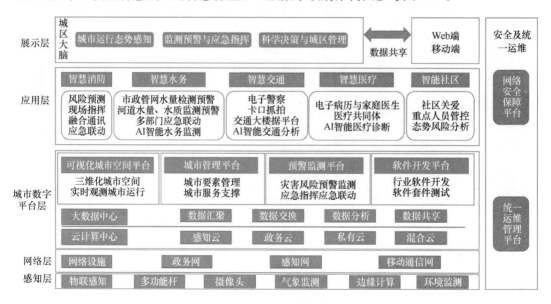

图 2-28　区级数字政府架构

2.4.3　主要相关技术

智慧城市是多种信息通信技术集合、融合的超级技术复合体。目前，与智慧城市建设管理密切相关的新一代信息通信技术主要包括视频监控、云、边缘计算、大数据、物联网、移动互联网、人工智能、区块链及空间地理信息技术，这些技术在为智慧城市收集、处理、存储数据和实现城市科学管理，以及促进城市开展深度学习、算力提升、迭代更新、资源优化产生重要支撑作用。9 种技术与智慧城市的关系参见图 2-29。

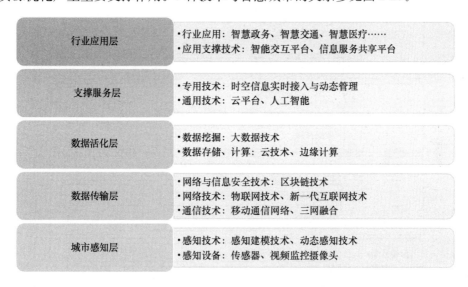

图 2-29　智慧城市核心技术层级图

1. 视频监控

视频监控系统由摄像头、传输线缆、视频监控平台三部分组成，是智慧城市和城市公共安全管理的重要组成部分。摄像头不仅是前端设备，更是智慧城市获取图像和视频的最重要信息入口；视频监控以其直观、准确、及时和信息内容丰富而广泛应用于许多场合。

1）政策

近几年，国家围绕视频监控出台了相关政策及规范性文件。

2015 年 9 月，九部委印发了《关于加强公共安全视频监控建设联网应用工作的若干意见》（以下简称《意见》）。《意见》提出到 2020 年，基本实现"全域覆盖、全网共享、全时可用、全程可控"的公共安全视频监控建设联网应用。

2020 年 10 月，《中共中央关于制定国民经济和社会发展第十四个五年规划和二〇三五年远景目标的建议》指出了视频监控建设的两个重点，其一是建设目标下移，基层将成为视频监控的重点建设目标。《意见》指出视频监控的建设深度应提高到建设微型智慧城市，将现有智慧城市的经验推广到地级市乃至乡、镇一级的管理单位。第二个重点是新技术的应用，人工智能、软件定义摄像机和 5G 等新技术将成为智能安防时代的关键支撑。视频监控作为智慧城市的"眼"，应利用 AI 芯片、生物识别算法及大数据统计等更多新技术，进一步提升城市智慧化管理的水平。

2）系统总体架构

视频监控系统的逻辑结构主要分为视频采集、视频分析和监控中心三部分。结合视频监控需求并融合新一代信息技术将系统结构细化为四层，分别是展示层、应用服务层、技术支撑层、平台接入层（网络层、前端感知层）。图 2-30 为视频监控系统的总体架构图。

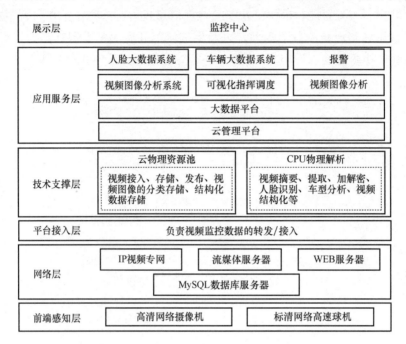

图 2-30　视频监控系统总体架构图

3）主要应用场景及前端建设特点

视频监控前端采集的信息具有直观、信息量大、内容丰富等特点，属于非结构化数据；据国外某著名公司的首席技术官观点，全球近 90％数据均来源于视频，预计在未来超过 50％数据来源于手机、可携带式设备、无人机等设备采集的数据。前端建设点根据应用场景可划分为三类点。安装在重点公共区域，覆盖主要道路、重点区域、重点场所等，以公安机关为主建设的采集点划分为一类点。安装在重点行业、领域内涉及公共安全的重要部位、易案发部位，以政府部门或社会单位为主建设的监控摄像机为二类点。三类点为安装在企事业单位、商户、居民社区或者住宅小区等的监控摄像机。

4）与智慧城市的关系

智慧城市的架构中，视频监控位于底层的感知层。近年来，随着智慧城市的快速发展，"超高清、更智能"成为视频监控的主要发展方向。在视频监控获取超量信息的基础上，5G＋AI 将为海量信息的传输和分析、计算、按需访问等提供强有力的技术支持。5G 的高传输速率、高带宽、高可靠性，降低了网络传输速度导致的延迟现象，加速了监控信息的超高清显示，从而助力智慧城市的指挥中心平台更高效地做出精准防范决策。AI 的深度学习对视频图像的解析突破了原有的限制，将安防监控传统的被动防御，转变为事中、事前的预警布控，为大数据分析研判提供了重要技术支撑。另外，4K 超高清也给 AI

在落地应用中带来更清晰的图像资源和更多的数据资源。

人工智能是智能技术发展的目标，在视频监控系统的应用主要分为视频结构化技术和大数据技术。视频结构化技术是融合了图像处理、模式识别、深度学习等最前沿的人工智能技术，是理解视频内容的基石。大数据技术为人工智能提供强大的分布式计算能力和知识库管理能力，是人工智能分析预测、自主完善的重要支撑。视频结构化技术通过在具有感知能力的智慧灯杆上集成嵌入式 GPU 集群服务器等芯片，来实现高性能分析计算和并行处理。大数据技术通过视频监控系统平台支撑采集数据的存储、管理和应用。图 2-31 是人工智能在视频监控系统中的应用。

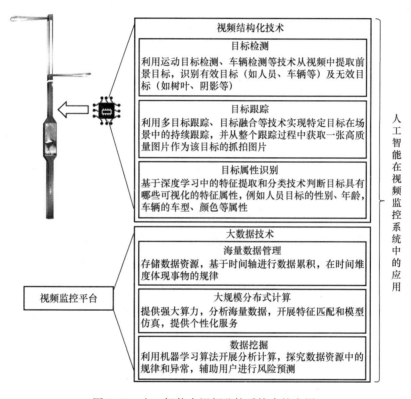

图 2-31　人工智能在视频监控系统中的应用

2. 边缘计算

随着越来越多的设备连接到互联网并产生数据，云计算可能无法完全处理这些数据，尤其是在对数据传输时延有较高要求的场景，而边缘计算可以更快地处理这些数据，边缘计算在近几年得到了很大的发展，与云计算有分庭抗礼的趋势。

1）技术原理

边缘计算是在靠近数据源头的一侧对数据进行计算、存储、分析等。通过将云计算平台迁移到网络边缘，并将传统移动通信网、互联网和物联网等业务进行深度融合，减小业务交付中在中央服务器之间来回传送的时间。

边缘计算操作的对象包括来自云服务的下行数据和来自万物互联服务的上行数据，边缘是指从数据源到云计算中心路径之间的任意计算和网络资源。云计算中心和传感器、汽车和智能手机等边缘终端之间的请求是双向的。边缘设备既是数据的来源端也是数据的消费端，边缘设备不仅从云计算中心请求内容及服务，而且可以执行数据存储、处理、缓存、隐私保护等。在边缘计算的应用场景中，边缘数据处理平台是边缘计算模型的核心，该平台通常由数据收集器、异构计算平台、操作系统及应用程序库组成。图 2-32 是边缘计算的框架图。

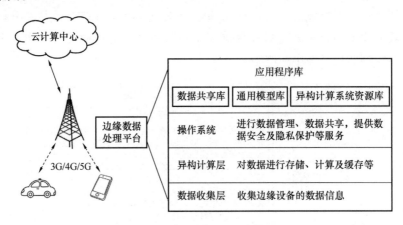

图 2-32　边缘计算的框架图

2）技术发展脉络

边缘计算的发展历程分为三个阶段：原始技术积累阶段（2015 年以前）、加速发展阶段（2015～2017 年）、稳步发展阶段（2018 年至今）。边缘计算概念的最早提出是在 1998 年，Akamai 公司提出的内容分发网络 CDN，其核心思想是利用部署在各地的缓存服务器来平衡中心平台的负载，其核心是功能缓存。2009 年 Cloudlet 概念被提出，其主要思想是将资源丰富的主机部署在网络边缘并连接互联网，为移动用户提供服务；通过把云服务器的功能下移到边缘服务器，来提高带宽利用率和降低时延。2010 年，移动边缘计算被提出，该技术是边缘计算中的一种架构。该技术强调在中心云和终端之间建立边缘服务器，在边缘服务器上完成计算任务。2012 年，雾计算的定义被提出，雾计算是将中心云的计算任务迁移到网络边缘计算的一种虚拟化平台。同年中国科学院启动了"海云计算系统项目"。通过云计算和海计算（物理世界的终端）协同，增强传统云计算的能力。2013 年，"Edge Computing"一词首次被提出。

边缘计算的加速发展期是在 2015 到 2017 年。2015 年 9 月，在工业界，欧洲电信标准化协会发表了移动边缘计算的白皮书。2016 年 5 月，美国自然科学基金委（NSF）提到要将边缘计算替换云计算。2016 年 11 月，华为技术有限公司、中国信息通信研究院、英特尔等在北京成立了边缘计算产业联盟。

在稳步发展阶段，2018 年是边缘计算发展的重要节点。2018 年 1 月，全球首部专业书籍《边缘计算》出版，8 月，两年一度的全国计算机学术年会以"由云到端的智能架构"为主题开展，9 月，以"边缘计算，智能未来"为主题的世界人工智能大会在上海召开。边缘计算的发展经过前期储备和快速发展，正在政产学研用稳健发展。

3）技术架构

边缘计算架构分为现场设备、边缘和云三层，边缘层分为边缘节点和边缘管理器两层。边缘节点的形式、种类是多种多样的，为了解决异构计算与边缘节点的强耦合关系，降低物理世界带来的结构复杂性，边缘节点层中的设备资源被抽象为计算、网络和存储三种资源，使用应用程序编程接口实现通用的能力调用，控制、分析与优化领域功能模块实现了上下层信息的传输和本地资源的规划。边缘管理器是利用模型化的描述语言帮助不同角色使用统一的语言定义业务，实现智能服务与下层结构交互的标准化。数据全生命周期服务提供了随数据从产生、处理到消费的综合管理。最上层的服务框架能够实现服务的快速开发和部署。图 2-33 为边缘计算的架构图。

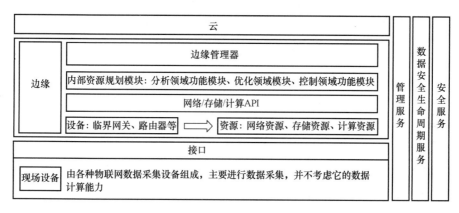

图 2-33　边缘计算架构图

4）应用场景

随着联网的设备越来越多，边缘计算被应用到越来越多的领域中。首先是其在交通运输中的应用；自动驾驶汽车利用边缘计算，将数据在距离车辆更近的地方进行处理，从而缩短响应时间。另外，边缘计算被用在飞机引擎的检测中，飞机上装备的大量传感器在飞机飞行中产生的数据可利用边缘计算进行实时处理。

边缘计算在医疗保健方面的应用也有很多，一些可穿戴设备，如血糖监测仪、智能设备等可以不连接云，离线分析处理海量数据。而且本地化数据处理还能避免云端或网络故障影响系统正常运行。

在制造业中，边缘计算可以通过挖掘并处理实时产生的海量数据，来使制造流程能够更快速地做出响应，从而实现在机器过热前将其关闭，或减少工厂车间机器运转中断的情况。边缘计算也非常适合应用在智慧农业中；由于农场所处的位置大多位于偏远地带，可能存在网络连接方面的问题，而光纤、微波或者卫星通信相较边缘计算都不是最合适、经济的方案；智能农场可以通过边缘计算来监测温度和设备性能，以及自动让运行异常的设备进入休眠状态。

5）与智慧城市的关系

随着智慧城市的发展，越来越多的物联网设备接入互联网中，数据在中心云和私有云之间的回传需要占用很大的带宽，以及产生一定的时延。为了降低网络延迟，数据本地化处理被提出。目前很多公司开始构建边缘基础设施。可以说，智慧城市是边缘计算的一个驱动因素。边缘计算的优势在于，分析处理数据的设备位于用户最需要的地方，本地微型边缘数据中心可以为智慧城市应用提供服务，在创建数据时几乎可在同一时间内响应任务，从而消除延迟方面的限制。

边缘计算在智慧城市中通过物理实体的部署从而实现计算存储能力与业务服务能力向网络边缘迁移。边缘计算硬件部署的内容包括平台交换机、边缘计算服务器（EC 服务器）、管理交换机、安全防火墙等，其中边缘计算的主要功能实体是 EC 服务器。EC 服务器的部署方式主要有两种：第一，EC 服务器是基站的一种增强功能，通过自身软硬件的升级，与基站共址的内置方式。第二，EC 服务器作为一种单独的设备，与无线基站分开部署在网络中（可以在 RAN 侧，也可以在 CN 边缘）。EC 服务器和网关等设备可以部署在基于 C-RAN 架构的中心基站的机房内，相较于将 EC 设备安装在本地核心 DC 处，这种方式更加靠近数据源的位置，可以实现降低业务时延、对业务数据的本地分流卸载，并且能更好地发挥边缘计算的优势。

3. 物联网

按照国际电信联盟的定义，物联网主要解决物品与物品、人与物品、人与人之间的互联。它的本质仍是互联网，只不过终端不再是计算机，而是嵌入式计算机系统及其配套的传感器。物联网以互联网为基础，通过传感技术及通信技术，将物品与互联网相连，进行信息交换及通信，从而实现对物品的智能化识别、定位、跟踪、监控和管理。

1）政策

2017 年 1 月，工信部发布了《物联网"十三五"规划》。该项规划提出了物联网发展目标，其中，通过完善技术创新体系和完善标准体系的构建，来促进物联网的发展和应用。2017 年 6 月，工信部下发了有关物联网的建设通知，《关于全面推进移动物联网（NB-IoT）建设发展》，提出了全面推进广覆盖、大连接、低功耗的移动物联网建设目标，并预计了到 2020 年，NB-IoT 的覆盖率和基站规模。

2018 年 12 月，物联网作为新型基础设施建设在中央经济工作会议上被提出。2020 年 4 月，国家发展改革委在政府工作报告中明确新型基础设施是以 5G、物联网为代表的信息基础设施。随着 2020 年 5 月，"新基建"被全国两会写入政府工作报告，物联网的发展将进入下一个"黄金十年"。2020 年 5 月，工信部发布《关于深入推进移动物联网全面发展的通知》，通知中宣布将推动 2G/3G 物联网业务迁移转网，建立 NB-IoT、4G 和 5G 协同发展的移动物联网新体系。

2）技术发展脉络

1999 年，在美国召开的移动计算和网络国际会议上物联网的概念被提出。会议提到了"传感器是下一世纪人类面临的又一个发展机遇"。这时的物联网是利用互联网、RFID 技术、EPC 标准，构造一个可以实现全球物品信息实时共享的实物互联网。2005 年 11 月，"物联网"的概念在信息社会世界峰会上被引用。国际电信联盟发布了《ITU 互联网报告 2005：物联网》。报告中重新定义了物联网的覆盖范围，物联网不再局限于 RFID，其范围被大大扩展了。2008 年 11 月，中国移动政务研讨会提出了以移动技术、物联网技术带动社会创新 2.0 变革的理念；提出物联网技术的发展核心是以人为中心，关注用户体验。2009 年 1 月，美国将物联网列为振兴经济的重点技术，物联网概念的覆盖范围定义为"智慧地球"，工商界代表提倡加大智慧型基础设施的建设。同年 2 月，IBM 提出了下一代 IT 产业的发展策略，即把传感器嵌入电网、铁路、桥梁、建筑等实体中并接入互联网，形成物联网。

2009 年，国家领导人提出要加快建立中国的传感信息中心，实现物物相连的"感知中国"目标。中国式物联网被赋予艰巨的历史使命，其被定义为将无处不在的终端设备和设施，以及具备内在或外在智能的系统，通过有线或无线的方式接入网络实现互联互通、大规模集成应用的模式。在各种网络环境中实现安全保障机制和管理服务功能。2014～2016 年，此时的物联网，通过搭建一套数据感知、搜集、传输、计算及分析为一体的数据管理闭环，正逐步从物理世界向数字世界演进。现如今，物联网的演变由高精度采集向融合处理、交换信息能力的智慧化方向升级，通过向物联网中融入边缘计算、人工智能、区块链等计算技术，使物联网产生的数据被充分挖掘。

3）技术原理及框架图

物联网是在互联网的基础上，利用传感器、RFID 标签、云计算、嵌入式系统等技术实现物品的自动识别和信息的互联共享。物联网的技术框架见图 2-34。

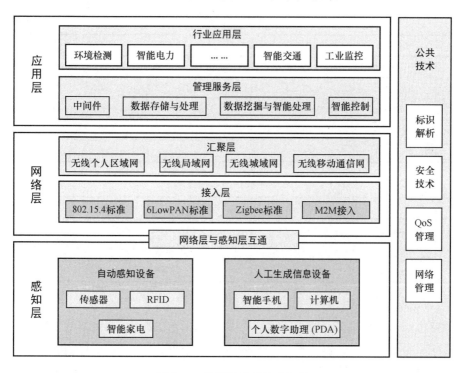

图 2-34　物联网技术体系架构

根据物联网的技术体系架构图，物联网的技术路线可以总结为数据采集、数据传输、数据计算、应用展示。

4）主要应用场景

物联网的应用领域十分广泛，包括智慧交通、医疗健康、家居建筑、金融保险、能源电力、物流零售等。

物联网技术在智慧交通中的应用包括车辆稽查、公共交通、高速公路等领域。利用公路上杆体搭载的射频识别模块、传感器实时收集车辆动态信息，通过智能化的识别和判断对违章或违规行为判定。在公共交通领域，利用 GPS 定位技术、物联网监控系统对车辆到站信息进行采集，乘客可通过获取终端应用程序的公交车辆到站信息规划出行。在高速公路领域，ETC 网络化缴费通过物联网技术将车辆信息和高速路收费站点间的信息交换实现。

物联网在医疗健康领域的应用，使用户可以随时随地享受现代医疗保健服务，极大地提升了人们的生活质量。在基于物联网的医疗保健系统中，使用者的生理数据被可穿戴或可植入传感器设备采集，本地处理器单元通过基站将收到的医疗数据输入数据库进行存储、分析。根据数据的异常状态，佩戴者可以与医生进行交互。

物联网被看作是互联网的最后一公里，其通信距离可能是几厘米到几百米之间，常用的通信技术有蓝牙、Zigbee、RFID、WiFi 等，见表 2-3。在比较分散的野外监测点、市政传输管道的分散监测点、移动的监测物体等远距离通信应用场景，主要的通信技术有WiMAX、LoRa、4G/5G 移动通信等，见表 2-4。

短距离物联网通信技术 表 2-3

技术名称	通信距离	传播速度	应用领域
蓝牙	10m	1Mbps	电子设备、智能家居等
Zigbee	10m 以上	100kbps	家庭智能化、工控、医用设备控制、农业自动化等
RFID	1mm～5cm	800～1600bps	门禁系统、食品安全溯源、图书馆等
WiFi	100m	11～54Mbps	电子设备、路由器、智能家电等
NFC	0～20cm	400kbps	门禁管制、移动支付等

远距离物联网通信技术 表 2-4

技术名称	通信距离	传播速度	应用领域
LPWAN	10km 以上	小于 100kbps	户外场景、LPWAN 大面积传感器应用
LoRa	10km 以上	0.3～50kbps	户外场景、大面积传感器应用、蜂窝网络覆盖不到的地方
5G	322m、424m	1Gbps 以上	广泛

5）与智慧城市的关系

智慧城市是一个有机结合的大系统，涵盖了更透彻的感知、更全面的互联、更深入的智能。物联网为智慧城市提供了坚实的技术基础，为智慧城市提供了城市的感知能力，并使这种感知更加深入、智能。

随着我国大力推进智慧城市建设，数字基础设施成为智慧城市的重要支撑，为提升城市服务能力和高效运营奠定了基础。智慧城市主要包含三类数字基础设施：融合基础设施、网络基础设施及存算基础设施。其中，融合基础设施以物联感知为主，聚焦物联网中控平台和新型感知终端部署。随着三大基础电信运营商不断加快 NB-IoT 网络的部署，我国在 2019 年已成为全球物联网网络规模最大的地区，物联网感知设施的部署也逐渐由单点部署向统筹规划发展，因此，多功能智能杆成为感知设施集成载体发展热点。智慧杆是集无线通信、智慧照明、视频监控、交通管理、环境监测、信息交互和城市公共服务等功能为一体的新型公共设施，是信息基础设施、市政基础设施和社会杆塔资源共建共享的主要抓手。

4. 大数据

到 2020 年全球数据达到 60ZB，大量新数据源的出现导致非结构化、半结构化数据爆发式增长，信息数据的单位由 TB 跨越到 ZB 的级别。传统方法早已无法处理这些数据，因此大数据技术应运而生。

大数据技术不只是存储、掌握数据的数据库，其更重要的意义在于对数据的"加工能力"，通过"加工"使数据变得有价值。大数据通过依托云技术的分布式处理、分布式数据库、云存储和虚拟化技术，实现数据收集处理、分析等。大数据和人工智能也是紧密相关的两种技术，人工智能通过利用大数据的海量数据及分布式存储、计算能力，使执行认知功能后的结果更准确，从而可以更高效地辅助或科学决策。

1）政策

《中华人民共和国国民经济和社会发展第十三个五年规划纲要》提出"实施国家大数据战略，推进数据资源开放共享"。针对大数据平台的开放，2016 年 9 月国务院发布《政务信息资源共享管理暂行办法》，指出要加快推动政务信息系统互联和公共数据共享，要求各部门业务信息系统应尽快与国家数据共享交换平台对接，原则上通过统一的共享平台实施信息共享。工业和信息化部 2016 年印发《大数据产业规划（2016—2020 年）》，提到 2020 年基本形成技术先进、应用繁荣、保障有力的大数据产业体系的目标。"十四五"规划为今后五年大数据的发展进行了总体部署，从产业基础和产业链的角度，对大数据提出了"推进产业基础高级化、产业链现代化"的要求。规划中"加快构建国家一体化大数据中心体系"的指导意见与大数据产业息息相关。

2）技术发展脉络

大数据技术起源于 2004 年，这时的大数据由分布式文件系统、大数据分布式计算框架和数据库系统组成。在那时，海量数据存储通过部署大规模服务器集群实现。2006 年，一个开发维护大数据技术的项目被启动，该项目将大数据相关的功能从原系统中独立出来，被命名为 Hadoop，主要包括 Hadoop 分布式文件系统和大数据计算引擎。2008 年，为了降低运用大数据进行数据分析和处理的使用难度，转换工具 Hive 被研发和广泛使用。2012 年，一种新的大数据计算框架 Spark 被推出，这时内存取代了磁盘作为数据运行的主要存储介质。大数据生态体系也在此时逐渐形成。大数据生态在随后的几年中逐渐完善，并形成了用于大数据存入的 HDFS，用来有序调度的 MapReduce 和作业执行，以及把执行结果写入各个应用系统数据库的 Spark，一个整合所有大数据组件的大数据平台。

3）技术原理与技术架构

大数据有两层含义，一种是直接含义：大数据指所涉的数据量规模巨大到无法通过人工在合理时间内达到截取、管理、处理并整理成为人类所能解读的信息。将这类对文字本身的定义扩展到技术就是其隐式含义：大数据是需要新处理模式才能具有更强的决策力、洞察力和流程优化能力的海量、高增长率和多样化的信息资产。

应用层	实用决策、内置预测能力、数据驱动、数据货币化
分析层	自动服务、迭代、灵活、实时操作
管理层	结构化数据和非结构化数据并行处理，线性可扩展
基础层	虚拟化、网格化、分布式横向可扩展体系结构

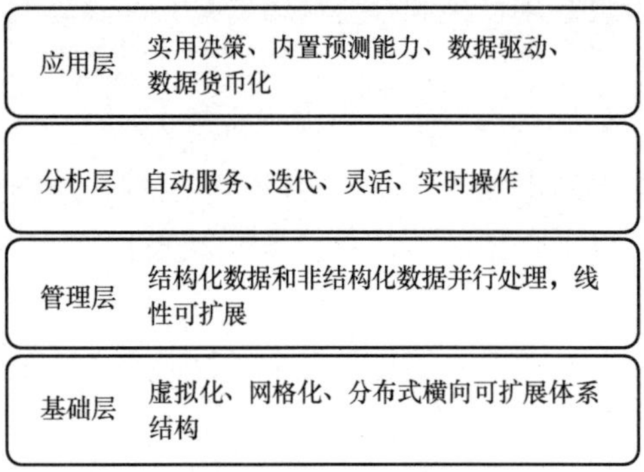

图 2-35 大数据技术架构

大数据技术架构是大数据应用所需的新工具、流程和方法支撑起来的。这些新的技术手段使企业能够建立、操作和管理这些超大规模的数据集和数据存储环境。技术架构见图 2-35。

4）应用场景

大数据处理的主要应用场景包括数据分析、数据挖掘与机器学习。大数据在政府工作领域应用的主要内容为：政府利用大数据整合信息，将各部门搜集的企业信息进行剖析和共享，能够发现管理上的纰漏，提高执法水平，增进财税增收和加大市场监管程度。在数据集中的大数据背景下，大数据对金融业的影响很大。利用大数据技术建立开放、安全、高效的平台和金融服务体系，可以大大提高业务效率，促进金融业务转型。大数据技术对传媒产业转型具有重要意义。媒体可以在产品开发和管理等方面，充分利用大数据来开发新产品，更准确地提供个性化服务。大数据的发展对航运领域有促进作用。利用大数据对未来航路的国际贸易货量预测剖析，预知各个口岸的热度。利用气象水文信息对环境进行预警，完成在恶劣天气下的工作时间调配。

5）与智慧城市的关系

大数据是智慧城市的核心要素。大数据是智慧城市规划建设的支撑，智慧城市的基础是实时、全面和系统的数据采集和实施。借助大数据的处理方式，开发新的城市分析模型，实现数据挖掘与数据模型的匹配。在智慧城市的建设中，大数据技术的应用能够避免出现信息技术应用的不合理问题。

引入大数据技术处理城市运营中产生的各类数据，是实现城市运营管理智慧化的核心。大数据技术可以整合分析跨地域、跨行业、跨部门的海量数据，将特定的信息应用于特定的行业和特定的解决方案中，从而实现对数字信息的智慧化处理。数据的获取、存储、处理分析或可视化基于基础设施建设，基础设施涵盖计算资源、内存与存储和网络互联，具体表现为计算节点、集群、机柜和数据中心。大数据技术在智慧城市建设中的应用主要有三种，第一，通过建立一个高度灵活、快速响应、资源集中的数据共享和交换的体系架构，实现多部门之间数据的共享与交换，打通部门间的信息孤岛；第二，基于大规模数据集的并行运算模型、分布式的开源数据库等工具，为城市运营管理系统提供完备的大数据存储和管理能力；第三，提供数据分析组件、数据挖掘组件等多种应用组件，实现多维观察、数据钻取等功能，为大数据的上层应用提供支撑。

5. 云

云技术是一种基于云计算模型的网络技术，是广域网或局域网内硬件、软件及网络等资源的集合，可以实现数据计算、存储、处理及共享等功能。云存储是基于云计算延伸出的新概念，其本质是集合网络中不同类型的存储设备，对外提供数据存储和业务访问功能。当云计算系统处理的核心任务是存储及管理大量数据时，云计算系统会通过配置大量存储设备转变为云存储系统，因此，云存储实则是以数据存储和管理为核心的云计算系统。

1）政策

2017 年 4 月，工信部发布《云计算发展三年行动计划（2017—2019）》，提出到 2019 年，我国云计算产业将突破一批核心关键技术，云计算服务能力达到国际先进水平，带动新一代信息产业发展。"十四五"规划提出要加快云操作系统迭代升级，推动超大规模分布式存储、弹性计算、数据虚拟隔离等技术创新，提高云安全水平。以混合云为重点培育行业解决方案、系统集成、运维管理等云服务产业。

2）技术发展脉络

云计算技术的发展可分为四个阶段：萌芽阶段（2008—2011 年）、探索阶段（2011—2014 年）、发展阶段（2014—2018 年）、繁荣阶段（2019 年至今）。

在云计算兴起之前，企业采购或租用计算和存储设备是主流的 IT 基础设施构建方式，除服务器本身，机柜、带宽、交换机、网络配置等底层事项需要专业人士负责，且调整时的反应周期较长。云的到来，为搭建软硬件环境带来了一种高效的方式：需求方只需轻点指尖或通过脚本即可自主搭建应用所需的软硬件环境，并且可根据业务变化随时按需扩展和按量计费。2008 年，众多行业巨头正式开始了云计算的筹办和尝试。如 Windows Azure 在服务托管化和线上化的尝试；Google 在 PaaS 层面推出的 Web 框架。在这一阶段，云计算的核心理念已初步形成：计算和存储功能解耦，在这两方面独立扩展和调节。

在探索阶段，各企业在云计算的技术层面进行了许多有益尝试，云端服务的能力与质量取得了相当大的进步和提升。在 IaaS 层面，更强更新的 CPU 带来了云上虚拟机计算能力的提升和换代。通过引入冷、热乃至存档的各级分层，使存储类服务功能得以细化。在 PaaS 层面，通过在通用运行平台基础上提供自动扩容和负载监控等专业服务，尽可能解除技术、语言和框架层面的限制。

在发展阶段，IaaS 层面的虚拟机根据不同领域和特定场景细化出多种实例，如适用于机器学习与 AI 的 GPU 等。在存储服务方面，一种新的存储模式 CDN 应运而生，CDN 可以将存储的文件映射至 CDN 的边缘节点来对外服务，从而免去搭建传统回源站点的过程。PaaS 层面摒弃了之前统一的应用程序框架，采取标准可复用的中间件，并通过与其他 IaaS/PaaS 设施组合联动提升开发的灵活性。

在繁荣阶段，云计算的发展通过底层运行环境的容器化来支持云原生架构，让容器作为独立计算单元直接在共享基础设施上运行，从而进一步提升云计算的普遍包容性。

3）技术原理与技术架构

云计算是一种按使用量付费的服务模式，这种模式可以为用户提供便捷的、按需的网络访问。与服务供应商所需的交互较少，因此云计算的计算资源（包括网络、服务器、存储、应用软件和服务）共享池可以被快速提供，并且只需投入较少的管理工作。云计算的基本原理是，通过计算分布在大量的分布式计算机上，而非本地计算机或远程服务器，根据需求访问计算机和存储资源。

云计算架构可以分为服务和管理两部分。服务方面包含三个层次：软件即服务（Software as a Service），这层的作用是将应用以基于 Web 的方式提供给用户；平台即服务（Platform as a Service），是将一个应用的开发和部署平台作为服务提供给用户；基础设施即服务（Infrastructure as a Service），是将底层的计算（如虚拟机）和存储等资源作为服务提供给用户。云管理层的主要功能是确保整个云计算中心能安全和稳定地运行，并且能够被有效地管理。图 2-36 为云计算架构图。

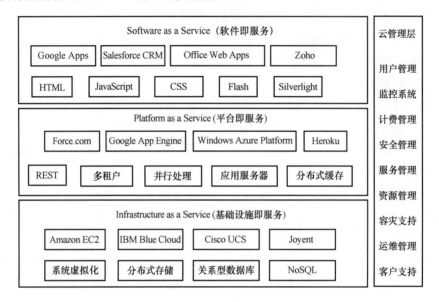

图 2-36　云计算架构

4）应用场景

云计算的应用场景包括制造领域、金融领域、教育科研领域、电子政务领域、电信领域等。

借助云计算平台，"制造云"通过信息共享和协作可以有效缩短生产时间，可随时了解供应商的市场行情和库存，以调整方案。云计算在金融领域的应用主要是数据中心的容灾备份以及优化整合等。当应用在运行突发故障时，管理单元可以重新启动一个新的服务器资源，也可以把出故障的应用迁移到其他服务器上，从而保证应用的正常运行。云计算作为一种服务模式、计算模式和架构平台，可以解决电子政务发展中遇到的许多难题，如使用 IaaS 云平台有效整合，通过统一规则、标准、平台，对内实现信息共享、业务协调办理、无纸化办公，推进科技和信息对称、高效运行的精准管理，最终实现信息中心基础平台节能减排、高效共享的目的。

5）与智慧城市的关系

在建设智慧城市中，云计算为城市建设提供了全新的计算方式。云计算通过分布式计算任务，使得各个应用系统具备存储空间、计算力等服务。

智慧城市建设离不开基础设施支持，其能够提供公共服务满足智慧城市的运行和发展需要，而通过引入云计算技术，智慧城市基础设施发展建设可得到有效推动，传统城市长期存在的公共服务问题能够得到有效解决。在 GPS、RS、GIS 等云计算应用中可用于完成智慧城市共享服务平台建设。对于智慧城市的卫生环境保护来说，云计算技术也能发挥积极作用，如实时监督城市供电供水、智能化管控城市污水排放、高效监督各类违法行为等。

基于云计算的存算基础设施主要表现形式为数据中心。智慧城市数据中心未来将向三级层次架构发展。第一，大中型云计算数据中心主要处理"热数据"（对时效性要求较高的业务），传统数据中心逐渐向云数据中心过渡，以实现更灵活的资源应用方式和更高的平台运行效率；第二，超大型云计算数据中心主要处理"冷数据"且部署位置在远端，未来将向靠近用户的区域集中部署；第三，边缘计算数据中心在网络边缘处分布式部署，以满足低时延、本地化等需求。

6. 移动互联网

移动互联网是移动通信与互联网结合的产物，通过移动通信终端和以宽带 IP 网络技术为核心的结合，用户可以随时、随地、随身享受到多元、分享、互动的互联网服务。

1）政策

2017 年，中共中央办公厅、国务院办公厅印发了《关于促进移动互联网健康有序发展的意见》，提出通过市场准入标准、信息基础设施升级、城市场景无线局域网覆盖等系列措施，保障移动通信技术成为社会进步的动力。

2）技术发展脉络

移动互联网支持多种无线接入方式，各种技术存在功能补充和重叠，根据覆盖范围分为局域网、城域网、广域网。

WPAN（无线个人局域网通信技术）：无线个域网，通过低功耗、覆盖范围从几米到几十米、短距离的无线传输技术将个人电子装置互联起来的一种网络技术，是一种短距离低功耗传输协议，处于网络链的末端，实现同一地点终端间相连，面向特定人群，有效解决了"最后几米"的网络连接；包括蓝牙（Bluetooth）、超宽带（UWB）技术、Zigbee技术等。

WLAN：无线局域网，被称为 WiFi（无线相容性认证）网络，覆盖范围从几十米到几百米，在局部区域内以无线媒体或介质进行通信的无线网络，支持静态、低速移动的互联网连接，一般只要安装一个或多个接入点设备，便可建立覆盖整个小范围区域的局域网络。

WMAN：无线城域网，覆盖范围从几百米到几十千米，以无线方式构建的城域网并提供面向互联网的高速连接；支持中速移动的互联网接入，微波多路分配系统、本地多点分配业务、WiMAX（全球微波互联接入）网络都属于城域网。

WWAN：无线广域网，采用无线网络把物理距离极为分散的局域网连接起来的通信方式，是利用现有移动通信网络（5G）实现互联网接入，拥有时延短、高带宽、广连接的特性，目前主流的 5G 组网方式分别是 SA/NSA，实现移动业务的宽带化。

3）技术原理及框架图

移动互联网是移动终端和互联网接入的融合体，互联网的出现极大地丰富了人们获取的信息，而随时随地获取信息成为互联网发展的趋势，通过无线电不同频率产生不同带宽和不同覆盖范围的特性，正好可以实现移动和互联的有机融合。

移动互联网是人们与互联网连接的重要通道，同时也是信息在政府、企业、个人之间传递的重要通道，移动互联网接入技术示意参见图 2-37。

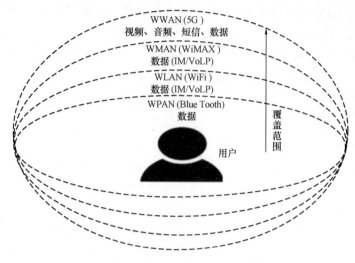

图 2-37　移动互联网接入技术示意

4）主要应用场景

移动互联网经过多年发展形成了以线上教育、旅游出行、电子商务、社交网络、办公管理、金融理财、游戏娱乐等应用场景，几乎覆盖人们生活的方方面面，极大地丰富了人们生活内容，增加了生活的便捷，减少了人们获取信息的困难。同时企业更为便捷地通过移动互联网获取工厂、员工、用户信息反馈，进行数据处理，对产品进行改进。政府通过舆情的监管，可以优化政策与城市管理。

5）与智慧城市的关系

智慧城市是一个数据的集合体，建设智慧城市与人们的生活息息相关；经过全面发展阶段，移动互联网已经深入社会的方方面面，庞大的移动化设备与用户基础成为政府与企业的重要数据来源。建设智慧城市需要把人们的移动终端与数字化平台连接，建设 5G、有线光纤接入，建立泛在、互补、无缝、宽带信息通信网络，成为连接这两者必要基础设施。

7. 人工智能

人工智能技术是模拟、拓展人类思维，同时涉及理论、技术和应用的技术科学；作为计算机科学的分支，包含内容十分广泛，最终目的是试图寻找可以替代人类的智能终端技术。

1）政策

2017 年，国务院印发的《新一代人工智能发展规划的通知》，明确人工智能技术随着移动互联网、大数据、传感网等系列新型技术驱动下快速发展，人工智能技术逐渐成为国际竞争的新焦点，是引领未来的战略性技术，通过科技创新、培育智能经济、建设智能社会等手段，分"三步走"，2020 年达到产业、应用世界先进水平，2025 年达到基础理论实现重大突破，到 2030 年我国人工智能技术的理论、产业、应用总体达到世界领先水平，推进人工智能技术发展。

2）技术发展脉络

由 20 世纪 50 年代首次被提出，以 LISP 语言、机器定理证明等经典技术标志人工智能的形成，与此同时包含机器学习的人机棋类项目对战挑战也被作为人工智能技术的一部分发展；70 年代出现了逻辑程序设计语言 PROLOG，以及应用于诊断、治疗感染性疾病的 MYCIN 等一系列专家系统，人工智能技术来到了以"知识工程"概念为核心的专家系统阶段；80 年代，传统算法在知识处理方面显得力不从心，神经网络技术（分布式并行信息处理的算法数学模型）成为重要的技术解决方案，随后因神经网络无法进行有效训练，对于人工智能的研究陷入停滞；直到 2006 年通过改进算法实现了让机器通过大量的数据"自学"能力，随后深度神经网络的语音识别系统、"沃森"系统、自动同声传译系统、"围棋机器人 AlphaGo 战胜李世石"等系列基于机器"自学"的成果实现，使得人工智能在人机对弈、模式识别、自动工程、知识工程层面展现出出色的发展潜力。

3）技术原理及框架

经过多年的发展，基于深度神经网络技术已经成为人工智能技术发展的方向，它本质上是通过多层神经网络进行训练，使得计算机可以进行自主"学习"，在这个过程中不断提升学习的精确性，从而达到像人类学习一样地运行机制。人工智能应用技术架构参考图 2-38。

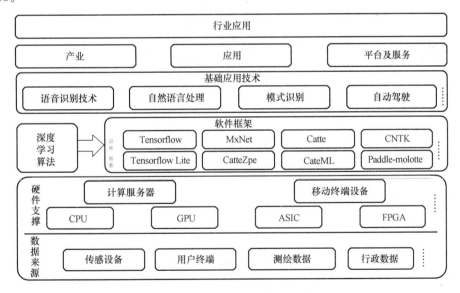

图 2-38　人工智能应用技术架构

4）主要应用场景

人工智能有着广泛的应用场景，目前在以语音识别、人脸识别等识别模式、个性化推荐、语言处理方面取得成果；基于深度学习的成果，可以预见的是，未来人工智能将在城市大脑阶进、汽车自动驾驶、生命科学、场景事件预测及分类等应用场景拥有广阔的发展前景。

5）与智慧城市的关系

建设智慧城市本质上是对于数字的建设，城市大脑平台是数据的汇集；人工智能技术是城市大脑的核心技术和关键技术，借助大数据，通过广泛的数据库、算法、模型等深度学习与指令分发，使城市大脑逐步实现智能、达到智慧的目标；通过对于数据的分析与预测，可以实时掌握城市运行状态，并实现事态的处置；发展人工智能是智慧城市实现高效、便捷、精准管理的基础。

8. 区块链

区块链是多种技术的集大成者，包括去中心化技术、信息加密及验证技术、共识机制等，其本质是一个由多个节点共同维护、能够系统运转的数据库存储系统。区块链对信息的加密和验证保证了节点间可信数据的流转和存储，是建立智慧城市的可信基石。

1）政策

2013 年 12 月，中国人民银行、工信部、银监会、证监会和保监会五部委联合发布了《关于防范比特币风险的通知》，首次公开比特币底层技术——区块链，并对该技术给予了高度关注。2016 年 1 月，中国人民银行数字货币研讨会的召开，极大地推动了区块链技术在国内的升温。

2016 年 12 月，国务院发布了《国务院关于印发"十三五"国家信息化规划的通知》，明确提出将区块链技术提高到战略性、前沿性的地位，是一项具有重大意义的颠覆性技术。

2019 年 11 月工信部表示，将推动成立全国区块链和分布式记账技术标准化委员会，体系化推进标准制定工作，加快制定关键技术标准，构建标准体系。

"十四五"规划提出：推动智能合约、多重共识算法、非对称加密算法、分布式容错机制等技术创新，以联盟链为重点发展区块链服务平台和金融科技、供应链管理等领域应用方案，完善监管机制。

2）技术发展脉络

2008 年 10 月，中本聪的比特币白皮书《比特币：一种点对点的电子现金系统》横空出世，比特币被认为是第一个用区块链技术武装起来的平台。其技术贡献在于引入了账本组织的密码学手段防止账本细节被窜改；引入了账本间达成共识的"工作量证明"机制，从而拆分了求解和验证过程；通过引入加密数字资产的 UTXO 模型使价值所有权和支配权被私钥的拥有和使用代替，并通过公钥的哈希值建立了比较彻底的匿名性；通过引入激励机制，将比特币的价值锚定在算力付出的基础上。在很长一段时间里，比特币作为区块链技术应用的绝对主流，导致区块链未进入主流信息技术圈子和金融圈子的视野。这种局面直到 2015 年以太坊问世后才有了重大转变。以太坊中，价值的控制权归属于相应的智能合约，智能合约是用来记录"世界计算机"的运行轨迹，确立可信运行结果的程序代码。以太坊独立于比特币技术得到 IT 界和金融界的重视，一种由比特币的账本技术和以太坊的智能合约技术合在一起形成的更具包容性的技术体系——可编程的分布式账本被建立，"区块链"最终成为取代这种技术体系的一个概念。

3）技术原理与技术架构

区块链是基于区块链技术形成的公共数据库，或称公共账本。其中区块链技术是指多个参与方之间基于现代密码学、分布式一致性协议、点对点网络通信技术和智能合约编程语言等形成的数据交换、处理和存储的技术组合。

区块链技术不仅为金融机构所重视，也逐渐为世界主要经济体和重要国际组织所关注。作为软件和系统工程领域重要的衍生方向，区块链及其系统的研发、设计和应用需要通用架构模型的支持。图 2-39 为区块链的常见架构。通用的区块链架构模型分为数据层、网络层、共识层、激励层和智能合约层。

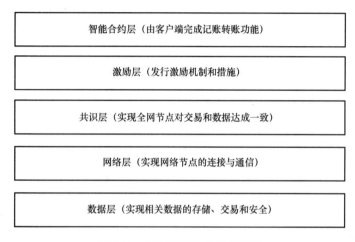

图 2-39　通用的区块链架构模型

4）应用场景

区块链技术可以提供一种加密的分布式数据库，数据可以在一个公开和透明的存储方式下防止被篡改。基于区块链的这一优势，其在金融、医疗、教育、产品标示等领域得到广泛应用。

区块链技术在金融与审计领域的应用体现在，可以提供基于互信关系的审计服务。区块链技术以不可篡改的处理方法完善记录财务数据，以大数据方式实现智能审计，可减少审计工作量。审计过程中使用的财务信息是以不可篡改的方式记录在区块链中，并由授权的所有网络节点共享和监督。

区块链技术在医疗卫生领域的应用中，病例、处方、支付等信息可以在区块链中记录，并将所有控制方都记录到链上。医院内部的药品、设备等资产管理以及外部的药品运输也都可以通过区块链实现源头可追溯，实现质量过程控制。

区块链技术在教育场景的应用包括，用作存储在虚拟钱包的"教育货币"；被用作学生资料，如学生档案、成绩单的安全存储方式。IBM 公司利用区块链技术开发了一个存储教育信息的平台，其目的是提供个人教育信息被安全的访问、共享且不被篡改的数据记录方式。

5）与智慧城市的关系

新型智慧城市主要是以大数据、人工智能和区块链技术为核心建设的。通过组合"一中心、四平台、多应用、统一链"的方式构成多维度的智慧城市解决方案，其中"统一链"是基于区块链的可信智慧城市信息生态。在建设智慧城市的多种应用中，智慧园区和智慧物联网利用区块链技术的点对点通信机制降低运营成本，普及物联设备，利用其不对称加密特性保护用户隐私，重塑信任机制。智慧资产利用区块链技术进行实体资产的数字化证明，加速传统资产的流通速度，缩短投资周期，降低交易成本等。智慧政务利用区块链技术打破信息孤岛，提高效率和透明度。通过区块链链接部门之间的文件和数据移动，提高流程的可视性，并确保数据/文件实时更新。区块链技术在智慧城市建设中的应用潜力巨大。区块链架构可以适应智慧城市的各个应用部分之间以及各个应用部分内部的数据管理和共享的特殊要求，实现数据的去中心化、分布式并且安全的管理和共享。

9. 空间信息

空间信息技术，是卫星定位系统（GPS）、地理信息系统（GIS）和遥感（RS）、城市数字孪生、三维建模等理论与技术的统称，上述技术和计算机、通信技术的融合，通过数据的采集、测量、分析、储存、显示，实现在显示终端显示地域的空间信息而广泛应用于工程测量、城市规划、区域安全管理等领域，是智慧城市的数字底座，也是其他行业实现智慧化管理的基础平台。

1）技术发展脉络

GPS 起源于 1958 年美国军方研制的子午仪卫星定位系统，由 5～6 颗卫星组成星网，提供定位信息；有了子午仪项目的研制基础，20 世纪 70 年代，美国军方研制出新一代全球定位系统 GPS，提供全天候的定位、导航服务。与此同时，在核武器研究的推动下，计算机硬件的发展推动了计算机绘图的应用；1967 年 CGIS 诞生，应用于土壤、农业、休闲、野生动物、林业等地理信息的采集，并对这些信息进行分类处理，直到 20 世纪 80 年代 90 年代，产业增长刺激了 GIS 的 UNIX 工作站和个人计算机飞速增长，形成标准化数据格式和传输，通过遥感、测绘等技术的数据支持，形成现在的 GIS。数字孪生应用于 2010 年后，最早通过数字模拟航天器应用于航空器的维护与保障；在城市数字化、信息化普及后，结合 BIM（建筑信息模型）、CIM（城市信息模型）等三维建模技术，形成数字孪生的基本框架；伴随人工智能的发展和普及，可视化、虚拟化城市成为建设智慧城市的发展趋势，数字孪生城市的产生条件应运而生。

2）技术原理及架构

空间信息技术主要是通过遥感、测绘数据，获得区域地理信息，通过数据分析、处理在显示终端呈现出来，空间信息时空云平台架构参见图 2-40。

3）应用场景

空间信息技术可应用于科学调查、资源管理、发展规划、路线规划、物体的精准定位及区域的可视化；政府管理部门通过空间信息技术，掌握地区资源情况，并对城市发展进行规划和调查研究；企业通过空间信息系统开发的外卖、打车等商用服务，极大地便捷了人们的生活。

4）空间信息技术与智慧城市的关系

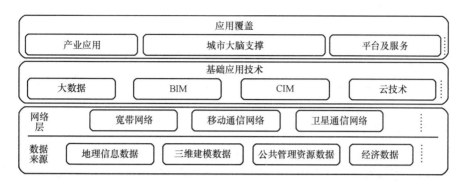

图 2-40　空间信息时空云平台架构

空间信息技术在建设智慧城市上主要有三种，分别是数字孪生城市、AI 遥感解译、时空信息云平台。数字孪生城市是通过庞大的数据在虚拟环境中重建城市，是许多城市一图管全城的终极目标；AI 遥感解译，是通过从遥感数据中实现数据处理的自动化；依托时空信息平台，城市的资源管理、交通管理、应急管理等系列应用场景得到拓展，提升城市的现代化治理水平。

2.4.4　对基础设施的影响分析

智慧城市是互联网及计算机网络发展到较高阶段进行横向整合、增效的结果，对现有信息通信基础设施规划建设而言，智慧城市对基础设施的需求是从无到有的新增需求，也相应影响信息通信基础设施（特别是数据中心和接入基础设施）的布局和规模。

1. 对数据中心的需求分析

智慧城市是十分复杂的巨型系统，随着数字中国、孪生城市以及物联网、大数据等持续发展，各行各业以及每个人、每个物件的行为或状态将逐步数字化，由此每天会产生大量数据，需要各行各业和不同层次、不同规模的数据中心来承载不同类型的服务器；尽管云数据、云计算以及各省、市政数局等部门会整合相关需求，但还是要新建大量数据中心。另外，当区块链等技术向纵深发展，需要从国家或区域角度在某座城市建设数字货币的数据中心，该城市须落实上层次的规划要求。从不同层次规划公用数据中心、高价值数据中心等需求，是信息通信基础设施规划的重要任务。同时，建立规划数据中心的技术路线（预测主导业务、总结设置规律、探讨空间规划的路径）是本书需要探讨的重要内容。

2. 对信息通信机楼和机房的需求分析

由于通信运营商也是建设智慧城市的重要力量，在规划信息通信机楼、机房时需要考虑智慧城市的发展需求，预控或规划对应的空间需求；另外，国内有远见的政府主管部门或建设管理单位，针对智慧城市未来发展需要，主动谋求布置满足智慧城市公共需求的机房等基础设施，并推动开展新型基础设施规划，将其纳入城市信息通信基础设施规划中；如雄安新区城建主管部门开展智能小镇规划时，就将智能城市的相关基础设施全部纳入基础设施规划建设之中。

3. 对多功能智能杆的需求分析

智慧城市的外场设施主要布置在城市道路等公共空间和建筑单体（小区）内，多功能智能杆是承载公共空间内外场设施的综合载体，这也是多功能智能杆正在全国乃至全球主要城市开展规划建设的主要原因。多功能智能杆是新型基础设施，其布局与密度跟城市信息化水平、智慧城市发展阶段有密切关系，可按基础设施及管线、杆体、挂载设备等阶段推动多功能智能杆；多功能智能杆体量小、分布广，可通过规划、设计等路径来推动建设。

4. 对通信管道的需求分析

智慧城市有多项应用，其中数字政府、智慧交通等分项规模较大，设施分布广，大城市及以上城市可能需要建设物理网，对接入管道和市政管道中一般管道的基础容量需求增加，需要加大建设接入管道的密度，把一般管道的容量规模扩大；同时，当城市对多功能智能杆有较大密度建设要求时，一条道路上可能需要建设双路由的通信管道，分布在道路的两侧，分别满足智慧设施的接入需求。

2.5 其他相关技术与基础设施

除了 5G 和智慧城市等主流技术外，还有一些新技术对信息通信基础设施可能产生影响，以下选取工业互联网、通信专网等技术分析。

2.5.1 技术综述

1. 工业互联网

随着信息技术加速渗透并深刻影响制造业发展，互联网技术体系正从价值传递的交易环节渗透到价值创造的生产环节，一种新的工业互联网发展模式——工业大脑在这场制造业变革中应运而生。工业大脑是利用云计算资源和人工智能的算力，充分整合物理实体、设备及工业产品全生命周期的数据信息等，以实现生产全流程的实时信息互通；通过融合加工处理，打通各个环节，构建工业的数字孪生；通过结合 AI 和优化等算法，实现生产环节的灵活调整，提升工业能力，创造数据的增量价值。

1) 政策

为了提升制造业水平以及工业信息化程度，近年来，我国高度重视工业互联网的发展，2017 年 11 月，国务院印发《关于深化"互联网＋先进制造业"发展工业互联网的指导意见》，2019 年政府工作报告中提到"打造工业互联网平台，拓展'智能＋'，为制造业转型升级赋能"。"十四五"规划提出打造自主可控的标识解析体系、标准体系、安全管理体系，为加强工业软件研发应用，培育形成具有国际影响力的工业互联网平台，推进"工业互联网＋智能制造"产业生态建设。

2) 技术发展脉络

工业互联网的概念在 2012 年被正式提出，并由 GE 定义了工业互联网的核心要素：借数字化之手，链接工业生产最核心的设备、人与数据。在当时波澜壮阔的市场前景下，不论是满足效率安全和实时可靠的工厂内网、工厂外网和标识解析等基础业态，还是工业运营产生的智能化生产、网络化协同、数据同步、人工智能改造等新型业态，工业互联网都是产业升级的核心手段。2013 年，德国提出工业 4.0 战略，旨在基于 CPS 技术帮助德国从集中式控制向分散式增强型控制模式转变，2016 年，Mindsphere 横空出世，旨在帮助企业实现产品、工厂、机器和系统的连接，提取分析核心性能和应用数据。2018 年，该模型再次升级，将上述要素贯穿到应用软件，使用户在获得实时信息基础上流程优化，通过产品实时数据提高系统性能。2020 年，Mindsphere 落地中国，极大地促进了中国制造业的转型升级和中国企业的数字化转型。

3）技术原理与技术架构

在工业互联网中，工业企业依托物联网采集来自设备和生产线的海量大数据，工业互联网基于云平台提供丰富的应用环境和可靠的大数据存储能力，通过 5G 等新一代移动通信技术实现大数据的高速率、低功耗、低延时的传输，利用人工智能技术加强大数据挖掘和集成应用能力。在工业互联网的发展模式中，工业大脑是目前成熟度较高的一种模式。工业大脑通过分析工业生产中收集的数据，优化机器的产出并减少废品成本；通过利用传感器、智能计算等技术，为制造业赋能，使机器能够感知、传递及自我诊断问题。工业大脑开放平台是集数据工厂、算法工厂、AI 及应用工厂于一体的智能应用平台，是工业大脑的核心。该智能平台通过数据工厂汇聚企业系统数据、工厂设备数据、传感器数据等；借助算法工厂激活海量数据价值；利用 AI 开发企业专属的智能算法服务；利用应用工厂提供一站式工业智能应用服务平台。工业大脑开放平台通过挖掘数据、提供算力，实现工业企业生产流、数据流与控制流的协同，帮助企业数字化转型。

工业互联网可以从网络、平台、安全三个方面来理解。其中，网络是基础，通过物联网、互联网等技术实现工业系统的互联互通；平台是核心，实现基于海量数据采集、汇聚、分析的服务体系，支撑业务运营优化、高效资源配置和创新生态构建；安全是保障，通过构建涵盖工业系统安全防护体系，保障工业智能化的实现。图 2-41 为工业互联网的架构图。

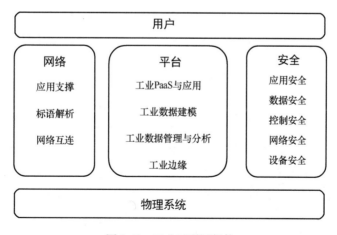

图 2-41　工业互联网架构

4）应用场景

在 5G 时代，5G 与工业互联网的深度融合，形成了很多工业互联网的创新应用，包括制造业、矿业、能源、化工、港口、机械、船舶、飞机、电力等行业和领域，成为工业场景变革的动力与引擎。

5G 时代的工业互联网主要以智能制造为主攻方向。智慧工厂应用场景中，通过"5G＋智能制造"实现 5G 机器视觉云化、5G 智能设备管控等应用，实现企业自动化生产和远程管控。另外，通过云化机器视觉系统与 5G＋边缘计算的结合实现互联工厂、OCR 识别等应用场景，依靠 5G 的高速率特性，满足海量数据采集的要求，可以短时间内跨多个工厂，将数据汇聚到边缘云，完成深度学习和自优化，提升产品检测的准确度，保证产品质量。

在"新基建"背景下，5G 与工业互联网双引擎将积极地驱动数字产业发展，推动传统产业数字化转型以及变革工业应用场景与产业形态。

5) 与基础设施的关系

工业互联网是工业智能化发展的关键基础设施，其架构包含网络、平台、安全三大功能体系，其中网络是工业互联网的基础，标识是网络的基础。为建设低时延、高可靠、广覆盖的工业互联网，实现信息网络宽带升级，企业宽带接入能力的提高，需加快网络基础设施建设，建设内容包括制造业集聚区光纤网、移动通信网及无线局域网的部署与建设。

标识解析体系是推动新一代信息技术与实体经济融合的基础设施，建设工业互联网标识解析体系对打通企业信息壁垒、优化生产流程、提升管理水平、促进产业智能化转型升级具有重要意义，其本质是将设备、机器等标识映射到物体或相关信息服务器的地址，并增加查询物品信息的能力。工业互联网标识解析体系包含 4 类基础设施：国际根节点、国家顶级节点、二级标识解析节点及公共递归解析节点。国际根节点可面向不同国家提供数据管理和根解析服务；国家顶级节点是我国工业互联网标识解析的核心，起到对外互联、对内统筹的作用；二级标识解析节点可面向行业提供标识注册和解析服务；公共递归解析节点通过缓存等手段实现工业互联网标识解析体系服务性能的提升。

2. 通信专网

通信专网是使用私有 IP 地址空间的网络，具有特殊的地址架构。专网普遍指为特定部门或群体提供安全可靠服务的专有网络，其基础网络与公网之间物理隔离。根据专网中两节点间的连接方式，专网被分为有线专网和无线专网。有线专网的两点之间永久地用光纤、网线连接，这种连接方式最大的优点是可以保证信息流的安全性和完整性，主要应用于政务、军队、公安、海关、边防等对通信量需求较大的行业（通信需求量较小时一般租用电信运营商线路或链路）；由于有线专网受灵活性、组网成本和可用管道资源（市政道路通信管道）制约，无线宽带专网开始得到大规模发展。在公网数据传输受限以及安全性难以保障的情况下，无线宽带专网提供数据通信与视频传输，并通过融合平台及专网接入实现多媒体融合通信和联合指挥，为城市安全、生产经营、环境保护、应急保障等方面提供有力支撑。

1) 政策

2017 年，国务院办公厅印发《国家突发事件应急体系建设"十三五"规划》提出，要制定不同类别通信系统的现场应急通信互联互通标准，加快城市基于 1.4GHz 频段的宽带数字集群专网系统建设，满足应急状态下海量数据、高宽带视频传输和无线应急通信等业务需要。2018 年 3 月十三届全国人大一次会议第四次全体会议，国务院机构改革方案提出，拟组建应急管理部，提升专网需求。2018 年，我国通信专网受益于政策加码推进，行业得以快速发展。由于国家公共安全需求是硬性的，行业未来将继续受益于国家及政府部门对公共安全的重视，以及《扩大和升级信息消费三年行动计划（2018—2020 年）》《推动企业上云实施指南（2018—2020 年）》等行业政策的推动支持，我国专用通信下游应用领域需求强劲，专网通信发展前景广阔。

2）技术发展脉络

目前为止，我国通信专网大致经历了 3 次发展。第 1 阶段为自动选择信道功能且能使用多种用户共享资源的模拟集群系统；第 2 阶段为通信专网行业由模拟集群系统转为数字集群通信系统，为特定行业使用；第 3 次为垂直行业用户普遍可以使用的专用网络。

20 世纪 80 年代中期，我国引入模拟集群技术，模拟集群的体制是 MPT1327。模拟集群的每个频点只支持一路组呼的传输，因此支持的数据业务较少且效率落后于当时的公网 2G 技术。IP 化成为主流后，模拟集群面临严重落后的局面，在 2017 年，公安部牵头制定了国内公共安全系统第一个全国化数字专网——PDT 标准。PDT 标准是以中国公安市场为基础，兼顾县、市、省、国家的不同级别用户需求及网络建设需求，既支持低成本单基站系统通信，也可以满足高效的大区制覆盖。这个阶段的专网通信具有功能强、平滑过渡（可与现有公安无线模拟系统互联互通）、安全性好等特点。5G 作为新基建的重要组成部分，"5G＋应用场景"的推广将带动信息消费快速增长，各行各业都可能拥有专有网络，这也为通信专网带来了新的挑战。基于边缘计算的 5G 网络切片技术可以针对不同业务进行网络资源的切片化处理，从而在网络边缘部署一张张独立的专网。

3）技术原理与技术架构

现有无线专网的实现方式主要基于窄带物联网、WiFi 网络、专有频段 LTE 局域网。窄带物联网设备移动性差；工业级 WiFi 稳定性和安全性较差；LTE 专有频段终端模块需要定制开发，导致成本非常高。5G 专网具有大带宽、连接广、低时延、安全性好等优势；并且 5G 专网可以满足区域化部署、个性化网络需求、行业应用场景化等需求。5G 专网通过网络切片、边缘计算、NFV/SDN 等技术实现园区网络灵活部署，在不同行业场景就近部署算力及能力开放接口，实现行业个性化和场景化。对于多数企业和应用场景，5G 专网和 5G 公网的融合部署可以缩短建设周期，在很大程度上降低成本。

专网技术架构主要分为：独立组网的非公共网络（SNPN）和公共网络集成的非公共网络（PNI-NPN）。SNPN 是一个隔离的不与 PLMN 之间交互的 NPN 网络，NPN 和 PLMN 可部署在不同的网络基础设施上；PNI-NPN 通过与运营商共享来完成 5G 专网建设，其可以完全或部分托管在 PLMN 基础设施上，需要依赖一些通信运营商的网络功能。图 2-42 为上述两种 5G 专网的架构图。

4）应用场景

5G 企业专网是通信行业和垂直行业深度融合的典型场景，对于促进垂直行业发展具有重要意义。行业为满足其组织管理、安全生产、指挥调度等特定需求，使用非授权频谱或行业自有频率自建专网，实现自身掌握业务与数据。表 2-5 为专网典型业务表。

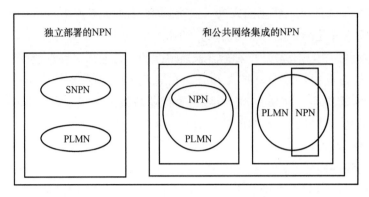

图 2-42　NPN 和 PNI-NPN 实现架构图

专网典型业务表		表 2-5

序号	专网典型业务	专网特点
1	视频监控、检测类业务	用于园区/厂区内安防巡检、业务检测等领域。网络上行带宽高
2	采集监测类业务	联网终端多，用于环境检测、业务数据采集，通过后台对环境、业务运行状态分析，实现园区管理及业务运营的智能化
3	控制类业务	专网核心的业务，涉及业务操作的安全可靠与高效运营，网络安全，可靠性高，低时延
4	移动类业务	用于行业内联网移动终端，网络时延低，覆盖率高，满足快速切换和精准定位
5	集群通信类业务	用于行业运营的指挥调度，多媒体推送，网络具备点呼、组呼、广播、优先级控制等多媒体通信功能

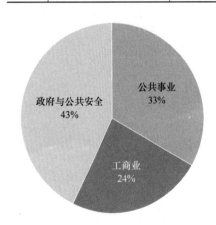

图 2-43　我国专网通信行业下游
需求领域占比

通信专网是各国安全部门实现有效指挥调度的必备装备，其中公共安全领域通信专网需求主要集中在对无线通信设备、无线通信系统等需求。有线通信专网的具体应用场景包括公安有线专网、智能电网工程、有线教育专网等。图 2-43 为我国专网通信行业下游需求领域占比。

公安有线专网承载的业务主要为语音通信、信息化办公、电子政务与视频监控，其接入网所承载的业务多为重要信息的传递，因此对网络安全性、稳定性和实时性有较高要求。利用 GPON 组网方式可以实现与外部公网的物理隔离，同时满足公安专网业务的特点和需求。

　5）与基础设施的关系

5G 混合专网是适用场景最多、应用最广泛的专网模式，包括所有开放园区，如交通物流/港口码头、景区、城市安防、工业制造等。5G 混合专网通过核心网用户面网元私有化部署，无线基站、核心网控制面网元灵活部署，并基于数据分流技术为用户提供部分物理独立的 5G 专用网络。在这种专网模式下,用户数据可以本地卸载,实现用户数据不出园,业务安全隔离。

5G 混合专网的主要基础设施包括专网用户(如园区、工厂内设备、智能杆体等)、基站、专网网元(包括 UPF、AMF 等)及光纤/Ethernet。基站对接在接到专网用户发起的注册请求后,根据终端上带有的切片标识选择专用核心网 AMF,AMF 网元对用户进行接入认证和鉴权,认证成功后可以进行数据业务传输。UPF 网元主要支持业务数据的路由和转发、数据和业务识别及策略执行等。外部访客在园区内可正常搜索到无线信号,基站收到其发出的注册请求后,根据终端的切片标识选择公用 AMF 网元进行认证和鉴权。图 2-44 为 5G 混合专网基础设施架构图。

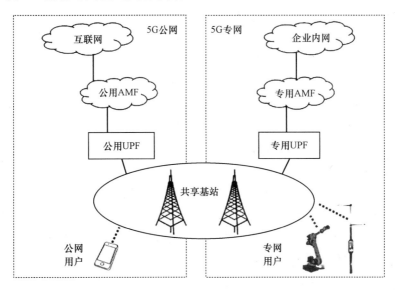

图 2-44 5G 混合专网基础设施架构图

随着光纤通信技术的广泛应用,目前的有线专网建设主要基于光纤网络。与有线专网相关的基础设施主要有光缆、机房等。有线专网的网络架构与应用场景的需求有关,一般采用分层分级架构。图 2-45 为采用 GPON 技术组网的公安专网拓扑图。

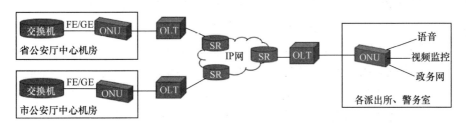

图 2-45 公安专网拓扑图

3. 三网融合

现阶段的三网融合指三大网络通过技术改造,实现高层业务应用的融合,向用户提供包括语音、数据、图像等综合多媒体的通信业务。三网融合在网络层表现为互联互通,无缝覆盖;在业务层上互相渗透和交叉;在应用层趋于使用统一的 IP 协议;在经营上体现为四大运营商的互相竞争与合作；在行业管制和政策方面趋于统一。

1）政策

《国民经济和社会发展第十一个五年规划》明确提出：加强宽带通信网、数字电视网和下一代互联网等信息基础设施建设，推进"三网融合"。2009年5月，《关于2009年深化经济体制改革工作的意见》（国发〔2009〕26号文）提出要推动落实国家相关规定，实现广电和电信企业的双向进入，推动"三网融合"取得实质性进展。2010年1月，国务院常务会议提出：决定加快推进三网融合。2010年印发的《推进三网融合的总体方案》明确了广电企业和电信企业承载业务的范围。

2016年5月，《三网融合推广方案》发布，提出加快在全国全面推进三网融合，推动信息网络基础设施互联互通和资源共享。

2020年2月，《全国有线电视网络整合发展实施方案》发布，提出将由中国广电牵头和主导，组建中国广电网络股份有限公司，实现全国有线电视网络的统一运营管理、国有资产的保值增值。

2）技术发展脉络

2001年，"三网融合"第一次被明确提出，彼时的三网融合指电信、电视、计算机三网融合；2006年，"十一五"规划纲要提出推进"三网融合"的具体办法：建设和完善宽带通信网，加快发展宽带用户接入网，稳步推进新一代移动通信网络建设。建设集有线、地面、卫星传输于一体的数字电视网络。构建下一代互联网，加快商业化应用。制定和完善网络标准，促进互联互通和资源共享。2008年，"三网融合"的推进以有线电视数字化为切入点，加快推广和普及数字电视广播，加强宽带通信网、数字电视网和下一代互联网等信息基础设施建设，推进"三网融合"。

2010~2012年，"三网融合"的推进以开展广电和电信业务的双向进入试点为主要工作，探索保障三网融合有序开展的政治体系和体制机制。2013~2015年，通过总结试点推广经验，三网融合实现全面发展，应用融合业务得到普及，形成了适度竞争的三网融合产业格局和监管机制。

3）技术原理与架构

公共电话交换网络、互联网、有线电视网的信号通过各运营商的相关设备传输，经过OLT转换为光信号后通过光配线网络连接至ONU或ONT，ONT通过提供多种接口，将光信号转换为其他协议的信号。ONT光口连接运营商的尾纤；POS口用来接电话线；FE口直接连接网线，网线还可以连接多功能设备，如互联网电视盒，该设备的LAN接口可以连接电脑，HDMI接口连接电视机，另外，笔记本、手机等终端设备可以利用该设备的WiFi功能上网。综上，随着技术的逐步发展，通过一根光纤就可以实现上网、看电视、打电话等日常信息处理，而多接口多功能终端设备在"三网融合"中起重要作用。图2-46为三网融合的实现原理图。

4）应用场景

三网融合的应用广泛，遍及交通、环境保护、政府工作、公共安全、平安家居等多领域、多场景。

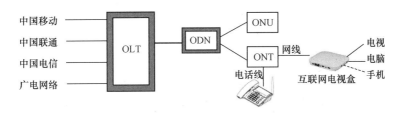

图 2-46　三网融合实现原理图

在促进智慧城市健康发展的指导意见中，加快建设智能化基础设施，全面推进三网融合是其中明确的要求。三网融合是智慧城市的信息互通、传递、共享平台，三网融合可以为每个智能单元、信息汇聚节点提供更快速、更好的信息服务。另外，通过三网融合具有的"一网多业、一业多网"的技术特点，使得智慧城市的发展不会受到传统特定网络局限性的影响。

三网融合在智慧民生中的应用，通过构建社区基础网络和智慧社区惠民平台，实现运营商均等接入、百姓自主选择各家运营商网络接入服务。通过三网融合智能家庭网关与智能家居设备联动，用户可利用 APP 实现家电运行状态监测、家电远程开关等功能。此外，通过智慧社区惠民平台推送社区公告等公共服务进入家庭，实现足不出户即可享受便民服务。

在老旧小区的三网融合改造工程中，改造重点是为各家运营商提供光纤入户公共通道，为用户统一配备家庭智能网关。各家运营商进行光改后，通过同楼道信息箱，共用光缆和家庭网关，在最小改动基础上实现老旧小区的三网融合改造。

5）与基础设施的关系

广播电视与电信业务的双向进入对接入网及传输网提出改造升级的要求。为满足多媒体信息传输之需，电信业务利用光纤代替双绞线实现接入网改造升级，广电业务利用HFC 代替同轴电缆实现接入网的宽带化升级以及传输网的双向化升级。

在三网融合全面推进的背景下，机房建设由以前的运营商各自建设机房和网络变为共享一个机房和一个网络，很好地实现了集约化建设和绿色节能。

三网融合的应用模式可以总结为"同机房、同通道、同网关"，四大运营商共用一个小区机房，接入同一个三网融合小区网关；共用一张小区网络，通过同一根光纤接入每户的网关终端，从而实现了四大运营商业务的融合传输，并且推动了三网融合的落地实施。

2.5.2　对基础设施的影响

工业互联网主要在工厂或工业园区内应用，需要在建设工厂或工业园区时，预留本地控制机房、控制缆线以及传感器（控制设备）等；同时，与外界建立网络联系，实现工厂内数据与生产、销售、维护等数据互通和流转。工业互联网所需的机房、传输缆线等基础设施，一般在工厂功能确定后，与工厂的工艺、设备控制等同步建设；对城市规划建设而言，除了为居住、办公等预留充足接入基础设施外，也需要为工业、仓储等预留充足的接入基础设施，实现泛在、宽带的网络全覆盖。

有线通信专网所需机房一般需要在建筑功能确定后配套建设，或出现新需求时通过改造现状建筑成机房；其通信缆线所经过的道路上路由，一般通过普适性预留（如应急管道）来满足其发展需求；信息化水平高的城市、边境边界城市等，对有线通信专网的管道需求更普遍些，可在确定城市道路通信管道容量时，预留管道容量。考虑无线通信专网对基础设施需求时，主要需预留无线设备与局端设备之间的缆线传输需求，如机场内有大量的用于机场内部管理的无线通信专网系统；在确定通信管道的路由和容量时，除了考虑有线通信城域网、有线通信专网等需求外，还要考虑无线通信专网的需求。

三网融合主要在用户接入端应用，与建筑设计关系密切，需要在住宅、办公等建筑设计时，按照光纤到户或综合布线的设计规范，开展接入通道及缆线设计，在建筑物首层或地下室设计通信设备间，集中布置各通信运营商的接入设备和线路设备，并与市政通信管道连通。

综合而言，由于数字中国的建设，各行各业、各类建筑、各级公路和城市道路等，以及城市建设区和非建设区等，只要是人对信息通信有需求的地方，都需要建设通信管道和通信线路接入通道（通信机房根据功能需求差异化布置），满足信息通信网络及线路需求。

2.6　小结

5G（6G）和智慧城市是未来 10～20 年发展的主流技术，分别对信息通信基础设施产生影响，两者影响相互叠加，成为规划设计信息通信基础设施的基础；本书将按照国土空间规划的常规思路和方法，利用规划基本参数和功能，量化各种技术和城市发展对基础设施的需求，总结相关设置规律，确定各种基础设施规划布局；同时，针对接入基础设施的特点和现状、需求情况，确定其纳入国土空间规划和建筑、市政设计的路径，促进其全面、无缝地融入城乡规划建设之中，支撑国家战略的顺利实施。

另外，信息通信基础设施之间也是相互影响，通信管道是最基础的承载平台，信息通信机楼、数据中心、机房等受影响后，最后都要传导到通信管道上；随着多层次数据中心、多种信息通信机房、基站及基站机房等基础设施的建设，各类基础设施的出局管道需要按照局楼、站房的等级或层次要求，规划设计多路由的出局管道，其周边管道也需要统筹系统考虑，并形成协调一致的有机整体。

第 3 章 基 础 工 作

在开展信息通信基础设施规划前需要开展确定主导业务类型、通信用户预测、划分通信用户密度分区等基础工作，从而确定信息通信基础设施设置规律，作为信息通信基础设施布局的前提条件和依据。

3.1 主导业务

信息通信基础设施规划的主导业务主要包括通信业务和信息业务两类，通信业务用户包括移动通信用户、固定宽带用户和有线电视用户三类，信息业务主要指物连接数、网络带宽、资源计算存储等。本书从对城市空间和通道的需求这两个角度，分别分析通信主要用户和物连接对基础设施的影响。

3.1.1 主要业务类型

国土空间规划、城乡规划中通信工程规划或建筑弱电通信、市政通信设计，通常选取对通信基础设施布局有影响的主要通信用户进行预测；此类方法主要以建设用地及其用地性质、建筑功能及其面积、规划人口为基础，已形成成熟的技术路线；通信用户包括移动通信用户、固定宽带用户和有线电视用户三类，三类通信用户及总数是确定通信接入基础设施布局的基础。通信用户总数等于各类用户数的峰值之和，是确定信息通信接入基础设施布局的前提条件和依据，采用市政业务峰值布置市政设施是较常用的方法。

预测信息业务时，常用连接数来进行预测，围绕物的连接开展工作；按物连接的分布来看，主要有分布在建筑物内和室外两种情况。随着智能城市及物联网持续发展，物连接有较大发展空间；尽管物连接的数量比较庞大，达到 20 万个/km^2，远高于通信用户数，但由于其需要的带宽和传输间隔远远低于通信用户的需求，可将上述两种不同影响归并到通信设备及传输上统筹考虑。

3.1.2 大型局楼对业务类型需求分析

信息通信基础设施中的大型局楼主要包括信息通信机楼及数据中心，两者的业务类型的需求各不相同，机楼的业务需求主要来自通信业务，数据中心的业务需求主要来自信息业务。

通信机楼的业务需求主要包括公用通信业务需求和专网通信需求，各大运营商在不同区域的业务类型不尽相同，主要包括以电信固定网为主、以移动通信网为主和以有线电视网为主的三种（详细需求分析参见本书"4.5.2 需求分析"章节），通信机楼的业务需求主要来自通信业务，同时，结合各单位自身业务发展需求，兼顾考虑信息业务需求。

数据中心的业务需求主要包括资源计算存储、网络带宽、数据业务三类（详细需求分析参见本书"5.6.2 需求分析"章节），其业务需求类型属于信息业务，同时考虑与数据业务配套的通信传输需求，其中最主要的业务需求在于资源计算存储这块，因此在预测信息业务时，需要测算出机架数量。

3.1.3 接入基础设施对业务类型需求分析

从通信主要用户对接入基础设施的空间和通道需求来看，可根据移动通信用户、固定宽带用户和有线电视用户三类主要用户，总结机房、基站等接入基础设施的设置规律，按照通信工程规划的普通逻辑，建立相关联的技术路线，从而确定接入基础设施布局。

从物连接对空间和通道需求的影响来看，建筑物内各类连接点信息均会收集到智能建筑的平台设备内进行统一处理，每半年或每年仅有少量数据通过建筑物内通信网络汇入智能城区、智能城市中，此类影响体现在智能建筑的空间需求内，不需要额外增加通信城域网的需求；建筑物外的各类连接点及通信，主要通过宏基站、微站、WLAN 等来传输，此类需求可包含在宏基站、微站内，海量连接正是 5G 基站的三大应用场景，不需要因物连接数量大而额外增加基站的数量。因此，接入基础设施规划一般只需要考虑通信主要业务需求即可。

3.1.4 小结

总的来说，从大型局楼对业务类型需求来看，通信机楼及数据中心的业务需求需要分开考虑，大型局楼规划时，通信业务需求及信息业务需求需要单独分别测算；从对接入基础设施的空间需求来看，信息业务的物连接数可以归于通信城域网及用户需求内，从对接入基础设施的通道需求来看，其需求可归于光纤的大容量中。因此，接入基础设施规划时，通过预测通信用户数来代替信息通信业务预测是完全可行的。

3.2 通信用户预测

3.2.1 移动通信用户

移动通信用户与使用手机的实际人口（常住人口和流动人口之和）密切相关。国土空间规划主要确定常住人口，流动人口根据城市特点和经济状况选取适当比例。人口结构特殊的城市，流动人口数量较多；经济发达城市，商务活动比较频繁，流动人口也较多；边境城市经常有大量出入境人员；上述城市根据城市特点选取一定比例的流动人口，对应手机漫游等普遍情况。

移动通信技术发展出现一人多机、一机多卡的现象，用普及率、饱和率已较难准确反映这种现象，用渗透率更能反映这种情况，渗透率作为综合指标，适用于县（区）较大规划范围的宏观预测。移动通信基础设施与其他基础设施规划原理基本相同，按最高用户进行预测，以此为依据确定基础设施的布局。因此，预测移动通信用户应采用渗透率法，以规划常住人口及流动人口为基数，通过高峰小时移动通信用户渗透率进行预测。

1. 总体规划阶段

在国土空间总体规划等规划阶段，不同城市或乡镇选取移动通信用户渗透率指标时可参考表 3-1，大城市、小城市的等级较多，可根据城市人口规模在区间值范围内适当差异化取值。移动通信用户数等于人口基数与渗透率乘积。

移动通信用户渗透率指标 表 3-1

城市	渗透率（％）	备注
超大城市	140～160	—
特大城市	130～150	—
大城市	110～130	大Ⅰ型城市取中低值，大Ⅱ型城市取中高值
中等城市	90～110	—
小城市	80～95	小Ⅰ型城市取中低值，小Ⅱ型城市取中高值
乡镇	65～80	

注：1. 根据城市经济发展水平和通信发展水平选取推荐范围内数字；

2. 城市规模划分依据《国务院关于调整城市规模划分标准的通知》（国发〔2014〕51号）。

表格来源：广东省地方标准. 广东省信息通信接入基础设施规划设计标准（DBJ/T 15—219—2021）[S]. 2021.

2. 详细规划阶段

在详细规划（法定图则）等规划阶段，城市规划确定就业人口和居住人口，高峰小时的渗透率能反映移动通信用户对基础设施的需求状况。移动通信用户的预测需要根据规划片区的功能来选取系数，并计算高峰小时的人口基数，人口基数一般采取居住人口×系数1＋就业人口×系数2来计算。规划的功能不同的片区，选取的人口系数不同，高峰时段也不同。

规划功能为办公、商务的片区，以就业人口为主，就业人口对应系数2可参考城乡渗透率确定，取0.9～1.3，居住人口对应的系数1为0.1～0.3，高峰小时为8：00～10：00。

规划功能为住宅的片区，以居住人口为主，居住人口对应的系数1推荐为0.8～1.1，就业人口对应系数2推荐为0.1～0.3，高峰小时在19：00～21：00。

3. 特定场景

对于高速公路、快速路等交通干道，则需要在建设阶段配套建设宏基站等设施，以满足"路通信号通"的移动通信要求，按照高峰小时的最高车速、车流量、每辆车平均载客数等指标，并结合渗透率的中高值来预测移动通信用户数。

3.2.2 固定宽带用户

在大规模实现光进铜退后，固定电话由光纤端口或宽带用户提供接入；对于住宅而言，单个光纤端口可容纳固定电话、电视用户等多种，业务更加综合；对于办公、医疗等建筑，由于尚未实现光纤到桌面，用宽带用户更准确些。综合而言，应采用固定宽带用户代替早期规划中电话主线用户。

1. 总体规划阶段

在国土空间总体规划等规划阶段，固定宽带用户的预测方法与《城市通信工程规划规范》（GB/T 50853—2013）中预测电话主线采用的方法比较接近，一般有两种：一种是以人口为基数的普及率法，一种是以分类用地为基数的分类用户密度法，两种方法可相互校验。

采用普及率法时，应以规划的常住人口数为基数，按城市类型结合城市功能、定位及人口规模选取普及率。不同规模城市的普及率宜符合表 3-2 要求。

固定宽带用户普及率指标 表 3-2

城市类型	普及率（%）	备注
超大城市	63～75	—
特大城市	60～70	—
大城市	55～65	大Ⅰ型城市取中低值、大Ⅱ型城市取中高值
中等城市	50～58	—
小城市	40～50	小Ⅰ型城市取中低值，小Ⅱ型城市取中高值
乡镇	35～45	—

注：1. 根据城市经济发展水平和通信发展水平选取推荐范围内数字；

2. 城市规模划分依据《国务院关于调整城市规模划分标准的通知》（国发〔2014〕51 号）。

表格来源：广东省地方标准. 广东省信息通信接入基础设施规划设计标准（DBJ/T 15—219—2021）[S]. 2021.

分类用地用户密度指不同类别用地的单位面积（如 hm²）内通信用户数，表中用地分类与国土空间规划最新分类保持一致。采用分类用地用户密度法时，应以用地性质和用地规模为基础，结合城市类型，选取固定宽带用户密度指标，指标范围较大时，按不同条件选取。不同类别用地的固定宽带用户密度指标宜符合表 3-3 的规定。

分类用地固定宽带用户密度指标（固定宽带用户/hm²） 表 3-3

用地性质	超大、特大城市	大城市	中小城市
居住用地	180～500	150～300	100～200
公共设施用地	70～600	60～400	50～350
工业用地	100～400	80～300	60～200
仓储用地	30～60	20～50	15～40
道路与交通设施用地	15～30	10～15	10～15
市政公用设施用地	10～20	10～15	10～15
绿地与广场用地	5～10	3～8	3～8
留白用地	—	—	—
乡镇建设用地	10～80	8～70	8～60

注：1. 东莞、中山市直辖镇按城市建设用地预测。

2. 乡镇建设用地中乡村取低值、中低值，建制镇根据经济发达水平取中高值、高值。

表格来源：广东省地方标准. 广东省信息通信接入基础设施规划设计标准（DBJ/T 15—219—2021）[S]. 2021.

2. 详细规划阶段

在详细规划及建筑设计阶段，预测固定宽带用户应采用单位建筑面积用户密度法，以建筑功能和建筑规模为基础，结合城市类型，选取固定宽带用户密度指标。不同类别建筑的固定宽带密度指标宜符合表 3-4 的规定，其中居住建筑可按每户平均 1～1.5 个固定宽带用户预测。超大、特大、大城市的开发强度高的用地或建筑，预测指标取低值、中低值，预测值相对较高；中、小城市的用地或建筑，预测指标取中值、中高值、高值，预测值相对较低。

分类建筑固定宽带密度指标（m²/固定宽带用户）　　　　表 3-4

用地性质（建筑功能）		超大、特大城市	大城市	中小城市
居住	一类住宅	120～150	120～160	120～180
	二类住宅	80～120	80～130	80～140
	三类住宅	50～60	50～70	50～80
公共设施	行政办公	40～80	50～90	50～100
	文化	100～200	120～250	120～300
	教育	100～150	110～160	110～180
	体育	500～1000	500～1000	500～1000
	医疗卫生	80～160	90～180	90～200
	社会福利	200～300	200～400	200～400
	科研	80～200	90～250	100～300
	商服	30～300	40～400	40～500
工业	新型产业	40～80	50～120	60～160
	普通工业	200～300	250～400	300～500

注：1. 以上分类指标已考虑用地混合使用产生的影响；

　　2. 对于本表未包含的类别，如绿地与广场用地和发展备用地采用分类用地预测指标计算。

表格来源：广东省地方标准. 广东省信息通信接入基础设施规划设计标准（DBJ/T 15－219－2021）[S]. 2021.

3.2.3　有线电视用户

有线电视用户包括住宅用户和非住宅用户，由于国家政策管制的原因，有线电视业务由广电集团提供服务，分级及分片区管理比较普遍，有线电视的入户率基本是 100%。

1. 总体规划阶段

在县（区）国土空间总体规划阶段，有线电视用户预测按住宅类和非住宅进行。住宅用户是有线电视用户的主体，以住宅为基础预测有线电视用户是比较常用的方法。先根据居住人口或居住用地预测有线电视用户数，住户按照 100% 入户率考虑；其次，以预测住宅用户为基数，其他用地整体按住宅用户 10%～20% 取值，其中，大、中、小城市取中低值，超大、特大城市取中高值。两者之和即为预测有线电视总用户数。

2. 详细规划阶段

在详细规划阶段，按各类建筑功能的分项指标进行预测。对住宅用户预测时，可按户数进行预测，也可按建筑面积进行预测；其他类建筑功能按表 3-5 推荐的建筑面积的指标进行预测。超大、特大、大城市的开发强度高的用地或建筑，预测指标取低值、中低值，预测值相对较高；中、小城市的用地或建筑，预测指标取中值、中高值、高值，预测值相对较低。表中未列出的用地性质或建筑功能，参考表 3-5 对有线电视需求接近的功能取值，如学校可参考文化设施取值。

分类建筑有线电视用户密度指标（m²/有线电视用户）　　　　　表 3-5

用地性质或建筑功能	超大、特大城市	大城市	中小城市
一类住宅	80～120	100～140	120～160
二类住宅	60～100	60～110	60～120
三类住宅	50～80	50～90	50～100
行政办公、商务办公	250～600	300～700	400～800
商服	150～250	200～400	250～500
文化、体育、交通	600～1200	800～1600	900～1800
工业、仓储	1000～2000	1000～2000	1000～2000

注：超大城市选取指标的低值，同等面积的预测有线电视用户数更高。

表格来源：广东省地方标准. 广东省信息通信接入基础设施规划设计标准（DBJ/T 15—219—2021）[S]. 2021.

3.2.4　通信用户总数

通信用户总数是移动通信用户、固定宽带用户、有线电视用户三类用户之和，是划分通信用户密度分区和确定通信接入基础设施设置规律的基础。

在规划中需要先以控制性详细规划（法定图则）、城市设计等划定的无缝片区范围作为基本单元网格，再将移动通信用户、固定宽带用户、有线电视用户三类用户进行分类预测后叠加统计，然后根据建筑面积（初期无建筑面积数据时可采用用地面积）确定通信用户密度分区。需要注意的是，根据各规划区的城市规模、定位、开发强度以及通信用户密度等多个因素实际情况，预测结论将会呈现参差不齐的状态，规划需要结合规划区的上述几大条件统筹考虑。例如，某些城市规划的总部基地，现状处于空地未建设无通信用户状态，但考虑到规划区发展定位等因素，预测出的通信用户总数将呈现较高状态。

通信用户预测一般以城市规划人口、建筑性质和规模为基础开展。在县（区）级国土空间规划阶段，可采用综合指标法、密度法等多种方法结合，相互校核，确定预测通信用户数；在详细规划阶段，一般以密度法为基础预测通信用户数。以预测通信用户数为基础，再结合接入基础设施的设置规律，统筹布局各类信息通信接入基础设施。

近十多年来，移动通信因终端携带方便、使用便利、功能丰富等因素得到长足发展，固定电话、有线电视等用户受其影响出现平稳运行或下降态势，但通信用户总数基本能反映通信行业的整体发展状况。

下面以南方某超大城市总部基地片区的信息通信基础设施详细规划为例（图 3-1），说明相关指标选取和通信主要用户预测。该片区现状为空地，规划定位为战略性新兴产业总部基地，是以战略性新兴产业和企业总部集聚为特征的新一代产业园区，定位高；其规划范围为 172.3hm²，核心区用地面积约为 135.5hm²，总的建筑面积约 500 万～600 万 m²，面积小、开发强度高，用地类型主要是产业、办公、公寓、居住、商业五类；规划就业人口为 15 万～18 万人，居住人口为 4.7 万～5.1 万人。

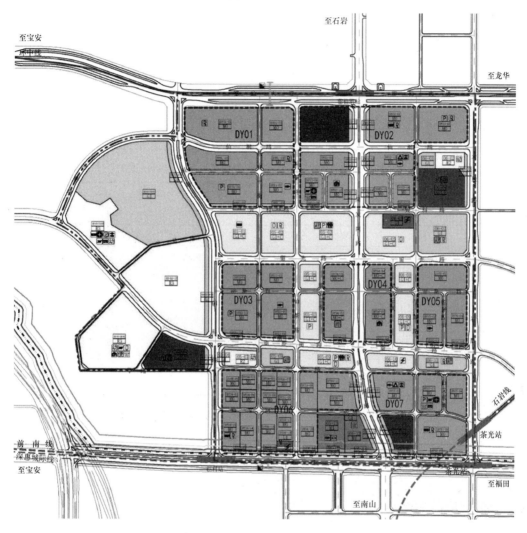

图 3-1 南方某超大城市总部基地片区范围示意图

(图片来源：深圳市城市规划设计研究院有限公司. 留仙洞总部基地信息及通信基础设施详细规划［R］. 2017)

根据上述该片区的定位、开发强度、建筑功能及建筑规模等多个因素，预测该片区移动通信用户，其功能选取宜按照以办公、商务为主来考虑，对应的人口系数按照高值计取，则：5.1 万×0.3＋18 万×1.3＝24.93 万户，即预测出本区移动通信用户数约为 24.9 万户；预测该片区固定通信用户，采用单位建筑面积用户密度法，参照表 3-4 中规定的低值进行预测，指标选取情况参见表 3-6，预测出固定通信用户数约 13.8 万户；预测该片区有线电视用户，参照表 3-5 中规定的低值进行预测，指标选取情况参见表 3-7，预测出有线电视用户数约 0.7 万户。

南方某超大城市总部基地片区固定宽带通信用户指标选取表 表 3-6

开发控制单元编号	单元面积（hm²）	主导功能	总量控制（万 m²）	建筑量选取（万 m²）	预测指标	固定宽带用户数（户）	备注
DY01	13.73	M0	77～100	88.5	40	22125	
DY02	17.98	M0＋C	130～150	140	35	40000	
DY03	6.97	M0	36～42	39	40	9750	
DY04	6.88	M0＋C	45～50	47.5	35	13571.43	结合开发强度、规模及定位等，建筑量按中值计取
DY05	5.39	M0	29～33	31	40	7750	
DY06	12.34	M0	63～80	71.5	40	17875	
DY07	9.64	M0＋C	83～102	92.5	35	26428.57	
合计						137500	

南方某超大城市总部基地片区有线电视通信用户指标选取表 表 3-7

开发控制单元编号	单元面积（hm²）	主导功能	总量控制（万 m²）	建筑量选取（万 m²）	预测指标	有线电视用户数（户）	备注
DY01	13.73	M0	77～100	88.5	1000	885	
DY02	17.98	M0＋C	130～150	140	575	2434.783	
DY03	6.97	M0	36～42	39	1000	390	
DY04	6.88	M0＋C	45～50	47.5	575	826.087	结合开发强度、规模及定位等，本次建筑量按中值计取
DY05	5.39	M0	29～33	31	1000	310	
DY06	12.34	M0	63～80	71.5	1000	715	
DY07	9.64	M0＋C	83～102	92.5	575	1608.696	
合计						7169.565	

结合上述三类通信预测结果，则该片区预测出的通信用户总数为 39.4 万户，在规划中通信机楼及通信机房等信息基础设施需以此为基础，再结合相应设置规律进行统筹布局。

3.3 通信用户密度分区

考虑到接入基础设施种类多，广泛分布在城市的不同区域，而城市片区之间差异较大，需要在用户预测的基础上建立通信用户密度区，便于结合建筑和市政设计条件，更快捷、合理地确定宏基站、信息通信机房等位置。

通信用户密度区的划分可以应用于基础设施专项、国土空间等规划中，指导信息通信区域机房、片区机房、单元机房和宏基站的布局，促进信息通信基础设施全面纳入国土空间规划。

密度分区应以详细规划的规划范围为边界，主要可以分为城乡建设区与城乡非建设区。城乡建设区分为通信用户超密区、高密区、中密区、一般区、乡镇区五类，城市非建设区为移动通信及应急通信覆盖区。

3.3.1　城乡建设区

城市建设区是通信用户分布的主要地区。通信用户密度区采取定性、定量相结合的方式来确定，可综合考虑片区功能、主要用地性质、建设密度、主要特征（含通信总用户密度）四个方面因素。

一般城市的城市建设区，主要分为高密区、中密区、一般区三类，与移动通信场景中的密集城区、一般城区、城郊结合区相对应。比较特殊的片区，如建筑密度和人口密度十分高、建筑以多层和中高层为主的城中村，可按密集区对待，其各类设施也将采取差异化方式布置。超密区主要分布在超大城市的 CBD、总部基地等对通信业务高需求的片区。

城市建设区规划通信接入基础设施包括通信机楼、通信机房、基站、多功能智能杆、通信管道等多种，规划应考虑智能城市、所有公共通信网络和通信专网的需求，城市建设区的通信业务片区可分为超密区、高密区、中密区、一般区、乡镇区五种类型，相关情况见表 3-8。

通信用户密度分区是以控规或法定图则为单元划分，形成闭合和全覆盖区域，本书以南方某超大城市总部基地片区为例介绍通信业务片区的划分方法。该片区主要功能以办公、商务为主，通信用户总数为 39.4 万户（片区介绍及测算过程请参见本书"3.2.4 通信用户总数"章节），片区范围为 172.3hm²，可计算出该片区的通信总用户密度约为22.9 万户/km²，参照表 3-8，可判断出该片区的通信用户密度分区应划分为超密区。

城乡建设区通信用户密度区划分　　　　　　　　　　　　表 3-8

用户密度区	对应功能	主要用地功能	建设密度	主要特征
超密区	超大城市、特大城市的 CBD、总部基地等城市中心	市级商业、商务、办公等	I	超高层、高层建筑密集区；工作人口、流动人口密度高，通信总用户密度≥12 万户/km²
高密区	大城市中心，超大城市、特大城市的次中心和组团中心	市区级商业、商务、办公等	II	高层、中高层建筑密集区；工作人口、流动人口密度高，通信总用户密度 5 万~12 万户/km²
中密区	大城市次中心，组团中心，超大城市、特大城市的一般城区	居住、商业、商务、办公等	III	以中高层、多层建筑为主；工作人口、流动人口密度较高，通信总用户密度 2 万~5 万户/km²
一般区	大、中、小城市的一般城区，超大城市、特大城市的城郊结合区	居住、一般工业、仓储、港口等	IV	以多层建筑、低层建筑为主，工作人口、流动人口密度不高，通信总用户密度 0.8 万~2 万户/km²
乡镇区	城市边缘、城乡接合部、建制镇建设用地等	乡镇居住、商业、零星建设用地等	V	以乡村、建制镇多层建筑为主，或时段性差异明显；通信总用户密度≤0.8 万户/km²

表格来源：广东省地方标准. 广东省信息通信接入基础设施规划设计标准（DBJ/T 15—219—2021）[S]. 2021.

3.3.2　城乡非建设区

城乡非建设区为移动通信覆盖区，以满足移动通信普遍服务和应急通信保障需求为主。

移动通信是满足城市非建设区对通信需求的最主要、最便捷、最经济的方式，不仅人群在休闲踏青、旅游时需求，而且在从事水源保护、应急救援、指挥调度管理等生产活动时也十分需要移动通信提供普遍服务，同时建设应急通信系统；移动通信的普遍服务需求是城市非建设区的最低要求，对应的接入基础设施类别主要是宏基站，相关情况参见表3-9；在城市非建设区，还可结合宏基站布局，统筹考虑高点视频监控、专业视频监控等功能需求。

划分城乡建设区和非建设区，一般以分区范围或行政边界为基础；首先参照表3-8的分区特征划分出规划范围内的超密区、高密区、中密区、一般区、乡镇区五种通信用户密度分区；其次，除以上五类密度分区外的留白区域，即自动归为城乡非建设区（移动通信覆盖区），例如自然保护区以及山体、河流等区域。覆盖区一般至少需要设置移动通信宏基站，以满足移动通信普遍服务需求和应急通信保障需求。

城乡通信用户密度区划分　　　　　　　　　　　　　表 3-9

用户密度区	对应功能	主要用地功能	建设密度	主要特征
覆盖区	水源保护地、自然保护区、林区、农保用地等	城乡非建设用地、高快速路等	无	以满足临时用户及应急管理的覆盖需求

注：城市非建设用地含布置其内的高铁、铁路、高速公路、快速路等交通设施和水厂及管理用房等，主要满足移动通信覆盖需求。

表格来源：广东省地方标准. 广东省信息通信接入基础设施规划设计标准（DBJ/T 15—219—2021）［S］. 2021.

第4章 信息通信机楼规划与设计

信息化、智能化已经深入社会与经济等各个领域，在下一代信息网络、三网融合、云计算、5G、物联网以及信息安全等技术发展日新月异的新背景下，信息通信机楼布局出现较多新变化：在技术上，信息与通信两者之间界线越来越模糊；在需求上，向地理网格化方向发展；在空间上，两者相互依赖、支撑。本章结合技术与应用对设施的灵活需求，来探讨差异化、定量化布局的规划与设计方法。

4.1 机楼发展历程

通信技术日新月异，早期对城市通信工程规划有巨大影响的技术主要有两种：一是光缆大规模进入城域网。城域网采用光缆作为传输介质，使得无中继传输距离和传输容量大大提高，彻底改变了城域网的组网原则，也产生了较多新的城域网，如有线电视综合信息网、宽带网等；二是IP技术的广泛使用。基于Internet新经济的成功，促进了IP技术的广泛使用，使得语音、视频、数据三网融合成为可能，它改变了城域网发展的格局，使城域网向综合性通信网方向发展，IP技术的影响会逐步显现。

在以电缆为主要传输介质的时期，由于受电缆传输衰减的限制，通信机楼一般按服务半径为2k～4km范围布置，机楼容量为3万～10万门；随着光纤和集成电路的快速发展，无中继的传输距离扩大至30k～40km（理论值75km），机柜也逐步小型化，使得机楼的服务半径扩大到5k～10km，机楼容量达20万～40万门。

随着交换技术经过步进制、纵横制、程控制等技术演变，向软交换方向的发展时期，将连接、信令等"呼叫控制"与业务及其传送相互分离，使得机楼的交换容量进一步得到提高，单座机楼覆盖用户数达180万～200万户，条件受限时，可达到100万～150万户。"少局址、大容量"已成为各类通信机楼的共同组网原则，是通信机楼的发展趋势，单个运营商的机楼需求大大减少，机楼的总体需求适当减少。

随着通信技术发展及现代通信网络演进，城市信息通信网络发展成为一个融合的、全业务的泛在网络，与之相应的信息通信网基础设施——信息通信机楼应向着全业务综合信息通信机楼方向发展，布置固定电话网、传输网、数据网、移动网、接入网、广播电视网、因特网、宽带网、多媒体网、IDC等信息通信网的各类设备。

4.2 设施特点

4.2.1 技术特点

信息通信技术的革新，影响信息通信设施的组网与布局结构，与信息通信机楼所需的空间面积（用地面积与建筑面积）存在直接的关系。

1. 技术发展快

国内传统有线通信机楼及机房基于传统模拟通信技术和窄带技术，分为枢纽机楼、汇聚机楼、端局与模块局等类型，且机楼数量规模庞大、布局分散，包含了机房及办公等综合功能。基于传统技术的机楼与机房设施，网元种类众多，需占用大量空间资源。然而，由于技术发展迅速，设备更新快、周期短，有线设施对基础设施空间需求的变化速度，远超基础设施规划建设的速度。

2. 服务覆盖面广

随着通信和信息技术的不断融合，通信机楼、通信机房等通信基础设施和数据中心、数据机房等数据基础设施之间的联系也日趋紧密，界线也日趋模糊。因此，研究分析有线通信基础设施时，不仅要从传统意义上分析理解通信技术行业，还需考虑其借助高速无线技术、物联网传感技术、云计算技术等先进技术带来的影响变化。其服务对象已扩展至其他各领域（物流运输、电力能源、工业制造业、公安交通、环境、水务、环境、教育、医疗等）；随着智慧城市建设的推进，从长期发展角度来看，任何与信息化相关的行业都需依赖于通信机房等通信接入基础设施。另外，通信设备还有小型化、密度大、容量高的独特性，对通信基础设施的安全性要求高（含灾备、冗余、防水等）。

3. 信息通信需求已完全融合

截止到 2017 年，我国程控交换机已全部退网，以电话主线为代表的电信固定网已发生翻天覆地的变化，以数据包为基础的软交换代替传统程控交换；同时，受以互联网为代表的 IP 网影响，电信固定网已实现全网 IP 化，语音、数据、视频等转换为 IP 包，通过路由来交换。在传统通信机楼内，服务器取代程控交换机，通信机楼拓展为信息通信机楼（以下简称"机楼"）；同时，机楼内也布放大量服务器，提供更高效、高质量的数据服务。

4.2.2 规划建设特点

1. 专业性强

随着多种技术持续革新变化，信息通信机楼的功能及组网发生了较大的变化，对空间的需求也随之变化，并随城市功能提升、土地开发强度提高、服务水平提升等因素相应变化。从城市规划角度来看，信息通信机楼是功能性较强的专业基础设施，其功能、位置、用电、层高、容积率等具有比较强的专业性。

2. 功能综合

城市市政基础设施按专业自成体系，需要分别单独规划布置，规划布局位置按照专业技术特性布置。大型有线通信基础设施（如信息通信机楼）以满足全市乃至周边城市的需求为主，数量需求较少，功能以满足全市需求为主，属于枢纽级别，不直接服务于用户（不含中小型城域网），一般分布在城市重要功能区或城市中心区；中小型有线通信基础设施（如中小型接入机房）以满足片区、小区需求为主，分布广泛，部分设施具有服务用户的功能，一般分布于用户密度的中心，具有一定的服务半径。

3. 共建共享

市政基础设施一般按专业由对应的职能管理单位建设。大型有线通信设施一般单独建设，建筑功能较为单一。由于其专业性较强，建设要求较高，因此兼容性不足，且绝大部分市政基础设施的净容积率较低，以信息通信机楼为例，其容积率一般在1.5～2.5；中小型有线通信设施空间面积相对较小，一般附设于办公、商业等建筑主体内，但对层高、电源、消防、通道等设施要求较高，针对建筑主体及配套设施建设要求较高。通信基础设施的规划建设应始终贯彻共建共享的原则，在城市规划布局上预留有发展余地。

4. 分离设置

IP化、云化、NFV、光纤等技术协调发展，核心网元可适度分离设置，尤其是在现状城区，新建大型信息通信机楼难度大、周期长。基于现有技术条件，必要时可采取大型信息通信机房替代机楼的方式，既可集约节约空间，也可灵活响应需求。

4.2.3 市场化特点

市政基础设施的特殊性也表现在市场化程度上。市场化程度可以分为三种：第一种是完全市场化的类型，设施主要是液化石油气，其具有市场竞争能力且市场调节灵活，可通过市场的调节达到共用事业的发展；第二种是半市场化、半政府类型，设施主要包括供热、自来水、公共交通等，这些行业具有一定垄断性，投资较大但收益较低，其作为社会综合服务性设施又涉及公众利益；第三种是完全政府的类型，主要有消防、城市防洪等基础设施，从根本上讲，是公益性项目，一般没有直接经济效益，其建设、运营和管理职能由政府或政府委托有关单位承担。

1. 市场化程度高

通信行业是最早进行市场化改造的行业，经过多轮改革，市场化格局已十分明显，已完全形成多家通信运营商平等竞争的格局。各通信运营商也形成了各具特色的差异化状况，主要体现在用户群体、财务状况、规划发展计划等方面，因此分析各地区运营商差异化需求是信息通信基础设施规划的重要内容。信息通信基础设施应同时满足多家通信运营商的发展需求，整体上考虑各通信运营商需求，尤其是受制于建筑单体内资源紧缺和条件受限的接入基础设施。

2. 多元化建设

信息通信机楼建设已完全市场化，并具有公共性和公益性，因此，信息通信机楼建设的投资体系也在发生着变化，由早期单一的政府投资演变为多元化投资的方式，根据不同地区的需求、综合要素确定建设方式。国内较多城市已成立专业的通信基础设施公司，无论是2004～2005年期间成立的通信管道公司，还是2014年成立的铁塔公司，以及最近成立的经营通信机房的公司，都是如此。

4.3 规划要点分析

1. 应对技术变革影响

通信技术受信息技术的影响产生了较大变化，特别是近几年出现软件定义网络SDN、网络功能虚拟化 NFV 以及云计算三大关键技术，各运营商正依赖上述技术逐步开展网络重构。首先，网络的层级、种类、类型减少，网络可快速部署及扩缩容，相较传统网络结构更加开放、敏捷；其次，以物联网、5G 技术为依托的 VR、无人驾驶汽车等新型业务形态，带来了海量数据流量，影响未来网络结构向扁平化、智能化发展。信息通信机楼及机房中设备受技术与业务影响明显，且发展趋势不可逆转。

通过 SDN、NFV、云等技术实现的高效智能网络，更有利于网络维护、降本增效、灵活快速地响应及引入新业务。这是一种全新的网络技术和架构，可以很好地解决传统运营商所遇到的问题，2016～2020 年是各运营商网络重构的关键时期。

SDN、NFV、云等技术的影响使通信网络越来越扁平化、网络 IP 化，网络重心下移、综合性加强，导致信息通信机房等基础设施变得越来越重要，而信息通信机楼的组网原则及设置规律也随之滚动更新，也向综合化和扁平化方向发展，且数量需求减少。"少局址、大容量"已成为信息通信机楼的重要组网原则。

2. 顺应技术发展趋势

随着信息与通信技术深度融合发展，两者在技术上界线越来越模糊；加上设备向小型化发展，"少局址、大容量"成为机楼的重要组网原则，通信机楼与数据中心融合发展，在功能上向信息通信机楼延伸，网络也更加扁平化，在需求上向地理网格化方向发展。因此，集合多种功能的信息通信机楼使信息与通信在空间上相互依赖、支撑。

另外，机楼兼具数据中心功能，向多元化、市场化方向发展，网络在满足社会需求的同时兼顾高中端客户的定制需求；随着数据中心的重心从存储转向分析、处理和按需访问，边缘计算将广泛分布在城市建设区；未来机楼建设方式将更加灵活，与大型机房统筹布局，建设主体也出现第三方等市场力量。

3. 遵循共建共享

共建共享是通信设施和通信基础设施规划建设需要共同遵守的基本原则。目前，我国在通信基础设施建设方面还存在种种弊端，为有效节约电信基础设施的建设成本、减少运营商重复建设的浪费，工业和信息化部于 2008 年发布了《关于推进电信基础设施共建共享的紧急通知》，2015 年住房和城乡建设部印发《通信局站共建共享技术规范》为国家标准，各省市也先后出台"共建共享实施细则"。

多家通信运营商平等竞争的格局，决定了通信基础设施规划建设须贯彻共建共享原则；无论是从节约资源、节省投资方面考虑，还是从提升网络质量方面考虑，通信基础设施共建共享工作均有必要进行，这也是规划层面的关键性要素。

1）满足信息通信基础设施集约化的需要

多家通信运营商都需要建设通信城域网，都需要信息通信机楼、信息通信机房、基站、通信管道等基础设施，但城市土地资源、站址资源、缆线敷设通道等基础设施不可能为每家通信运营商都预留一整套基础设施，这会造成资源的极大浪费和通道的严重不足。因此，必须共建共享，且保持通信基础设施的完整性和一体性，特别是信息通信机房、基站、通信管道等必须集约建设的基础设施更是如此。

2）满足节约投资的需要

通信基础设施（包括通信局站、铁塔、管道）的共建共享，可以极大地减少用地和传输资源的浪费，也可减少施工成本。在以往运营商建设电信基础设施过程中，常常需要耗费大量的人力、物力和财力，导致资源的重复浪费。共建共享的规划建设模式只需对运营商之间进行协调，使人、财、物方面的成本得以大量减少；同时，它在租赁谈判、施工协调以及相关流程的办理上，周期显著缩短，使施工进程得以加快，可有效减少时间方面的成本。

每家运营商的信息通信机楼、机房的业务侧重点及用户数不同，尤其是在小区服务的用户数量不同，通信机房、光纤等共用基础设施更有必要共建共享，共建共享也必须以保证用户网络质量，减少各运营商彼此之间的矛盾为基础。因此，共建共享模式下的相关单位应互相合作，明确分工，共同组织好通信机房设施建设，满足用户高质量通信要求。基站、通信管道等基础设施的共建共享详细技术内容，参见本书后面的相关章节。

4.4　面临问题及挑战

《城市通信工程规划规范》（GB/T 50853—2013）于 2013 年颁布实施，大大晚于其他工程规划规范，导致了通信基础设施长期处于通过市场化方式建设状态，积累了大量问题。另外，通信技术发展快、专业技术性强、需求比较独特、多家运营商平等竞争等因素的叠加，使得规范对通信基础设施规划建设的指导作用较弱，通信工程规划本身也面临大量挑战。

4.4.1　常见问题

1. 早期规划建设通信机楼难以满足业务发展需求

早期建设的通信机楼已经无法满足用户需求，且扩容难度大，其原因主要是以下三点：

1）在通信机楼（机房）规划前期，用户需求分析不够充分，导致规划设计对用户需求、设备数量出现偏差，容易造成难以弥补的缺憾。

2）软交换、三网融合、IP 城域网技术的快速发展，使得早期规划的通信机楼中机房面积远远不足。

3）电源不足：由于电子设备集成度大幅提高，设备的用电需求大幅增加（增加约 10 倍），而早期预留的电源不足，且较难扩容，也因此制约了扁平化技术发展和通信机楼按新组网原则。

2. 现状通信机楼布局分布失衡，难以应对差异化发展格局

随着城市建设与城市更新的推进，新建城区缺乏核心机楼来承载重要网络节点，部分运营商的通信机楼数量严重不足，同时还存在通信机楼的重心与业务重心及城市规划建设重心不一致的情况。以南方某城市通信运营商为例，其核心通信机楼重心分布位于城市的西南部，而业务重心位于中西部，两者的重心不一致，对未来发展数据业务产生了极其不利的影响，难以组织高效可靠的传输网络。另外，通信机楼用地对中小型运营商的需求考虑不足。

4.4.2 面临挑战

1. 在现状城区增补通信基础设施的难度十分大

通信技术变化日新月异，导致通信机楼的组网原则（少局址、大容量）和需求规模（用地规模和建设规模）发生改变，这就出现了需要在现状建成区增补部分通信基础设施的状况。

但由于现状城区的土地已基本出让、土地大幅升值等因素的影响，增加独立占地的通信基础设施的难度相当大。这对新增信息通信机楼提出了挑战，需要采取多种方式（独立式、附设式）来推动信息通信机楼建设。另外，通信技术发展需要新增大量通信机房（附设在建筑物内），但获取机房资源比较困难，特别是面积较大的机房，且获取机房后将其改造为满足要求的建设环境的难度也比较大，改造后也面临经常被逼迁的困境。这对通信机房建设提出了严峻挑战，急需将通信机房作为城市基础设施全面纳入城乡规划，并抓住正在新建或改造工程的机会，来增补各类通信机房，以缓解通信机房的建设困局。

2. 现行标准滞后于实际发展需要

近十年以来，国内通信技术发展迅猛，各项业务指标、网络结构不断发生变化，但现行的《城市通信工程规划规范》已明显滞后于技术发展和行业现状，主要表现在业务预测、通信机楼的设置规律和需求规模、为片区服务的大量中型通信机房、为小区大楼服务的本地通信机房等多个方面，这对通信机楼、通信机房规划提出了挑战。另外，城乡规划的规划期限较长，一般有 10~20 年，最短的近期建设规划也有 5 年，与国内通信运营商的业务和网络规划期限短（1~3 年）、对基础设施需求时间短（0.5~2 年）不一致，这对通信基础设施的设置规律提出挑战，亟须在总结通信机楼、通信机房的设置规律时留有弹性余量，并随通信技术发展进行滚动更新，同时结合各地具体条件适当变化，全面纳入当地城乡规划建设中。

4.5 机楼规划

4.5.1 机楼体系

1. 通信传输网络架构

通信传输网络结构的划分在业内已形成共识，即核心层、骨干层、汇聚层及接入层，各层级节点之间通过城市光（电）缆形成互联互通的完整网络，具体情况见表 4-1。

核心节点：指承担长途交换、骨干/省内转接点/省内智能网 SCP、一二级干线传输枢纽，设置有 IDC 机房、骨干数据设备、国际网设备、省际网设备、光传送网一级干线设备，是城域出口、长途交换中心、本地交换中心、有线电视信号传输中心。核心网络节点必须确保高可靠性架构，多位于交通极为便利的城市，对信息通信机楼的安保、电源等要求也极高。

骨干节点：指本地传输网、数据骨干节点，本地网内各类业务核心设备所在的机房，含服务与重要客户的交换设备、传输设备，包括固网 IMS、固网软交换 SS/TG、移动网电路域/分组域网元、城域网 IP 核心点、传输核心节点、骨干网等设备。考虑骨干节点机房的各网元、电源等设备机房需求时，应综合考虑中长期需求。

汇聚节点：本地网内各类业务汇聚设备所在的节点、汇聚层数据机房，包括传输汇聚节点、IP 网汇聚节点或业务控制层（BRAS/SR）等设备。

综合接入节点：综合业务区内小范围业务收敛设备所在机房，包括集中设置 BBU、OLT、传输边缘汇聚等设备，是区域内传输汇聚节点的延伸，也是汇聚节点和末端接入点之间的衔接节点。

网络层级与基础架构 表 4-1

网络功能	基础架构
核心节点	区域级枢纽机楼、本地枢纽机楼
骨干节点	中心机楼
汇聚节点	一般机楼、汇聚机房
综合接入节点	综合接入机房

2. 体系划分

由以上网络结构分析可看出，骨干层及以上的通信机楼涵盖了长途通信枢纽、本地通信枢纽、业务汇聚、IDC 数据中心处理与传输等功能，其安保、动力及应急用房等方面至关重要，是支撑运营商基础业务运行的重要设施。大型通信机楼一般单独建设，建筑功能相对单一，仅满足其独特功能需求。由于其专业性较强，建设要求较高，因此兼容其他建筑性质功能相对不足。

通信机楼一般由各运营商根据自身网络特点、省级公司的要求和地级分公司的业务需求而建设，运营商在使用机楼时可灵活调整其内的设备布置；机楼是综合布置多种网络功能的节点。在城乡规划领域，以往较多关注大型通信基础设施用地、建筑体量等内容，较少对通信机楼体系开展详细讨论。在具体规划工作过程中，合理确定通信机楼体系，对确定通信机楼的布局及用地面积大小起决定性作用，对汇聚及接入机房、通信管道等基础设施的规划也有较好的帮助作用。

根据全业务网络发展趋势，各运营商的机楼均可为用户提供固定通信、移动通信、宽带网络、IPTV 和多媒体、互联网等综合业务，是 ICT（信息和通信技术）的深度融合。综合不同城市对通信机楼的功能需求，作者团队将信息通信机楼划分为枢纽机楼、中心机楼、一般机楼三个层次，另外，有线电视因其特殊功能要求和网络特点，有其自身独特的有线电视机楼层次。

1）枢纽机楼

为全国集中承担全网或大区域性业务的核心，是一二级干线传输枢纽、省际网节点，位于交通极为便利的重要城市，属于长途局、本地长途局，对通信机房的要求（如电力供应、恒温、安全等）最高。枢纽机楼布置在通信网络区域中心城市，如北京、上海、广州等一级干线城市和武汉、重庆、沈阳、西安等二级干线城市。

2）中心机楼

为城市信息枢纽中心，是城域的出口、本地交换中心等，需互为备份，对应早期的目标局。由于其对机楼安保、电源等要求较高，一般需单独占地建设专业建筑。目前，现有枢纽机楼内设置有交换网长途局、关口局、汇接局、传输网核心节点以及数据网骨干层核心节点等。

3）一般机楼

一般机楼是各类通信网络本地接入设备以及片区流量汇接设备所在的机楼。现状一般机楼主要以电信为主，主要为现状保留，规划新增的同等级设施将逐步转变为中型接入网机房（区域机房、片区机房）。

4）有线电视综合机楼

有线电视网是以分支分配网为基础发展起来的，由于与舆论导向、宣传等内容密切相关，广播电视从诞生之日起就形成不同的管理体制和经营方式。有线电视总前端一般独立建设，并与电视台、地球卫星站等建立专线联系。有线电视总前端主要放置数字电视前端设备、骨干传输设备、播出控制和信号检测设备、数据核心设备、IT 支撑系统数据等，是有线电视所有业务发起的总源头，起着十分重要的作用，是重要保护目标。

自 2016 年起，有线电视网络开始经营数据业务，有线电视分支分配网逐步向电信网转变，并按最新的电信网络结构来组网，其骨干网由有线电视机楼和光缆环网组成。2019年 6 月 6 日，工信部正式向中国广电发放 5G 商用牌照，中国广播电视网络有限公司成为"第四运营商"，同时也是广电系"三网融合"的推进主体。

作为新型运营商，有线电视机楼向综合型机楼发展，承担原本有线电视总前端或有线电视灾备中心的功能；同时，直接将枢纽机楼和本地网的中心机楼合建。有线电视综合机楼建设形式可采取独立式、附设式等多种方式建设。

4.5.2　需求分析

机楼的需求包括公用通信业务需求、专网通信需求，按照需求受众群体来分，可分为个人、政府、企业三大类。其中，个体用户需求包括普通居民的公用移动通信、固网语音、宽带上网、有线电视服务；企业用户的高效语音通信、宽带上网等办公所需通信服务；特殊个人用户的特定时间段内高安全要求的专用通信网服务。企业用户包括普通商户、企业的基础通信需求、国际化商业用户的数据专线及即时通信的高质量服务。政府及各级管理机构用户包括对基础设施建设、运营、管理的调度及优化，为形成优质社会环境及区域竞争力提出通信业务方面的需求。

国内通信运营商在不同区域或城市服务用户类型各有侧重，一般有以电信固定网为主、以移动通信网为主和以有线电视网为主三种，在不同城市的组网需求也呈现差异化的特征，从而出现机楼需求差异化。

1. 以电信固定网为主的通信机楼需求

在南方地区，中国电信及其分公司除了服务个人光纤端口等宽带业务、移动通信业务外，还有较大份额的宽带互联网业务，并且承担大量政企单位、校区等用户对宽带接入的旺盛需求。互联网业务主要通过 IP 城域网实现接入，最终业务承载在 China Net 或 CN2 骨干网上，包括宽带窄带接入业务、IDC、CDN、互联星空等增值业务，企业客户等大客户的互联网专线接入业务。同时，机楼内除布置数据、传输、移动骨干网、媒体网关设备等，按照现有业务容量及发展趋势，还要考虑互联网平台、4K 视频内容源/分发网设备所需通信机房。与此相对应，中国联通在北方地区有较大份额的宽带业务用户，截至 2018 年 7 月，北方十省市场份额约 70%；即使在南方地区，中国联通在移动通信和固定通信之间也取得较好的平衡，而混合制改革为中国联通注入以信息为主的新生力量，发展前景广阔。另外，4G 和光纤宽带驱动业务增长，在南方地区、北方地区均以宽带业务带动大量数据系统发展，预控智能网关业务系统，重点预控数据系统等机柜空间需求。

2. 以移动通信为主的通信机楼需求

在国内移动通信市场方面，中国移动 4G 用户先发优势明显；截至 2018 年 6 月，在移动业务方面客户量依旧保持攀升之势，机楼的移动业务设备仍需按每年增长进行空间预留；移动通信的组网方式与固定通信的组网也有较大不同，不仅网元的数量及需求有较大不同，还可省略大量的接入缆线。另外，大量移动支付、社交平台、游戏、视频等多元终端侧上网需求量不断呈现指数级增长的新现象，中国移动在移动业务庞大用户群的大背景下，机楼的 IDC 业务系统更有大量机柜需求，并为 BAT（百度、阿里、腾讯）等提供定制化需求。近几年来，随着中国移动在家庭宽带业务上采取特殊营销手段，该公司的家庭宽带用户呈现爆炸式增长，也产生了大量的固定通信的机房需求，逐渐缩小该公司与其他单位在固定通信网上的差距。

3. 以有线电视网络为主的通信机楼需求

有线电视网是以分支分配网为基础发展起来的相对独立的网络体系，在国内各城市的业务主要包括数字电视广播、高清互动电视、有线宽带、数据专线、集成业务等。由于有线电视网络的特殊性，其总前端、灾备中心承担十分重要的作用，且需要单独运营管理。在现状业务基础上，有线电视网络将发展高清电视、4K 电视有线网络，数字电视节目的广播码流、互动点播码流的带宽会越来越高。随着视频分发网 CDN 的节点逐渐下沉，离用户越来越近，对有线电视机楼的数量需求也会随用户数增长而增加，以确保网络架构安全。

另外，随着网络市场的技术发展与竞争，以及云计算、大数据、移动互联网和智能终端等新一代信息技术发展，有线电视运营商在多个城市开展大量云视频监控平台、智能教育等拓展业务。在此基础上，高密度服务器将会逐渐普及使用，这对通信机楼的供配电、空调、机架空间提出了更高的需求[①]。

---

① 孙文芳. 新形势下有线机房站点规划研究 [J]. 广播与电视技术，2018，45（2）：75-77.

4.5.3 规划创新

1. 以现代通信技术发展为基础，更新机楼的体系与设置规律

随着光纤、软交换技术的发展，多元化应用的旺盛需求，通信机楼的体系架构向扁平化方向转变，且设备需求仍存在并存性、快速增长的现象，中心机楼地位进一步提升，对接入网机房的依赖加强。因此，信息通信机楼的设置规律相应发展变化，针对机楼的规划需相应开展滚动更新、调整，以应对技术革新、信息化市场的需求。

作者团队强调固定通信业务用光纤端口代替电话主线，主要原因是 2017 年 12 月底程控交换机已彻底退出通信市场，已不存在电话主线，且电信网络已实现 IP 化，不存在单个交换局服务多少用户。另外，信息通信机楼体系更新，并适应不同城域网规模变化要求，其规划容量放大到 50 万～100 万综合信息用户，大大高于《城市通信工程规划规范》（GB/T 50853—2013）所推荐的 8 万～15 万户，真正落实通信机楼"少局址、大容量"组网原则。

2. 以各运营商差异化需求为主进行机楼整体布局

信息通信机楼的整体布局规划是基于预测的通信用户数。由于各运营商的职能和市场不一样，各运营商的市场规模存在较大差距，由此决定了各单位对通信机楼需求的数量差距较大，需求机楼的方式也不一样。在开展通信运营商机楼规划布局时，应以业务为导向，差异化分析机楼的面积需求，确定其机楼布局与建设方式。针对老城区、新建片区、城市核心商务区等不同片区或用地条件，差异化确定不同城区机楼的综合布局。

尽管各运营商从事的业务和网络结构、组网原则基本相同，但各运营商城域网的规模差别较大；以电信固定网为主的网络和以移动通信为主的网络差别较大，对通信机楼需求的数量和规模也存在较大差距；各运营商经过多年发展，已形成差异化的通信机楼格局，也形成不同网络规模，这是各运营商今后发展的基础，也会对通信机楼出现差异化需求。因此，以各运营商差异化需求为基础开展机楼规划，是规划的基本出发点。

3. 以共建共享为指导，结合片区功能定位确定机楼的建设形式

信息通信机楼规划布局以共建共享为基础，采取多种形式推动其建设。结合运营商发展需求、各片区功能定位和区域位置，确定不同片区机楼的布局以及建设形式，可采取独立式、附建式、共建式等多种方式推动通信机楼建设。当通信机楼的功能、安全和专业要求较高且由运营商（或其他市场主体）主导开发建设时，一般选择建设独立式机楼；对于片区规模较小、区域位置特殊的片区，需要建设机楼时可采取共建式机楼；对于片区土地资源条件紧张、早期未规划通信基础设施用地但又需要增补建设机楼时，可选择建设附建式机楼，将机楼附设在其他建筑单体内，并适当控制其建设规模。

共建式信息通信机楼是较为新型的建设模式，除满足主导运营商的通信机楼需求外，还需满足新型运营商或虚拟运营商的机楼发展需求，并延伸到数据中心等新型专业机楼的建设，已有其他国家、地区根据其市场竞争情况进行多种探索。韩国及我国香港地区集中建设机楼的模式值得借鉴，政府将发展备用地推向市场，集中建设信息通信机楼或数据中心，除解决新型运营商的机楼需求外，还吸引大量的虚拟运营商进驻共建的机楼，香港的共建机楼内入住的电信运营商及虚拟运营商达 80 多家。由于规划机楼用地的功能、区域位置和用地面积不一致，在沿用现行的由主导运营商建设机楼的同时，可借鉴韩国、我国香港地区经验，采取多种建设方式推动机楼建设，逐步解决新型运营商机楼需求小、布局分散、通信机房经常搬迁等问题。

4.5.4　机楼规模计算方法

1. 机楼面积的构成

机楼的使用面积应根据通信设备的数量、外形尺寸和布置方式确定，并应预留今后业务发展需要的使用面积。机楼内机房面积主要由业务机房、配套机房及其他用房构成，详细情况参见图 4-1，以早期六层通信机楼为例，其机房面积及楼层分布参见表 4-2。由表、图可以看出，业务机房是机房面积的关键因素，其他两类机房随机楼内业务机房的规模而配备不同的配置。

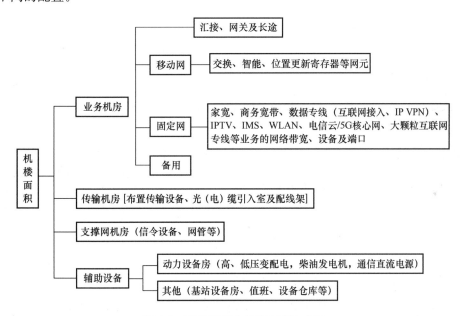

图 4-1　通信机楼内机房面积构成图

某运营商单座机楼机房面积分布表　　　　　　　　　　　　表 4-2

序号	机房类别	机房名称	实用机房面积（m²）	楼层	备注
1	业务机房	网关及汇接机房	400	三层或四层	各 1 个系统
2	业务机房	2G、3G、4G、5G网交换机房	1400	三层、四层	各 2~3 个系统
3	业务机房	HLR 设备机房	400	三层和四层	2G、3G、4G、5G 各 2 个系统
4	业务机房	移动数据机房	400	五层	
5	业务机房	固定数据机房	400	五层	
6	传输机房	传输设备房	200	二层	

序号	机房类别	机房名称	实用机房面积（m²）	楼层	备注
7	传输机房	光（电）缆引入室	200	二层	
8	支撑网机房	信令、网管设备	200	二层	
9	辅助设备	高低压变配电室	300	一层	包括柴油发电机、油库
10	辅助设备	电力、电池室	200	一层	直流电源
11	其他用房	基站	150	六层	3~4 个基站
12	其他用房	设备仓库	150	六层	
13	其他用房	值班室	100		
	小计		4500（3000＊）		

注：表中（＊）处数据为实用机房面积中业务机房面积。

2. 机楼面积需求及计算方法

1）业务机房

业务机房包括移动网机房、固定网机房、发展备用机房、省网（长途交换）需求、数据备份需求等。

移动网机房：每个交换系统按 20 万户计，按每个交换系统需机房面积200m² 考虑，同时考虑 4G 和 5G 并存取 1.5 系数，所需机房面积＝移动通信业务用户数÷20×200×1.5。

以移动通信为平台的市场需求：按移动网机房面积的 30％考虑。

固定网机房：每个交换系统按 10 万户计，按每个交换系统需机房面积 200m² 考虑，所需机房面积＝固定通信业务用户数÷10×200。

以固定网为平台的市场需求：按固定网机房面积的 70％考虑。

发展备用机房：按移动网机房和固定网机房的总面积的 150％考虑。

省网（长途交换）需求：按移动网机房、固定网机房和发展备用机房的总面积的 20％考虑。

数据备份需求：按移动网机房、固定网机房和发展备用机房的总面积的 30％考虑。

辅助网元机房：包括视频、监控、网管等，机房面积按实际情况确定。

智慧城市及应用需求：机房面积按实际情况确定。

业务机房面积总需求为上述需求面积之和。

2）配套机房

配套机房包括传输机房、支撑网机房、辅助设备等，总面积按业务机房面积 20％～40％的比例来预留。

3）机房总面积

实用机房面积＝业务机房面积＋配套机房。

其他用房面积：按实用机房面积的 10％～15％考虑。

总面积：实用率按 70％考虑，总建筑面积＝（实用机房面积＋其他用房面积）÷0.7。

3. 案例分析

以南方某城市移动公司的中心机楼为例，推算该公司单独占地的信息通信机楼建筑面积。

业务量：预测固定通信用户 133 万户，移动通信用户 418 万户。

根据业务量需求，采用上述计算方法估算，得出业务机房面积总需求为 6160m²，配套机房面积总需求为 12580m²。

实用机房面积＝业务机房面积＋配套机房＝18740m²。

其他用房面积：按实用机房面积的 10% 考虑，则需机房面积为 1874m²。

机房总面积：实用率按 70% 考虑，则总建筑面积为 29449m²。

规划 2 座枢纽机楼（1＋1 分担业务），单座枢纽机楼的建筑面积约 14725m²。

上述中心机楼的典型面积构成及分项需求参见表 4-3。

单座枢纽机楼需求情况分析表　　　　　　　　表 4-3

专业	设备	机架数量（个）	尺寸（mm）	建筑面积（m²）
城域网	BR	60	600×1000×2200	768
	CR	30	600×1000×2200	
	TT	6	600×1000×2200	
核心网	MME	8	600×1200×2200	752
	GW-U	22	600×1200×2200	
	GW-C	2	600×1200×2200	
	XX3 设备	15	600×1200×2200	
发展备用机房				760
省网需求				456
CDN	综合柜	43	600×1000×2200	344
传输	OTN	430	600×600×2200	3440
	SPN	110	600×600×2200	880
	ODF 架	150	840×300×2200	1200
支撑网机房、辅助设备				770
其他用房面积				937
合计		876		10307
机房总面积（实用率按 70% 考虑）				14725

4.5.5 设置规律及要求

1. 枢纽机楼

国家级枢纽机楼负责省间信息交互、运营商之间交互以及国际访问交互，由国家及运营商集团组织部署。如中国电信核心网由北京区域、上海区域、广州区域组成，形成国内三大超级核心，中国电信北方区域网络的主节点在北京电信某机房，该机房是 China Net 骨干网三大国际出口之一，也是中国电信北方网络主节点 China Net 骨干网的交换中枢。中国联通共设置北京 1&2、上海、广州四个核心节点，四大节点间组成全连接结构。

城市级枢纽机楼主要负责省内、城市间信息通信交互，布放着城域网层面最高的设备。对于大型电信网络而言，重点城市各运营商均应部署两座枢纽机楼，并互为数据备份。枢纽机楼一般单独占地，其用地面积不宜少于 6000m²，建筑面积宜在 20000m² 以上；对于中小型电信网络而言，枢纽机楼可与下述中心机楼合建。

2. 中心机楼

中心机楼为城市信息枢纽中心，对全市机楼的业务进行汇接，同时集中和备份全市其他机楼的本地网的业务，保障全市网络的正常运行。中心机楼是各运营商发展本地业务的重心，应综合预留本地业务拓展的设备布置空间。中心机楼的位置应尽量与城市业务重心一致，以便能组织高效便捷的传输网络，并与城市总体规划、分区规划等土地利用规划协调。

城市中心机楼一般按服务 50 万～100 万户综合信息用户（包括光纤宽带用户、移动通信用户）设置，每座城市中心城区布置 2 座及以上的中心机楼，相互分担本地业务；城市中心城区之外的城市建设区域，可按组团来设置中心机楼。中心机楼用地面积宜控制在 4000～8000m²，容积率一般为 2.0～3.0，建筑面积为 8000～25000m²。不同城市和不同运营商根据主导业务和城域网发展规模，选取不同区段的建筑面积，一般而言，以固定通信为主的一线城市通信运营商，可按上限取值。运营商的中心机楼示意参见图 4-2。

图 4-2 南方某城市某运营商中心机楼现场照片图

3. 一般机楼

一般机楼主要适用于规模较大的城域网，用于本区域的业务汇接，提供交换端局、数据汇聚、传输汇聚以及部分接入功能，可采取独立式、附建式多种形式建设，并靠近用户密集、管线资源丰富的区域。大部分一般机楼由早期交换端局演变而成，规模较小的城域网，可不设置一般机楼，采用区域型汇聚机房来代替。

目前，运营商网络智能化与云化的发展趋势使得设备逐步精简，一般机楼成为汇聚节点与骨干/核心节点的"承上启下"的节点，逐步与区域型汇聚机房融合。但由于传统网元退网与新型网络重构还会在很长一段时间内并存，因此，一般机楼的空间需求在一段时期内还需综合考虑预留空间。

4. 有线电视机综合机楼

规划有线电视综合型机楼时，按中心机楼的标准建设。开展有线电视需求分析时，可适当减少，以有线电视需求为基础，适当预留其他需求。有线电视总前端机房宜控制建筑面积 8000～16000m²，容积率按 2.0～3.0 考虑，若与办公、电视台等功能合建，用地面积需统一核算。当城市中心城区常住人口超过 70 万人时，需设置有线电视灾备中心，其机房建筑面积为 5000m²。每座有线电视机楼覆盖有线电视用户约为 20 万～30 万户。考虑有线电视网络的特殊性，有线电视机楼可与有线电视营业厅、记者站、维护站、办公服务点及影视体验厅等功能合建。

4.5.6　机楼布局规划

机楼宜采取集中和分散相结合的方式来布置。对于新建城区，新建机楼全部按中心机楼标准建设，不再建设一般机楼，适应网络扁平化需求；对于现状城区，按照片区需求补建中心机楼，保留一般机楼；对于比较特殊的片区，可集中设置共建机楼或附建式机楼。

1. 布局原则

1）以业务需求为导向原则

机楼规划应以当地的通信主要业务需求为导向，满足近期内机楼用地的发展需求，保障通信设施的安全运行，满足该区域的通信及信息化业务的需求。

2）一体化原则

一体化原则是指机楼和管道的一体化规划发展。信息通信机楼布局与通信管道体系和容量的统筹建设，至少采用双通道出局，提高机楼的服务能力和管道的使用效率，杜绝"卡脖子"现象。

3）统一性原则

统一性是指机楼布局应与城市规划协调一致。机楼作为城市配套的基础设施，布局应充分结合城市总体规划，依据城市法定规划、分区规划，实现机楼布局的合理性。

4）适度超前原则

通信机楼的配置不仅应完全满足规划期业务需求，还应留出适当的余量，满足未来信息化发展、通信技术革新和通信业务发展等带来的不可预见性需求；适度是指超前量不能过大，以免造成前期投资浪费①。

2. 机楼布局

经作者团队调研发现，各运营商集团公司开展大型机楼布局，主要是以现有机楼为基

---

① 深圳市城市规划设计研究院有限公司 . 深圳市通信管道及机楼"十一五"发展规划［R］. 2005.

础、合理精简为目标，实现高质量维护及降低网络建设成本、提高运行效率、节省人力资源、节约服务响应时间、提升服务质量和服务水平。

按照网络重构的思路，梳理现有网络架构，本地网的信息通信机楼、机房规划以构建新一代网络为目标，网络层级呈现扁平化态势。机楼面积应能满足使用要求，出入机楼、机房的通信管道资源充裕，重要节点应该具备不同方向的通信管道路由。随着通信业务的发展，这些机楼、机房可能进入的设备通常呈现动力需求大幅增长的特性，后续存在按需增配电力供应的潜在需求。

机楼均需要考虑通信技术发展、运营商网络布局和用户需求等方面产生的影响。对于独立占地的机楼，在城市总体规划和详细规划的土地利用规划图纸中，需标明机楼的位置和用地面积；对于附设式机楼和共建式机楼，也须在法定规划图纸及控制图表中，标明所需建筑面积及建设要求。机楼在建设时建筑面积的要求更加细致，因此机楼的规划用地面积和建筑面积需有一定的弹性空间，结合城市拟建片区的情况可适当调整。

1）枢纽机楼

由于各地的经济水平不一样，各城市的业务水平也差异较大，如广州、深圳、东莞 3 个地市的运营收入约占全省运营收入的 70% 左右，3 个地级城市的市场规模、网络规模也占据了全省的绝大部分份额。同时这几座城市的枢纽机楼的设备和重要数据需提供备份，确保任何一个枢纽机楼在出现紧急情况下网络能正常运行。从深圳、东莞、惠州三个省级枢纽机楼的区域分布来看，枢纽机楼宜位于重要城市的重点发展区域，这对全省枢纽机楼的组网比较有利。

2）中心机楼

中心机楼对城市本地通信业务进行汇接，成为城市本地网的网络中心，同时集中和备份该城市其他机楼的长途、本地网的业务，保障全市网络的正常运行。结合城市现状机楼布局、建设用地、人口分布重心等，规划机楼的重心宜布置在更能组织高效便捷的传输网络的区域。

3）一般机楼

根据通信网络的演变，一般机楼布局需从现状机楼、城市空间结构、土地利用规划来整合，实现优化片区网络功能的布局。

综合而言，规划宜以需求为导向，采取差异化策略布置机楼。针对新建城区，有大型机楼需求且土地资源相对宽松，以独立式机楼为主布局；针对现状城区，有中小型机楼需求但土地资源紧缺，且多家运营商需求紧缺的地区，以附设式机楼为主布局，将需求相近的机楼附设其中，以节约土地资源。例如，在新建城区开展机楼规划，通过预测其远期综合业务规模，推导业务机房的面积需求，从而确定机楼的总体规模，并结合城市规划用地性质、建设发展情况，确定机楼的总体布局，并适度考虑用地预控，以及与数据中心功能的适度兼容。在现状城区，分析现状缺口，预测综合信息通信用户量，为后续发展建设考虑余量，结合用地整合或更新改造地块，共建共享新增附设式信息通信机楼。

4.5.7　机楼选址规划

1. 选址原则

1）用地性质尽量与城市规划一致

一般情况下，枢纽机楼、中心机楼及一般机楼的用地需从规划通信或电信基础设施用地中选择，若城市通信基础设施用地储备不足，需要调整其他用地性质来满足需求时，尽量调整工业用地，避免调整商业、办公用地。

2）满足建设机楼的基本要求

该基本要求包括安全环境（避开地震断裂带、易燃、易爆、滑坡等）、配套设施（2～3 个方向的出局通信管道、两个不同变电站的双回路供电等）齐全、满足通信技术要求（离变电站和高压线路满足相关规范要求，远离海边、河流、水库或低洼易涝地区）等。

3）土地权属清晰

拟选址的土地权属与其他单位不冲突，满足运营商的集团公司或省公司对建设用地、建筑面积、建设进度的要求，同时避免需拆迁现状建筑物或构筑物的用地。

4）通信机楼和主导业务的重心一致

作为汇接本地业务的中心机楼和一般机楼，其位置需与机楼（现状和规划）的重心、业务的重心基本一致，促进传输网络的高效运行。

2. 选址思路

开展选址建设时，可按以下思路开展。首先，确定可建机楼的用地海选方案及分布。以规划机楼用地为基础，选取适合近期开展建设的用地，满足交通、水电的基本需求。如果缺少相关规划，可结合城市近期土地利用规划及相关法定规划，整理出可用、可控、可建的工业用地。如果拟建机楼用地超过规划控制用地，必要时可通过整合相邻地块、扩展地块等方式，增加海选方案的候选备用地。其次，确定备选方案用地。按照用地面积、建设条件、建设时序等要求，从海选方案中确定 2～5 个备选方案。然后，确定推荐方案用地。以用地面积及建筑面积、与城市规划吻合度、开展近期建设的条件、环境安全（确保不出现浸水、不存在地质断裂或滑坡等）、现状用地及现场踏勘情况为比选因子，按照 0.2、0.2、0.25、0.2、0.15 的权重因子，对备选方案进行比选，选取分值最高、次高的方案为推荐方案。最后，确定用地方案。跟甲方一起将推荐方案与城乡规划主管部门进行沟通，交流各种信息和管理要求，确定最终用地方案。具体选址路线参见图 4-3。

在确定通信机楼的选址后，由城乡规划主管部门核发选址意见书，再按照地块开发建设程序进行机楼的工程报建和建设工作。

4.5.8　机楼建设模式

机楼是城乡公共基础设施，多家运营商并存且公平竞争是电信业的基本格局。由于土地资源有限、运营商需求时间不统一等因素，如何协调运营商对机楼的需求，统筹规划机

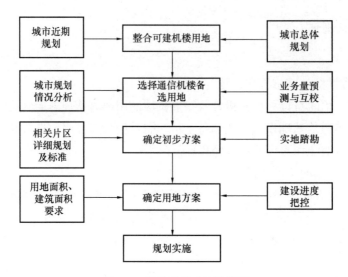

图 4-3　通信机楼选址路线图

楼是未来机楼规划建设的一项重要工作。按机楼集约建设原则，单独建设的机楼宜满足多家运营商共同发展通信业务的需求。

机楼建设模式，从空间形式上可分为独立占地式、附建式两种，从建设主体上可分为以运营商自主建设、以市场（非运营商）建设为主两种。

1. 从空间形式上划分

1）独立占地式机楼

独立占地式机楼为单独占地并全部用于布置通信及其配套设备的建筑单体，是通信机楼规划和建设的主体和重点。随着通信运营商经营全业务以及各类信息化业务发展，此类机楼在规划期内会出现较大的需求。独立占地式机楼具有产权清晰、功能明确、各种配套设施（如管道、接地、电源等）齐全、能满足规划期发展需求等优点，也具有建设周期长、一次性投资大和需单独占地等缺点。

随着城市建设用地资源日趋紧缺以及通信网络结构的变化，独立占地式机楼逐步出现另一种形态：综合型独立占地式机楼。此类通信机楼以一家运营商建设、使用、运营为主，其他运营商为辅，或作为其他运营商的灾备机房。该形式不影响主运营单位产权、功能及配套，且能够解决机楼用地选址难，也可满足其他通信运营企业对机房高专业性、高安全性等要求。在用地比较紧张的情况下，可预留 10%～20% 给其他运营商使用，满足区域机房、片区机房严重短缺的问题，此类机楼也可演变为共建式机楼，由第三方建设，运营商租借机房。

2）附建式机楼

此类机楼有两种建设形式，一种是以政府主导控制的建设形式，规划主管部门将规划机楼及所需建筑面积纳入地块的土地招拍挂出让要点，由地块开发商按要求建设后移交给通信主管部门进行统筹管理；另外一种是运营商采取市场化方式改造现有建筑的建设形式，由急需机楼的运营商与建筑业主协商，通过租借或购买形式取得使用权或所有权，并将其他功能的建筑改造成机楼。

此类机楼一般适用于片区建设用地紧缺、机楼面积需求较小或机楼等级不高、建设独立占地式机楼困难的场合。例如，在南方某城市某自贸区，早期主要为港口、码头、堆场，对通信基础设施长期存在缺口，片区功能定位大幅提高，采取高标准、高强度开发，而片区建设用地较为紧张，考虑各运营商的综合需求，结合某城市综合体，规划附建式信息通信机楼，所需建筑面积为 6000m^2，相关情况参见图 4-4。

图 4-4　某城市××自贸区市政详细规划－通信工程规划图

附建式机楼具有不占用建设用地、易于实施、一次性投资小等优点，产权复杂、管理难度大、需专业管理办法等特点。改造类机楼还存在改变建筑功能、改建行为较难被政府部门确认、各种条件（如荷载、接地、管道、电源等）不满足机楼的建设要求等缺点，此种情况只适合在某些新型运营商在组网初期急需通信机楼的特殊场景。

2. 从建设主体上划分

1）以运营商单独建设为主

此类机楼主要适用于近期规划建设的机楼，运营商对拟建机楼有比较明确的需求计划，从城市统一规划的角度核实和调整，并落实其用地的可能性。

对于中远期拟建的机楼，由于存在较大的发展变数，相关需求在通信远景控制用地中统一考虑。此部分机楼在无单位申请时可先绿化改善环境，建设机楼时采取定向在运营商中间招拍挂的方式来出让用地。

需要强调的是，以运营商单独建设为主的信息通信机楼，需严格按照机楼标准建设。条件许可的情况下，机楼的机房面积除满足自身的需求外，还需提供 $10\%\sim20\%$ 的共享机房面积满足其他运营商的发展需求，并提供与之相应的电源、制冷等配套资源，出租价格也应与建设机楼的成本价格基本持平。

2) 以市场（非运营商）建设为主

此类机楼主要适用于地理位置重要、社会公共机房需求量较大、土地资源紧张且必须建设的地区，以满足各运营商的共性需求和社会需求为主。目前在各运营商向全业务网络演变过程中，结合各大城市土地资源显著稀缺的情况，在沿用现行的由运营商主导建设机楼惯例的同时，可借鉴国内外先进经验，尝试以市场（或非运营商）建设信息通信机楼的方式。机楼建设主体可以是政府指定的政府部门或企事业单位，入住或使用的单位是通信运营商或者虚拟运营商，大楼按机楼标准建设。由于此项工作的协调量较大，待选取条件成熟的用地，由相关政府部门协商确定较具体的操作细则。

4.6 机楼规划实践

机楼是通信基础设施专项规划的主要内容，其规划实践案例相对较多。本书选取深规院近几年编制的两个相关案例来说明机楼组网原则发生的较大变化。案例一为片区级规划，编制时间为 2013 年，该规划方案充分考虑了片区的空间布局、主导产业和业务密度等因素；案例二为行政区级规划，编制时间为 2018 年，规划方案充分考虑了该区功能定位、以新建为主、"飞地"地理特征等因素。需要特别说明的是，开展新建城区的机楼规划，需贯彻"少局址、大容量"的组网原则，各运营商均按综合业务运营来考虑，并按最新的扁平化网络结构要求来统筹布局。

1. 案例一：南方某城市《××区市政工程详细规划》

1) 项目背景

该片区是沿海某城市自贸区之一，以其中两个片区为例，是重点发展创新金融、现代物流、总部经济等产业的体制创新区。

2) 规划构思

根据国家相关政策批复，该片区是拥有国际通信专用通道的地区之一，对片区内的通信行业国际化发展产生深远影响，也由此决定了片区的机楼面积需求、通信管道对外联系通道等基础设施的规划水准高于其他地区。另外，该片区的主导产业是新型服务业，智慧城市及智慧设施需求十分强烈，还需重点考虑片区信息化专网的需求。综合而言，应结合该片区的土地利用规划、土地集中开发建设模式，采取集约、统建的方式来规划机楼。

3) 规划成果

业务预测：按分类建筑面积密度法进行预测，预测规划区电话主线约为 77.6 万线，移动通信用户约为 110 万户，有线电视用户 16 万户，有线宽带用户约 62.1 万户，再考虑信息化专网及具体企业或单位对计算机机房的需求。

机楼规划：本片区的空间特殊性在于因水廊道而形成两个空间上相对独立的片区（A区、B区），每个片区的业务量、业务密度均较高，另外，信息服务为片区的主导产业，也是区内其他主导产业的基础。根据预测的相关业务，以电话主线、移动通信用户为基础，综合邮政、有线电视、数据中心、智慧城市控制中心等多种功能需求，在两个功能空间独立片区，各规划一座信息通信机楼，共规划两座通信机楼。

规划的两座机楼均采取集约、统建方式共建，每座机楼以满足一家通信企业需求为主并兼顾其他通信企业或通信机房的需求，为光网城市、无线城市、智慧城市等通信载体提供汇聚节点，为多种通信业务及今后出现的新业务提供集中机楼。在单元（街坊）布局允许的前提下，两座机楼可在街坊内建设专用通信建筑。如果单元布局不适合在街坊内布置专用机楼，则可附设在其他建筑内，建筑面积需满足通信设施对层高、荷载、接地等专业要求。为保证机楼运行安全，机楼用电采用双电源、独立的双出局管道（通道）保障。

该片区有国际通信业务需求，因此还需增加专用的长途通信机房（约 3000m²），以满足国际通信出入口及其配套设施的建设要求。为保障国际通信安全，上述机房结合两座机楼在空间上分离布置，互为备份。

B 区信息通信机楼除了满足电话主线、宽带（窄带）数据、移动通信、数据中心、国际通信机房等需求外，还包括智慧城市控制中心（约 5000m²）、中心邮政支局（约 2500m²）、有线电视分中心（500m²）、可能的综合管廊及电缆隧道控制中心（约 600m²）等需求。总的来说，该机楼的总建筑面积约为 4.5 万～5.0 万 m²。

A 区信息通信机楼需满足国际通信专用机房、邮政所或邮政支局、有线电视分中心、数据中心等需求，所需总建筑面积均为 2.0 万～2.3 万 m²，相关成果如图 4-5 所示。

2. 案例二：南方某城市《××合作区智慧通信基础设施专项规划》

1）项目背景

该合作区位于沿海地区，规划面积约 456km²，规划控制面积约 200km²，是沿海经济带辐射的重要战略增长点。

2）规划构思

合作区以新建城区为主，现状建设城区不足 10km²；现状城乡配套设施不平衡、开发强度较低。根据上层次规划纲要，打造现代化国际性滨海智慧新城，为自主创新拓展区，但该地区特殊性在于它与主城区在空间是相对独立的"飞地"，与主城区有一定联系，也具有一定独立性。基于片区以上特征，机楼宜按当代机楼组网原则来布局，规划构思如下。

首先，结合现状机楼整合，考虑各运营商在规划期的业务需求，通信机楼的配置不仅应满足规划期业务需求，还应留出适当的余量，满足未来信息化发展、通信技术革新和通信业务发展等带来的不可预见性需求。新增的机楼不宜再按业务类型分类，所有的新建机楼均应是可提供多种业务接入的综合性机楼。其次，所有新建机楼应采取多种方式建设，对于中心城区的机楼，机楼与办公用地统筹考虑；对于近期建设的机楼，可附设在运营商急需建设数据中心内；对于三家运营商需求不大的区域，采取多家运营商共建机楼和附设式通信机楼的形式。

另外，广播和有线电视从诞生之日起就形成不同的管理体制和经营方式，总前端、灾备中心等有线电视机楼须独立建设。

3）规划成果

业务量预测：按照单位用地面积指标法预测，规划区固定通信总用户数（含宽带、固

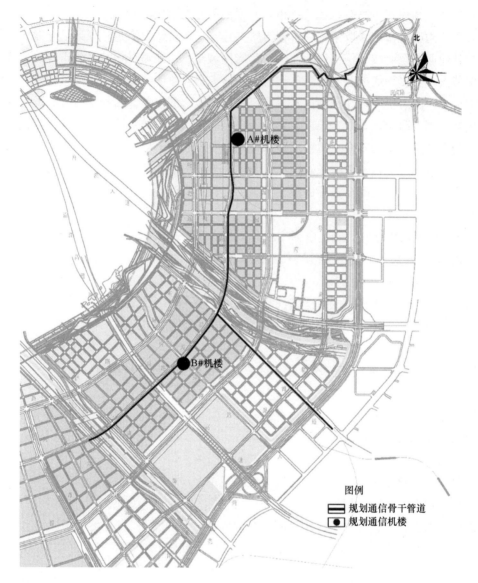

图 4-5 南方某城市××片区信息通信机楼规划布局图

话）约 265 万户，移动通信总用户数约 522 万户，有线电视用户数约为 71 万户。

机楼规划：根据城市空间结构和土地利用规划，结合各运营商的机楼需求分析，规划新增 8 座通信机楼，通信机楼建筑面积共需约 15.3 万 m²。其中 3 座机楼分别附设在三家运营商急需建设的数据中心内，三座机楼分别与三家运营商的办公楼等合建，另外两座机楼采取共建共享式，由各运营商共同使用。

有线电视机楼规划有其特殊性，规划新增 1 处有线电视总前端，独立占地建设，需建筑面积约 8000m²，可与电视台、办公楼等功能合建；规划新增灾备中心 1 处，需建筑面积约 5000m²，附设在正在建设的数据中心内，相关规划成果如图 4-6 所示。

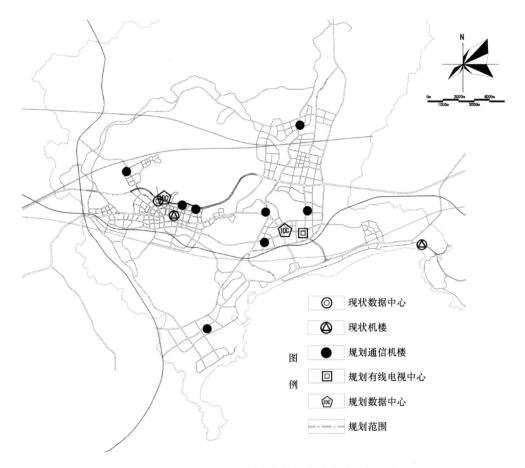

图 例

◎　现状数据中心

△　现状机楼

●　规划通信机楼

▢　规划有线电视中心

(IDC)　规划数据中心

—·—·—　规划范围

图 4-6　南方某城市××合作区通信机楼规划布局图

4.7　机楼设计

机楼是为通信网络重要设备提供机房的生产楼，是整个通信网的一项重要的基础设施。由于其建设投资大，与城乡规划建设关系密切，且规划、设计、建设、投运周期长，使用年限长，建成之后改扩建难度较大。因此，其设计建设方案直接影响着政府、企业的投资效益和城市通信网络的使用。

近年来，随着通信技术的飞速发展，在"少局址、大容量"规划建设原则下，机楼的功能、装机容量不断融合增加，且建筑工艺、节能等技术要求也在不断提高，机楼的建设布局形式也逐渐走向多元化。下面将设计阶段的机楼布置、典型规范要点予以呈现，对详细设计步骤不作逐一列举。

4.7.1　总体布置

机楼的建筑设计首先应该满足技术先进、经济合理、安全实用、确保质量的要求，应统筹考虑建筑全寿命周期内，符合城市规划、环保、消防、抗震、人防等相关规范和规定，以及通信生产等方面的特殊专业性要求。

1. 机楼建设形式分类

机楼建筑的类型按使用功能可包括专门安装通信设备的生产性建筑、为通信生产配套的辅助生产性建筑、为支撑通信生产的支撑服务性建筑。考虑便于运输、传输、生产安全等因素，机楼以多层为主，用地面积较小或与其他功能合建时可建设中高层。

机楼有独立式和混合式两种建设形式，其设置规律中用地面积和建筑面积专指生产面积。若与生产、办公等功能合建时，需根据相关要求，重新核算用地面积和建筑面积，以便取得合适的建设用地。

2. 功能布局

结合建筑内部功能要求、联系密切程度及相互影响因素，对机楼整体功能进行有效组织、合理布局，满足信息通信企业指挥调度、通信生产、营销服务等功能需求。功能分区特征参见表 4-4。

机房区：通信机楼建筑的主体和通信生产的核心，用于满足通信生产，以及新技术、新设备发展需求的特殊专用机房空间，具有较高的安全和保密性质的生产空间。

办公区：枢纽机楼一般包含办公功能，用于满足通信企业进行生产调度、组织协调的办公场所，及对外联系和对内管理的双重职能。

营业区：用于满足通信企业建立营销服务体系，服务用户、服务社会的窗口，具有较强的开放性和公众性质的公共服务空间。

辅助配套区：为满足主要功能使用要求而具有的配套、交通及管线联系等功能的公用空间，相对主导功能而言具有点和线的特征，是各主要功能区发挥作用的辅助和联系通道。

通信机楼功能分区特征表　　　　　　　　　　　　　表 4-4

功能分区	空间特征
机房区	大平面分区、安静、安全、保密
办公区	功能多样、对内管理、对外联系
营业区	大平面开场、对外服务、喧闹
辅助区	公用、用于沟通连接

表格来源：徐丽丽. 信息时代下的移动通信枢纽建筑设计研究［D］. 湖南：湖南大学，2010.

以上功能区具有较为独立的特征，但彼此又相互关联，具体布置方式上通常有集中式、分散式、混合式三种。

集中式：将营业、机房生产、办公，甚至邮政、运营管理中心等多种不同功能集中布置的方式。此类综合性信息通信机楼一般用地范围比较小，地面一、二层主要为营业、办公区，二层以上为机房区。体现节约用地、节约造价的优势，但对交通设计、功能疏导等方面的设计就提出了更高要求。如早期上海移动总部大楼，相关示意参见图 4-7。

分散式：将不同功能独立设置，使得各自的功能空间按照不同要求进行组网和层高设计，适合于较为宽松的用地环境。总体平面分区明确、不同功能建筑组成建筑群，维护使用便捷，但场地面积需求大、交通流线、设备运输较为不便及建筑造价高。

混合式：兼顾用地控制及建设成本等条件，往往多采用混合布局的方式。在分区各自独

图 4-7　集中式通信机楼图上海移动总部大楼

立的思路下，把某些功能区域相对脱离，某些功能区域集中处理。如机楼和办公楼相对分离，辅助用房和营业厅贯穿其中，兼具前述两种方法的优缺点，在实际工程中比较常见。相关示意参见图 4-8，如北京移动总部大楼[图 4-8(a)]、深圳移动信息枢纽大楼[图 4-8(b)]。

(a)　　　　　　　　　　　　　　(b)

图 4-8　混合式机楼现场照片

4.7.2　机楼设计要点

随着 5G 与智慧城市建设的加快，信息通信机楼承载全业务通信服务、大数据、云计算节点支撑，兼顾融合性功能的同时，还需兼顾建筑设计、IT 及工程建设技术，并统筹考虑安全、绿色低碳、高效可靠、智能建筑等要求。因此，从机房、管道、电气等各主系统规划到具体细节考量，均是机楼建筑设计所面临的重点、难点，其设计基础包含总平面设计、净高、功能布置与空间尺度控制、通信布线、电源等。

1. 建筑平面设计

对于机楼来说，建筑平面的形式受所处地块占地面积、容积率、周边环境及专业通信工艺要求等因素影响。

在新建城区，土地及配套资源相对良好，机楼有条件采取独立占地式，且占地面积可在城市规划中做好预控，建筑平面设计以多层、高层大平面形式为主。此类机楼平面设计在防火分区、结构形式、土建、电气、防震等方面较为有利，相关情况参见图 4-9。

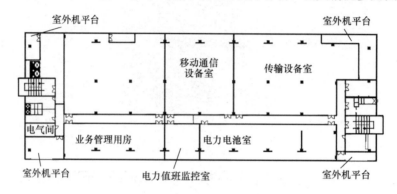

图 4-9　某通信机楼平面图

（图片来源：贺晓，李宗元. 大平面通信枢纽建筑设计研究［J］. 邮电设计技术，2003（11）：50-54）

针对现状城区土地资源紧张，通信运营商集团公司宏观层面要求等因素，通常选取独立式机楼（约 5000m²）或附建式机楼建设形式，此类模式极大地集约了用地，节约了土地及建设成本，使得土地综合利用率提高、平面紧凑、建设投入周期缩短。但在消防、结构、防火分区、通道等设计方面较为复杂，相关情况参见图 4-10。

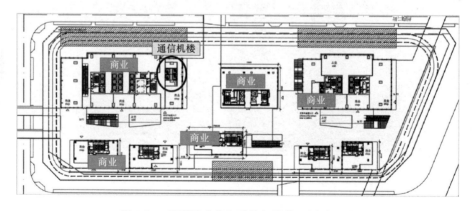

图 4-10　某附设式信息通信机楼某一层平面图

近年来随着 5G、大数据等技术的快速发展，新业务层出不穷，设备更新换代较为频繁，机房建设模式逐步向模块化发展，其平面设计应适度预留发展扩容空间、体现灵活利用的特点。

2. 机房净高及荷载

机房的层高，应由工艺生产要求的净高结构层、建筑层、风管（或下送风架空地板）及消防管网等高度构成。目前机房内设备机架高度一般在 2～2.6m 之间，而且随着技术的进步，设备有逐步向小型化、集成化发展的趋势。综合考虑走线架、通风等设施，一般净高在 3.2～3.3m 之间。其他类别机房净高值参考《通信建筑工程设计规范》（YD 5003—2014）的要求。

机楼建筑设计的楼面等效均布活荷载的标准值，应根据工艺设计提供的通信设备的重量、底面尺寸、安装排列方式以及建筑结构梁板布置等条件，按内力等值的原则计算确定。新建机楼的楼面等效均布活荷载的标准值、频遇值等指标应符合《通信建筑工程设计规范》（YD 5003—2014）要求。在改造型机楼机房设计时，可根据所采用的通信设备重量、底面尺寸、排列方式等因素进行核算。

3. 通信线路及通道

室外通信管道应结合机楼站址考虑两路及两路以上不同方向电（光）缆进局管道进入电（光）缆进线室，管孔总数应满足终局容量。管道进口底部离进线室地面距离不应小于400mm，顶部距吊顶不宜小于 300mm，管道侧面离侧墙不应小于 200mm。

室内接入电（光）缆进线室宜采用全地下室、半地下室两种主要模式。可优先选择半地下室，其地面埋深不小于室外地坪 1m。进线室宽度，采用单面铁架时不得小于 1.7m，采用双面铁架时不得小于 3m。机房内通道布放多采用顶部设置走线架的方式。

高层建筑物电缆竖井宜单独设置，且设置在建筑物的公共部位。对于专业信息通信机楼，垂直通道宜设置两个弱电竖井，条件受限时可在强电井内设置专用通信线槽作为第二路由，并与强电线槽分别布置在强电竖井的两侧，采取隔离措施降低强电线路对通信线路的影响。公共通信城域网线路宜敷设在弱电竖井内，且不应与水管、燃气管、热力管等管道共用竖井，弱电竖井内宜预留通信城域网敷设的槽盒。中高层及以上的商业、商务、办公等建筑物，弱电竖井内宜分别设置弱电和通信桥架。

4. 负荷等级及供电

根据《民用建筑电气设计标准（共二册）》（GB 51348—2019）的建筑用电负荷等级的划分标准，机楼类专业建筑符合二级负荷要求，但重要的枢纽（长途）机楼应按一级负荷要求考虑。随着 5G 技术及大量数据业务需求，机楼负荷密度大幅提高，早期建设的机楼受电力无法扩容制约的影响，无法再作为中心机楼继续使用。

供电电源分为市电电源和保障电源。市电电源和保障电源应为 380/220V TN-S 系统交流电。

5. 柴油发电机及柴油库

由于机楼的高安全性、高可靠性要求，柴油发电机组作为应急和备用电源，是通信设备在特殊情况下正常运行的重要保障。同时，柴油库的设计对通信生产机房及周边环境要求极高。柴油库储油设施可分为三类：直埋式储油罐、地下柴油库及地上柴油库。柴油库宜采用直埋式储油罐或地下柴油库。

结合《通信建筑工程设计规范》（YD 5003—2014）及《建筑设计防火规范》（GB

50016—2014）的要求，地下直埋式储油罐与高层建筑的间距不宜小于 20m。另外，针对较大型综合信息通信机楼会存在储油罐与道路的间距问题，其与主次干道、铁路等设施距离应符合《建筑设计防火规范》（GB 50016—2014）要求。附设式机楼的最大制约条件是机楼等级或业务对电源要求较高时，建设主体所建的油库较难严格符合专业机楼要求的油库。

4.8 管理政策研究

虽然电信行业改革的开始时间最早、运行比较充分彻底，已形成多家运营商平等竞争的格局，但是，基础设施改革的配套政策和措施却相对滞后。从我国近年通信行业法规及管理趋势来看，基础设施因地域限制，其管理主体只能是城市政府主管部门；从全国主要城市的改革情况来看，条件日趋成熟、时间日益紧迫，需抓紧时间推进管理体制改革。

通信基础设施属于城市公共基础设施，要想理顺信息通信机楼及机房的管理体制，管理好通信基础设施，充分发挥其公共基础设施的作用，必须从宏观环境入手，优化和完善管理的法制环境。通信基础设施的建设应遵守有关法律、法规规定，执行通信工程建设强制性标准，坚持统筹规划、共建共享、资源合理利用和避免重复建设的原则，依法接受监督和管理。因此，需针对通信基础设施的特点，在满足或符合现行法规的前提下，制订出针对性较强的管理办法，以便加强规范管理，规范信息通信基础设施的规划、建设等流程，保障信息通信基础设施的运营和维护，实现信息化市场持续健康发展。

1. 改善现有通信基础设施的管理方式

电信行业改革的多年经验表明，多元化通信格局需要统筹管理。统筹管理的关键不是垄断，而是在于价格是否公平合理，这个可通过政府定价及公共政策来实现。管理方式采取审批制和备案制相结合，单独占地的通信基础设施、与地块开发同步建设的通信基础设施、与道路等同步建设的通信基础设施等采用审批制，在现状建筑上补建通信基础设施、在临时道路上补建管道或杆路、在其他建（构）筑物上补建通信基础设施等采用备案制。

2. 出台通信基础设施管理办法

依法行政已成为政府部门日常管理的行为准则，也是杜绝各种违法行为的最有力工具。制订《信息通信基础设施管理办法》，明确与信息通信基础设施相关的业务流程、维护标准和服务承诺，切实保障通信设施的安全；同时加大对违规建设的处罚力度，并在实践中逐步完善。

规划：总规阶段确定信息通信机楼、总前端等重大或大型通信设施的布局；专项规划确定重大或大型通信设施布局（除总规确定的信息通信机楼外，还包含数据中心）及其技术支撑条件，确定信息通信机房、基站、通信管道、智慧设施等布局及布置原则、设置规律、设置要求；控规落实重大或大型信息通信基础设施的位置，确定信息通信机房、基站等设施的附设地块；修规落实各类信息通信接入基础设施的位置。可根据需求编制信息通信基础设施近期建设规划。

审批：单独占地的通信基础设施用地，按照地块开发建设程序进行审批；附设式机楼、大于 $500m^2$ 及以上的机房，作为土地招拍挂的附属条件；介入 $200\sim500m^2$ 之间的通信机房，作为地块建设用地规划许可证的技术条件；小于 $200m^2$ 的通信机房，作为地块建设工程规划许可证的技术条件；可由第三方管理平台统筹通信基础设施技术方案。采取备案制建设的通信基础设施，由第三方进行统筹和协调。

建设：按照审批内容开展建设；按照建筑、市政工程的成熟程序进行建设；为大楼配套建设的信息通信机房、室内分布系统、小区管道，按技术标准进行预留和控制。第三方管理平台作为政府建设设施的接收单位，参与竣工验收。

运维：第三方管理平台对政府建设信息通信基础设施（机房及配套设施、管道等）进行运营和维护；负责市政基础设施系统的补漏、补缺、补盲；运营商对自建的基础设施和设施（含现状小区补建光缆）进行运营和维护。

3. 明确共建机楼或共享机房的操作细则

信息通信基础设施的统一建设与共享，有利于促进资源节约和环境保护，也有利于降低行业的建设成本。共建共享基础设施主要对机房、电力、空调、通信管道等共享，包括并事先制定好维护管理的流程和界面，以达到减少重复建设、提高信息通信基础设施利用率的目的。为了能更好地实施落实，需进一步明确共建机楼或共享机房的操作细则，如机楼的建设主体、使用土地的价格、管理流程、监管办法、共享机房的价格取定、机房和配套设备房的预留等，深化和完善其管理办法。

4. 确定通信基础设施的建设主体及管理方式

信息通信机楼作为运营商的核心设施，专业性较强，安全性要求较高，一般由运营商自行建设和管理。信息通信机房按照级别的不同，需明确物业和运营商对机房的管理关系，其中信息通信机房因与运营商的网络安全密切相关，与信息通信机楼的管理方式类似，一般需纳入各运营商的考核内容中，建议此类机房由对应的运营商来管理，开发商以成本价、微利转让给运营商；通信设备间主要是为大楼服务的公共机房，由物业统一管理，但应方便运营商的出入，以不影响夜间抢修工作为宜；而有线电视机房由于涉及广播电视的播放安全等问题，其安全级别要求较高，需要单独设置，由运营企业独立管理。

第5章　数据中心规划与设计

随着数字中国、智慧城市的持续发展，每天会产生海量的数据，需要各行各业数据中心来承载；另外，随着大数据及人工智能的发展，数据中心的功能从早期存储向兼具存储、计算、按需访问等方向发展，分工也日趋精细化、专业化，同时出现低时延、高精度的专业服务，引领新基建发展方向。本章从数据中心的发展、政策、需求等方面分析，建立数据中心规划的技术主线，根据规模预测、总结相应设置规律，探讨空间规划、建设模式及数据中心的设计，并提出适应发展的政策建议。

5.1　数据中心发展

数字经济浪潮下，数据中心演变为新基建的重要组成部分。随着5G和智慧城市时代的到来，数据中心向交互、互动、参与方向发展而不断演变。一方面，移动互联网、视频、网络游戏等垂直行业客户需求呈几何级增长，用户数据存储量加大，国内数据中心需求迎来快速增长；另一方面，数据中心需在人工智能及其应用下，适应新的智能化业务需求。

1. 定义

数据中心通常是指在一个物理空间内实现信息的集中处理、存储、传输、交换、管理；该物理空间可以是一栋或几栋建筑，也可以是一栋建筑物的一部分，其内包含主机房区、辅助区、支持区和行政管理区等，放置计算机、服务器、网络、存储等关键设备。

2. 发展历程

数据中心本是舶来词汇，进入21世纪以后，随着互联网的发展，很多企业开始有了自己的网站和OA（办公自动化）系统，传媒方式也从以往的报纸和杂志逐渐向网站过渡。在这个时期，作为支撑载体的服务器开始被大规模应用，机房的概念由此出现。不过此时的机房，还都是以满足企业自身需求而建立，市场也完全是呈散点分布，完全不成规模。很多时候只是一间几十平方米的办公室，摆放上一两个机架而已。直到2005年以后，随着电商和各种互联网应用的火爆，数据中心的概念才逐渐从国外传入我国。并且，依赖于企业和消费者不断增长的需求以及飞速发展的技术，数据中心的发展经历了革命性变化。

1）早期

早期的基础数据中心，以互联网数据中心（IDC）为主，出现在网络中数据交换最集中的地方，伴随着人们对主机托管需求而产生；由ISP服务器托管机房演变而来，对于物理硬件要求高、依赖性强。

2）中期

随着云技术的兴起，数据中心的概念被再次改变。早期以满足企业自身需求的EDC（企业数据中心），以及提供企业服务器托管、机架租赁等服务的IDC市场，逐步因云技术的出现而发生根本性转变。各种公有云、私有云、混合云、云化IDC出现，通过虚拟化技术横向打通了计算、存储、网络资源，提升数据中心利用率和灵活性。从新中国成立前的一无所有，至2018～2019年我国IDC业务市场总规模达1228亿元；以2005年为基点，年均增速接近30%，实现持续十多年的高速增长，且还将随新基建、智慧城市的发展而继续保持高速增长。

3）近期

随着5G、AI和边缘计算的大规模商用，数据中心的形态再次发生了根本性的变化。模块化数据中心、液冷、刀片服务器、高密度机柜、超大型数据中心、绿色数据中心、边缘数据中心等相继出现。进入AI时代后，数据中心由全云化迈向全智能化演变；AR/VR、车联网、智能制造等新兴应用需要低时延的网络响应能力，并且从集中式向分布式演进，数据中心也将从中心下移到边缘。在MWC19（2019年世界移动通信大会）上海期间，华为运营商在接受采访中表示：面向5G时代，数据中心有三大变化，网络从全云化迈向全智能化、架构从集中式迈向分布式、算力和AI从中心下移到边缘。

3. 发展趋势

数据中心一方面为国家经济的发展提供巨大社会、经济动能；另一方面，其能耗、资源利用的问题也日益突出。因此，随着各类新型技术及新兴应用的发展，数据中心自身技术的革新、应用需求的爆发及功能演进，进一步推动数据中心发展。建设更安全、高效、更高性能的绿色数据中心，成为数据中心的主流发展趋势。下面从需求、功能与分布、技术三方面对发展趋势进行简要说明。

1）需求发展趋势

数据中心从信息存储转变为计算和按需访问，已经说明行业需求的重心从存储转向了分析、处理和按需访问的需求。一方面，现状电子政务类、电子商务等传统业务需求升级。在电子政务方面，由传统的存储需求演进为对大量视频监控类数据汇聚，政务网、警务网等网络属地化管理及服务，促使数据呈爆发式增长；在电子商务类业务方面，传统电商、游戏、视频观看等业务，向对带宽、时延要求较高的直播、AR游戏等方向发展；在证券、金融等业务方面，因全球化金融业务的要求，对数据中心需求体现在更高的可靠性及超低时延方面。另一方面，由于5G、云计算、物联网等技术带来的新兴业务与应用，需要更多的数据中心来支撑，这些业务需求主要表现在数据业务管理及交换向低时延方向发展，需要智能识别、计算等；如智慧交通、无人驾驶、工业互联网等业务，不仅要求分布式计算、超低时延，还要求超大带宽，对数据中心提出了极高的要求。数据中心需求趋势详见图5-1。

2）功能及分布发展趋势

随着5G、工业互联网等业务发展，数据风暴即将来袭，这要求数据中心要具有更大规模，且需要有大量分布式业务的响应和高效处理能力的分布式数据中心，总体来说，数

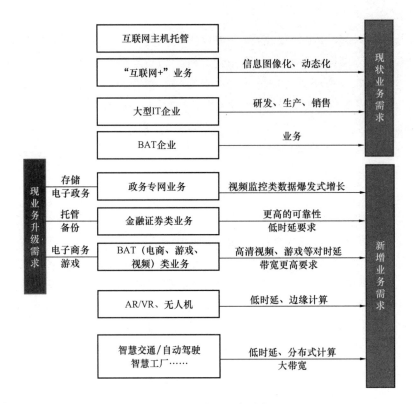

图 5-1 数据中心需求趋势图

据中心呈"大型＋边缘分布"互补的发展趋势[①]。

大数据、云计算推动了规模化、资源化数据中心的发展，这类数据中心规模较大，用地、能源等需求高，因而集中在能源、土地资源丰富区域。而 5G 应用的出现，将加快边缘计算并带动模块化、低成本的边缘数据中心发展[②]。

边缘计算导致资源池下沉，数据中心呈现分布式发展态势。尤其在制造业，对计算耦合要求更高，在每个边缘节点可能都需要计算能力，数据中心需分布在用户侧，形成泛在计算能力。据预测，到 2025 年，约 65％的服务器将被部署在边缘数据中心。分布式数据中心结构示意详见图 5-2。

3）技术发展趋势

5G、云计算、AI 等技术衍生的应用与业务不仅对数据中心提出了更高的需求，其技术的革新对数据中心自身结构、算力、网络、能耗等方面都有着重大影响。

首先，大数据、机器学习和人工智能应用具有很高的处理要求，需要处理大量的信息和不同的数据类型。在越来越多的应用上，GPU 的大量信息、并行数据处理能力，替代CPU 传统性能，提高了数据中心关键工作的重要基础设施特性。

云计算技术一直是数据中心技术变革的主要催化剂，对传统数据中心的网络结构、性

---

① 舒文琼. 为"新基建"筑基固动数据布局"大型＋边缘"数据中心［J］. 通信世界，2020（9）：37.

② 梅雅鑫. AI、边缘计算加持 共探 5G 时代数据中心新发展［J］. 通信世界，2019（25）：43-44.

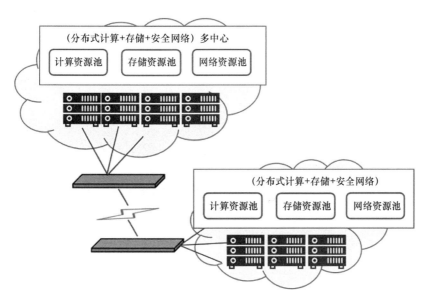

图 5-2　分布式数据中心结构示意图

能要求提出质的改变，并随着软件定义网络等新型网络技术的兴起，网络的拓扑结构可以为每台虚拟机提供更多的网络路径和逻辑网络接口，能更好地按照各种属性将逻辑接口区分开来，具备可拓展性、高灵活性、高可靠稳定性，真正实现按需、定制化要求，符合当前高价值、高性能数据中心的建设要求。在云计算概念上延伸和发展出来的新概念"云存储"，是以数据存储和管理为核心的云计算系统，并需配置大容量存储空间的云计算系统，基于个人级用户、企业级用户及通信运营商，提供可靠、灵活的数据备份业务。

AI（人工智能）应用需要大量 GPU 计算实现，同时，AI 又可以反哺数据中心的统筹管理。AI 作为一种非常重要的赋能工具，可以对数据中心 IT 设备、供配电、制冷设备的运行数据进行深度学习，使得数据中心运维更加智能化，进一步优化数据中心承载大数据业务的能力、能耗等监测控制，提高智能运维能力，也意味着数据中心具备更高效的性能。[1]

在与通信传输技术的融合方面，通信网络 IP 化、业务综合化、视频普适化等促进两者结合，优势互补。对较低时延、快速响应的应用需求，将推动数据中心单模光纤的广泛应用。数据中心的容量将持续增长，其速度和传输距离等方面的效率也势必需要不断提升。

在绿色能源方面，再生能源、分布式动能和微电网建设可提升数据中心能源、资源利用效率，提高服务器利用率。通过智能地协调各种现场分布式发电资产，可以优化用电成本和提高电力稳定性，时刻为数据中心用户提供保障。

4）发展的意义和作用

智慧城市建设从网络化、数字化迈向智能化，大数据是重要战略资源。新型智慧城市

---

[1]　郭亮，钱声攀．数据中心架构及集成优化研究和发展分析［J］．信息通信技术与政策，2019（2）：1-5.

的实现需要以数据共享为基础，而城市大数据中心就是实现数据共享与治理的核心引擎。在政务方面，应用城市大数据，支撑数据分析和决策，有助于政府科学规划城市资源配置，转变政府职能，强化决策能力，提高政务效率。在民生方面，应用城市大数据挖掘需求，通过动态分析、实时响应，为市民提供方便、精准和快捷的服务，提高生活品质。在产业方面，应用城市大数据还将催生一批与之相关的新产品、新业态，形成新的产业链条，为城市经济发展注入新动力。未来几年，在 5G、人工智能、物联网等新兴技术加持下，数据中心与之相互依存，持续增长，带来新的产业爆发点。

5.2 设施特点

随着以云技术为代表的计算服务和基础设施发展的逐渐成熟，以及 AI、区块链和工业互联网的加入，数据中心从以具备通信和算力为特征的基础设施，转向更具备网络化、业务场景化、社会属性化的基础设施。从技术方面看，数据中心基础设施的技术特征呈现标准化、工程化、预制化、模块化、高密度、软件定义和绿色节能等特点；从建设实施管理方面看，行业化、专业化特点更加突出，且投资方、建设方、使用方涉及面广。

5.2.1 技术特点

1. 技术及需求发展快

数据中心在十年间的变化是从上到下、由内而外发生的。最初以建设集中式数据中心或超大型数据中心为主；新技术云计算、软件定义及虚拟化的应用，影响了存放这些设备的数据中心；从 2014 年开始，数据中心开始向开放化、预制化、模块化、高密度和智能运维等方向发展。在 2019 年前后，不仅在 IT 设备上呈模块化后，又外溢到非 IT 领域，比如供配电和制冷、整体机房等方面。由于技术的发展迅速，设备更新快、周期短，远超于基础设施规划建设的速度。2019 年，中国移动、联通、电信数据中心市场份额占比约达 65%。具体情况见图 5-3。

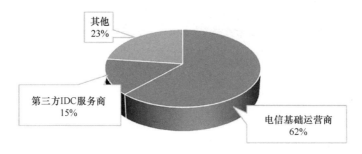

图 5-3 2019 年中国 IDC 行业企业竞争格局图
(图片来源：中国信通院 ODCC 前瞻产业研究院)

2. 分布特征突出

技术的发展变化除了影响到微观层面设备的变化，更使得中观层级技术结构出现"集中＋分散"两极化分布特征。一类是以云数据中心、大型超大型数据中心为主，另一类是以广泛的智慧城市及 5G 应用场景为主的边缘数据中心。另外，我国数据中心整体分布也与需求、资源密切相关，核心 IDC 需求在北上广、江浙等地区，另外一类数据中心集中在内蒙古、西部等资源丰富的城市。从全国数据中心的机架分布来看，2019 年，北京及周边、上海及周边和西部地区的数据中心机架数量排名前三，分别达 65 万架、62 万架和 46 万架。具体参见图 5-4。

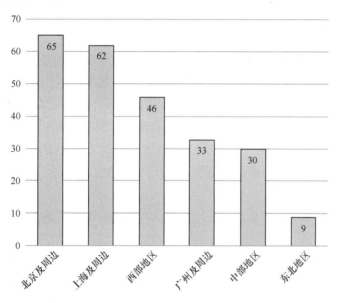

中国数据中心机架规模地区分布（万架）

图 5-4　2019 年中国数据中心机架规模地区分布情况

（图片来源：工信部、中金证券、前瞻产业研究院）

近年来，随着数据中心规模快速扩张，对土地供应、能源保障、气候条件等提出了更高要求，现有城市资源，特别是东部一线城市资源，已经难以满足持续发展要求，"以网、以云"为中心的发展模式，引导数据中心重新统筹布局。在国家发展改革委、中央网信办、工业和信息化部、国家能源局联合印发的《全国一体化大数据中心协同创新体系算力枢纽实施方案》（发改高技〔2021〕709 号）文件中提出，通过国家枢纽节点，统筹规划数据中心建设布局，引导大规模数据中心适度集聚，形成数据中心集群。在集群和城区内部的两级算力布局下，通过多云之间、云和数据中心之间、云和网络之间的资源联动，推进一体化实施。

3. 受产业引导影响明显

数据中心早期发展及快速扩张期，主要遵循产业发展需要，由下游数据应用决定数据中心分布及建设规模，其中包括各大运营商、互联网龙头企业、数字媒体单位等。随着国家各类高新、新型工业区的发展，数据中心技术水平大幅提升，数据中心产业生态迅速延伸至各产业园区，大量的数据需求才能保证数据中心上架率，避免场地、机架甚至服务器空闲的情况出现。

4. 高耗能＋高功率密度

由于数据中心微观设备的标准化、模块化、高密度等特征变化，传统机房数据中心的配套系统难以支撑这类高密度 IT 设备，因此数据中心对用电、制冷、网络等方面的配套系统要求已经发生了翻天覆地的变化。不仅是机房内设备功率密度变大、独立 IT 设备数量增加，对电力系统负载、可靠性要求提高，还会进一步影响到单位机柜内部的支电路数量的增多，布线难度变高及复杂线路对通风、制冷的要求提高。

5.2.2 需求主体及特点

随着相关行业对数据中心建设需求的日益增加，运营商、政府、互联网、金融等各行业公司扮演着投资方、建设方、使用方多重身份。由于数据中心建设、运维管理的专业度高，一直以通信运营商和专业第三方 IDC 服务商为主要参与者。但目前需求方、应用行业越来越普遍，使得更多的投资和运营主体正在涌入，如房地产企业、数据中心设备商，乃至电力、医疗、教育行业等，从整合资源等方面考虑，数据中心业务、投资、建设、管理模式越来越综合化，融合性特征日益突出。

1. 运营商数据中心

通信运营商对数据中心的建设在我国一直占有着重要地位。运营商的数据中心以发展时间早、建设经验丰富、规模大为主要特点。再加上运营商网络遍布全国，拥有一定公共资源及提供公共服务的能力，这让运营商在全国各地建设了数千座数据中心，以支撑庞大的业务应用需求。因此，在业务方面，运营商的数据中心主要以出租为主，也有部分数据中心向企业提供应用服务；现在运营商都成立了自己的云公司，也都在建设自己的云数据中心，向外提供云服务。运营商的数据中心有着多种形式，包括自营、租赁、托管等。

2. 政务数据中心

政务数据中心主要向国家电子政务提供服务，传统的电子政府网由内网和外网两部分组成，满足各级政务部门内部办公需要。政务网是我国政府正常运转依赖的重要载体，建设范围非常广泛，上到中央，下连村县，在每个地区都有汇聚的数据中心，国家的很多政策和会议精神都要通过政务网及时向下传达。但传统政务数据中心特点是网络延伸很广，但流量却很小，应用也很简单。随着各地数字政府建设要求，政府数据中心更需要支撑以视频等为主的大规模数据，以及政务"一张网"中医疗、教育、公共服务等各个系统云汇聚功能，使得政务数据中心建设规模、数据流量、服务业务需要极大地扩展。

3. 金融行业数据中心

金融行业对数据中心要求很高，我国有四大银行，每个银行都有自己的大型数据中心，也拥有完整的专业技术支撑团队，经过多年的发展，各大银行逐渐形成了自己的数据中心建设和管理风格。金融行业对业务的连续性要求特别高，一般要全年 24 小时不停运转，最关键的是不能丢数据，试想如果我们在银行里汇钱时，突然数据中心出问题了，数据丢了，这笔钱的记录没了，这是绝不允许的，所以金融行业对数据的完整性非常关注，正因为如此，几大行对数据中心的组网和设备配置都有严格标准，设备的配置变更都要向总行进行汇报，审核是否符合标准，是否有引入风险。并且，金融行业的数据中心最为关键的是要稳定；既满足跨境业务、国际金融业务的需求，还要兼顾低时延、安全、高可靠的特性要求。

4. 互联网企业数据中心

互联网是近二十年发展最火的行业，现在已经成为人们工作和生活的一部分，人们早已离不开互联网，互联网的发展更离不开数据中心。无论是 BAT（百度、阿里巴巴、腾讯）还是 TMD（头条、美团、滴滴）都有自己建造的数据中心，还有不少中小型数据中心或租用公有云服务，或是租用运营商的机房，建设自己的数据中心。互联网行业竞争激烈，变化很快，十年前曾经很受欢迎的某些应用性互联网不少都已经退出了，互联网数据中心也像这个行业一样，为了满足业务拓展，要不断发展和变化。互联网数据中心善于接受新技术，敢于在新的数据中心技术领域尝鲜，同时互联网数据中心承载的业务量也是庞大的，整个数据中心处于高负荷运转当中，这源于互联网发展太快。互联网的数据中心也不太好运维，几乎每周都要做变更，为部署各种业务，对数据中心进行调整，这也增加了操作犯错的概率，互联网将数据中心用到极致。互联网数据中心也积聚了一批高质量的数据中心专业技术人才，互联网数据中心的技术一定是全行业中最先进的，几乎所有新的数据中心技术都是在互联网数据中心里最先落地的。

5. 其他行业数据中心

电力、教育、交通、传媒及其他大型企业等等，也都拥有自己的数据中心，从规模和技术方面讲，也都在不断发展着。数据中心是一个全行业都需要的数据存储、处理场所，哪个行业都离不开它，每个行业都给数据中心打上了一些行业特有的烙印。

5.3　政策解读

数据中心是数字社会的底座，其市场增速反映的是整个数字社会增长的"综合指数"，因此，全球数据中心竞争激烈，各国数据中心的宏观政策也各有抓手，主要体现在节能、布局及标准制定等方面。美国政府从 2010 年开始，陆续推出数据中心整合与节能改造计划[1]，10 年来先后关闭了 7000 多家数据中心。欧盟自 2012 年开始，提出了数据中心行为规范[2]，出台节能最佳实践方案和实施计划，推进数据中心节能降耗。在我国，从中央政府到地方政府，自 2013 年开始从合理布局、绿色节能、技术创新和示范基地等多个维度出台了多项政策，2020 年更是将数据中心与 5G 并列纳入了新基建。

自"新基建"提出以来，国家颁布新基建相关政策，并影响着产业发展。各省地市也纷纷出台相关政策，鼓励或明确数据中心的建设政策及办法。但在人口密集、经济发达、资源相对紧缺的一线城市、长三角、珠三角等地区，政策更倾向于供给侧的改革，促进小规模、低效率的零散数据中心向集约型高效率数据中心转变。

---

① Office of the Federal Chief Information Officer. Data center optimization initiative [EB/OL]. [2021-03-12]. https：//datacenters. cio. gov/.

② European Energy Efficiency Platform. Code of conduct on data centres energy efficiency [R]. 2010.

1. 北京市

2020 年 6 月，北京市人民政府发布《北京市加快新型基础设施建设行动方案（2020—2022 年）》，文件指导推进新型数据中心从存储型到计算型的供给侧结构性改革，加强存量数据中心绿色化改造，推进数据中心从"云＋端"集中式向"云＋边＋端"分布式架构演变。

2021 年 4 月，北京市经济和信息化局发布《北京市数据中心统筹发展实施方案（2021—2023 年）》（以下简称《方案》），再次强调要求推进北京市数据中心绿色化、智能化、集约化发展。区域布局方面，《方案》根据北京各区域发展要求的差异，分为功能保障区（东城、西城区）、改造升级区（朝阳、海淀区等）、适度发展区（通州、顺义区等）及环京支撑区（河北、天津等），为京津冀地区数字经济协同发展提供有力支撑。

2021 年 4 月，北京市发展改革委通过发布《关于进一步加强数据中心项目节能审查的若干规定》征求意见稿，进一步加强节能审查数据中心，要求逐年提高可再生能源利用比例，在 2030 年达到 100％；并从碳排放、PUE、上架率等具体指标，指导数据中心项目建设。

根据上述文件分析，北京市政府持续加强了对于新建数据中心的管控，以及能耗限制，明确了各区功能的功能保障，明显收紧市区资源紧张区域的新增规模。

2. 上海市

早在 2018 年，上海市就发布了《上海市推进新一代信息基础设施建设助力提升城市能级和核心竞争力三年行动计划（2018—2020 年）》，提出新建 IDC 的 PUE 不高于 1.3；2019 年初，《关于加强上海互联网数据中心统筹建设的指导意见》出台；2019 年 6 月，《上海市互联网数据中心建设导则（2019 版）》发布，从功能定位、选址布局、资质资历、设计目标和评估监测等方面规范上海市互联网数据中心建设。于 2020 年，为贯彻落实《关于全面推进上海城市数字化转型的意见》《上海市推进新型基础设施建设行动方案（2020—2022 年）》要求，进一步促进本市数据中心合理布局和统筹建设，上海市经济信息化委根据应用需求和技术进展，更新了《上海市数据中心建设导则（2021 版）》［简称《导则（2021 版）》］。以上政策对上海 IDC 市场发展以及上海市数据中心建设起到了很好的规范和指导作用。

《导则（2021 版）》在选址布局上分为适建区、限建区和禁建区，并规定"严禁本市中环以内区域新建 IDC，原则上选择在外环外符合配套条件的既有工业区内。"设计指标方面，单项目规模应控制在 3000～5000 个机架，平均机架设计功率不低于 6kW，机架设计总功率不小于 18000kW，PUE 值严格控制不超过 1.3。

因此，在市场和政策的双向对冲之下，上海地区的数据中心建设形成了需求火热、建设降温的特殊情形。并且在这种双重作用之下，上海的 IDC 市场需求开始向周边辐射，促进了以上海为中心的周边地区数据中心市场发展。如苏州等上海周边地区加大 IDC 项目引入力度，通过政策引导 IDC 行业发展；又如南通市大力加强信息化产业发展，借助修建铁路大桥的机会，建设直达上海光缆实现网络快捷互联等，这一系列措施为上海市提供有效支撑，并促进周边工业区的产业发展。

3. 广东省

2020 年 2 月，广东省人民政府印发《广东省数字政府改革建设 2020 年工作要点的通知》，文件要求继续推进政务云、网及数据中心建设，全面完成省直涉改部门业务系统接管和迁移上云，积极推进 500 个地市业务系统移上云，以及支持深圳建设粤港澳大湾区大数据中心，促进大湾区信息要素高效便捷流动。

2020 年 6 月，广东省工业和信息化厅印发《广东省 5G 基站和数据中心总体布局规划（2021—2025 年）的通知》，文件从总体布局方面对全省数据中心提出总体布局方案，对数据中心规模、业务类型进行了清晰的分类。要求全省按照"双核九中心"的总体布局（图 5-5），形成广州、深圳两个低时延数据中心核心区，以及汕头、韶关、梅州、惠州（惠东、龙门县）、汕尾、湛江、肇庆（广宁、德庆、封开、怀集县）、清远、云浮 9 个数据中心集聚区。广州、深圳原则上只可新建中型及以下的数据中心，省内新建的超大型、大型、中型数据中心原则上布局至 9 个数据中心集聚区。全省新建、扩建的数据中心不承载第四类业务。小型数据中心原则上只可在各属地城市新建或扩建，但不能超过小型数据中心规模限制。按照"先提后扩"的建设思路，先提高上架率，后扩容和新增，单个数据中心项目上架率达到 60%，方可申请扩容和新建项目。到 2022 年，全省累计折合标准机架数约 47 万个，平均上架率达到 65%，设计 PUE 值平均小于 1.3，珠三角地区 30% 中高时延数据业务迁至粤东、粤西、粤北地区。到 2025 年，全省累计折合标准机架数约 100 万个，平均上架率达到 75%，设计 PUE 值平均小于 1.25，珠三角地区 60% 中高时延数据业务迁至粤东、粤西、粤北地区。

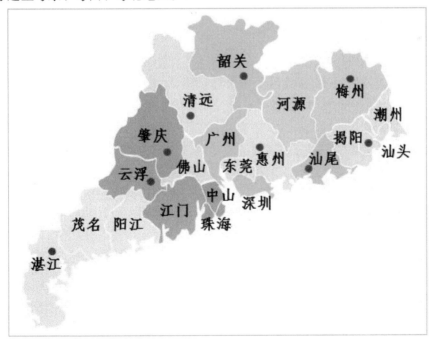

图 5-5 "双核九中心"的布局图

[图片来源：《广东省工业和信息化厅关于印发广东省 5G 基站

和数据中心总体布局规划（2021—2025 年）的通知》]

因此，在"双核九中心"的布局下，大量新建项目落地周边区域，产业逐步由广州、深圳核心区向周边区域转移。而大量互联网企业在华南的布局及未来市场需求仍将增加，包括一些电商企业或者从云上迁移下来的企业，也包括原来在北方布局的企业，开始在广州、深圳地区布局，未来的需求规模还将进一步释放。在政策的指导下，未来新建项目落地还需向核心城市周边扩张，核心城市更多地承担边缘数据中心功能。

从北京、上海、广东三个经济发达区域的政策及发展趋势来看，数据中心的规划布局、建设指标首先应符合政府的指导政策。其次，受核心城市资源影响，在兼顾需求及全社会节能减排的共同追求下，一线城市形成区域产业聚集区，核心城市市区内以统筹整合存量数据中心、建设边缘型及中小型规模数据中心为主，超大、大型数据中心由周边城市提供支撑，逐步实现碳达峰、碳中和的发展目标。

5.4 面临问题及挑战

随着"新基建"的全力推进，以数据中心为主的基础设施需求将不断扩大，对规划、建设及业务运营等企业有益的背后，也存在着大量的问题及挑战。因此，处在"新基建"时代的数据中心，一是要解决传统问题，二是要满足新需求。解决这些问题和挑战不仅要通过政策引导，还要在规划、设计、建设、运营管理等全流程上，运用新技术手段优化及管控。

5.4.1 面临问题

1. 传统数据中心存在的问题

传统数据中心多以托管、存储功能为主的规模型数据中心，受早期技术、环境及业务需求等因素的影响，用地及建筑空间上需求资源较大、能耗较高、建设较为粗放。

以南方某省数据中心整体情况来看，传统数据中心主要存在三类问题。第一，分布零散化，缺乏统筹规划，21 个地市均建有数据中心，造成资源整体利用率不够高，发展不平衡，部分地区业务集中，部分地区资源空闲问题突出；第二，耗电量高，2019 年全省已投产使用的数据中心总年耗电量达 0.05 亿 MW·h，有 64% 以上的数据中心 PUE 值高于 1.5，设备综合利用效率较低；第三，智能化运维水平低，在用的传统型数据中心占 70%，绝大多数依然采用人工运维管理的模式，相对缺乏虚拟化、自动化管理能力，尚未能达到即时响应要求。

在建设方面，从某地市运营商建设情况来看，从申请立项到建成并投入使用，整个建设周期通常需要至少 1 年时间，并且受用地条件、规模等因素制约，往往无法进行后期扩容，一旦无法满足新的需求又将经历一轮漫长的申请、审批及建设周期，不仅不满足业务发展需要，也与城市空间、环境发展相矛盾。

2. 新需求带来的问题

根据上述数据中心需求趋势分析，5G、物联网技术的应用要求能将客户的交互体验提升到极佳的境地，为用户提供高速率、零延时的感知，实现万物互联。对并发、大流量、大视频、超宽带等需求会有爆发式、不可预测式增长。因此，导致数据中心业务波动变化莫测，难以准确预测分析数据规模、数据增长规律，影响数据中心空间布局及能源预控。另外集中化、虚拟化的云网络架构的结构演进，在一定程度上打破原有数据中心层级、结构，有些下沉和边缘化的网元，更是改变原有建设管理模式。

综上，为解决传统及新需求的问题，新形势下数据中心应从规划布局、弹性预留、发展规律、配套设施供应、政策引导管理等多维度提供解决方案。然而，作为新型基础设施，在长期未纳入规划、缺乏管理政策指导下，想从全流程上重新进行梳理，亦面临诸多挑战。

5.4.2 面临挑战

2021年全国两会期间，"碳达峰、碳中和"被首次写进《政府工作报告》，明确提出我国2030年要实现碳达峰，2060年实现碳中和。数据中心一直被公认为高耗能产业，并且我们处在信息化建设的快速发展期，在落实国家对碳排放要求指导下，有序发展绿色数据中心面临着更大的挑战。

1. 规划挑战

"新基建"时代的数据中心，除了需要自身技术产品提高服务能力以外，也需要填补统筹规划的空白，才能从顶层分级分区进行合理引导。

1）需求变化及规模预测

数据中心规划首要条件是分析业务对机房的需求及未来业务发展带来的变化，数据中心服务于政务、金融、公众服务，建设使用方也存在政府、运营商、企业等多方，业务存在较大差异，市场化特征明显；从规划方面看，量化数据业务规模、预判发展趋势，是规划面临的首要挑战。

2）用地性质及合理优化布局

对数据中心需求旺盛的区域多在人口密度高，经济建设、城市信息化发展条件较好的一线城市，但这些城市的可利用土地、能源等条件往往与需求相矛盾。因此在布局规划方面，需统筹平衡有限的城市空间条件及需求。从上述发展及特点分析中可以看出，数据中心与产业关系密切，规模差异较大，需求主体和建设主体呈现多元分布特征，具备多层级、多类型的特征，哪些类型及层级的数据中心需由城乡规划统筹布局，应作为该区域首要规划分析要点；并且，由于数据中心是新型基础设施，以前未被纳入城乡规划中，如何落实在城乡建设用地中？其用地性质如何确定？还有待进一步探讨。

2. 发展建设运维挑战

数据中心在发展建设运维上主要存在以下四大挑战：

首先，承载设备从传统网元向定制化、模块化服务器的变化，导致机房耗能、荷载、高度等基础设施建设方面，需应对新的调整和挑战。

其次，金融、互联网等客户高可靠性、低时延的要求，对数据中心建设提出"双保险"甚至更高要求，灵活且实时增长的业务需求，对现状数据中心的扩容、新建数据中心的建设方式等提出更高挑战。

再者，云网融合、AI 技术发展的背景下，利用智能化管理数据中心是大势所趋，也成为提高数据中心全生命周期的动态管理、协助数据中心绿色运行的重要手段。

最后，大量数据吞吐和运算使得作为人工智能、大数据等技术"大脑"的数据中心，面临着前所未有的能耗和散热挑战。数据中心碳排放集中在建设过程、运营维护过程，因此，降低耗能，在建筑节能、空调节能、电气系统等建筑设计等方面推进数据中心低碳运转，是践行"碳中和"理念的关键一环[①]。

3. 政策管控

关于数据中心的布局、节能、技术创新等方面，从中央到地方政府，自 2013 年起出台了多项政策，这些政策直接影响一个城市、省份乃至国家一定时期内对数据中心建设的引导方向。2020 年，我国数据中心市场年均增速保持在 30% 左右，远高于全球 10% 的年均增速。尤其是"新基建"相关政策的鼓舞，数据中心建设主力军由原有运营商、金融等企业拓展到新兴互联网、设备厂商等。但对产业布局、土地和能源资源、自然条件等要求特殊的某些地区，从政策上往往首先要进行宏观调配，如在资源紧缺型地区，对建设条件、PUE 方面进行严格限制。因此，宏观政策的要求是指导各地数据中心建设的基本依据。

5.5 规划要点分析

1. 将数据中心作为新型城市基础设施统筹纳入国土空间规划

随着"新基建"的提出，数据中心是新增的城市基础设施；为使其有序进行规划建设，首先要推动数据中心纳入国土空间规划。现状已有大量牵涉现状建筑和建设程序等历史遗留问题的数据中心，仅仅依靠技术已难以达到有效利用及管理，需要用政府的行政行为来推动和稳定数据中心的建设。其次从数据中心组网、层级结构、业务等方面进行分级、分层、分类，结合国土空间规划及信息通信基础设施专项规划的层级及功能，逐层逐级预控数据中心布局、规模及选址等条件，符合城市规划建设要求。

2. 同时在现状城区和新建城区推动高效数据中心规划建设

5G、AI、工业互联网等应用首先出现在经济活动、信息交互丰富的城市建成区，从存量数据中心分布及规模来看，数据中心多集中于这些现状城区、工业园区。对于建成区而言，对边缘数据的需求将会更高，因此，在现状城区盘活现有资源、扩容空间的需求更加急迫。对于新建城区而言，借助国土空间规划将数据中心纳入城市规划建设条件是十分难得的机遇，并解决数据中心选址、供电等方面的需求，避免出现现状城区资源紧缺的困境。因此，需同时在现状城区和新建城区推进数据中心建设。

3. 统筹需求制定规划策略

数据中心作为新型基础设施服务于智慧城市及 5G 各项新兴应用，需求涉及面广、弹性大、不确定因素高，并受国家相关宏观政策及需求影响较大；针对区域数据中心的规划

---

① 践行"碳中和"理念 数据中心液冷技术受瞩目［J］.信息技术，2021（3）：8.

布局，需要统筹需求，合理地进行规模预测，并平衡用地及能源资源条件，结合国土空间规划的层次逐步展开。针对不同类型数据中心，采取差异化策略确定布局。大区域数据中心群主要由国家政策统筹制定；产业自用数据中心主要依靠地方产业引导与大型企业发展需求；公用数据中心需通过统筹规划，开展城市基础设施布局，这也是数据中心规划需要探讨的主要问题。

4. 满足共建共享、集约化建设的要求

数据中心是城市信息通信基础设施的重要组成部分，需要满足多家通信运营商、政务专网需求，也需要利用城市通信网络，还需要通信机楼、通信机房、基站、通信管道等基础设施资源。因此，在城市土地资源、缆线敷设通道资源等基础设施有限的条件下，必须坚持集约建设、共建共享的总体原则。

并且，数据中心作为专业性强、能耗高、技术难度高、投资成本高的基础设施，宜从空间上与其他设施空间融合，大型数据中心布置在供电富裕区域，对时延要求较高的中小型数据中心布置在中心城区，同时在通信管道等资源上共享；这样，可以合理使用土地、节省能源和减少传输资源浪费，也可减少施工成本，在保障业务服务质量的条件下大大减少成本。因此，共建共享模式下的相关单位应互相合作，明确分工，满足用户高质量要求，关于设施兼容规划模式及共建模式参见本书后面的相关章节。

5.6 数据中心规划

5.6.1 功能与架构

随着"新型智慧城市""数字政府"和"人工智能示范区"建设的深入开展，国家政策至地方文件均提出充分运用现代信息技术和大数据，建设一批新型示范性智慧城市。例如上海《上海市推进新一代信息基础设施建设助力提升城市能级和核心竞争力三年行动计划（2018—2020 年）》，提出推进数据中心布局和加速器体系建设，以及相关大数据库、应用和服务平台等建设。数据中心的功能在智慧城市建设中不仅作为职能方，还是关键基础设施，并成为业务及参与方，支撑政务、民生、产业等各项应用[1]。

1. 功能分析

大数据中心在智慧城市政务活动与服务、公共服务与生产经营活动的支撑作用，主要体现在以下功能。图 5-9 为智慧城市数据中心功能分析图。

1）数据服务功能

大数据中心具备对多源、异构、海量数据的归集、共享、整合与处理分析能力，能够为政务活动与服务、公共服务与生产经营活动顺利开展提供多种数据服务。这些数据服务主要被政府部门的政务信息系统与企事业单位的行业应用系统使用。此外，政务信息系统与行业应用系统也是各类重要原始数据的主要来源。

---

① 王宏，徐世中. 智慧城市大数据中心功能与架构探讨［J］. 通信技术，2017，50（7）：1432-1436.

2）边缘数据计算处理

下沉至用户侧的边缘数据中心，采集、汇聚、处理大量感知设施数据，降低网络压力，满足低时延数据实时传输要求。

3）智慧城市应用功能

数据中心运行多种智慧城市应用系统，并通过可以由互联网访问的应用门户、APP等形式，将各种智慧城市应用提供给广大市民。

4）运营管理功能

数据中心还具备自身的管理运营支撑保障功能，提供给大数据中心管理机构使用（图 5-6）。

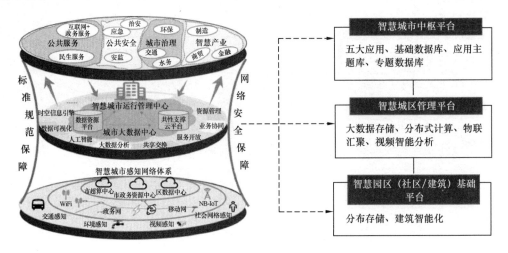

图 5-6　智慧城市数据中心功能分析图

2. 架构分析

数据中心从智慧城市顶层功能上规划总体技术架构、设计技术路线和方法，保证网络、数据资源、应用系统、安全系统等各要素之间构成一个有机的整体，图 5-7 为数据中心总体架构，具体各层介绍如下。

1）基础设施层

基础设施层是指支持整个系统的底层支撑，包括机房、主机、存储、网络通信环境、各种硬件和系统软件。

2）数据资源层

信息资源层包括各类数据、数据库、数据仓库，负责整个数据中心数据信息的存储和规划，涵盖了信息资源层的规划和数据流程的定义，为数据中心提供统一的数据交换平台。

3）应用服务层

应用层是指为数据中心定制开发的应用系统，包括标准建设类应用、采集整合类应用、数据服务类应用和管理运维类应用，以及服务于不同对象的企业信息门户（包括内网门户和外网门户）。

4）安全与运维支撑体系

支撑体系包括标准规范体系、运维管理体系、安全保障体系和容灾备份体系。容灾备份体系在传统的数据中心系统中隶属于安全保障体系，随着数据地位的提高，容灾备份已自成体系。安全保障体系侧重于数据中心的立体安全防护，容灾备份体系专注于数据中心的数据和灾难恢复。

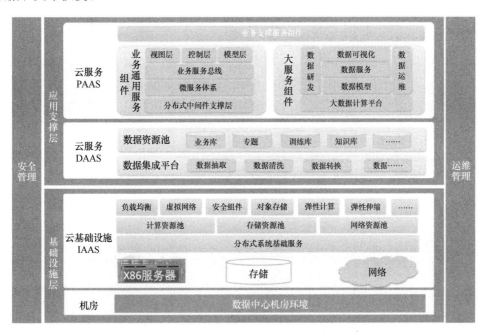

图 5-7　数据中心总体架构

5.6.2　需求分析

1. 国家宏观需求

1）国家数字货币

目前，英国、新加坡等多国央行正在探索发行数字货币，我国央行也成立了数字货币研究所进行数字货币研究，成功推进了数字票据的发行，使我国央行成为首个发行数字货币并开展真实应用的中央银行；并在全国多地渐次开始试点，试点城市或地区目前包括雄安、苏州、成都、深圳、上海、长沙、海南、青岛、大连、西安。在探索加快的情况下，大数据、区块链等关键技术及基础设施的建设问题仍是数字货币发行的重点与难点。

数字货币的实现要求建设满足海量数字交易支撑的、便捷的、安全的数据中心，同时要求数字货币系统采用分布式的系统架构，结合云计算的技术优势部署业务系统，为海量数字货币交易、数据收集与分析应用提供良好的安全性、灵活性和一定程度的开放性。针对试点城市和区域，考虑国家宏观政策要求，提前部署及预控数据中心建设条件。

2）跨境数据业务

近些年来，随着经济全球化和国内 IDC 与云市场不断增长的吸引力，我国的数据中心及金融等产业方面的国际合作与日俱增，在部分有特殊需求的国家级自贸区、自贸港、数字服务出口基地等，需建设满足跨境企业、境外企业"国际数据"业务的数据中心。

例如，推进海南自贸港的建设，中国电信海南公司助推海南早日建成国际信息通信开放试验区，建设"国际数据中心"，在海口美安科技城内规划 328 亩地建设国际数据中心，建 13 栋 IDC 机房，一期征地 100 亩，建 3 栋数据中心。

3）国家新型互联网交换中心

新型互联网交换中心（Internet Exchange Point）是不同电信运营商之间为连通各自网络而建立的集中交换平台，新型互联网交换中心在国外简称 IX 或 IXP，一般由第三方中立运营，是互联网的重要基础设施，境外知名 IX 有 AMS-IX、HKIX（香港互联网交换中心）、Equnix IX 等。通过互联网交换中心进行网络流量交换，具有"一点接入、多方互通"的特点，数据交换将不再通过运营商绕转，能够直接做到网间互联互通。这不仅是国际的主流，也必然将会是国内互联网未来发展的趋势。2019 年 10 月 20 日，全国第一个国家（杭州）新型互联网交换中心揭牌，于 2020 年 6 月正式启用。随后，宁夏中卫（亚马逊数据中心中国所在地）、深圳前海也相继开展试点，未来在内蒙古和河北雄安等地也可能进一步扩大试点。

2. 现有业务升级需求

1）政务专网业务

结合"新型智慧城市""数字政府"建设的总体要求，数据中心从电子政务传统需求，提升为用于智慧政务、智慧交通、智慧医疗、智慧教育、智慧旅游等智慧城市应用的云数据存储需求，服务对象包括民生、政务、产业三大领域。处理城市感知数据来源：①公安、交通、环保、规划国土、海洋等政府部门主建的物联网感知数据；②政务外网的业务数据；③公安、交通等政府部门主导建设的视频数据；④水、电、气、电信运营商等公共事业数据；⑤电商和社交平台产生的物流、信用等互联网类数据。未来视频监控类数据爆发式增长，尤其公安、税务等特殊行业对数据中心安全等级、可靠性提出更高要求。

2）金融、证券业务

金融类数据主要包括银行、证券、保险等行业业务产生的数据，这些业务系统数据量巨大，系统关联性极其复杂，对数据中心、信息通道等基础设施的安全性、可靠性要求极高。目前，金融行业数据大多构建于传统的集中式架构/数据中心基础上，租用企业数据中心或运营商数据中心为主，建设行业云或专有云。

如深圳前海自贸区、深港合作区将入驻大量外资金融企业，金融、证券行业未来需借助新一代信息技术及新型基础设施构建，满足国际金融业务超低时延、高可靠性（多节点）的要求。

3）企业（电商、游戏、视频）类业务

企业型业务数据来源主要包含 BAT（B 指百度、A 指阿里巴巴、T 指腾讯）及其他中小企业。BAT 作为中国互联网公司三巨头，分别掌握着中国的信息型数据、交易型数据、关系型数据，其数据业务涵盖了物流、交易支付、游戏、视频、金融、网站、大数据、智慧零售、人脸识别等；BAT 企业有部分自建数据中心，也通过租用运营商数据中心托管业务。其他中小型企业自身办公智能化及数据存储需要数据资源的支撑，大多通过公共通信网络，依托运营商数据中心托管业务。随着未来 5G、AR/VR 等新应用的发展，企业型数据业务对 IDC 基础设施的需求，必将随着业务的增长而增长，高清视频、游戏等对时延、带宽也提出更高要求。

3. 智慧城市及 5G 新应用需求

首先，基于"新型智慧城市""数字政府"和"人工智能示范区"建设的需求，各地在省市级层面，均提出构建从支撑、平台到应用的智慧城市一体化建设格局，政务方面，统一从市区层面分别搭建智慧城市中枢平台、智慧城区管理平台的数据中心。

其次，在当前和今后一段时期，云计算、大数据、5G、工业互联网、人工智能、车联网、AR/VR 等新一代信息技术蓬勃发展，一方面，数据中心的架构随着技术发展进一步演进，另一方面数据中心成为新技术催生新兴应用的核心载体，这些新应用对数据的存储、交换、计算等需求急剧增加，并对数据中心网络带宽、传输时延、网络安全、节能减耗提出更高的要求。

各类新应用随 5G 场景的业务成熟，将在未来分批落地，相关应用类型及要求如表 5-1 所示。

5G 场景业务成熟阶段表 表 5-1

时序	应用类型	时延及带宽要求
初期	高清直播、视频监控等	时延＞50ms，带宽＞50Mbps
中期	无人机、增强现实、远程控制等	时延＜20ms，带宽＞50Mbps
远期	智慧医疗、实时控制类应用	超低时延≤10ms

因此，5G 时代数据对数据中心的低时延、超带宽、高隐私安全等方面提出了更高要求。首先，大量内容及视频流量从核心走向小区，需大量 CDN（内容分发网络）、边缘计算能力；其次，边缘计算数据中心要更加靠近用户端；再者，车联网、智慧工厂等应用的诉求需要边缘中心的广泛分布作为"支点"，以实现更好的广覆盖；最后，大量高交互类、低时延类、高数据安全类应用也对算力下沉到边缘和工业园区产生大量需求。

综上所述，在数据中心发展方面，信息、数据向资源化方向发展，数据中心存储需求将快速增长；数据业务的管理及交换向低时延方向发展，数据中心的建设更加需要智能识别、智能计算等功能。

5.6.3　分类与分级

下面从规模、建设主体、数据分类、安全等级等方面，讨论数据中心、数据业务的分类分级情况。

1. 按规模划分

数据中心可分为超大型、大型和中小型及微型。

超大型数据中心是指规模大于 10000 个标准机架的数据中心；大型数据中心是指规模介于 3000～10000 个标准机架（此处标准机架为换算单位，以功率 2.5kW 为一个标准机架）；中型数据中心是指规模 1000～3000 个标准机架的数据中心；小型数据中心是指规模小于 1000 个标准机架的数据中心；微型数据中心指规模小于 100 个标准机架的数据中心。

2. 按服务对象划分

依据数据中心白皮书（2018 年），按性质或服务对象不同，数据中心可以分为互联网数据中心（IDC）和企业数据中心（EDC）。

1）互联网数据中心（IDC）

IDC 是指利用相应的机房设施，以外包出租的方式为用户的服务器等互联网或其他网络相关设备提供放置、代理维护、系统配置及管理服务，以及提供数据库系统或服务器等设备的出租及其存储空间的出租、通信线路和出口带宽的代理租用和其他应用服务的数据中心。

2）企业数据中心（EDC）

EDC 则是指由企业或机构构建并所有，服务于自身业务的数据中心。

3. 按网络服务划分

按网络服务，数据中心可以分为三类。

1）公共通信网数据中心

企业、个人通过运营商搭建的公共通信网传输个人、企业数据。

2）专网数据中心

政务网、公安专网内数据，由公安及政务数据管理部门管理、处理、应用相关数据。

3）企业私有数据中心

大型科技信息企业、大数据业务企业满足企业自身科技研发需求，提供专业大数据服务产生、汇聚、存储商业化私有数据。

4. 按区域及管理等级划分

按网络服务，数据中心可以分为五类。

1）国家级数据中心

一般根据国家宏观政策要求，在某些指定城市或区域试点或开展建设。

2）市级数据中心

全市统一管理，统筹城市政务及公共服务的数据中心（或容灾备份中心）。

3）区级数据中心

由区政府管理，处理区级行政部门政务及公共服务的统一数据中心平台。

4）街道级数据中心

服务于街道建设智慧社区、指挥中心等功能的数据中心。

5）建筑及小区级数据中心

服务智慧建筑（小区）数据监控、处理的微型数据中心。

除了以上五大类划分方法，还可以从供电、制冷、建设运营模式、设计形态等角度划分。从运营模式上看，可以分为自用型数据中心和租赁型数据中心。从形态上看，可以分为模块化、集装箱式、单体建筑、园区模式和集群式。从建设运营方式看，可以分为自建、代建和代维等。从供电方式看，可以分为市电直供、高压直流、双路柴发等。从制冷方式看，可以分为自然冷却、机房空调组、绝热冷却、冷热通道隔离和液冷等。

5. 按业务时延指标分类

第一类业务：边缘计算类（时延<10ms），包括智慧工厂（实时控制）、VR云游戏、电力保护、自动驾驶（编队行驶、传感共享）、远程医疗（远程手术）、金融证券。

第二类业务：低时延类（端到端时延≤20ms），包括智慧交通、远程控制、无人机等应用。

第三类业务：中时延类（20ms<时延≤200ms），包括AR增强现实、人工智能、网页浏览、视频播放、高清监控等应用。

第四类业务：高时延类（时延>200ms），包括数据存储、数据备份等应用。

6. 分级

除了上述数据中心、数据业务的分类之外，国家、通信行业、企业还定义了各级数据中心等级，用来客观评价数据中心的可靠性和安全性。

例如，国标《数据中心设计规范》（GB 50174—2017）根据使用性质、数据丢失及经济社会损失将数据中心划分为A、B、C三级。具体情况见表5-2。

《数据中心设计规范》分级方法　　　　　　　　　　表5-2

分级	说明
A级	宜按照容错系统配置，在电子信息系统运行期间，基础设施应在一次意外事故后或单系统设备维修或检修时仍能保证电子信息系统正常运行
B级	应按照冗余要求配置，在电子信息系统运行期间，基础设施在冗余能力范围内，不得因设备故障而导致电子信息系统运行中断
C级	应按照基本需求配置，在基础设施正常运行情况下，应保证电子信息系统运行不中断

表格来源：《数据中心设计规范》（GB 50174—2017）。

另外，除从安全可靠性方面分级外，还可从安全防护、节能、能效及运维管理上定义分级，如通信行业标准《互联网数据中心技术及分级分类标准》（YD/T 2441—2013）。具体情况见表5-3。

《互联网数据中心技术及分级分类标准》分级方法　　　　　表5-3

分级内容	评定指标	分级名称
绿色节能	能源效率、节能技术和绿色管理	G1-G5级
可靠性	机房位置选择、环境要求、建筑与结构、空气调节、电气技术、机房布线、消防、给水排水等14个方面	R1-R3级
安全性	《互联网数据中心（IDC）安全防护要求》（YDB 116—2012）和《互联网数据中心（IDC）安全防护检测要求》（YDB 117—2012）相关规定	S1-S5级

表格来源：《互联网数据中心技术及分级分类标准》（YD/T 2441—2013）。

5.6.4　预测及计算

1. 预测思路

由于数据中心以需求为主导，并受设备技术、组网结构、市场化特征的影响，从设备算力、网络流量等微观角度分析，可以计算某个行业在某个时间段（3～5 年）数据中心 IT 机房空间规模，难以从城市规划建设（10～20 年中长期）角度提前预判市级、区域级整体需求的数据中心空间规模。因此，作者团队从规划角度讨论预测并预判、预留空间规模，宜按"数据量预测"—"硬件/机架预测"—"空间需求"的基本逻辑，基于现状存量规模，综合新增大数据存储、公共监控存储及其他政务、公共服务行业信息系统需求，预留发展需求，推导计算数据中心总面积需求，并从增长规律预估未来新建数据中心规模。从政务专网、公网、产业园区公用业务需求方面，量化系统规模，得出总机架规模量。

另外，在数据业务需求预测中，通常需要考虑政府、运营商、市场等多方因素，包括智慧城市建设、数据业务市场以及园区、建筑内公用数据需求等情况。因此，数据中心主机房通过业务分类预测法、类比法、统计分析法等方法预测，并相互校核。

通过上述业务需求分析及数据分类，将预测业务分为政务专网、公网、产业园区（特殊业务）三类。其中，政务专网以政务网、视频网为主预测；公网类以运营商需求及发展规律为基数进行预测；产业园区（特殊业务）以园区公众服务及公用信息需求为主预测（不含企业私有、市场化需求）。

2. 规模计算

1）数据中心机房

数据中心机房面积主要来自需求，需通过多业务分类法预测。借鉴通信业务的分类预测法，数据中心业务机架也可按机架分类进行预测。数据中心业务机架按使用用途可分为托管类机架、VIP 机架、服务器托管类机架、云业务机架以及必要的网络安全支撑等管理类机架；按客户类型可分为政企客户类、互联网客户类、中小企业类、云业务类等。机架计算类别见表 5-4。

针对不同业务需求，选取适当的预测方法并建立数学模型，以新建数据中心为条件，建立以下假设模型。

①拟合往年数据增速，预判未来每年数据增速率；

②根据行业业务需求，推算每月该区域人均产生数据量；

③结合数据中心云网结构及片区需求，分析有价值数据量，采取长期保持或定期归档。

机架计算类别 表 5-4

序号	类别	占用机架数量
1	全业务服务器	A1
2	全业务存储	A2
3	网络设备	A3
4	大数据平台	A4
5	政府部门业务系统	A5
	总计	A＝A1＋A2＋A3＋A4＋A5

通过复杂计算取得需求机柜数后，再进行数据中心机房面积预测，最直接的因素是机

房内机架的需求量。在常用的机房面积预测方法中，主要考虑的预测因子有机架数量和单机架综合建筑面积。

①根据机房功能分区分别统计，分别计算数据中心主机房、第一类辅助区、第二类辅助区、第三类辅助区面积。

主机房：M_1(主机房)＝J(单机柜占用面积)×K(主机房所有机柜的数量)，其中，单机柜面积计 $2\sim5m^2$/个。

第一类辅助区：机电设备区面积，即高低压配电间、不间断电源室、蓄电池室、空调机室、冷冻机房、发电机室、气体钢瓶室、监控室等设备占用的面积；IT 与辅助区面积的常见比值为 $1.5\sim2.5$ 倍。M_2(第一辅助区)＝M_1×K(系数 $1.5\sim2.5$ 倍)。

第二类辅助区：资料室、维修室、技术人员办公室等。

第三类辅助区：储存室、缓冲间、技术人员休息室、盥洗室、会客间、备品备件室等。$M_{3,4}$(二、三类辅助区)＝S(人均面积)×工作员数。

综合，数据中心总 $M＝M_1$(主机房)＋M_2(第一辅助区)＋$M_{3,4}$(二、三类辅助区)。

② 将辅助机房及机电设备等面积计入机柜平均面积中，估算每台机柜需 $8\sim10m^2$，则总数据中心面积＝机柜数 A×$(8\sim10)m^2$。

结合机架数及机房面积、辅助区域面积得到数据中心总面积，且可根据近期、中远期数据增长趋势，分阶段进行预测。

2）智能运营管理中心

除了数据机房外，城市管理者需从智能运营管理中心（IOC）获取大量数据源（传感器、视频、市民、各单位和公共设施数据以及第三方），及时做出最佳决策。在市级、区级政府部门或城市职能管理部门及其垂直管理部门，一般需同时建设运营管理中心（IOC）。

城市级运营管理中心主要通过对城市管理多个部门的互联和整合，有效提升跨部门决策和资源协调，从而大幅度提高公共服务交付效率；其规模一般较大，或独立于数据机房建设、运营，建筑面积取决于 LED 显示终端、指挥管理、会议厅等场所规模。

区级政府部门及城市各行业垂直部门需建设本地化运营管理中心，其规模相较于市级小，一般与办公、档案中心等政府公共物业集约共建，建筑面积约 $200\sim300m^2$。

3）城市公共安全管理（应急指挥）中心

城市公共安全应急指挥也是"城市大脑"中至关重要的部分，总指挥中心（市级应急管理单位或市政府）、职能分中心等为公安、城管、消防等多个部门的指挥系统提供接入及指挥功能。应急指挥大厅是应急指挥中心的核心主体，主要规模取决于配置的 LED 大屏、操作台、指挥部等设施，一般与会议室等合建，建筑面积宜大于 $200m^2$。

规划新建时，智能运营管理中心和指挥控制中心最好共址建设。受现状条件限制时，可分开布置。

5.6.5　布局思路

1. 大区域数据中心

根据上述数据中心发展趋势及政策研究表明，我国数据中心建设从规模化的数据中心向着更优化更高价值数据中心发展。整体上看，大区域数据中心的规划建设方向主要来自国家宏观政策、大区域统筹协调，在"双碳"目标要求下，依据工业与信息化部、国家能源局联合印发《全国一体化大数据中心协同创新体系算力枢纽实施方案》，加快推动"东数西算""南数北算"等国土空间跨域算力资源统筹调度机制，形成"全国一盘棋"的一体化算力资源跨域调度和开发利用体系。此类数据中心规划从区域和国家政策、业务需求角度统筹考虑，在城市内落实，因此在本书数据中心规划中不做详细讨论。

2. 产业类数据中心

在数字经济时代，数据中心随技术水平、投入产出比、下游数字产业拉动引导效应明显，长期以来在大型 IT 企业、金融证券银行、报业媒体等需求推动下布局建设。产业类数据中心的布局主要取决于该企业数据中心总部所在地、主要业务发展区域及成本投入等综合因素。产业类数据中心由于其业务发展模式不同，其规模、布局、系统、组网方面各有差异；如随着媒体数字化的深度发展，报业集团需对大量数据进行存储，对广告、发行等系统管理，其数据中心主要以存储、平台管理为主，主要分布于其重点业务所在地。互联网等科技公司随着其业务发展扩大，对超大型、大型数据中心需求旺盛，业务类型包括大量存储、计算、云服务等，对高安全性、高可靠性、低时延等要求高；因此，受其业务影响，此类数据中心不仅在业务所在地设置，考虑经济、能效等方面因素，在偏远资源型城市也会建设超大规模化企业数据中心。因此，产业类数据中心的布局、投资与建设主要由企业自身业务发展、经济效益等方面决定，一般随产业用地在产业园区内统筹布置，不在城市基础设施空间内统筹考虑。

3. 公用类数据中心

除宏观层面布局的数据中心群及产业需求数据中心外，本书重点针对各省市政务云网的建设要求，5G 公网数据业务量爆发式增长、边缘数据下沉的需求，城市高新园区、重点片区智慧化、本地化数据中心建设要求，从城乡信息通信基础设施规划角度，统筹布局市级、区级、街道级数据中心（机房），满足城市政务、公网、重点园区等对时延要求较高和本地化严格的公用数据类需求，并明确其设置规律、建设规模及具体布局。

超大型、大数据中心主要建设在靠近用户所在都市圈周边、能源获取便利的地区。中、大型早期聚集于城市边缘区工业区，未来结合城市用地资源及产业布局腾挪，承载城市级中低时延要求的数据业务。中小型数据中心侧重于服务城市核心区及区级政务等本地化数据业务需求。边缘型数据中心则更加基于用户侧进行边缘计算、本地化部署，服务于重点片区、智慧园区等业务片区。

1）超大型数据中心（＞10000 个机架）

主要提供第四类（高时延类）数据存储、灾备需求，通过跨域设置，布置在用地资源、能源较为丰富的地区。

2）大型数据中心（3000～10000 个机架）

提供满足城市级大规模的数据业务发展，可结合城市边缘区新增用地及产业群设置。

3）中型数据中心（1000～3000 个机架）

主要提供二、三类（中低时延类）业务为主，设置于主城区边缘，同时具备一定空间的资源，位置控制在距离城市中心区一定范围内。

4）小型数据中心（＜1000 个机架）

主要满足低时延类业务为主，需广泛分布于用户密集区，充分结合城市信息通信机楼、机房设置或者单独预留，利用其周边优良的光纤资源，解决算力下沉的需求；另外，为满足未来工业互联网、智慧工厂的需求，结合工业产业地块预留相应需求。

5）边缘数据中心（＜100 个机架）

主要满足极低时延的边缘计算业务，需网格化布置在城市建设区，结合信息通信机房或行政区划网格布置。

5.6.6　市级数据中心规划

1. 市级政务数据中心

基于政务一朵云，市级政务数据中心从市级层面规划建设城市级数据中枢、数据运营中心、灾备中心等核心层基础设施，并完善本地、异地灾备体系。

以南方某城市为例，随着政务数据集中整合带来机柜需求快速增长，政务数据中心规划搭建两地三中心的结构体系，基于现状市级政务数据核心节点，规划新建第二市级政务数据中心；结合城市本地的地理条件，规划建设异地灾备数据中心，并保障管道及光缆资源链接。为完善"两地三中心"格局，整合原市政务主数据中心机房 A，将备用数据中心机房 B 升级作为市级政务数据中心主机房，并通过城市法定图则调整，对其用地进行扩容；新增占地面积约 $1700m^2$，扩建后第二市级数据中心总占地面积近 $7000m^2$，总建筑面积为 $10500m^2$，保证市级政务核心的稳定性、安全性。具体情况见图 5-8。

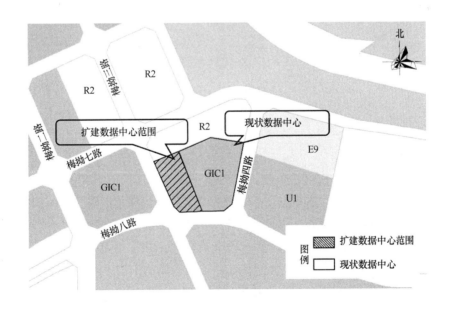

图 5-8　某城市政务数据中心规划图

（图片来源：深圳市城市规划设计研究院有限公司 . 深圳市信息通信基础设施专项规划［R］. 2020）

2. 运营商公网数据中心

虽然运营商 IDC 建设较早，但数据业务迅速扩张，公网类数据业务需求增长较快，早期传统数据机房难以满足发展需求，且早期以租赁为主的数据中心的承载能力较难满足如今标准化、高密度、模块化设备要求。为满足长远的运营商公网数据业务需求，结合城市区域资源条件、需求趋势，充分利用、挖掘运营商信息通信机楼设置条件，与新、改扩建信息通信机楼共址建设数据中心。以某城市重点片区新建信息通信机楼为例，规划信息通信机楼总建筑面积为 6000m²，其中预留 50％面积为各运营商提供数据中心的建设需求，约为 3000m²，预留机柜数为 300～375 架；整合其为综合信息通信机楼，满足该重点片区高价值、高标准、大规模的数据产业需求。具体情况见图 5-9。

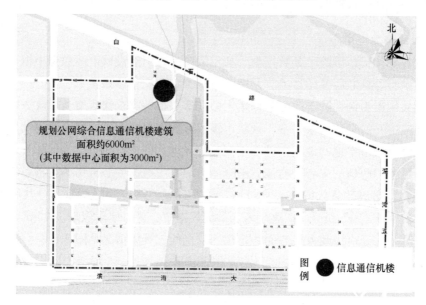

图 5-9　某城市总部基地片区运营商公网综合信息通信机楼规划图
（图片来源：深圳市城市规划设计研究院有限公司 . 深圳市信息通信基础设施专项规划〔R〕. 2020）

5.6.7　区级数据中心

1. 区级政务数据中心

从区级层面，满足各区政府统筹建设区政务平台及区医疗、教育等重点公共数据平台，分别于各行政区内集中设置数据中心，并考虑满足近远期发展需求。由于电子政务开展时间较早，各区均有部分现状区管理数据机房，挖掘及整合现状机房潜力，评估近期承载力，并结合区内新建地块、新建通信机楼及改造项目等，预控中远期区级政务数据中心。

以某区为例，现状区级政务中心设置于区政府楼内，可用机房面积约 300m²，可用机柜仅 15 架。该区数据中心承载：区公共视频存储业务，分布式计算设备、大数据存储，光纤、无线网、物联网配线、网络设备、安全设备柜等，物联汇聚共享平台，区级数据中心、城市运营、网络安全中心服务器，视频智能分析平台设备等。且由于该区人口密度高，并有多处高新园及重点区域在建，现状区级数据中心无法满足近期需求，因此，结合近远期需求采取差异化手段进行规划布局。在近期，结合区政府物业，规划新建 1 处区级政务数据中心，规模建筑面积约 2000m²，预控机柜数 200～250 架。在中远期，结合该区域新建地块，预留近 4000m² 区级公用数据中心，预控机柜数 400～500 架。具体情况见图 5-10。

图 5-10　南山区政务数据中心规划图

(图片来源：深圳市城市规划设计研究院有限公司．深圳市信息通信基础设施专项规划〔R〕．2020)

2. 运营商边缘数据中心

随着未来 5～10 年后 5G 应用场景对低时延、高精度要求越来越高，边缘数据中心越来越需要下沉到用户端，形成广覆盖式布局；因此，除规划机楼、区域级数据中心外，还需结合片区、小区用户中心设置边缘数据中心。考虑利用通信区域机房、片区机房、单元机房部署边缘数据中心。尤其是第一类超低时延边缘数据业务处理，通过用户侧各类信息通信机房提供。每座信息通信机房建议预留数据中心面积要求见表 5-5，预留基数为相应信息通信机房的需求面积，详细情况参见第 6 章对应的各类机房的基本需求面积。

边缘数据中心预留面积   表 5-5

信息通信机房类型	边缘数据机柜预留占比
区域机房	60%～100%
片区机房	50%～80%
单元机房	30%～50%

表格来源：深圳市城市规划设计研究院有限公司. 深圳市信息通信基础设施专项规划［R］. 2020.

3. 重要功能区公共数据中心

为满足工业互联网、高新产业园区超低时延、高可靠性等要求，需在重要功能区建设公用数据中心以及园区数据网络满足其需求。主要结合重点园区内及周边信息通信基础设施空间，服务以需要政府护持的小微企业为主，提供公用数据机房。

以南方某城市的某重点片区为例，该片区是集合战略性新兴产业特征和企业总部特征的新一代产业园区，将对战略性新兴产业进行培育和孵化，需要建设公用数据中心以及园区数据网络满足其需求。统筹入驻企业类型及规模，预测新增的机架数为 20～50 架，考虑未来发展预留弹性空间，基地内规划公用数据中心建筑面积约 200～300m²。结合园区内用地功能、开发建设等情况，将规划新增公用数据中心设置于政府整体开发地块内。具体情况见图 5-11。

图 5-11　某城市重点功能区公共数据中心规划图

（图片来源：深圳市城市规划设计研究院有限公司. 深圳市信息通信基础设施专项规划［R］. 2020）

5.6.8　街道级数据中心

街道级数据中心一般属于小微型数据中心,主要服务边缘计算和属地管理的数据,以解决超低时延、高实时性、高安全性以及本地各类数据存储及管理的需求。此外,市级、区级、街道级等各级数据中心的发展规划也要与网络建设、数据灾备等进行统筹考虑、协同布局,配合全市或全区数据中心进行布局。

街道级数据中心的规划布局首先选择本辖区内,并结合行政区划、用户密度、电力供应、通信管网等情况,经市、区两层面统筹协调后确定街道级数据中心的布局和建设规模。其设置要求如表 5-6 所示。

街道级数据中心设置要求　　　　　　　　　　　　　表 5-6

用户密度区	对应功能	机房数量（个）		机房面积（m²）	建设规模（机柜/机房）
		基本设置	高标准设置		
超密区	超大城市、特大城市的 CBD、总部基地等城市中心	2	3～4	180	60
高密区	大城市中心,超大城市、特大城市的次中心和组团中心	1	2～3	180	60
中密区	大城市次中心、组团中心,超大城市、特大城市的一般城区	1	2	180	60
一般区	大、中城市的一般城区,超大城市、特大城市的城郊结合区	1	2	90	24
乡镇区	建制镇、城乡接合部等	1	1	60	14

表格来源:广东省地方标准.广东省信息通信接入基础设施规划设计标准（DBJ/T 15-219—2021）[S].2021.

5.6.9　建筑单体及小区级数据中心

1. 公共建筑数据中心

在智慧城市建设及管理过程中,交通监控中心、公安局及派出所、广播电视中心、医院、图书馆、口岸、火车站、机场等对数据存储和处理需求较大的公共建筑,承担存储本地原始数据的功能数据库,必须建设建筑内专用的微型数据中心及管理用房。具体情况见表 5-7。

公共建筑数据中心设置要求　　　　　　　　　　　　表 5-7

公共建筑类型	数量	面积（m²）	机柜数
区级及以上的医院和图书馆、口岸、火车站、机场	1	≥60	13-14
独立站地的交通监控中心、公安局及派出所、广播电视中心	1	≥90	20

表格来源:广东省地方标准.广东省信息通信接入基础设施规划设计标准（DBJ/T 15-219—2021）[S].2021.

2. 智慧园区、小区数据中心

考虑园区功能有多种,既有一般工业区,也有高新企业集聚的园区,也可能有金融园区和混合功能园区，每种园区对微型数据中心的需求差异较大；若因园区产业发展需求，有特殊功能要求或主机托管需求时，数据中心的建筑面积另外核定。

智慧园区比一般智慧小区增加了企业服务平台、园区综合管理平台等两项功能平台需求，也要预留与智能城区、智能城市联网的平台接口，管理也更加专业化，需要设置微型数据中心和管理用房。按照常规功能平台的基本需求，设置微型数据中心面积需要大于等于 90m² （对应 20 个机柜）；对应的管理用房面积一般需要 40m² 及以上。

5.6.10 数据中心选址规划

1. 选址思路

开展数据中心选址建设时，需考虑基本思路及条件：首先，针对现状城区和新建城区设置数据中心，优先考虑采用独立或附设的建设方式。新建片区有良好用地条件的可考虑预留用地及配套设施建设大型或市级数据中心；对于现状城区，由于无可用、可控、可建的用地条件，则优先考虑附设于公共建筑或信息通信机楼等设施。其次，数据中心选址要在满足基本用电、通信管网资源相对富裕的区域。最后，由于数据中心作为新型基础设施，尚未被纳入城市规划中，因此，针对数据中心用地选址可结合城市近期土地利用规划及相关法定规划，整理出可用、可控、可建的工业用地，以及拟建的信息通信机楼用地，必要时可通过整合相邻地块、扩展地块等方式，增加选址方案。在确定选址方案用地面积及建筑面积、与城市规划吻合度、开展近期建设的条件、环境安全、用电保障等符合条件的情况下，通过收集现状用地资料及现场踏勘，确定最终选址方案。

另外，针对中小型、微型数据中心，应灵活考虑用户本地化需求，以附建方式在公共建筑、信息通信机房等处，开展差异化选址。

2. 选址基本原则及要求

数据中心选址需从技术层面及运维管理两方面综合考量，保证数据中心建设运行中资源供给、绿色节能、安全可靠运行（图 5-12）。

图 5-12　选址基本原则

大中型数据中心应综合考虑市电接入的可靠性和扩展性，宜优先利用现有供电资源。宜靠近 110kV 及以上等级且配置冗余度高的电源点。其他要求按照数据中心等级进行设置。

微型数据中心结合信息通信机房或公共建筑建设。作为区级、街道、小区级数据中心应在其范围内选址建设。如街道数据中心优先考虑与街道办公楼共址建设，其次是与街道指挥中心共址建设。同一街道规划多于 1 个街道级数据中心时，除了与街道办公楼或指挥中心共址设置的街道级数据中心之外，其余街道级机房的选址应结合通信管网资源，按用户密度区从高到低排序依次确定。规划建设街道级数据中心应以建设规模为准，当满足机房面积要求但不能满足建设规模要求时，应根据建设规模重新确定机房位置及机房面积。

5.6.11　数据中心建设模式

数据中心建设模式，从空间形式上可分为独立占地式、附建式两种，从建设主体上可分为以使用方自主建设、第三方（市基础设施投资平台）统一建设或共建三种。

1. 独立占地式数据中心

独立占地数据中心为单独占地并全部用于布置数据设备、网络传输及其配套设备的建筑单体。由于政府及通信运营商对集中式数据中心的需求，在新建城区，此类数据中心在规划期内仍会有较大的需求。独立占地式数据中心具有产权清晰、功能明确、各种配套设施（如管道、接地、电源等）齐全、能满足规划期发展需求等优点，也具有建设周期长、一次性投资大和需单独占地等缺点。

随着城市建设用地资源日趋紧缺以及云网结构的变化，独立占地式数据中心可与信息通信机楼合设。此类数据中心可由政府或运营商一家运营商建设、使用、运营为主，也可以由第三方基础设施投资平台统一建设，租赁给使用方，也可考虑共建模式，保障综合信息通信机楼专业性及共建共享。以南方某自贸区为例，该片区因区域位置重要和产业发展需求，规划 1 座独立式数据中心，用地面积约为 6000m²，相关情况见图 5-13。

图 5-13　某城市规划独立占地式数据中心

（图片来源：深圳市城市规划设计研究院有限公司 . 深圳市信息通信基础设施专项规划［R］. 2020）

2. 附建式数据中心

此类基础设施有两种建设形式，一种是政府主导控制的建设形式，规划主管部门将规划数据中心及所需建筑面积纳入地块的土地招拍挂出让要点，由地块开发商按要求建设后移交给信息化主管部门进行统筹管理；一种是运营商采取市场化方式改造现有建筑的建设形式，由某家通信运营商与建筑业主协商，通过租借或购买形式取得使用权或所有权，并将其他功能的建筑改造成综合信息通信机楼。

此类数据中心一般适用于片区建设用地紧缺、建筑面积需求较小、建设独立占地式困难的场合。例如南方某城市某区，未来主导产业为战略性新兴产业以及产、学、研基地等，对信息基础设施的综合需求量大，结合用地情况，除传统信息通信设施用地外，还需增设数据中心，因此采用附建形式，所需建筑面积约为 $800\sim1200m^2$，见图 5-14。

图 5-14　某城市规划附建式数据中心

（图片来源：深圳市城市规划设计研究院有限公司. 深圳市信息通信基础设施专项规划［R］. 2020）

5.7　数据中心设计

在城乡规划统筹布局下，数据中心通过详细规划落实于相应地块或建筑内。数据中心的设计则是进一步完成方案设计和施工图设计，指导工程实施及后期落地、投入使用。因此，一座数据中心的总平面布置、建筑方案、工艺布置、建筑电气、通风系统、消防、节能等多方面的设计，其合理性、功能的实用性、技术的先进性都是数据中心的重中之重。

下面将设计阶段的基本思路、技术要点予以呈现，对详细设计步骤不做逐一列举。

5.7.1　数据中心功能分区

一座完整的数据中心包含各类功能区域：主机房、辅助区、支持区、行政管理区[①]，数据中心功能分区具体情况见图 5-15。

1. 主机房

主机房是主要用于电子信息处理、存储、交换和传输设备安装以及运行维护的建筑空间，包括服务器机房、网络机房、存储机房等功能区域，分别安装有服务器设备（也可以是主机或小型机）、存储区域网络（SAN）和网络连接存储（NAS）设备、磁带备份系统、网络交换机，以及光缆配线架、空调末端设备等。

2. 辅助区

是用作安装、调试、维护、运行监控和管理电子信息设备和软件的场所。主要有总控中心、测试机房、消防控制室等。

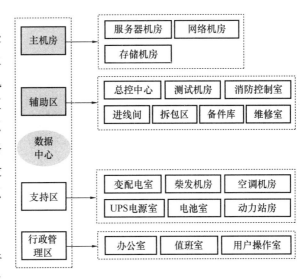

图 5-15　数据中心功能分区

3. 支持区

为主机房、辅助区提供动力支持和安全保障的区域，主要设施有变配电室、空调机房、UPS 电源室等。

4. 行政管理区

提供日常行政管理及客户对托管设备进行管理的场所。一般有管理人员办公室、值班室、操作室等。

5. 功能分区设计要求

数据中心机房的平面布局和结构设计需要有整体设计理念，既要考虑当前与未来技术及使用情况，也要考虑运行管理的方便，并且还要结合特殊企业或机构的高标准要求进行多方面考虑。典型功能分区需满足以下九大原则及要求，典型工艺平面图参见图 5-16。

第一，要符合相关法规和规范要求，以安全性、使用便利性和可维护性为主要分区原则。

第二，应合理分布，既体现分割独立，又相对集中，避免出现相互干扰，达到协调统一、便于工作的目的，尤其是容灾系统要实现物理隔离。

第三，出入口应单独设置：每个区域的人流、物流、维修流和参观流等路由宜分开布置，尽量避免交叉，做到内外有别；控制中心、电信间及主机房为限制区，严禁外来人员

---

①　数据中心设计规范（GB/T 50174—2017）[S]. 2017.

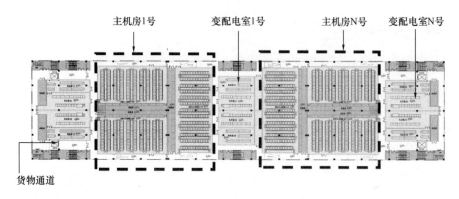

图 5-16　典型数据中心功能布局

进出；作为可选设计，主机房可与参观走廊相连，便于参观者参观机房；员工通道要易于内部人员进行运维管理；物理通道应位于数据中心非重点区域，减少对其他功能区域的干扰。

第四，数据中心核心生产区的设备布局与配置应充分满足当前 IT 系统设备的容量要求，同时兼顾 IT 系统扩展、容量增加和新技术应用的要求，要为新系统安装投入运行作出空间上、容量上预留。

第五，从供电、供冷配置角度出发，对机房区域进行分析和设计，尽量按设备发热量分区布置，将机房划分为高中低热密度的模块机房，便于供电和制冷设备进行有针对性的设计、布局和运维管理。

第六，机房内 IT 设备整体设计布局要从制冷、地板承重、电力配置、设备类型、布线形式、运行维护以及系统扩展等角度进行全面综合性考虑；根据空调类型和冷却方式，确定将高密度服务器机架、存储列阵机架等热密度大的设备，摆放到散热的最佳位置；机架和设备不能超过地板的承重力。

第七，整个功能区宜采用无坡通道，设备、人员在机房内流动应在同一个平面上。

第八，要根据竖井位置布置网络机房，使网络机房和其他机房的距离最短，还要考虑设备之间布线的距离，合理距离能够减少对布线的投资，同时也提高了布线和通信的效率，更重要的是减少了对空调送风的障碍。

第九，在功能分区中，模块化的设计非常重要，通过这种设计，机房可以分期投入，并可根据发展需要做灵活调整。模块化也将有效地提高数据中心的风险隔离能力。

5.7.2　绿色数据中心设计要点

随着国内数据需求及产业的迅猛发展，数据中心的建设量和建设规模也不断扩大，数据中心的土地、电、水、材料等资源消耗量，以及其在社会整体消耗量中所占比例也逐年攀升；同时，数据中心在资源利用过程中也存在如空置率高、能源利用效率低下等诸多问题。若不加以控制，数据中心对资源的过度消耗将愈演愈烈，数据中心的运行成本将在几年内就超过数据中心的自建成本。而建筑设计关乎数据中心自身基础设施的使用，也关乎后续绿色节能、改建扩容能力及智能化运行能力。绿色数据中心的设计重点在于机房平面布局、建筑结构、电气系统、综合能源系统等。

1. 基础结构及层高

2015 年以前，IDC 数据机房通常以 5 层以下的多层建筑为主，但现阶段，土地资源越来越稀缺，数据中心的综合化趋势使得建筑向高层甚至超高层发展，如深圳前湾枢纽机楼、苏州太湖电信三期 6 号机楼。数据中心的层高应由工艺生产要求的净高、结构层、建筑层和风管及消防管网等高度构成。工艺生产要求的净高，应由通信设备的高度、电缆槽道和波导管的高度、施工维护所需的高度综合确定。因此在数据中心层高设计方面，除考虑消防高度限制外，应根据数据中心机房放置设备的情况，综合考虑土建成本及综合管道的安装与维护要求，对层高设计进行优化配置。数据机房主机房层高一般不低于 5m，机房净高不宜小于 3m，见图 5-17。

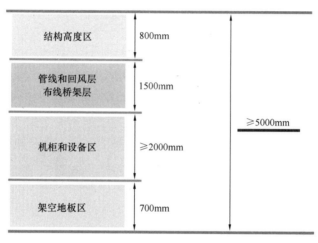

图 5-17　数据机房层高图

2. 机电系统设计

电气系统是数据中心机房的核心组成部分，有效地采用电气节能技术，对建设绿色数据中心同样重要。随着信息资源整合的加速和信息化水平的进一步提高，对数据中心机房电气系统的可用性和运行效率提出更高要求。

1）供配电设计

数据中心是比较庞大的电力需求主体，所以在数据中心选址、布局时会充分考虑电网的分布。为了保障业务的可靠性，数据中心通常会设置冗余，一旦供电不稳定，将带来巨大的不良影响，因此，在设计时会为数据中心规划充足的电力资源。

根据《数据中心设计规范》（GB 50174—2017），A、B、C 三级数据中心电源、备用电、UPS、中断容忍度等级不同，采取不同供配电设计模式，具体要求见表 5-8。

表 5-8

供配电设计要求

等级	供电电源	变压器	备用电源	说明
A	应由双重电源供电	$2N$	$(N+X)$ 冗余（$X=1\sim N$）	适用金融、互联网等行业
B	宜由双重电源供电	$N+1$	$N+1$， 只有 1 路电源，应设置	单系统冗余

续表

等级	供电电源	变压器	备用电源	说明
C	两回线路供电	N	UPS 供电时间满足存储要求时，可不设置	满足基本需要

注：表中 N 表示基本需求，N+X 表示冗余。

2）空调系统设计

空调系统是影响数据中心基本稳定性、可靠性、能效指标的关键设施。尤其是对我国南方区域，无自然冷的条件，必须采用有效的制冷设计。空调系统对于当前数据中心尤为重要，半导体集成、功率密度高、散热要求大幅提高，10 分钟不散热就会宕机，造成重大经济损失及社会影响。常用集中制冷技术包括风冷、水冷、蒸发冷。针对数据中心规模、新建或改扩建条件采用不同制冷手段，具体方式见图 5-18。

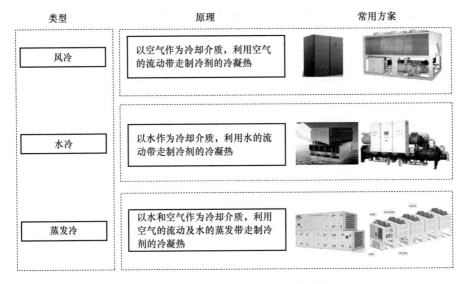

图 5-18　空调制冷系统常用方案设计

3. 模块化设计

数据中心的标准化、模块化在机房扩展时可使 IT 设备的空间配置达到最佳状态，无需重新对整个系统进行工程设计，在调试时也无需关闭关键设备。模块化组件可热插拔，便于重新排列时重新连接。标准化、模块化技术可以提高数据中心系统的可靠性，减少平均故障恢复时间，减少人为的操作失误，提高可用性。图 5-19 反映了模块化数据中心适应用户的水平增长和垂直增长模式。

4. 通信线路及通道

根据《数据中心电信设施标准》（ANSI/TIA-942-B—2017），线路布线分为四级，即R1 基本型、R2 部分冗余型、R3 在线维护型和 R4 容错型。鉴于数据中心的重要性，按照 R4 容错型设计，R4 级（T4 级）为数据中心布线的最高等级，要求数据中心具备容错能力，除满足 R3 的所有要求外，还需满足 HAD（水平分布区）、IDA（中间分布区）、MDA（主分布区）的设置要求，主备互不干扰，从设备机柜配线起，即为完整的双链路，任何一路故障均不会影响数据中心的正常运行。具体情况见图 5-20。

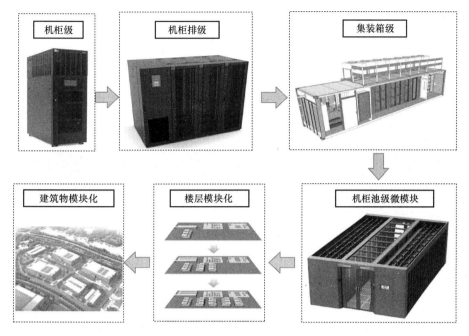

图 5-19　数据中心模块化设计示意图

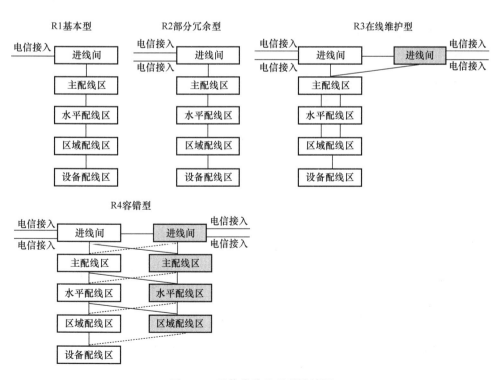

图 5-20　通信线路及通道设计图

5.8 管理政策研究

1. 将公共需求的数据中心（机房）及新型基础设施纳入城市基础设施范畴进行管理

满足公共需求的数据中心、综合信息通信机楼等，属于城市新型基础设施；在国家新基建政策的指导下，需要将上述新型基础设施纳入城市基础设施范畴进行统筹管理；并针对独立式、附设式采取差异化规划方法和措施。

2. 出台信息通信基础设施管理办法

与第 4 章信息通信机楼管理办法一样，将公共类数据中心纳入城市信息通信基础设施管理办法中，明确与信息通信基础设施相关的业务流程，切实保障信息通信设施的安全；同时加大对违规建设的处罚力度，并在实践中逐步完善。

3. 明确共建式综合信息通信机楼的操作细则

为支撑未来重点工业、产业园区发展，采用共建式综合信息通信机楼，明确综合信息通信机楼等基础设施管理的重要原则，推进其统一建设与共享。共建共享基础设施主要对机房、电力、空调、通信管道等共享，以达到减少重复建设、提高电信基础设施利用率的目的。由于综合信息通信机楼一般采取共建式，建设主体以第三方为主，且建设完成后对多类需求主体开放，牵涉面较广，需进一步明确共建机楼或共享机房的操作细则，如建设主体、使用土地的价格、管理流程、监管办法、共享机房的价格取定、机房和配套设备房的预留等，深化和完善其管理办法。

第6章　信息通信机房规划与设计

信息与通信相互依存、深度融合，正以澎湃之力影响现代化城市发展方向，也逐步改变当今信息社会市民的生产和生活方式。随着光纤、软交换、IP 等技术发展，对信息通信网络发展和基础设施建设产生较大影响，网络重心逐步下沉，急需要信息通信接入基础设施来承载网络发展，需要机房等接入基础设施，也需要在新建楼宇落实各类配套通信基础设施，大幅提高城市信息通信基础设施的建设标准。

6.1　机房发展

1. 定义

安装在本地网络中为一定区域或特定群体的用户提供通信接入服务的多种类型通信设备的机房，包括接入网机房以及配套设施和接入通道等；主要通信设备包括固定电信网、移动通信网、有线电视综合信息网的无线、有线等设备。

2. 发展历程

在信息技术发展和信息化应用日新月异的新环境下，互联网普及率、光纤用户覆盖率、移动用户规模得到了大幅提升。新技术环境的产生导致对通信基础设施要求发生重大变化，从而影响网络结构，通信机房的类别和层次结构也随之发生了变化。

早期以语音交换、电缆传输为主的发展时期，由于受电缆传输衰减的限制，通信机楼一般按服务半径为 2k～4km 范围布置，机楼容量为 3 万～10 万门，主导运营商的大部分机楼是按此种组网原则建立起来，部分机楼的面积比较小，地域化特征比较明显。随着光纤以及集成电路等技术的发展，单个机楼内的多个交换机容量可达 30 万～40 万门，服务半径也大大扩展，使得运营商对机楼的需求逐步减弱，增加了通信机房的设置，主要满足光纤接入网需求，包括电信固定网的光交接点、光节点等。随着移动通信的发展，当基站规模达到一定程度后，为节省传输资源需增设传输节点，作为基站的汇接，也逐步产生了对汇聚机房的需求。

近年来，增加了单元机房的需求，其与 4G、5G 基站建设密切相关，分布较广，是信息通信机房中需求较多的机房，多家通信运营商都需要信息通信单元机房，承载无线接入设施以及基带单元设备；5G 大规模商用加强了信息通信单元机房的建设需求。目前的信息通信机房包括了边缘计算机房的需求，使用面积在原等级通信机房的基础上增加 10%～20%；信息通信机房体系主要包括信息通信单元机房、信息通信片区机房、信息通信区域机房等。

3. 发展趋势

随着互联网以及智慧城市、云计算、物联网等技术发展，信息及计算机快速发展壮大，"一图一网一云"的智慧城市构架对城市现状和未来信息及通信基础设施也提出新的要求，急需建设小区级、片区级、城市级的信息控制中心等新型城市基础设施。因此，智慧城市、物联网、5G 等新技术对通信机房的需求大大增加。

信息通信技术融合发展使得较多信息通信基础设施已融为一体，通信机房的功能综合性更强，体系架构更有层次。通信机房也演变为信息通信机房（以下简称"机房"），功能进一步扩展，兼容边缘计算等需求。早期通信机房内布置的设备主要是通信公共网络设备及配套设施，现在的信息通信机房则包括同等级别通信机房和边缘计算机房。

随着新技术的发展，信息通信网络更加庞大，通信网络的重心下沉，对接入网机房的依赖逐步增强，需要多层级和数量的信息通信机房。因此，信息通信机房的内容也在不断拓展中，通信设备间以及单元机房、片区机房、区域机房是比较常见的机房。

6.2 需求分析

1. 相关国家政策要求

住房和城乡建设部及工信部于 2015 年 9 月联合发文《关于加强城市通信基础设施规划的通知》（建规〔2015〕132 号），文件要求将基站等新型基础设施纳入新建地块的城市规划设计要点。该文件对通信基础设施规划产生了重大影响，在此文件的推动下，全国多个城市首次开展通信基础设施专项规划；该文件明确了通信基础设施包含的内容以及不同规模城市完成专项规划的时间。尽管通知的内容要求比较全，既包括总规层次的大型基础设施，也包括详规层次的小型基础设施，但城市主管部门对通知的内容理解不尽相同，各城市铁塔公司的推动使得规划重心偏重基站。根据通知的要求，需要全面推动宏基站、机房纳入土地出让合同和规划设计要点，促进通信设备间、基站机房等普适性接入基础设施纳入地块或道路的规划设计要点。

2021 年 3 月，工业和信息化部印发《"双千兆"网络协同发展行动计划（2021—2023年）》（工信部通信〔2021〕34 号），计划提出，用三年时间基本建成全面覆盖城市地区和有条件乡镇的"双千兆"网络基础设施，实现固定和移动网络普遍具备"千兆到户"能力。千兆光网和 5G 用户加快发展，用户体验持续提升。增强现实/虚拟现实（AR/VR）、超高清视频等高带宽应用进一步融入生产生活，典型行业千兆应用模式形成示范。而通信设备间是落实双千兆的重要载体，是 5G 和光纤网络的共同需求。

2. 相关技术规范标准要求

目前，关于通信机房的分类和设置标准的规范有《城市通信工程规划规范》（GB/T 50853—2013）及部分省、市的当地规划标准，如《广东省信息通信接入基础设施规划设计标准》。

《城市通信工程规划规范》（GB/T 50853—2013）建议小区类通信综合接入机房根据户数设置为 100～260m²；与《住宅区和住宅建筑内光纤到户通信设施工程设计规范》（GB 50846—2012）相比，同是指导住宅区设置通信机房面积，但后者推荐的电信设备间建筑面积约为 12～15m²，两者之间相差 10 多倍；另外，其他性质的建筑单体或综合体如何设置通信机房，值得探讨。随着 5G 等技术发展，通信机房的类别需要进一步细分，各运营商对通信机房的差异化需求也进一步呈现出来。《广东省信息通信接入基础设施规划设计标准》侧重信息通信接入基础设施的空间和外部特征，是对现行规范标准相关内容的完善、补充，并形成完整的接入基础设施体系。根据国土空间规划的层次以及接入基础设施特点，分别明确各层次规划需要确定的微型数据中心、机房、基站、通信设备间等。

3. 固定通信网的需求

各运营商对通信机房的需求与其通信机楼、网络组网关系密切。由于各运营商的组网需求存在差异，因此，对各类通信机房的需要也有所不同。由于历史发展原因，电信固定网承担原邮电局延续下来的城市通信的主要职责，对应的电信运营商的通信机楼较多，其对片区机房的需求基本能在现状通信机楼内解决，因此，其需求主要以单元机房为主，在部分缺乏机楼的区域补充区域机房即可。单元机房的需求主要结合现状机房及单元网格划分进行补充。

4. 移动通信网的需求

移动通信的组网方式与固定通信的组网有较大不同，不仅网元的数量及需求差别较大，还省略大量的接入缆线；片区机房主要以满足城市移动通信城域网的需求为主。近几年来，随着中国移动的家庭宽带用户呈现爆炸式增长，也产生了大量的固定通信机房需求，逐渐缩小了该公司与其他运营商在固定通信网上的差距。另外，以移动通信为主的移动通信网络，机楼数量远少于固定通信网，对机房数量的需求也相对较多，通信机房需求类别包括区域机房、片区机房、单元机房，类别也最全。

5. 有线电视网的需求

有线电视网是以分支分配网为基础发展起来的相对独立的网络体系，在国内各城市的业务包括数字电视广播、高清互动电视、有线宽带、数据专线、集成业务等。由于有线电视网络的特殊性，其片区机房及以上的设施需要单独运营管理。随着广电拥有 5G 商用牌照，成为我国第四家基础电信运营商，将促进有线电视网络转型升级，实现全国一张网与5G 融合发展。有线电视网络对通信机房的需求包括区域机房、片区机房、单元机房，但由于网络规模较小，需求数量一般比移动通信网络少。

6.3　面临问题与挑战

6.3.1　面临问题

1. 现状各运营商的通信机房以采取市场化方式获取为主，稳定性较差

现状城区各运营商的网络已基本形成，不同网络的机房都有自身的设置规律，每座机房为一定区域提供通信业务服务，通信机房整体上呈分散布局。由于运营商通过市场化方式在现状城区获取通信机房，获取机房的位置和大小与理想状况有一定距离，且机房还面临被逼迁的隐患，因此，需要将其纳入城市规划建设中，并稳定机房布局。

2. 现行标准滞后于实际发展需要

《城市通信工程规划规范》（GB/T 50853—2013）以确定大型基础设施为主，对机房类接入基础设施关注较少，且技术依据以 2010 年以前的技术为主，已明显滞后于技术发展和行业现状，无论是为城区服务的片区机房、区域机房，还是为小区大楼服务的本地通信机房，都是如此；这就对通信机房规划提出了挑战。随着 5G 大规模商用，各类基站的数量大幅增加，对机房的需求也更加普及，急需更新不同规模机房的设置规律，并为智慧城市发展需求留有弹性。

6.3.2 面临挑战

绝大多数城市尚未开展机房规划，也未在建筑设计阶段预留各层次机房，主要通过运营商采取市场化方式来建设。针对机房短缺的问题，需要建立全面的体系，通过多种方式来推动其持续建设。

1. 建立满足多种城域网需求的机房体系，总结各类机房的设置规律，全面纳入城市规划建设

信息通信行业具有技术新、难度大、变化快等特点，通信机房的类别也随之发生了变化，需重新建立满足多种城域网需求的机房体系，各类机房的设置规律也需要滚动更新。不同信息通信接入基础设施的类别、设置规律、建设条件均存在差异，融入城市规划建设的阶段有所不同，其中有线通信机房除了在城市详细规划阶段进行控制外，还需在建筑初步设计阶段进行修正或优化，数据中心（机房）作为城市基础设施建设的新类别，更需要不断总结，并在不同城市规划阶段分别引入。

2. 梳理不同运营商对基础设施需求的设置规律和管理制度

信息通信行业具有多家运营商平等竞争、多网并存的独特特点，对信息通信基础设施规划及管理都提出了独特的要求。在信息通信基础设施规划方面，需以各运营商的现状网络、市场发展、用户特征为基础，分析其差异化需求，总结不同运营商对基础设施需求的设置规律，结合当地资源情况统筹布局各类信息通信基础设施，实现基础设施资源共享。在信息通信基础设施建设管理方面，需打通主要基础设施的建设路径，建立完善的管理制度，促进信息通信基础设施建设完成后，可以有序分配到多家运营商，维护各类信息通信基础设施位置的稳定，支撑各类城域网的稳定运行。

6.4 机房层次

通信机房主要满足固定电信网、移动通信网以及有线电视综合信息网的无线、有线等设备的安装需求。按功能和需求不同可分为信息通信区域机房、片区机房、单元机房以及通信设备间、基站机房等（表 6-1）。

区域机房：集聚行政区或区域范围内各类数据及通信业务，布置传输网、数据网、移动通信网、多媒体网等局端或类局端通信设备以及边缘计算设备的专业房间，并实现通信城域网之间的缆线交接；一般附设在建筑物内。

片区机房：汇聚街道或片区范围内多类综合业务，将其传输至信息通信区域机房（或通信机楼）内，布置传输网和数据网等信息通信设备以及边缘计算设备的专业房间，并实现通信城域网之间的缆线交接；一般附设在建筑物内。

单元机房：收敛社区或单元范围内移动通信用户、家庭宽带用户、集团用户、有线电视用户以及数据、多媒体等业务，布置多种通信网络收敛以及边缘计算设备的专业房间，并实现信息通信城域网与信息通信设备间之间的缆线交接；一般附设在建筑物内。

通信设备间：在单体建筑和小区用地红线内布置公共通信网设备的专业房间，满足固定公共通信、移动通信和有线电视信号传输等通信接入需求，并实现通信城域网与建筑物缆线交接。

基站机房：是在特殊条件下设置的信息通信机房。在城市建设区，基站设备主要布置在建筑物内通信设备间或通信单元机房内，与其他通信设备一起布置，仅在少数特殊条件下需要设置独立的基站机房。

各类通信机房的功能特征及层次关系一览表　　　　　　　　　　　　　　表 6-1

机房类型	主要功能特征	层级关系
区域机房	布置核心网路由交换机、分组传送网（PTN）、光传送网（OTN）、宽带网络网关控制设备（BNG）、内容分发网络（CDN）等通信设备，以及 5G 系统中集中单元（CU）、多接入边缘计算（MEC）等设备	单个信息通信区域机房可覆盖 9～15 个信息通信片区机房
片区机房	布置分组传送网（PTN）、光传送网（OTN）、宽带网络网关控制设备（BNG）、路由器、内容分发网络（CDN）、多接入边缘计算（MEC），以及有线电视网络的射频类设备、光分配器等	每个信息通信片区机房覆盖 4～6 个信息通信单元机房
单元机房	布置光线路终端（OLT）、基带处理单元（BBU）、5G 系统中分布式单元（DU）等设备	1 个信息通信单元机房布置 6～15 个基带处理单元（BBU）
通信设备间	布置城市通信公共网络的设备间	满足建筑物内光纤到户、微基站、室内覆盖系统、有线电视等通信设备的需求
基站机房	集中布置多家运营商宏基站设备的公共通信机房	相邻 15 个以内的独立式宏基站基带处理单元可共用 1 个基站机房

6.5 规划设计思路

信息通信机房等小型通信基础设施是通信行业独特的设施，具有内容新、数量多、分布广、需要新增等特点，且目前没有成熟的推进路径，需要从规划、设计、建设等多路径推进其建设，促进其全面纳入城乡规划建设中。在全面建立机房体系和设置标准的基础上，宜按照下述思路推动其建设。考虑到绝大部分城市还未开展专项规划，开展规划时间比较长，完全通过规划引导机房建设的时间太长，且时间不可控，而运营商又急需各类机

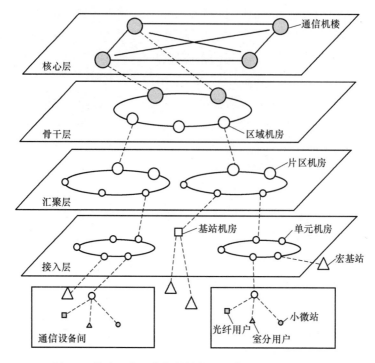

图 6-1　信息通信网络拓扑结构及通信机房层次示意图

房，应利用城市化进程在建筑设计阶段来建设机房，不同规模机房因数量不同，预设的设置条件不同。

1. 大型机房主要通过规划落实，也可在建筑阶段直接建设

区域机房是近几年出现的新型城市信息通信基础设施，是面积较大的附设式城市基础设施，是个特殊的机房层次，以满足缺少通信机楼的运营商的需求，在管理上都有较强的特殊性，从规划到落实位置，一般需经过控规、修规、建筑设计三个阶段循序推进。为缩短信息通信机房的建设时间，还需建立规划设计标准，满足一定条件或达到某种规模时，直接在建筑设计阶段建设，并纳入地块规划设计要点。

2. 中型机房主要通过规划或设计标准同时推动建设

片区机房、单元机房所需的建筑面积相对适中，也相对容易通过城市规划、设计标准、市场化等方式来落实。此类机房除了在详细规划（法定图则）、城市设计等规划阶段确定其布局外，还需要在建筑设计阶段结合空间形态、开发时序、地下室布置等因素综合确定。通过规划或设计标准同时推动建设。

3. 小型机房或不确定的机房主要通过设计标准建设

通信设备间、基站机房等小型机房在建筑设计阶段确定具体位置。通过普适性标准引导面向用户型基础设施的科学合理建设，采取规划和标准相结合的方法来落实小型接入基础设施。

6.6　区域机房规划与设计

6.6.1　主要功能

区域机房是通信机楼功能的补充和延伸，是面向未来网络的大区业务收敛及终结点，主要用于大区域业务的汇聚以及 BNG、CDN 等设备的下沉，并实现与核心机楼的互联。区域机房内主要布置核心网路由交换机、分组传送网（PTN）、光传送网（OTN）、宽带网络网关控制设备（BNG）、内容分发网络（CDN）等通信设备，以及 5G 系统中集中单元（CU）、多接入边缘计算（MEC）等设备。

区域机房是个特殊的机房层次，以满足缺少通信机楼的运营商的需求，弥补运营商早期建设通信机楼数量的不足和分布不均的短板，减少或节约传输资源。但并非所有通信运营商都需要区域机房，是否需要建设区域机房要根据各运营商的现状通信机楼的数量、位置以及城域网组网情况来确定。以深圳为例，深圳移动、有线电视的通信机楼较少，现状使用率较高，机房面积资源紧张，扩容困难，这就需要新建区域机房，以缓解机楼压力。而深圳电信由于历史发展原因，电信固定网承担的职责不一样，对应的通信机楼较多，其需求基本能在现状通信机楼内解决；深圳联通的用户规模和网络规模相对较小，其需求基本能在机楼和片区机房内解决需求；因此，深圳电信、深圳联通仅在部分有需求区域建设此类机房即可。不同城市的情况有所不同，需结合现状机楼调研，分析确定各运营商需求。

6.6.2　设置规律

根据通信机楼、片区机房等基础设施的分布情况，全局考虑同一区域内不同汇聚节点的分布，满足覆盖区域内低时延、大带宽传送、业务收敛和业务网元下沉部署的需求，每个区域机房覆盖 9～15 个片区机房。区域机房宜按用户数、行政区、业务密度等条件进行设置。另外，城市政府还可设置条件，达到一定规模的小区需配套建设，详细内容参见本书后续的设计条件等相关章节。

1. 根据预测的通信用户总数确定

对于区域面积较大的行政区，可通过业务预测来布局区域机房，按照通信用户总数每 50 万～80 万户设置 1 个区域机房，有线电视覆盖用户数每 20 万～40 万户设置 1 个区域机房。

2. 根据行政区的划分确定

行政区划面积比较合理的城市建设区，可按行政区来设置，每个行政区（县）至少设置 2 个区域机房。

3. 根据通信业务密度区确实

结合城乡建设区的通信用户密度分区进行设置，高密区 40～50km^2 设置 2～3 个区域机房；中密区 60～80km^2 设置 2～3 个区域机房。

6.6.3　设置规模

区域机房主要布置通信主设备（含传输设备、无线设备、数据设备等）和配套设备（含电源设备配置需求、空调系统、其他辅助设备等）。

通信主设备面积需求：区域通信机房是机楼的延伸，是业务接入的纽带，主要在业务密度较高的大城市、特大城市设置，设备的种类、数量较多，因此，机架数量按 40～80 个考虑，单机柜所需面积按 $2m^2$ 计，推算出所需机房面积约 80～160m^2。

配套设备面积需求：作为枢纽性机房，其电源要求也相对较高，要求使用二类市电，容量不低于 350kW，需求包括电池室、变配电室、柴油机室等。配套设备的面积之和按通信主设备机房面积的 1.5 倍计算，则需机房面积约 120～240m^2。

综合上述，区域机房的建筑总面积宜为 200～400m^2。

超大城市、特大城市的信息通信区域机房的使用面积应按 300～400m^2 设置；大城市及以下城市的信息通信区域机房的使用面积应按 200～300m^2 设置（图 6-2）。

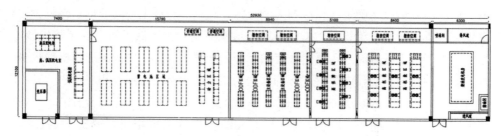

图 6-2　通信区域机房典型平面布置图

6.6.4　规划布局

区域机房网络定位是面向未来网络的大区业务收敛与终结点，介于骨干机楼与片区汇聚机房之间，起到承上启下作用，为规划期 BNG、三级 CDN 的下沉提供局房基础资源，缓解现网骨干机楼的承载压力。

区域机房应在县（区）国土空间规划或信息通信专项规划阶段确定其布局；区域机房需求明确时，应在详细规划或城市更新中落实到地块或确定其位置。信息通信区域机房宜综合各运营商的共同需求，集中集约布置。

区域机房管理范围一般考虑以行政区作为划分。对于通信运营商而言，某个区域设置信息通信区域机房的数量一般为 1～2 个，且分散布置，互为备用。规划区域机房时还应根据机楼、片区汇聚机房等机房的分布情况，全局考虑同一区域内区域机房分布，满足覆盖区域内低时延、大带宽传送、业务收敛和业务网元下沉部署的需求；为内容源下沉、网络扁平化提供局房基础资源。

按业务需求进行布局时，结合运营商现状机楼的情况和新增的规划需求，按 50 万～80 万户的通信用户总数设置 1 个区域机房，而有线电视按用户数 20 万～40 万户设置 1 个区域机房。

6.6.5　规划案例

本书以南方某城市《×××片区信息通信基础设施详细规划》（相关背景参见 3.2.4 节和 3.3.1 节）为例，说明区域机房结合城市规划建设进行预留控制。

1. 需求分析

由于规划区外北侧的中国移动通信机楼的现状使用率已达 93% 以上，机房面积资源紧张，扩容困难，需在机楼附近新建超大型区域机房，以缓解机楼压力。中国电信在规划区周边片区目前仅有一个通信机楼，该机楼规模较小，机房空间与扩展能力有限，需在规划区设立一个核心接入点作为所在行政区北部区域机房，承担核心接入以及片区传输、数据汇聚功能。

2. 规划成果

根据需求分析，该片区规划区域通信机房 2 个，分别为中国移动公司机房和中国电信公司机房，移动机房需建筑面积 1200～1500m²，电信机房需建筑面积约 550m²；结合现状设施布置及规划区正准备出让地块和整体建设街坊的情况，两座区域型机房分别布置在规划区东北侧地块内和西南侧街坊内。规划通信区域机房分布详见图 6-3。

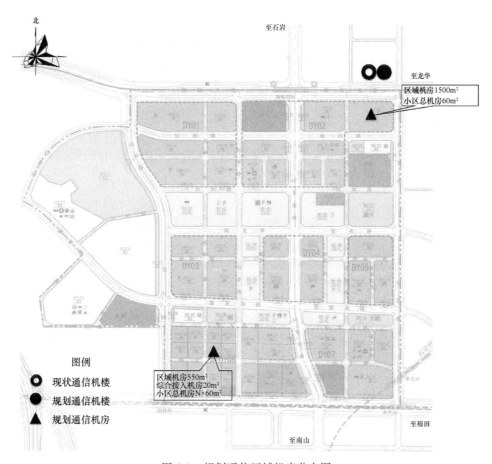

图 6-3　规划通信区域机房分布图

6.6.6 设计条件

区域机房是面积较大的附设式城市基础设施，对配套设施的要求较高。一定范围内的信息通信区域机房，需要进行数量的平衡。对于通信运营商而言，某个区域设置信息通信区域机房的数量一般为 1～2 个，且布置分散，互为备用。因此，对片区内设置信息通信区域机房的数量应进行适当限制，避免单个运营商的区域机房过于集中布置在某小范围内；片区范围内布置 2 个区域机房一般可满足大部分地区的普遍需求。信息通信区域机房宜附设在建筑质量较好的建筑单体或小区内，单独占地的通信设施也是理想的候选场所，满足条件时预留，作为规划补充；或者未开展规划时，通过相关条件来预控。

达到 6 万～10 万 m² 及以上建筑面积的市级图书馆、体育馆、歌剧院等文体公共建筑，适合预留信息通信区域机房。对不同规模城市呈现差异化设置，超大城市取上限值。

对于商业性开发的地块，建筑总面积 100 万 m² 及以上的，按照每 100 万 m² 设置信息通信区域机房，以便利用建设条件较好的小区，弥补信息通信区域机房设置不足的困局。

对于同时满足信息通信区域机房、片区机房设置条件的大型小区或城市更新项目，优先按信息通信区域机房的要求设置区域机房；在设置区域机房后，再按通信片区机房规定设置通信片区机房。若在相同建设规模条件下，设置信息通信区域机房后可不再设置片区机房。

6.6.7 设计案例

本书以南方某城市的会展中心机房布置为例，说明区域机房结合建筑设计进行预留控制。

1. 设计情况

某通信运营商在该会展中心北片区规划 1 座区域机房，附设于地下一层，建筑面积为 350m²；相关情况参见图 6-4。

2. 配套设施

区域机房通过独立的物理路由，从三个方向连接市政管道，出入局管道 18 孔（等效 ϕ110 标准孔）。

区域机房使用二类市电，电容量不低于 420kW，配置备用固定发电机，并预留应急油机接口。

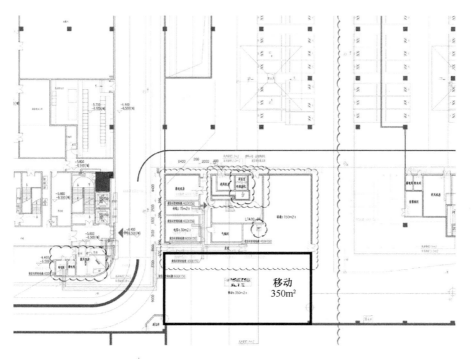

图 6-4　区域机房建筑平面分布图

6.7　片区机房规划与设计

6.7.1　主要功能

　　片区机房用于单个综合业务汇聚区业务收敛并实现与区域汇聚机房或核心机楼互联，负责对汇聚区内所有微网格的业务收敛，主要布置分组传送网（PTN）、光传送网（OTN）、宽带网络网关控制设备（BNG）、路由器、内容分发网络（CDN）、多接入边缘计算（MEC），以及有线电视网络的射频类设备、光分配器等；对于单个运营商而言，在布置信息通信区域机房的情况下，信息通信片区机房不布置内容分发网络（CDN）以及多接入边缘计算（MEC）等。

　　信息通信片区机房出现的时间较早，在通信运营商开展全业务之前，此类机房被称为通信网汇聚机房或有线电视分中心，需求比较普及。多家运营商对此类机房均有需要，数量较多，针对运营商网络的不同需求，机房的功能包括分中心、汇聚机房、边缘节点等。片区机房是需要在建筑中新增的信息通信机房，不同运营商对片区机房有选择地设置，拥有丰富通信机楼资源的运营商可不设置片区机房。

6.7.2　设置规律

　　结合业务需求及网络安全两方面开展片区机房规划，每个片区机房覆盖 4～6 个单元机房。片区机房可结合分类通信用户预测值或街道、镇区行政区划（适合中小型城市）进行设置，每个片区机房分散布置在通信用户中心，可与就近单元机房同址设置。

1. 根据预测的通信用户总数设置

通过业务预测布局信息通信片区机房，按照预测通信用户总数每 6 万～12 万户需 1 个信息通信片区机房设置，有线电视覆盖用户数每 3 万～5 万户需 1 个信息通信片区机房设置。

2. 根据街道、镇区行政区的划分确定

在中小型城市，可按街道、镇区行政区来设置，每个建制镇（街道）宜规划至少 1 个信息通信片区机房。

6.7.3　设置规模

片区机房主要布置通信主设备（含传输设备、数据设备等）和配套设备（含电源设备配置需求、空调系统、其他辅助设备等）。

通信主设备面积需求：片区通信机房用于单个综合业务汇聚区业务收敛，机架数量按 20～35 个考虑，单机柜所需面积按 $2m^2$ 计算，推算出所需机房面积约 40～70m^2。

配套设备面积需求：作为骨干汇聚机房要求使用二类市电，容量不低于 60kW。配套设备的面积之和按通信主设备机房面积的 1.5 倍计算，推算出所需机房面积约 60～105m^2。

综合上述，考虑净使用面积和建筑面积之间的区别，片区机房的建筑总面积宜为 120～180m^2。

特大城市、超大城市的信息通信片区机房的使用面积应按 150～180m^2 设置；大城市及以下城市的片区机房使用面积应按 120～150m^2 设置（图 6-5）。

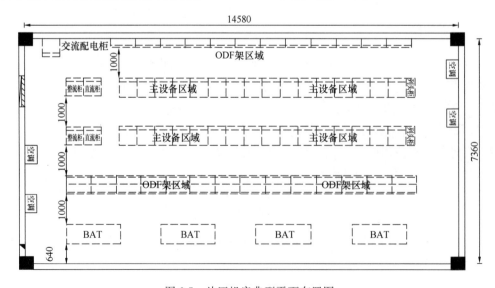

图 6-5　片区机房典型平面布置图

6.7.4　规划布局

片区机房是全业务运营网络中承担业务汇聚、收敛功能的节点机房，满足全业务的汇聚收敛要求，主要根据无线基站、集团客户、信息点覆盖等业务接入需要选定。

信息通信片区机房适合在县（区）国土空间规划中确定布局，在详细规划（法定图则）等规划阶段落实到地块，或者在以此类规划为基础的通信基础设施专项规划中落实；信息通信片区机房需求明确时，应在城市更新、建筑设计阶段确定其具体位置。

片区机房规划可根据各地市的规划、分区（街道、镇区行政区）性质和通信用户预测分布等划分汇聚分区。汇聚区域内片区机房的密度应结合业务需求及网络安全两方面作整体规划。汇聚区域内片区机房应重点满足区域内的无线基站等汇聚需求，并兼顾区域内的集团客户、信息点覆盖等业务。为保证网络安全性及业务带宽充足，在独立的县、区等一级行政区域内，汇聚区片区机房规划应考虑"双节点"接入及上联需要，因此同一汇聚区域内至少应有 2 个片区机房，满足物理接入点双归组网需求，避免因单个片区机房发生电力故障等因素时影响区域内的所有接入业务。规划片区机房时还应根据基站、家集客等业务分布，全局考虑同一区域内不同汇聚节点的分布，尽量扩大该片区机房在汇聚区域内的覆盖范围，便于业务汇聚节点的接入。

6.7.5 规划案例

本书以南方某城市《×××片区信息通信基础设施详细规划》（相关背景参见 3.2.4 节和 3.3.1 节）为例，说明片区机房结合城市规划建设进行预留控制。

1. 需求分析

已设置区域机房的通信运营商一般不需要同址或附近再设置片区机房；有线电视的区域分中心机房覆盖用户为 2 万～5 万户，其现状位于规划区附近的区域分中心机房已覆盖超过 7 万用户，已大幅超过覆盖上限，同时，周边片区也缺乏分中心，需新增分中心机房满足业务的发展需求。联通公司考虑该区域后续业务密集情况及 5G 布局背景，需在该区域设置 1 个汇聚节点，对该区域后续业务进行汇聚收敛。

2. 规划成果

该片区规划片区机房 2 个，分别为有线电视分中心机房和联通汇聚机房，结合地块已预留机房面积和拟出让用地情况，两座片区机房分别为位于 1 单元和 2 单元内，各需建筑面积 150～200m²。规划片区机房分布详见图 6-6。

6.7.6 设计条件

信息通信片区机房主要从居住户数、大型小区、公共建筑或行政办公楼、城市更新等地块来控制。住户数大于或等于 5000 户的居住区，设置信息通信片区机房；超过 5000 户的小区按每 5000 户设置信息通信片区机房，分散位于各居住区中心。建筑面积大于或等于 50 万 m² 的大型小区，按 50 万～60 万 m² 建筑面积设置信息通信片区机房。建筑面积大于或等于 3 万 m² 的区级行政办公、文化、体育等类别公共建筑，按每 3 万 m² 设置信息通信片区机房。用地面积大于或等于 6hm² 及以上的城市更新，按每 6～8hm² 设置信息通信片区机房。

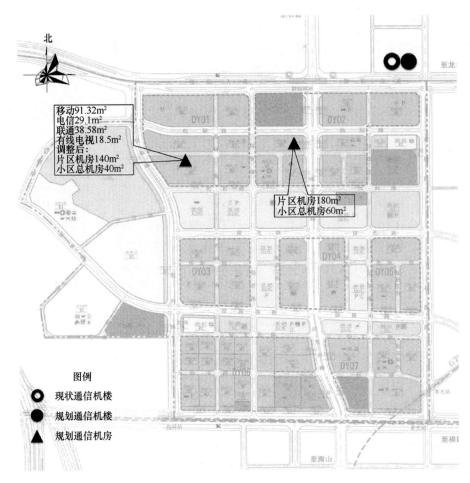

移动91.32m²
电信29.1m²
联通38.58m²
有线电视18.5m²
调整后:
片区机房140m²
小区总机房40m²

片区机房180m²
小区总机房60m²

图例
⊙ 现状通信机楼
● 规划通信机楼
▲ 规划通信机房

图 6-6　规划通信片区机房分布图

6.7.7　设计案例

本书以南方某城市的会展中心机房布置为例,说明片区机房结合建筑设计进行预留控制。

1. 设计情况

某通信运营商在会展中心北片区规划 1 座片区机房,附设于地下一层,建筑面积为 150m²。

2. 配套设施

片区机房进出局管道具备 2 条不同物理路由,采用管道方式进出,出入局管道 12 孔(等效 ϕ110 标准孔)。

片区机房使用二类市电,电容量不低于 180kW,且预留应急油机发电机接口,设置在靠近道路侧,便于外电接入(图 6-7)。

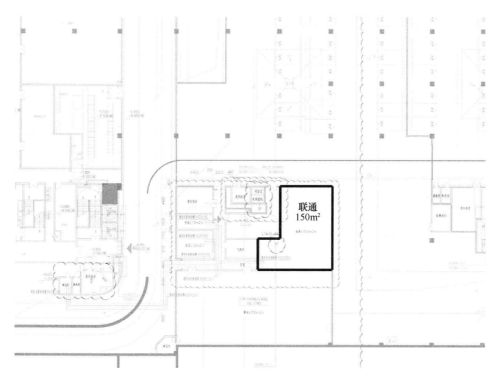

图 6-7 片区机房建筑平面分布图

6.8 单元机房规划与设计

6.8.1 主要功能

信息通信单元机房是近几年新出现的新型机房，特别是 5G 大规模商用后，其需求更加突出；单元机房是信息通信机房中需求较多的机房，多家通信运营商都需要信息通信单元机房。单元机房用于单个或多个微网格内业务收敛的汇聚节点，具体包括家集客光线路终端的部署节点，并兼作无线 BBU/DU 集中部署节点，向下主要采用星型结构，实现末端物理点接入。

单元机房是需要在建筑中新增的机房，也是所有运营商都需要设置的面积较小的机房，主要满足 5G 移动通信、通信城域网的设备布置需求。需要设置多个单元机房时，单元机房宜与建筑内对外连接的通信设备间同址布置。

6.8.2 设置规律

面向全业务接入，单个信息通信单元机房服务面积约为 0.2~1km²。单元机房可结合分类通信用户预测值设置，每个单元机房分散布置在通信用户中心。建制镇按边缘区要求设置，乡村按行政辖区设置单元机房。

201

1. 根据预测的通信用户总数设置

通过业务预测设置信息通信单元机房，按照预测通信用户总数每 2 万～3.5 万户需 1 个信息通信单元机房来设置，有线电视覆盖用户数每 0.5 万～1.5 万户需 1 个信息通信单元机房来设置。

2. 建制镇、乡村的设置

每个建制乡至少设置 1 个信息通信单元机房；每个建制镇按 1～3km² 建设用地设置 1 个单元机房。

3. 结合宏基站数量设置

单元范围内宏基站数量为 6～15 个时设置 1 个信息通信单元机房。

6.8.3 设置规模

单元机房的内部布置主要包括通信主设备（含传输设备、无线设备等）和配套设备（含电源设备、空调系统、其他辅助设备等）。

通信主设备面积需求：单元机房是直接为各类通信用户提供接入服务的公共机房，机架数量相对较少，按 8～14 个考虑，单机柜所需面积按 2m² 计，推算出所需机房面积约 16～28m²。

配套设备面积需求：作为接入层机房要求市电级别不得低于三类市电，容量不低于 25kW。配套设备的面积之和按通信主设备机房面积的 1.5 倍计算，则需机房面积约 24～42m²。

综合上述，单元机房的总建筑面积宜为 40～70m²。

超大城市及特大城市的信息通信单元机房的使用面积应按 55～70m² 设置；大城市及以下城市的单元机房使用面积应按 40～55m² 设置（图 6-8）。

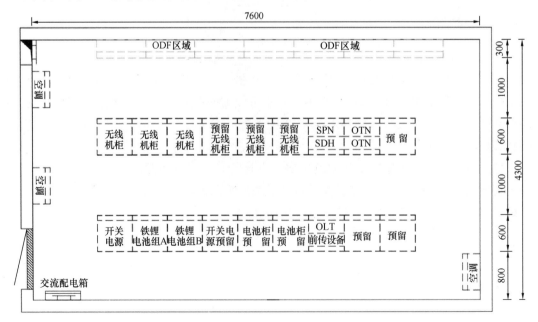

图 6-8 通信单元机房典型平面布置图

6.8.4 规划布局

单元机房是收敛光纤端口、移动通信用户、有线电视用户的综合性机房，用于汇聚运营商在服务范围内所有建筑单体或小区内各类通信业务，一般附设在建筑物内。

单元机房适合在详细规划（法定图则）、城市设计等规划阶段确定其布局，或者以此类规划为基础的通信基础设施专项规划中确定；对于在现状城区开展的城市更新而言，由于其位置处于缺乏信息通信机房的老城区，且规划范围与修建性详细规划接近，内容更加丰富且要求高、难度大，适合在城市更新阶段落实其具体位置。地块开发建设时，需要按相关设置条件落实单元机房。

单个单元机房服务面积约为 $0.2 \sim 1 km^2$，规划可结合分类通信用户预测值划分单元网格，每个单元网格设置 $1 \sim 2$ 个单元机房。优先选择条件较好的政府物业、基站机房（含室分）或租用机房等进行部署。建制镇按边缘区要求设置，乡村按行政辖区设置单元机房。

6.8.5 规划案例

本书以南方某城市《×××片区信息通信基础设施详细规划》（相关背景参见 3.2.4 节和 3.3.1 节）为例，说明单元机房结合城市规划建设进行预留控制。

1. 需求分析

根据各运营商对该区域的业务收敛范围划分，均需新增单元机房（综合接入机房）用于各区块内业务收敛的汇聚节点。

2. 规划成果

该片区规划单元机房（综合接入机房）12 个，其中移动公司机房 5 个，各需建筑面积 $40 \sim 60 m^2$；联通公司机房 2 个，各需建筑面积约 $60 m^2$；电信公司机房 1 个，需建筑面积 $60 \sim 80 m^2$；有线电视机房 4 个，各需建筑面积约 $20 m^2$。规划通信单元机房分布详见图 6-9。

6.8.6 设计条件

设置信息通信单元机房收敛电话、基站、数据等业务逐步在各运营商中达成共识；5G 大规模商用使得对通信单元机房需求更加迫切，需要将十多个基站的基带处理单元（BBU）集中布置。因此，需要建设大量信息通信单元机房，结合各类建筑单体、小区、城市更新项目等情况，符合条件的新改扩建居住、办公、商业、城市更新、工厂等地块开发建设时均应设置信息通信单元机房。居住区按每 1000 户设置信息通信单元机房；办公、商业类小区按每 15 万 m^2 设置信息通信单元机房；城市更新项目一般位于城市建成区，此类地区普遍缺乏单元机房，在城市更新项目布置单元机房时，设置条件略低，按照 $4 hm^2$ 设置信息通信单元机房。

图 6-9　规划通信单元机房分布图

6.8.7　设计案例

本书以南方某城市的会展中心机房布置为例，说明单元机房结合建筑设计进行预留控制。

1. 规划情况

四家通信运营商均在会展中心南片区规划 1 座单元机房，集中附设于地下一层，其中电信机房建筑面积为 $30m^2$，移动机房建筑面积为 $60m^2$，联通机房建筑面积为 $50m^2$，有线电视机房建筑面积为 $15m^2$。

2. 配套设施

单元机房建设双路由管道出局，出入局管道 8 孔（等效 $\phi110$ 标准孔）。

单元机房使用二类市电，电源功率按 $1.2\sim1.5kW/m^2$ 设置（图 6-10）。

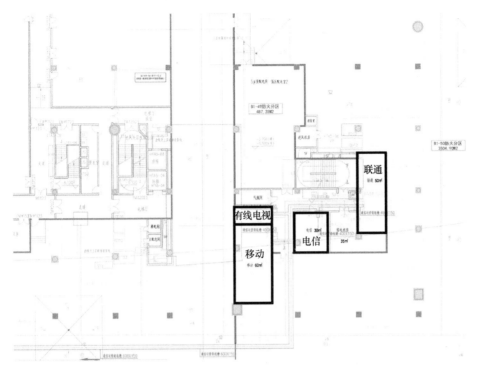

图 6-10　单元机房建筑平面分布图

6.9　其他机房设计

其他机房包括通信设备间、基站机房，是随建筑布置的普适性需求，主要通过设计标准来落实。达到一定条件均需设置通信设备间；当建设独立式基站且缺少单元机房时，需集中设置基站机房。

6.9.1　通信设备间

1. 主要功能

通信设备间是建筑物内布置城市通信公共网络的设备间，满足多家通信运营商同时提供固定通信网（光纤到户等设备）的接入需求，以及多家运营商的移动通信通信网（微基站、室内覆盖系统等设备）、有线电视网络（分支分配等设备）的通信接入需求，以及光纤集中引入引出，并与各类通信公共网络连通。通信设备间是落实建设双千兆的重要基础设施，也是 5G 和光纤网络的共同需求。

2. 设置规模

通信设备间是在《园区和商业建筑内宽带光纤接入通信设施工程设计规范》（DBJ/T 15—131）和《住宅区和住宅建筑内光纤到户通信设施工程设计规范》（GB 50846—2012）中的设备间功能基础上进行扩展，用以满足多种网络的需求，其设置规模也根据不同的情况作出了优化调整。

对于不设客梯或地下室的中小学、工厂、仓储以及居住、研发、高等院校等建筑，通信设备间的面积以满足光纤到户的需求为主，此类通信设备间面积宜为 15～20m²。

普适性标准：对于设置客梯、地下室的建筑，因需设置室内覆盖系统，通信设备间面积宜为 25～30m²。对于开发规模中等偏大的单体建筑或小区，一般已设置室内覆盖系统；多栋塔楼共用地下室的小区，适合集中设置 1 个通信设备间。

超长超高建筑：是特殊的单体建筑，超高层建筑宜按建筑高度（每 100m）设置 2 个及以上通信设备间。设置在裙房或地下室内的通信设备间，满足整栋大楼对城域网的需求和对外连接的需求，以及大楼底部 100m 室内覆盖系统设备布置需求，其使用面积宜按 30～40m² 设置；其他通信设备间设置在塔楼中上部的避难层内，按每 100m 设置 1 个通信设备间，其使用面积宜按 15～20m² 设置。长度超过 100m 的单体建筑，按功能分区设置通信设备间，与超高建筑设置通信设备间不同的是，每个功能区的通信设备间的建筑面积基本相同，满足本功能区光纤到户、室内覆盖系统、微基站以及对外缆线的连接通道需要，单个通信设备间覆盖建筑面积不宜超过 30 万 m²，其使用面积宜按 25～30m² 设置。

3. 设置条件

在建筑设计阶段，应确定通信设备间的具体位置。设置通信设备间应综合考虑建筑物内光纤到户、微基站、室内覆盖系统、有线电视等通信设备的需求。通信设备间主要从以下三个方面确定设置条件。

第一，根据住宅的户数或预测的通信用户总数确定：根据不同规模城市，住宅户数 30～50 户，设置通信设备间；或通信用户总数 200～300 户，设置通信设备间。

第二，从建筑功能角度确定对应的建筑面积进行设置：根据不同规模城市，办公、商业、酒店等通信需求较大的约 3000～5000m² 的单体建筑，设置通信设备间；工厂、物流、仓储等 8000～10000m² 的单体建筑，设置通信设备间。

第三，设有客梯或地下室的建筑物：此类建筑物对室内覆盖系统需求比较突出（5G 大规模使用后，因频率高需求更加明显），需要设置通信设备间布置多家通信运营商的移动通信设备。

6.9.2　基站机房

1. 主要功能

基站机房是布置基站的基带处理单元（BBU）等基站设备的通信房间。在城市建设区，基站设备主要布置在建筑物内通信设备间或通信单元机房内，与其他通信设备一起布置。仅在少数特殊条件下需要设置独立的基站机房，例如需要设置独立式宏基站，且周边缺少通信设备间或信息通信单元机房；或长度超过 700m 的车行隧道、地铁洞体等对移动通信有特殊需求处。

2. 设置规模

设置独立式宏基站时，相邻 15 个以内的独立式宏基站基带处理单元可共用 1 个基站机房，每个基站机房面积为 20～40m²，靠近所覆盖宏基站的地理位置中心。一般情况下，1 家运营商的 15 个以内宏基站所需基站机房面积为 20m² 左右，多家运营商共用基站机房时，基站机房面积取高值。每个地铁站应预留基站机房，基站机房与地铁内通信专用机房布置在一起，机房使用面积宜按 $60\sim100m^2$ 控制；其中，一般地铁站取低值、中低值，地铁换乘站取中高值、高值，三条及以上地铁换乘站取高值。

3. 设置条件

在 4G 大规模商用后，光纤拉远使得基站的射频和基带分离，逐步摆脱 1 个宏基站 1 个机房的模式，多个宏基站可以共享 1 座基站机房。5G 的宏基站共用基带处理单元（BBU）池已成为常见的模式。

当需要设置独立式宏基站，且周边缺少通信设备间或信息通信单元机房，宜单独设置满足基站设备布置需求的基站机房。

在中隧道、长隧道和特大桥梁等桥隧建设过程中，宜在桥隧的一端与独立式基站同步建设基站机房；在特长隧道和特长桥梁等桥隧的两端，宜与独立式基站同步建设基站机房。地铁是大容量的公共交通工具，地铁区间段属于特长隧道，地铁站及地铁区间段之间需建设泄漏电缆等室内覆盖系统，每个地铁站需配套建设多家运营商共用的基站机房。

6.10　机房选址及配套设施设计要求

6.10.1　选址要求

1. 地理要求

机房的选址需结合实际地理位置，根据基站、家集客等业务分布，选取业务集中区域且便于建设的地块或建筑。全局考虑同一区域内不同汇聚节点的分布，尽量扩大区域机房在汇聚区域内的覆盖范围。并应结合光缆网及管道网现状，在其覆盖范围的中心区域选取，不宜处于边界位置，以便于业务节点的接入。

新增机房需考虑市电引入、居民干扰等方面的问题。设置机房的建筑物应满足当地抗震设防烈度要求，危旧房不应用作机房。不建议选择进出条件不便的住宅小区、中小学校等区域建设机房。机房楼层优选负一层（有多层地下室时）、一层、二层，如选三层及以上，需具备足够弱电井空间满足线缆进出，在可能发生浸水的区域不宜选择一层和地下楼层。若选择地下室的机房，则必须设置堵水门槛且需具备一定的排涝能力。曾经发生水浸的区域严禁选择地下室和一层。

2. 环境要求

机房应有较安全的外部环境，不应选择在易燃、易爆、易腐蚀的建筑物和堆积物附近，应设置在地势较高、不易被水淹没的地方；应尽量避免在河流、湖泊等不稳定区域及附近设置机房；应有较好的电磁环境，选点应综合考虑邻近的高压电站、电气化铁道、广播电视、雷达、电台等干扰源的影响，需避开高温、高压及电磁干扰区。

对于区域机房，宜设置在道路边、小区临街等管线建设条件较好的位置，兼顾光缆线路、管道敷设的便利，便于与外部通信管网进行衔接。

3. 物业要求

机房如果在小区里面，要保证维护人员能 24 小时自由出入，交通便利，车辆进出方便，且减少拆除风险。单元机房可以用自建和长租的方式进行建设；区域机房及片区机房由于负责业务的汇聚与传输，定位相对重要，机房环境的稳定是重中之重，这类机房在条件容许的情况下，开发商按照政府规划设计要点建设后移交或自建是最好的选择。

6.10.2 建筑设计要求

1. 机房设计要求

为保证机房空间利用率，机房尽量为矩形形状，确保有效装机面积最优化。有效装机面积不包括因建筑结构而形成的死角、偏角等无法合理使用的面积。机房内不允许有风管、水管、消防管、排污管、强电缆等穿过，如果有上述设施穿过，必须拆除。通信机房梁下净高最低不能低于 2.8m（防水地基 0.1m，机架 2.2m，机架顶至线槽 0.1m，线槽 0.2m，线槽顶部至吊顶 0.3m），片区机房一般要求梁下净高为 3.0m 左右。区域机房梁下净高应根据机柜高度及通风要求确定，建议在 3.6m 以上；高、低压配电房、发电机房根据实际的建设方案确定，一般要求 3.8m 以上，并且为减少能量损耗，机房限制高度在 5.4m 以下。当机房设置两层或者两层以上的走线架时，有效净高宜大于 3.2m。

2. 机房承重要求

机房的楼板必须有足够的荷载能力，以承受电池和机架的压力。需根据机房结构和负荷合理安排设备和电池的安装位置，核实机房荷载是否满足要求，如必要需采用合理的加固方案。

机房应按照功能的不同设置电力电池区和传送网设备区，机房的承重应满足电信设备相关用房的承重标准和蓄电池组的承重要求，不满足时须进行加固处理。其中电源区设计荷载 12～16kN/m²，传送设备区设计荷载 6kN/m²。

3. 机房建筑设计防火要求

在机房与其他房间之间应设置耐火极限不低于 0.5h 的不燃烧体隔墙，与疏散走道之间的隔墙应设置耐火极限不低于 1.0 小时的不燃烧体隔墙。机房耐火等级随所在建筑物的耐火等级，按相应等级选用相应耐火等级的材料。机房耐火等级不应低于二级。内装修选用的建筑材料燃烧性能等级不应低于《建筑内部装修设计防火规范》（GB 50222—2017）第 3.1.4 条规定。顶棚及墙面的燃烧性能等级要达到 A 级，地面及其他装修应不低于 B1 级。隔墙上的门，如本层均为机房，可采用乙级防火门，如存在其他功能用房，应采用甲级防火门。

4. 空调专业建设要求

根据选址对噪声的要求，周围都是公共场所与居民不密切的环境（如车库、地下室、写字楼、政府物业、村镇物业）一般使用普通空调；周围环境跟居民密切相关的机房（如住宅小区或邻近住宅的商铺）考虑装精密空调。

对于不同类型空调，需要对相关问题做针对性的设计。例如，使用精密空调时，机房内应做排气孔，而且尽量将排气管对向天面或是其他不影响居民的位置，使用普通空调时，应慎重考虑压缩机的位置，避免其对左邻右舍造成影响，尽量把压缩机的噪声降到最低。温度设定方面，冬季（20±2）℃，夏季（25±2）℃。机房应配有温度计和温度告警设备。每平方米设备功耗不超过 2500W。

另外，传输设备集成度高，单机架发热量大，设备摆放朝向需统一，形成背对背模式，有利于冷热通道分明，消除局部热点，确保机房供冷安全；具备条件的，将传输机架设计为微模块形式，将冷热通道隔离封闭。

对于区域机房，不宜建设中央空调系统，为确保区域城域机房供冷安全，优先采用大送风量、精确控制湿度的精密空调，其次分体空调。高可靠供冷情况下也可使用风冷或水冷空调。

5. 机房内装修要求

机房门要足够大以便于工程期间设备的搬运，机房的门一律向走廊外开，并应具有良好的密封性及保温性。门应采用非燃或者阻燃材料，材料还应耐久、不变形。机房内应绕墙安装带有接地保护的电源插座，其电源不应与照明电源同一回路，当不能单独成一回路时，应选择带有保险丝的插座。

对于计划规划成无人值守的机房，应该不设窗或者设密闭窗，即使要设外窗，也应使外窗面积不要太大，同时采取密封和遮阳处理。若机房处于投诉敏感地，应设计双层窗，外层窗的风格应与周围环境协调一致。

机房墙面的材料应具有光洁、耐磨、耐久、不起尘、防滑、不燃烧等特点。对于周围是居民的机房，要尽量做好机房的外立面（外墙、门、窗）设计，保持与周边环境一致。

6.10.3　市政设计要求

1. 进出局管道

区域机房需要三个方向连接市政管道通道，通过独立的物理路由，既可以加强网络传输安全，又便于形成串接片区机房的光缆环路。出局管道建议 12～18 孔（等效 φ110 标准孔）；且要做好防水、防蚁、防鼠等防护措施。

片区机房进出局管道应具备 2 条及以上不同物理路由，应采用管道方式进出。出入局管道建议 8～12 孔（等效 φ110 标准孔）；且要做好防水、防蚁、防鼠等防护措施。

单元机房原则上应自建出局管道衔接现网资源（如具备双路由出局条件优先建设双路由出局），出入局管道建议 4～8 孔（等效 φ110 标准孔）。对于不具备建设出局管道条件的，需提供架空、槽道等安全路由布放机房出入局光缆。

通信设备间和基站机房原则上需要具备两条不同物理路由，在条件不具备的情况下，可允许在单路由情况下进行投产，在条件具备后，尽快完成双路由改造，出入局管道建议4～6 孔（等效 φ110 标准孔）。

2. 电源配套要求

1）市电引入

市电引入需考虑中远期传送网设备配置的要求，机房要求使用二类市电，外电容量与机房面积匹配。机房市电容量可根据实际情况进行调整，但至少要满足 10 年期用电规划需求。通信设备间的电源功率按 $0.8\sim1.0\mathrm{kW/m^2}$ 设置，信息通信单元机房、片区机房、区域机房电源功率按 $1.2\sim1.5\mathrm{kW/m^2}$ 设置。

通信设备间要求市电容量不低于 15kW，基站机房要求市电容量不低于 20kW。应按消防电源的标准为通信机房提供电源。

对于单元机房，要求市电容量不低于 35kW；片区机房，要求市电容量不低于 60kW，且应预留应急油机发电机接口，设置在靠近道路侧，便于外电接入。

区域机房要求市电容量不低于 350kW，且该类机房为无人值守机房，主要部署传送网大容量 OTN、PTN L2/3，城域网设备中的 BNG、三级 CDN，5G 网络中 MEC 或 CU 等设备，承担整个地区的区域调度、大区业务收敛及终结点的功能，鉴于其重要性，在条件允许的情况下建议采用专用变压器。在通信区域机房仅一路外电接入的情况下要求通信区域机房应配置备用固定发电机，并预留应急油机接口。

2）开关电源

机房开关电源要综合考虑机房设备对电源端及容量的需求。

区域机房需选用分立式开关电源，开关电源系统规划不低于 2 套独立电源系统，建议容量不低于为 $-48\mathrm{V}/2000\mathrm{A}$，直流屏按中远期容量配置，整流模块采用 $N+1$ 冗余方式配置。其中 N 为主用整流模块数量，$N\leqslant10$ 时，配置 1 块备用整流模块；$N>10$ 时，每 10 块主用整流模块配置 1 块备用整流模块。

片区机房需选用分立式开关电源，开关电源系统容量建议不低于 $-48\mathrm{V}/2000\mathrm{A}$，直流屏按中远期容量配置，整流模块按需配置，采用 $N+1$ 冗余方式配置。其中 N 为主用整流模块数量，$N\leqslant10$ 时，配置 1 块备用整流模块；$N>10$ 时，每 10 块主用整流模块配置 1 块备用整流模块。

单元机房可选用组合式开关电源，开关电源系统容量建议不低于 $-48\mathrm{V}/600\mathrm{A}$，整流模块按需配置，与无线专业共用，具备二次下电功能，保障传输设备后备时长要求。

通信设备间和基站机房可参考单元机房的标准进行设置。

3）蓄电池

配置蓄电池需综合考虑投资效益及初期设备功耗等因素，新建机房根据机房面积进行蓄电池的配置，但必须满足通信机房的放电时间要求。单元机房按照无线设备后备时长 3h，传输设备后备时长 5h 进行规划；片区机房按照传输设备后备时长 8h 进行规划；区域机房按照传输设备后备时长 8h 进行规划。

机房需预留足够的空间用于蓄电池及开关电源扩容，按预留机架测算蓄电池及开关电源预留空间。单元机房可配置 2000AH 铅酸电池或 1600AH 铁锂电池。电池安装不得超过机房的承重设计负荷，如必要需采取加固、单层安装等措施处理。

4）应急油机接口箱

需配备应急发电接口的机房，在市电停电及固定油机故障时能通过移动发电车实现快速供电保障。机房移动油机接口箱应配置在移动发电车（13m 长）能达到之处 50m 内范围内。

新建机房一般位于地下室或一层，且离公路或停车场 50m 以内，油机接口箱安装在通信机房内；新建机房不在地下室或一层商铺的情况，油机箱需安装在室外，离公路或停车场较近的地方，考虑安全因素和便于维护，油机接口箱建议离地不高于 2000mm，方便维护人员为机房发电。

5）动环监控

机房需配置动环监控系统，对机房动力设备及环境进行遥测、遥信、遥控，实时监控系统和设备的运行状态，记录和处理相关数据，及时侦测故障，通知人员办理，实现机房无人值守，以及动力、环境的集中监控维护管理，提高动力系统维护的可靠性，保障通信设备的安全运行。

6.11 管理政策研究

信息通信行业具有多家运营商平等竞争、多网并存的独特特点，对信息通信基础设施规划及管理提出独特的要求。在信息通信基础设施建设管理方面，需打通主要基础设施的建设路径，建立完善的管理制度，促进信息通信基础设施建设完成，能有序分配到多家运营商，维护各类信息通信基础设施位置的稳定，支撑各类城域网稳定运行。本书除了在规划方面进行全面探索外，也将对各类基础设施的管理进行探索，为后续的法规出台做准备，全面推动信息通信基础设施永续发展。

1. 按照个性化和共建共享原则进行建设和管理，明确使用条件和要求

通信基础设施的统一建设与共享，有利于促进资源节约和环境保护，也有利于降低行业的建设成本。共建共享基础设施主要对机房、电力、空调、通信管道等共享，包括事先制定好维护管理的流程和界面，以达到减少重复建设、提高电信基础设施利用率的目的。为了能更好地实施落实，需将单元机房及以上机房，纳入地块规划设计要点，由建设单位建设完成后移交给运营商或政府主管部门，进一步明确共享机房的操作细则，深化和完善其管理办法。

2. 建议对机房进行差异化管理，兼顾通信设施安全和维护抢修的便捷

在国家光纤到户技术标准相继出台后，通信设备间按照共建共享的方式建设已取得共识，并由开发商配套建设；但机房的技术标准和管理方式在国内和各个城市还处于空白状态，值得广泛探讨。由于机房产权归属不受控，是建设难、管理难的主要原因，在新建机房的物业选择上，可按照政府物业、公共物业、小区共有物业、商务楼宇、住宅楼宇的优先级别开展物业选取，以保障机房的稳定和方便管理。按照通信机房级别的不同，需明确物业和运营商对机房的管理关系。其中，机房因与运营商的网络安全密切相关，与通信机楼的管理方式类似，一般需纳入各运营商的考核内容中，建议此类机房由对应的运营商来管理，开发商以成本价、微利转让给运营商，使不需经业主借钥匙即可出入；通信设备间主要是为大楼服务的公共机房，由物业统一管理，但应方便运营商的出入，以不影响夜间抢修工作实施为宜。

3. 纳入土地出让合同或规划设计要点

对于在地块开发建设或城市更新项目中附建的机房（包括区域机房、片区机房、单元机房等），需要将其纳入规划设计要点或土地出让合同，在建设工程规划许可证中确定；由开发商或建设单位在建设主体工程的同时，同步建设附建式机房等；在建设过程中，由信息通信基础设施主管部门提出供电、对外通信管道、接地等配套设施的建设标准，并对其进行监管；附建式通信基础设施建设完成后，与大楼同步验收；验收合格后，由开发商或建设单位将其无偿移交给市信息通信基础设施主管部门（或指定的第三方管理单位）；由市信息通信基础设施分配给相关需求运营商或单位。

4. 建议信息通信主管部门会同价格管理部门，颁布信息通信基础设施建设管理维护的指导价格

收费标准、收费细则是关系到供需双方的重要内容，也是所有配套政策中最重要、最急迫需要确定的关键内容，既牵涉到规划的落实，也牵涉到信息通信基础设施建设和管理是否持续；如果价格不合理，反过来又会制约信息通信机房的建设、使用和管理。急需从实际情况出发，确定信息通信基础设施建设管理维护的指导价格。

第7章　公众移动通信基站规划与设计

基站是移动通信系统的关键设施，连接与机楼机房通信的有线传输系统和与手机通信的无线传送系统，是典型的接入基础设施；其布局需在三维空间中确定，与周边建筑环境、电磁环境密切相关，也需要不断优化、完善，将其系统、有效地纳入城乡规划建设是世界性难题，需要通过多种路径、多种措施促进其持续发展。

7.1　认识5G基站

5G移动通信系统仍采用蜂窝网，5G基站与以前移动通信系统的基站架构基本一样，但因5G的工作频率及各项性能指标大幅优于4G，也存在与4G基站的不同内容。

7.1.1　基站构成

1. 4G基站构成

4G基站最大的特点是SingleRAN，即一套设备融合了2G/3G/4G多种标准制式，是继3G将基带处理设备（BBU）和发射接收设备（RRU）分离后，基站的又一次重大变革，进一步降低了基站的复杂性和建设成本。4G基站由天线、BBU、RRU、传输设备、GPS以及与之相关的电缆、光纤及抱杆等构成，4G基站构成示意如图7-1所示。

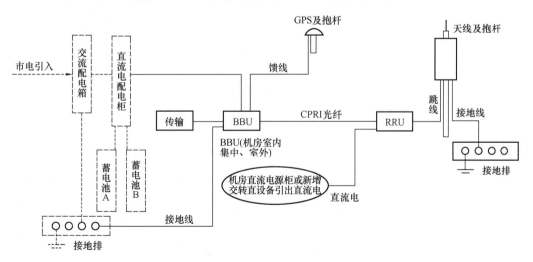

图 7-1　4G基站构成示意图

2. 5G基站演进

1）5G基站天线技术

5G采用大规模多入多出天线阵列技术（Massive MIMO技术），通过增加发送端和接收端的天线数，既可以增加系统内可利用自由度数目，又可以使信道状态矩阵呈现出统计学的确定性，从而采用更为简单的收发算法以及价格低廉的硬件设备提升系统性能（图 7-2）。该技术具备以下几个优势：

① 提升系统容量

Massive MIMO 能深度挖掘空间维度资源，使基站覆盖范围内的多个用户可以在同一时频资源内，利用 Massive MIMO 提供的空间自由度与基站同时进行通信，提升频谱资源在多个用户间的复用能力。

② 增强网络覆盖

Massive MIMO 通过大规模二维天线阵列，能够产生三维信号，覆盖水平面和垂直面；同时，Massive MIMO 天线可调整垂直下倾角或水平方位角，实现垂直波束或水平波束的自适应调整，从而覆盖高层楼宇和热点场景。

③ 提高信号质量

在系统传输功率一定的情况下，分配到每根天线的功率更小，而利用天线之间的相互作用可以通过波束赋形将传输数据发送到指定的用户区域，从而降低能量损耗。能量减少体现在 Massive MIMO 能够将信号集中在非常小的波束上，从而提高接收端信号的质量，避免对其他用户终端造成干扰。

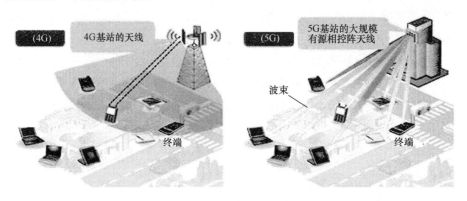

图 7-2　5G 波束赋形示意图

2）5G 的 AAU 及 CU/DU 分离

目前，5G 基站为了促进 RAN 虚拟化，减少前传带宽，同时满足低时延需求，不再是 4G 基站 BBU＋RRU 的架构，而被重构为三部分：CU（中央单元）、DU（分布式单元）和 AAU/RRU（远端射频单元），解耦后的 CU 用于集中承载非实时业务，DU 则主要负责对实时业务的处理，因此可以把跟时延相关性不大的功能上移到 CU，跟时延强相关的下放到 DU。5G 的 CU/DU 架构变化示意如图 7-3 所示。

与 4G 基站相比，5G 基站最大变化在于 AAU，相对于 4G 基站的无源天线与 RRU 分离的无源形态，5G 基站把 RRU 和无源天线融合成有源形态，更为简洁紧凑，并有效减少了信号衰减，但是体积和重量增大。5G 基站反馈系统主要由 AAU、GPS 以及与之相关的电缆、光纤及抱杆构成，5G 基站构成示意如图 7-4 所示。

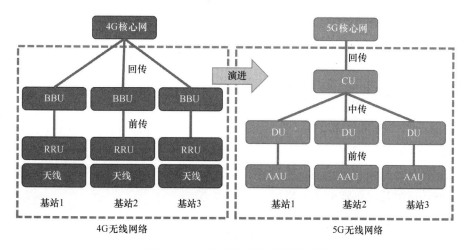

图 7-3　5G CU/DU 架构变化示意图

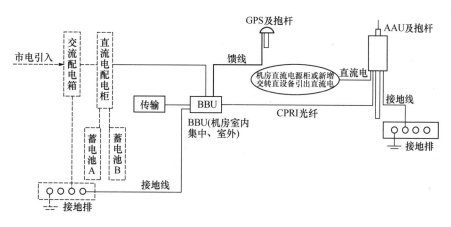

图 7-4　5G 基站构成示意图

7.1.2　基站类型

从城乡规划角度来讲，移动通信基站主要从覆盖范围和建设形式的不同进行细分，按覆盖功能可分为宏基站、微基站和室内覆盖系统；按建设形式可分为独立式基站、附设式基站。相关基站划分类型参见图 7-5。

1. 按覆盖范围分

1）宏基站

宏基站的基本特点是发射功率大、天线高度高、覆盖半径约 200m 以上，可以为移动通信网络提供一个全面的、基本的网络覆盖，但灵活性较低。主要用于实现广域覆盖，是解决覆盖的最主要技术手段。

2）微基站

微基站也叫小微站，其基本特点是发射功率小、天线高度相对较低、覆盖半径约为 50～100m，可以用于减轻宏基站的话务负荷，是一种重要的无线网覆盖方法，但可靠性相对较低且不易维护。主要应用于商业中心区等业务高密区和宏基站的信号覆盖盲区。

3）室内覆盖系统

室内覆盖系统是针对室内用户群，利用室内天线分布式系统将移动通信信号均匀分布在室内每个角落，从而保证室内区域拥有理想的信号覆盖。主要用于室内覆盖盲区、室内覆盖弱区及建筑物高层存在导频污染的区域，如商场、隧道、地铁等。

2. 按建设形式分

1）独立式基站

独立式基站是指需要单独建设杆塔承载天线的基站，杆塔有单管杆、铁塔、仿生树等形式，有时还需要建设单独的配套机房。

2）附设式基站

附设式基站是指附设于建筑物或构筑物上的基站，附设式基站的天线通常设置在建筑物顶层或建筑物外墙，或附设在广告牌、交通设施、照明灯杆等设施上。

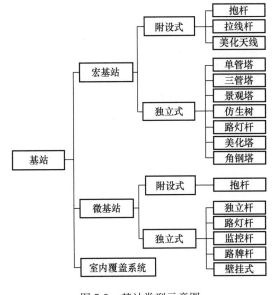

图 7-5 基站类型示意图

7.1.3 基站特点

基站是连接无线和有线通信的关键设备，与无线电频率密切相关；与其他通信接入设施相比，除具有体量小、数量多等一般特点，基站还具有以下独特特点。

1. 种类多、分布广、设置高度有严格要求

基站有宏基站、微基站、室内覆盖系统等多种类别，不同类别基站的设置规律及对基础设施的要求也不尽相同。由于市民移动轨迹十分灵活，为实现无线信号全覆盖而提供普遍服务，现状基站数量庞大，广泛分布在城市建设区、建设控制区、生态区。基站设置一般需满足无线电传输的功能性需求，周边相对开阔，易于信号传输，以天线挂高为基点，50m 范围内避免有遮挡物；随着基站天线挂高的增加，最大覆盖半径也增加，覆盖距离就越远；天线比较理想合适的挂高是 25～35m；当天线挂高在 55m 以上时，天线挂高增加带来增益减小，同时相应的成本也在增加，而带来的经济效益却很小。

2. 具有电磁辐射，其设置存在限制因素

电磁辐射划分为电离辐射和非电离辐射，基站的电磁辐射属于非电离辐射的范畴。电离辐射影响人体健康，而非电离辐射能量较低，不影响人体健康。尽管基站的功率较小，但还是存在电磁辐射，导致其设置有许多限制因素。一方面，基站受大功率电磁干扰时无法正常工作，需远离大功率电磁干扰源。另一方面，部分地方的敏感人群（如医院、幼儿园、小学等）受电磁辐射易产生不良影响，需保证基站的辐射值达到国家的相关规定；部分地方的设施或设备受电磁干扰后易产生较大危害，禁止设置基站，如机场的导航台受干扰后飞机会无法起降，严重的会发生灾难性后果，航空管制区禁止设置宏基站。

3. 技术含量高、变化快、多系统并存

由于移动通信拥有数量庞大的用户群，而不同用户对移动通信系统的差异需求比较明显；移动通信系统的演进，每套系统运行5～10年就会出现新系统，更新速度远大于其他通信基础设施；而每套系统采用的频率越来越高，使用效率也越来越高，基站间距也越来越小，从而对基站布局产生较大影响，对基站共建共享的要求也更高。截止到目前，尽管1G模拟系统已退网，2G、3G、4G已并网运行多年，5G已进入商用，4G、5G网络将至少在5～10年内并网运行；另外，5G不仅需要满足手机用户，还要满足物联网的发展需求，更要满足企业专网用户的需求。

4. 布局动态变化，需要不断优化调整

在5G初始化布局完成后，随着5G系统用户不断增加，仅满足覆盖需求的基站初始化布局，将难以满足用户和带宽增加带来的增长，基站间距会逐步减少，需要通过增加基站来满足发展需求；这种不断优化的情况会一直伴随5G发展而存在。另外，当城市空间发生变化（城市更新或某个地块的新建），会改变无线电信号传输，也需要优化基站布局；当因某种原因导致基站被逼迁时，需要找到替代位置来优化基站布局；当用户投诉信号较差时，各运营商的网优部门也会提出优化基站布局的要求；对于5G而言，还跟企业无线专网密切相关。总之，基站功能和特性决定了其布局需要不断优化。

7.2 面临的问题及挑战

7.2.1 面临问题

现状城区基站分布不合理，存在信号覆盖盲区。由于城市快速发展和人员流动变化，导致建筑环境和无线电环境不断变化，无线网络优化在变化之后开展，基站信号覆盖亦难保面面俱到，故而仍存信号覆盖盲区或信号覆盖弱区。如郊野、公园等边缘片区，话务量较少，加上电力、传输通道等基础设施缺乏，各运营商缺乏建设的动力，导致此类区域基站数量较少，不能满足信号覆盖需求。

基站建设协调难度大，且符合要求的现状站址资源匮乏。一方面，现状基站大多采取市场化方式建设，需租赁机房和屋顶天面，出于对基站电磁辐射的恐惧心理，部分业主会逼迁基站。另一方面，5G基站建设与城乡规划、建筑设计衔接不足，导致大部分住宅小区、商住楼、商业建筑未预留通信基站位置，新建基站难度也很大。5G基站站址资源需求旺盛，仅通过整合现状基站站址资源，远不能满足基站建设需求。

5G基站对基础设施需求大大提升。对通信基础设施影响体现在BBU的集中部署、需要的传输设备数量；基站间连接光模块的数量和速率发生跃变，4G基站广泛应用带宽6G光模块6个，5G时代全面升级至带宽10G/25G光模块且数量级别达到20个；随着5G在高频组网，集中式无线接入网（C-RAN）的前传网演进带动无线侧光纤需求大幅增长；

MIMO 多天线技术，超高频乃至毫米波频段的应用，将带来射频天线、射频连接器件及电缆等配套需求的激增。另外，随着 5G 逐渐进入各行业，5G 系统的不确定性更强，很多传统行业拥有自己的特征，需要建设 5G 专用网络；未来物联网设备的数量将会大幅增加，对移动网络会有新的要求和需求。

7.2.2 面临挑战

5G 基站需要在短时间内完成大规模初始覆盖，再不断优化、滚动发展。5G 系统要大规模投入使用，必须满足用户在不同位置、场景时开展各种业务的需求，完成建成区基站初始覆盖。可结合城市移动通信发展和运营商网络建设情况，选择按照独立组网（SA）或非独立组网（NSA）来完成初始覆盖；因 5G 使用频率提高，5G 基站站址约需在 4G 基础上增加 20%～30% 站址；以非独立组网（NSA）完成初始覆盖后，还需再向独立式组网方向过渡。综合而言，5G 作为投入商用的新系统，其功能和特性决定了在短时间内完成初始化布局，实现网络基本覆盖，这是 5G 基站建设面临的第一个挑战。

目前，移动通信主要为人提供普遍服务，随着 5G 应用深入，移动通信还将为物联网提供连接；城市的多样性、人群的流动性、基站的特殊性使得基站建设及管理是公认的世界性难题（相关分析参见图 7-6）。成为世界性难题的主要原因有三：一是基站需要在现状城区的三维空间内建设站址，且建设密度不断增加。绝大多数初始化基站布局需要在现状城区内补（扩）建，且天线高度宜控制在 20～50m；各运营商在与业主商量建设基站事宜时以市场化方式为主，可能遇到较大的阻力，常导致获取基站站址资源的过程十分漫长；伴随用户快速增长，以满足容量增长的基站扩容一直处于不断建设过程中，并且新系统频率越来越高，基站间距也越来越小，从而基站在现状城区建设密度不断增加。二是建设区和非建设区全覆盖、布局是动态变化的，需要不断优化、滚动发展。由于市民行为的灵活性、流动性，使得基站需要布置在城市建设区、非建设区、生态保护区以及郊野公园等处，满足市民在办公、行走、坐车、旅游、休闲等多种生产生活状况对移动通信的需求，基站之间彼此相互关联，且不同发展阶段、不同片区、不同建筑功能、不同人群分布及流量，均会对基站布局产生影响；另外，随着某个运营商 5G 用户数及其分布、使用带宽等发生变化，基站布局需要跟着优化；城市空间发生变化、基站被逼迁，均会改变无线电信号传输，都需要根据实际情况优化基站布局。三是多网并存发展，站址需兼顾不同系统、不同运营商的要求。目前，多家运营商的 4G 网络仍在运行，已形成差异化站址布局；而 5G 已开始规模化商用，不同运营商使用频率存在差异，用户数也不尽相同，对基站需求也存在差异，而站址需要兼顾不同系统和运营商需求，面临较大的建设挑战。

企业专网用户及物联网需求带来基站布局的不确定。未来几年，随着 5G 广泛使用，将产生大量企业专网用户需求、物联网需求，增长速度及幅度会大大超出一般人的预期，且受国家产业政策、国际环境、技术成熟度等多种因素的影响，这种需求的空间不确定较大，难以作出较准确的预判。不确定性更强，是基站布局优化面临的又一挑战。

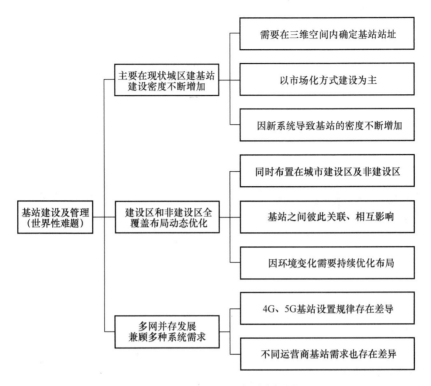

图 7-6　基站世界性难题分析图

7.2.3　解决思路

多种路径、多种方法、多种措施。一是城乡规划确定宏基站空间站址和物理站址，运营商参与优化和稳定站址。从规划区实际开发建设情况来看，可将规划区内建设区域分为已确定空间形态的地块、未确定空间形态地块及道路路网的区域。已确定空间形态及道路路网的区域可依据需求规划物理站址；未确定空间形态区域及规划空间站址，空间站址需要在空间形态稳定的下层次规划中，根据地块大小及基站设置规律进一步深化，确定物理站址具体位置及数量；运营商从三维空间角度参与优化和稳定站址，才能确保有效性。二是政府部门建立协调机制，规划、设计、通信运营商、铁塔、开发商等单位共同参与协调，促进现状城区的新建基站的有序建设。目前，深圳通过市区两级政府建设 5G 的措施、力度、方法，率先建设全世界最密集的 5G 商用网。

运营商不断优化站址布局。与其他移动通信系统一样，5G 基站在完成初始化布局后，还须随着移动通信市场发展、城市空间形态变化、用户对网络信号投诉等情况，不断优化基站布局，必要时还需增加基站的数量和密度；这种不断优化的情况会一直伴随 5G 发展而存在，5G 因满足物联网发展需求，这种需求更加明显。

宏基站、微基站、室内覆盖系统共同组网。由于 5G 使用频率提高（特别是网络成熟后使用频率可能会用到比 3.5G 更高频段），网络呈现宏站与微站协同、室内与室外协同、高站与低站搭配的异构网形态。宏基站作为广域覆盖的中坚力量，是网络覆盖的基础，微基站和室内覆盖系统是解决深度覆盖和容量吸收的重要手段；建设微基站来"吸热补盲"

及室内覆盖系统解决超大容量需求已成为各个运营商网络建设的指导原则。

7.3 5G 基站需求分析

7.3.1 站址及配套设施

1. 5G 基站将比 4G 基站更多更密

5G 基站的工作频率由于部署在较高无线频段以及系统关键技术本身对密集组网的要求，覆盖半径减小，使规划的基站数量更多更密，且为了解决深度覆盖问题需要大量建设小微站。其中移动通信超密区及高密区是容量受限的区域，基站站址已经很小，4G 设置规律基本满足 5G 频段提高后覆盖要求，但业务容量仍是受限因素，需结合未来业务发展而增补基站。

2. 5G 基站初始化，充分利用 4G 基站站址

5G 系统投入使用时，需建设一定数量的 5G 新站址，以完成初始覆盖的基本需求。由于设备、天线、使用频率与以前系统（2G、3G、4G）均不相同，部分新建基站需要单独新建；另外，新增 5G 基站因需满足用户需求又必须分布在城市现状建成区。考虑到现状基站站址已具备较好的电源、传输资源和杆塔及抱杆等，5G 系统新建宏基站一般与现状宏基站共址建设，以便充分利用现状基础设施；在现有资源不足时，还须对电源和光缆资源进行扩建或新建。

3. 5G 基站天线对空间资源的要求更高

5G 基站 AAU 在尺寸、重量方面较传统天线有较大差异，对塔桅承载能力提出了更高的要求，同时多家电信企业共享也对空间资源要求高。天线尺寸：5G 的 AAU 宽度较 4G 天线增加 50%，但挡风面积约为 $0.32 \sim 0.51 m^2$，较 3G/4G 等天面（天线＋RRU）降低较多。天线重量：5G 的 AAU 重量增加，较 4G 增加约 25%，但重量增加对铁塔造成的不利影响远小于迎风面积减小带来的有利影响，因此未对铁塔承载力提出更高的要求。

4. 5G 基站电源配套需求大幅提升

目前，现有网络 2G/3G/4G 逐步向 5G 演进，三家运营商及广电的 5G 设备形态以有源一体化为主，BBU 集中放置，对机房承载能力、电源负荷要求较高，很多利用旧基站电源系统需要升级改造。随着后 4G 和 5G 时代的到来，移动通信基站密度加大，基站趋于小型、微型化，各类社会杆塔资源将会成为 5G 快速低成本建设的良好载体。

7.3.2 不确定性分析

建设 5G 基站也面临一些不确定性分析，主要是物联网发展和 5G 的 700MHz 使用方式带来的影响。

1. 物联网需求以及 TOB 业务需要建设基站等基础设施

随着智慧城市的发展，未来几年物联网设备的数量将逐年大幅增加。这些设备主要使用 5G 技术，将会有大量的数据需要实时发送和接收，因此对移动网络会有新的要求和需

求；5G网络和WLAN等无线技术，需要无缝管理所有数据传输。随着5G逐渐进入各行业，很多传统行业拥有自己的特征，并不是天然地与5G相适应，需要电信运营商基于不同企业的需求构建个性化的5G专用服务（新建基站或提供5G切片），企业则利用网络切片技术构建云网业务；通信运营商和（或）企业需要建立相应的基站等基础设施满足需求。

2. 5G的700MHz如何使用对基站布局有一定影响

5G的黄金频率700MHz由中国广电来经营；由于700MHz传输的穿透性更强，可弥补5G中高频组网带来的不利影响，其组网对宏基站的需求减少约70%～80%，对通信用户一般区及以下区域组网有较大的吸引力，同时对密集区及以上区域的小微站和室内覆盖系统布局也有一定影响。目前，中国广电和中国移动已签署合作建设700MHz网络的框架协议，以及网络建设和使用、网络维护、市场运营、网络使用费用结算等协议，但具体到在城市建设网络还有较多细节待落实，存在不确定性；另外，也有中国电信、中国联通以某种方式在某些地区参与或共享700MHz网络建设的建议，距离具体建设也有很多细节待落实。综合而言，5G的700MHz网络建设方式还存在一定不确定性，对基站布局和建设产生不确定影响。

7.4　基站规划设计要点分析

1. 将基站作为基础设施统筹纳入城乡规划建设

移动通信经过30多年的持续高速发展后，手机迅速成为最普及的通信终端，移动通信用户数已是固定电话用户的2～4倍。由于基站是逐步纳入管控的新增基础设施，有大量基站牵涉现状建筑和缺乏报建程序等历史遗留问题，仅仅依靠技术已难以达到有效管理，需要用政府的行政行为来推动和稳定基站规划建设。城乡规划不针对某个系统制式规划基站站址，一个站址包括多种系统、多种制式的基站，站址位置须符合城乡规划建设要求。

2. 需同时在现状城区和新建城区推动基站规划建设

由于市民活动主要在城市建成区，所以基站主要分布在建成区；当新建移动通信系统、城市空间形态（如新建高层建筑）发生变化、人口或手机用户数发生变化时，都需要对移动通信网络进行优化，也需要在建成区增补基站。对于新建城区而言，将基站纳入城市规划建设（预留布置天线和机房的位置）是十分难得的机遇，抓住时机开展基站及配套设施建设，可避免现状城区建基站时所遭遇的困境，如建设基站受到合法性质疑、阻碍建设、被逼迁等。因此，需同时在现状城区和新建城区推进基站建设，而且在现状城区增补扩建基站有时比新建城区建设基站更加急迫。另外，新建城区宜用城乡规划的方法推动基站建设；基站规模预测需结合城乡规划指标，从规划人口、建设用地（规划用地）两个角度来分别针对基站开展容量和覆盖需求预测，取两者之间预测最大值作为预测的基础。新建城区基站布局根据预测值，给予一定的弹性余量，结合国土空间规划的层次逐步展开，详细规划阶段控制空间站址及物理站址，设计阶段结合空间形态优化物理站址。

3. 以差异化方式推动基站建设

由于宏基站覆盖的距离达几百米甚至上千米，适合在详细规划、专项规划中确定宏基站站址的布局。宏基站规划主要确定宏基站站址布局，指导 4G、5G 乃至 6G 宏基站的设计；不同运营商可根据自身网络需求在规划站址时有选择地布置宏基站。微基站、室内覆盖系统通过标准在设计阶段落实，并由运营商、铁塔确认站址有效性；预留微基站、室内覆盖系统所需的机房、电源、管道及天面空间，与建筑主体工程同步组织竣工验收，并报市建设行政主管部门和市通信行政管理部门备案；部分省市已明确建筑工程同步建设室内覆盖系统。

4. 建设基站的不确定性及对策

宏基站是一种小型工程，在符合蜂窝网拓扑结构、满足无线网络覆盖和容量业务需求的基础上，建设过程中还需要面对系统内外的多种不确定性，做出相应调整或优化。

1）城乡规划建设产生的不确定性

对于附设式基站而言，由于地块的性质、功能和地块划分等均可能发生变化（这些变化可通过相关规划程序进行调整），涉及地块的基站也需要相应变化。另外，当某个地块开发建设完成后，其周边建筑物的开发建设及高度可能会发生变化，会相应地改变电磁波传输路径，也需要对周边基站进行调整或优化；即使在同一片区，因地块开发时序不一样、城市发展阶段不同等因素，也会出现市民人数变化的情况，对移动通信需求也会变化，也需相应地优化基站的布局。对于独立式基站而言，当其服务的区域性城市轨道、道路和交通设施的路由改变或线型微调时，规划基站也应相应调整位置。

2）现状基站在建设或运营服务过程中衍生出不确定性

经常出现基站选址难、建设难的状况，如在某栋大楼上拟建基站，业主或管理单位不愿意出租屋面和机房，需要再到其他大楼、其他地块进行选址，产生基站布局的不确定性。另外，市民投诉基站、强拆基站、逼迁基站等特殊情况也属于规划难以预判的情况；在这种情况下，极有可能需要调整基站位置或增补建设基站，从而产生基站布局的不确定性，相关管理也需要有对应办法适应这种变化，不至于出现规划之外的基站就难以建设的状况。

3）基站建设形式可能存在不确定性

宏基站之间通过无线信号形成蜂窝网，彼此相互关联且相互影响，基站站址的建设方式仅是一种表达方式，两者之间可以转换。在城市建成区，因基站设置高度和建设成本的需要，基站首选附设方式建设；但随着市民对宏基站辐射的担心，租借屋顶建设基站的可能正逐步减小，而由于政府部门的支持，在道路范围建设独立式基站的便利性大大加强。当运营商无法与建筑物业主达成租借协议时，原计划设置在屋顶的宏基站就需要转变为独立式基站。

7.5 基站规划条件

7.5.1 基站规划层次及内容

1. 基站总体规划主要内容

根据各城市的人口规模、移动通信业务量分布情况、各区域用地性质及开发强度的不同，建立预测模型并进行整体预测，参见本书相关章节"3.2.1 移动通信用户"；在此基础上划分移动通信用户密度分区，同时结合国土空间规划，确定基站适宜建设区、景观化基站分布区等。

2. 基站详细规划主要内容

基站详细规划主要内容是在预测移动通信用户的基础上，结合基站设置规律确定基站站址；其中在现状城区优化基站布局，增补宏基站物理站址；在新建城区，按宏基站的容量及设置规律，规划布置宏基站空间站址，进一步推动宏基站物理站址建设。

3. 基站设计主要内容

根据详细规划确定或市场发展形成的宏基站布局，结合设计阶段的空间形态，落实宏基站及配套设施；结合道路及公共空间的布局、建筑性质及功能、人群分布和业务需要，开展微基站和室内覆盖系统设计。

7.5.2　基站站址规划

1. 站址类型

为了准确表达站址的定义，考虑详细规划阶段建筑布局示意图通常与建筑设计阶段的建筑方案存在较大的差异，适当扩大逻辑站址和物理站址的定义范围，有助于增加基站建设的灵活性。因此，按照基站站址形式的不同，可将其分为逻辑站址、物理站址和空间站址。在城市基站规划过程中，规划主要对象是物理站址和空间站址。

1）逻辑站址

运营商所指的逻辑站址是指不同制式、不同频率、不同站型的基站，而国土空间规划所指逻辑站址是将同一个地理位置内的某家运营商的基站视为一个逻辑站址。

2）物理站址

运营商所指的物理站址是指共用一个设备机房的多个站址的总称，在国土空间规划中，物理站址是指地理位置相同的基站站址，可能包含多家运营商的逻辑站址。

3）空间站址

空间站址是本书新定义的站址形式，指在一定空间范围内建设的宏基站物理站址，一般为一个较大的地块或整体开发片区来控制。对于未确定空间形态、道路路网等区域的通信需求，通过规划空间站址来满足。

上述通信行业与城乡基础设施规划对站址的定义差异参见表 7-1。

<table>
<tr><td colspan="3">基站站址定义内涵差异对比　　　　　　　　　　　　　　　　　　　　表 7-1</td></tr>
<tr><td>类型</td><td>通信行业定义内涵</td><td>城乡基础设施定义内涵</td></tr>
<tr><td>逻辑站址</td><td>不同制式、不同频率、不同站型的基站</td><td>同一个地理位置内的某家运营商的基站</td></tr>
<tr><td>物理站址</td><td>共用一个设备机房的多个站址</td><td>地理位置相同的基站站址</td></tr>
<tr><td>空间站址</td><td>无</td><td>地块或整体开发片区等空间范围内建设的宏基站物理站址</td></tr>
</table>

2. 建设状况

1）现状保留站址

尽管现状基站建设过程中存在程序不合法以及被业主逼迁的可能，也无法通过规划使其成为合法基站；但现状基站已在建设区形成较完整的电磁信号环境，改变其中基站布局会导致周围基站布局发生连锁变化。因此，规划基站时尽量减少现状基站布局变化的可能性，尽可能维持现状基站布局不变。

2）扩建站址

在现状建成区的建筑屋顶补充建设基站是件比较困难的事，既受到相关法规条款的制约，也超出规划主管部门开展规划行政审批许可的权限，难以成为政府主管部门的规划审批要点；因此，建成区现状基站物理站址是扩建的理想站址。独立式基站也是如此，如独立式基站杆体无法满足新系统天线等设备挂载时，扩建站址需要新增杆体。

3）新建站址

现状城区增补物理站址。随着不同制式的用户数变化、建筑环境发生变化、市政基础设施发生变化、提供的业务内容发生变化，基站的数量和位置都需要不断优化、调整，处于动态变化过程中，且须满足城市不同发展阶段的需求。当因为业务发展需要在现状城区内增补基站物理站址时，一般选取公共建筑、政府物业、国企物业以及工厂、仓储等建筑布局。

新建城区新增空间站址。除了尽可能保留现状基站站址不变之外，根据国土空间规划确定的用地规划方案，在基站容量及设置规律的指导下，宏基站重点结合新建或重建地块布局，进一步拓展基站站址资源。通过基站空间站址规划，推动基站物理站址建设，使之成为基站合法建设的依据，实现将基站作为城市基础设施纳入城乡规划建设的目的。

3. 站址形式

附设式基站是指附建在建筑物、构筑物上的基站，是基站站址的主要类别，主要优点有：建设成本相对较低，施工周期较短；可直接利用现有建筑的高度作为天线挂高的基准值，高度变化范围较大；建设方式灵活、多样，如利用楼梯间（电梯间）的屋顶，架设增高架或支撑杆，也可开展美化天线等处理。其主要缺点有：站址不稳定，易受到市民投诉，建设协调难度大，出现被逼迁等情况；建设高度和空间受制于楼顶情况，屋顶过矮或过高都会影响基站的有效覆盖，从而影响网络整体质量，也较难建设太高支撑杆。

独立式站址是指有独立杆塔的基站，杆塔可自建，也可利用现有路灯、广告牌等，一般设置高快速路、市政道路及城市公共空间内。主要优点有：站址稳定，主要跟政府部门打交道，有政策支持时优势更明显；建站的位置及高度可灵活控制，只要满足施工面积即可；建设形式可设计多种方式，也能安装多层抱杆，满足多家运营商的建网需求；使用年限可达 50 年以上，结实耐用维护成本低。其主要缺点有：建设成本大、造价高、建设周期长，不易于搬迁，且施工作业场地面积大；因体量大，需与城市景观协调。

宏基站之间通过无线信号形成蜂窝网，彼此相互关联且相互影响，增加或减少基站会引起无线网络的变化。近年来，随着市民对宏基站辐射的担心，通过市场化方式租借屋顶建设基站的不确定性增强；当通信运营商无法与建筑物业主达成租借协议时，原计划设置在屋顶的宏基站就需要转变为独立式基站；也就是说，附建在屋顶的宏基站和附建在城乡公共空间内的独立式基站（两者位置比较接近）可以相互转换。

4. 站址演变过程

在城乡建设从控规到详细蓝图、再到建筑设计的过程中，随着建设深度不断增加、边界条件日趋稳定，建筑形态也逐步固定，基站站址也从空间站址向物理站址转变，演变过程参见图 7-7；同时，在建筑设计阶段，须结合建筑形态、空间布置和人群分布及其流动路径，确定基站的物理站址。需要强调的是，宏基站之间彼此关联度强，设置基站时需与周边基站统筹考虑，且需结合建筑高度在三维空间中确定其位置；同时，在确定站址的过程中，还必须请通信运营商一起参加，并进行确认。

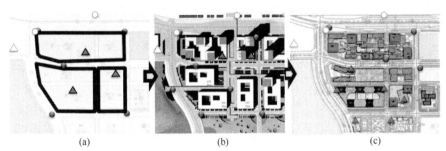

图例　△ 现状附设式宏基站　○ 现状独立式宏基站　□ 规划空间站址
　　　▲ 规划附设式宏基站　● 规划独立式宏基站

图 7-7　不同阶段规划基站站址演变示意图
（a）控规；（b）详细蓝图；（c）建筑设计

7.6　基站总体规划

7.6.1　移动通信的密度分区划分

通信用户密度分区在城乡建设区分为通信用户超密区、高密区、中密区、一般区、乡镇区五类，在城市非建设区分为移动通信及应急通信覆盖区。参见本书相关章节"3.3 通信用户密度分区"。

7.6.2　基站建设区域划分

结合城市规划及基站功能等方面的要求，宏基站建设区域一般划分为禁止建设区、限制建设区、适宜建设区三类。

禁止建设区主要从功能角度来设置，包括以下三种情况：基站受大功率电磁干扰时无法正常工作区域，主要指广播电视发射塔、机场和气象部门的雷达站的工作区域等强辐射源防护距离以内。干扰或影响其他行业正常工作的区域，主要指民用机场和直升机机场的跑道及飞机滑行区域、卫星地球站和城市收信区、机场的导航台和定向台等。影响主体建筑功能的区域，主要指市级、省级和国家级三类文物保护单位的保护范围内。

限制建设区域主要从电磁辐射易造成敏感人群受到伤害或者影响主体建筑功能的角度

来考虑。电磁辐射容易对正在生长的脑神经产生影响，与此相关的区域有幼儿园、小学等；另外，电磁辐射降低人体的抵抗能力，与此相关的区域有医院等。影响主体建筑功效的区域主要指特殊的市级或区级公共建筑，如音乐厅、大剧院等，业主方要求不允许建设基站（包括室内覆盖系统）的单体建筑；此类单体建筑内移动信号太好，反而影响主体建筑的功效。

适宜建设区主要是除禁止建设区、限制建设区外，满足国家现行的电磁辐射值相关规定的区域。为落实"以人为本"的规划原则，有必要特别对居住区提出一些基站建设要求：在居住区内设置基站，应优先选择会所等非居住建筑；此外，居住区基站必须满足国家颁布的电磁辐射标准。

7.6.3 景观化基站的分布与控制

景观化基站天线隐蔽性强、外形简洁美观、可与周边环境更好地融为一体，符合城市环境和谐的要求，主要分布在生态控制线、综合景观廊道、城市地标区域、城市门户区域、城市重点片区、旅游景区、文物保护区及其他对城乡规划有景观化要求的区域。景观化基站建设类型多样，具有隐蔽化、拟物化、小型化、简约化等特性，如附设式景观化基站有仿烟囱、仿排气管、仿热水器、仿空调外罩等形式，独立式景观化基站有仿灯塔、仿真树、仿路灯杆、仿高杆灯、融入城市雕塑和标示牌等形式。具体建设形式需根据实际的环境场景因地制宜地进行选择。

7.7 基站详细规划

7.7.1 设置规律

宏基站广泛分布在各个移动通信用户密度区，其设置参数、布局规律与移动通信用户密度区关系密切。宏基站设置规律一般根据基站容量、天线挂高、基站间距等因素综合分析，可以推导出各移动通信用户密度区宏基站的主要控制参数间的相互关系。布置宏基站站址时，宜结合表 3-8 城乡建设区通信用户密度区划分，并宜符合表 7-2 中相关参数的要求。

宏基站间距及天线挂高对应关系　　　　　　　　　　　　　　　表 7-2

通信用户密度分区	基站覆盖半径 （m）	站间距 （m）	基站覆盖面积 （km²）	覆盖用户数 （户）	天线挂高 （m）
超密区	70～170	100～250	0.01～0.06	1100～1300	18～25
高密区	170～260	300～500	0.06～0.12	1300～1500	25～35
中密区	260～400	400～600	0.12～0.31	1500～2000	25～35
一般区	400～600	600～900	0.31～0.70	2000～3000	30～40
乡镇区	600～1000	900～1500	0.70～1.95	3000～4000	30～45
覆盖区	600～1400	900～2100	0.70～3.82	3000～4000	30～50

表格来源：广东省住房和城乡建设厅. 广东省信息通信接入基础设施规划设计标准［S］. 2021.

移动通信基站发射信号呈蜂窝状，蜂窝覆盖区域为 3 个边长为半径/2 的正六边形组成，站距为半径的 1.5 倍（图 7-8），宏基站覆盖面积为 0.62×圆面积。站址间距是综合各类业务片区基站覆盖和容量双重要求而得出，满足多种移动通信系统的传输要求。覆盖的用户数是单个逻辑基站覆盖的移动用户数，1 个宏基站站址内可布置多家运营商的 3～6 个逻辑站址，服务用户数可达 3000～6000 户。基站间距及天线挂高参考 5G 工作频率确定，其中乡村、覆盖区参考 4G 工作频率确定。

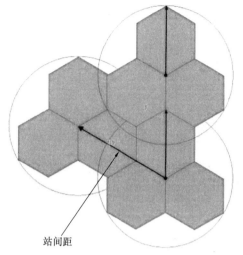

站间距

图 7-8　基站覆盖半径与站间距关系示意图

7.7.2　规模预测

预测基站规模的基本思路是：先预测移动通信用户数，参见本书相关章节"3.2 通信用户预测"；其次根据移动通信用户密度分区，从覆盖和容量两方面的宏基站规模分别进行预测，以两者中高值作为预测基站站址的基础，然后考虑到移动通信技术发展的速度及其可能产生的通信需求，预留一定数量的备用站址，最终确定宏基站站址总量。

宏基站站址采用业务密度分区覆盖及容量综合预测法进行预测，移动通信用户密度分区及宏基站相关设置参数见相关章节"3.3 通信用户密度分区"及"7.7.1 设置规律"。

覆盖预测：物理站址＝建成区面积/基站覆盖面积

容量预测：物理站址＝移动通信用户预测量×基站倍乘系数/基站覆盖用户数

备用站址：备用站址数＝站址总数×控制比例

考虑到手机用户的移动特性引起的需求，基站倍乘系数可选取 2.5～3.5；基站备用站址一般按照站址总数的 15%～30% 来控制预留比例。

7.7.3　布局原则

1. 功能主导

宏基站之间相互关联，易受障碍物遮挡，且需满足覆盖、容量两方面要求，并随用户数量、城市空间变化而不断优化，因此，宏基站布局需满足其特殊的功能性要求。

2. 尊重现状

在现状建成区的建筑屋顶补充建设基站是件比较困难的事，既受到相关法律条款的制约，也超出规划主管部门开展规划行政审批许可的权限；但现状建成区又必须建设基站，且现状建成区基站已形成差异化布局，有较多站址只有 1～2 家运营商的基站，具有扩建改造的潜力。因此，现状建成区新建基站需充分利用现状基站站址，能有效地缓解现状建成区建设难的问题。

3. 分层分区设置

规划基站时可将移动通信业务密度分为超密区、高密区、中密区、一般区和覆盖区。移动通信需同时满足覆盖和容量要求。在高密区及密集区，由于人口密度高，高层、超高层建筑较多，由此决定基站覆盖以容量为主，宜采用分层设置策略。多层、中高层建筑物内用户以及道路上的车载、行人等用户，通过宏基站来覆盖，而高层、超高层以及地下室等用户，通过微基站或室内覆盖系统实行专门覆盖。

4. 差异化设置

基站既容易受其他强干扰源的影响，又产生电磁辐射影响其他设备或人，且不同地区、不同建筑、不同行业、不同人群受影响的程度或后果也不相同，因此，不同片区或建筑单体应采取不同的设置策略：部分地区需禁止建设，部分地区需限制建设；部分类型基站鼓励建设，部分单体建筑适宜建设。

5. 共建共享

在基站统筹布局的基础上，还需要实现基站站址及其基础设施共建共享，节约空间资源，也节省建设时间和建设费用，实现基站内部建设系统更优。

7.7.4 布局规划

5G跟其他移动通信蜂窝系统一样，首先完成初始化布局（主要是布局逻辑站址、物理站址，初步形成覆盖完整蜂窝网布局）；然后，再结合用户、市场发展而不断优化基站布局。

1. 基本要求

1）符合城乡规划建设要求

基站作为城乡基础设施，当然不能与城乡建设用地冲突，影响城乡开发建设。附建式基站建设方式灵活，还需要满足城乡建设过程中的需求，处理时比较灵活、方便；但独立式基站的位置，不能布置在城市建设用地内（有些用地现状是空地，适合基站建设，但实际上是建设用地，只是尚未开发而已），也不能与规划路网冲突，引起建设后二次迁移。另外，城市基础设施工程建设有些专业技术规定，如水源保护区、文物保护区、公路建设的保护范围等，基站建设需要符合相关规定。

2）满足5G基站覆盖和容量业务需求

从规划用地规模和人口规模出发，抓住在规划期限内移动通信用户总量不变的基本特征，根据总量确定基站基本数量，使5G基站的数量能满足移动通信无线网络信号覆盖和用户容量两个方面的需求，并能适应未来网络发展和扩容的要求。常规的预测方法有覆盖、容量、质量预测三种，只有同时满足三者需求，才能在建设成本、服务质量之间找到最佳平衡点。规划是从城乡规划角度出发，主要从覆盖预测和容量预测两方面进行预测，质量预测由各运营商优化基站布局时校核。

3）5G基站布局须符合蜂窝网拓扑结构

移动通信系统广泛采用蜂窝模型组网，将整个城市划分为若干个小的区域——蜂窝（Cell），每个蜂窝设置一个基站为本小区专门服务。同一小区内使用相同的无线电频率，相邻小区使用的频率均不相同，因而不会出现干扰，多个小区组成无线电蜂窝网络。基站位于小区的交界处，不同小区被基站分成不同扇区。基站之间通过无线信号形成蜂窝网，彼此相互关联且相互影响，增加或减少基站会引起无线网络的变化。

4）满足基站的功能性需求

宏基站设置一般需满足基站特殊的功能性需求，周边相对开阔，易于信号传输，以天线挂高为基点，50m 范围内避免有遮挡物；天线高度约为 25～35m，不宜超过 55m，其中超密区和高密区的推荐高度为 20～35m，一般区域、边缘区域的推荐高度为 35～50m。

2. 初始化布局

1）现状城区

在现状站址资源上增补 5G 基站。尽管现状基站建设过程中存在程序不合法以及被业主逼迁的可能，也无法通过规划使其成为合法基站；但现状基站已在建设区形成较完整的电磁环境，改变其基站布局会导致周围基站布局发生连锁变化。因此，规划基站布局尽量减少变化的可能性，尽可能维持现状基站布局不变，同时，现状基站站址也因电力、传输等基础资源较好成为扩建的理想站址。

优先在公共场所资源内补建 5G 基站。按照国家部委的文件要求，政府管理物业和城市公共空间宜对基站开放。附设式宏基站站址可布置在现状政府物业、国企物业、公共建筑、交通市政设施等建（构）筑物上，独立式宏基站站址可布置在城市绿地、城市公园、城市广场以及道路绿化带等公共空间内。

在现状建筑或道路上增补基站。宏基站是无线网络覆盖的主要实现方式，为大部分用户提供覆盖和容量需求；对于 5G 系统而言，由于 5G 工作频率高于 4G，5G 宏基站的覆盖距离减少约 1/3，易出现信号盲区，需要在现状城区增补 5G 宏基站站址。优先布置附设式基站站址，并附设在位置和高度合适的建筑物上。若无合适位置设置附设式基站，则在公共空间内布置独立式基站。

重点结合新建或重建地块，进一步拓展站址资源。除了尽可能充分利用现状基站站址之外，根据国土空间规划确定的用地规划方案，在基站预测容量及设置规律的指导下，宏基站重点结合新建或重建地块进行布局，进一步拓展站址资源。宏基站的建设时间由各制式网络确定，当宏基站无法与附属建筑单体完全同步建设时，规划基站所附属的建筑单体需按规划基站预留配套基础设施。当规划用地性质改变、建筑形态不符合基站附设需求等情况时，可考虑将附设式宏基站置换为独立式基站。

2）新建城区

先期建设的城市主干路及次干路，布置独立式宏基站。对于新建城区，需要满足施工期及建设初期的移动通信需求，在先期新建的主干路、次干路等道路红线范围内布置独立式宏基站，优先布置在拐点、变坡点、圆曲线交点附近，使其定向覆盖范围更广。

优先布置在非居住建筑及公共空间。附设式宏基站站址一般布置在位置、高度和建筑性质合适的新建地块内，宜优先布置在办公、公共建筑、工业、仓储等非居住建筑；独立式宏基站可布置在城市绿地、城市公园、城市广场以及道路绿化带等公共空间内。

避开禁止建设区及限制建设区。基站建设区域划分为禁建区、限建区、适建区三类；

新建基站分布在适建区内，禁建区一般没有现状基站，功能上冲突的基站一般会在选址阶段被排除；而限建区可能有极少数基站，此类基站视条件（投诉、信访等）开展评估和电磁辐射检测，确定是否迁移，而新建基站避免布置在限制区内；条件允许时，尽量避开幼儿园、小学、医院、加油站等场所，以及对精密设备运行等有影响的其他建筑物内设置基站。

3）非建设区

对于非建设区，一般布置 4G 基站或 700MHz 的 5G 基站，以满足覆盖为主，可维持基站现状数量的基本平衡和覆盖要求，但生态控制区覆盖不足的区域以及新建线型设施，需增补基站满足信号覆盖需求。

生态控制区：郊野公园、森林公园等是市民节假日休息、郊游场所，但由于配套设施未建设完善，易出现市民因迷路而无法得到救援导致人员伤亡的事故。随着郊野公园配套设施建设完善以及市民生活质量的提高，这种活动会逐步普及，生态控制区内独立式基站规划及建设，将大大减少甚至消除人员伤亡事件发生。由于生态区内各运营商面临的条件基本相同，信号以满足覆盖为主，多家运营商可共用站址或杆址。独立式基站站距可按覆盖区的最大站距（2100m）来布置，使基站覆盖更广阔的区域。

线型设施：对于高铁、城铁、高速公路、快速路等线型交通设施，独立式宏基站优先布置在道路附近的地质稳定、视野开阔处，结合地形、地貌、高程等条件按覆盖区站距的高值设置，并避开自然保护区的核心区。普铁、高速公路等沿线站距约 500～800m，高铁等沿线站距约 300～600m（速度大于 300km/h，站距宜按低值或比低值更小的站距设置）。上述线型交通设施经过城乡建设区，宜与城乡建设区内基站结合布置。

3. 5G 站址优化

移动通信网络与其他通信网络最大不同之处在于，移动通信网络需要结合空间形态变化、用户投诉、5G 专网等不断优化网络，由于城乡规划建设难确定因网络优化而出现的增加站址情况，也无法将其纳入规划布局；有条件时可在设计阶段进一步落实。

基站布置与建筑空间形态和电磁环境密切相关，须随环境不断优化。从规划区实际开发建设情况来看，已确定空间形态及道路路网的区域可结合建筑物的高度及空间分布和运营商需求规划物理站址；未确定空间形态区域则规划空间站址，空间站址需要在空间形态稳定的下层次规划中，根据地块大小及基站设置规律进一步深化，确定物理站址具体位置及数量。

结合用户对网络投诉优化基站布局。对于移动通信用户投诉较多的区域建设基站，不确定性较强，无法进行准确预测。如果运营商已完成相关规划，其数量可纳入布局规划；对于今后新出现的基站建设，需要各运营商的网优部门不断优化基站布局，才能解决移动通信信号覆盖盲区，优化通信网络，提升信息服务水平。

5G 基站还需结合企事业单位的需求而不断优化。2019 年 5G 网络正式商用以来，主要实现了公网通信的普及，而在商用领域 5G 专网的发展也逐步走入轨道。严格来说，5G 专网是一种局域网，它依托于 5G 技术，遵循更严格的频率和信道，为企业提供一个专属的网络连接体系，因此在网络的稳定性、服务性和安全性方面，5G 专网往往能提供更好的保障。大量的 5G 专网需求，基站布局优化的力度要更强。另外，为了满足企业、单位及机构在通信行业内部的指挥调度或无线宽带网传输要求，需要构建企业内部可以独立管控和安全隔离的业务专网；该网络需要较高的安全隔离性和较低的建设维护成本，同时一旦出现内部网络故障，专网用户能够及时通过公共网络保障业务连续性。

7.7.5　景观化基站

景观化基站建设的核心是让基站与周围环境协调一致，一般将基站铁塔、抱杆、天面进行美化或伪装。景观化基站可以有效地改变基站视觉效果，不仅美化了城市，而且可以降低居民对电磁环境的恐惧，减少建站的外界阻力。景观化基站相比传统铁塔和天线在基站建设中的优势已逐渐显现。

1. 景观化基站定义

景观化基站也称"美化基站"，是出于城市环境和景观要求，在满足移动通信网络建设要求的前提下，通过一些必要的设计和技术措施，对基站天线系统（某些场景也包括线路、机房）采取景观化处理后使之与周围环境融合、协调的基站。

2. 景观化基站类型

基站应根据城市环境、应用场景及业主要求，因时制宜、因地制宜地进行美化处理。一般景观化手法大致上可归纳为隐蔽化、拟物化、小型化、集约化等几种主要类型。

3. 独立式基站景观化方案应用场景

1）生态控制线

该区域主要包括位于生态控制区的山地森林和郊野公园。该区域的自然环境优美，为尽量保证公园的原始风貌，此区域建设的景观化基站应采用与环境相融合的隐蔽化、拟物化建设形式。

2）景观廊道

城市景观轴带主要包括城市公园、滨海景观轴带、城市主要河流景观轴带和城市综合功能景观轴带。该区域作为城市控制的景观轴带，其红线范围内区域建设基站时需符合景观化原则，进行景观化处理（图 7-9）。此区域建设的景观化基站应采用与环境相融合的隐蔽化、拟物化建设形式，使基站不易被察觉，尽可能降低基站的视觉冲击力。

3）旅游景区

旅游景区除城市绿线范围内生态旅游外，还包括城市建设区内都市风情旅游区、文化旅游区、休闲娱乐旅游区；上述场所是城市的名片，进行基站建设时需进行景观化处理。此区域建设的景观化基站应采用与景区自然、人文风格相契合的隐蔽化、拟物化建设形式。

4）交通线型设施

交通线型设施包括高速铁路、高速公路、干线公路及快速路等。此区域车流及人流量大，大部分干线路网分布在城市边缘地带，少数快速路已深入城区；基站设置以满足覆盖为主，建设的景观化基站多为独立式杆塔，应采用与环境相融合的简约型基站，要求较高附设式景观化基站：　　　　　　独立式景观化基站：

图 7-9　景观化基站示意图

（图片来源：深圳市城市规划设计研究院．《城市通信基础设施规划方法创新与实践》[M]．2019）

的交汇区域可采取拟物化或集约化建设形式。

4. 附设式基站景观化方案应用场景

1）地标周边

该类地区主要为城市地标性建筑（以高层、超高层建筑群为主）以及市级重要公共建筑，上述两类区域作为城市标志性象征，对相关或周围区域需要进行景观化基站控制。此区域建设的景观化基站应采用与环境相融合的隐蔽化建设形式，不宜设独立杆塔。

2）重点片区

城市重要功能区包括城市中心和副中心的核心地区，该类地区是城市重要行政办公、金融、大型公共建筑等综合地区，是人民群众活动的重要场所，也是对外交流的重要窗口，需进行基站的景观化控制；部分新建地区因定位高、建设要求高，更需实现基站的景观化控制。此区域建设的景观化基站应采用与环境相融合的隐蔽化建设形式。

3）城市门户

城市门户包括机场、火车站、一、二线口岸等，会给外地市民对城市的初始印象留下印记；因此，上述地区需进行基站的景观化管理。此区域建设的景观化基站多为附设式，应采用与环境相融合的隐藏、伪装、与建筑融为一体等方式。

4）文保单位

文物保护单位的保护范围是禁止建设基站区域，保护范围外的建设控制地带内建设基站时需进行景观化设计，使基站与周边环境协调一致。此区域建设的景观化基站需与文物保护单位环境严格融合，不能破坏文物原始风貌，应采用隐蔽化、拟物化建设形式。

5）其他区域

市、区两级单独建设的政府办公大楼：市、区两级政府办公大楼是流动人口较集中的区域，也是政府形象的象征；当建设宏基站时，其天线需进行景观化处理。此区域建设的景观化基站应采用与环境相融合的隐蔽化、拟物化建设形式，通过富有美感的外形设计为其他基站的建设树立表率。

7.7.6　规划实践

该项目为南方某片区宏基站站址规划，位于现状建成区，用地面积 1.42km² ，主要用地功能为商业、商务、办公等，工作人口、流动人口密度高，属于通信用户超密区。现状宏基站站址 60 个，均为附设式物理站址。5G 基站初始化布局，首先现状站址已满足 5G 覆盖需求，是理想的 5G 基站站址，因此在现状站址资源上扩建 5G 基站 58 个；其次，为满足 5G 用户容量需求，根据 5G 基站设置规律，按蜂窝网在现状建筑或道路上规划新增 21 个 5G 基站附设式站址及 1 个独立式站址；然后，结合城市更新进一步拓展站址资源，规划 22 个附设式宏基站空间站址；最终该片区宏基站物理站址共 82 个、空间站址共 22 个。宏基站站址规划情况详见图 7-10 。

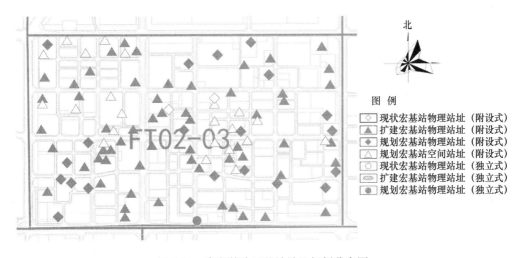

图 7-10　南方某片区基站站址规划分布图

7.8　基站设计

7.8.1　设置条件

宏基站除了根据详细规划落实站址外，还可在设计阶段直接落实宏基站；当建筑设计或市政设计符合宏基站设置条件时，也需要根据设置标准布置宏基站。微基站和室内覆盖系统在设计阶段按标准设置。在设计阶段确定基站站址时，一般需要由铁塔及通信运营商确认站址，以保证站址有效性（特别是高程上合适建设基站），并与周边基站协调一致。

1. 宏基站

详细规划确定宏基站站址后，在建筑设计和市政设计阶段布置站址。在空间站址转换为物理站址过程中，大型项目（地块）的站址数量会发生变化；与周边建筑环境、电磁环境密切相关；与高度密切相关，一般要高出周边 3~8m；最后，须由铁塔及几家通信运营商确认站址。南方某城市就出现过设计单位按规划预留站址及配套设施，但通信运营商到现场踏勘时看到，周边有更加合适的站址，通信运营商坚持到预留站址旁边的楼栋顶设置，原因是该处高度高出周边约 5m，是设置宏基站的理想地址。

在新建城区，比较适合采用独立式宏基站进行覆盖。按照一般建设习惯，新建城区先建主次干道及市政管线，再陆续进行地块开发建设；优先在主次干道旁、公共绿地等站址资源丰富处布置宏基站站址，多家运营商共址共杆建设，满足施工期以及建设初期的移动信号需求。再随地块开发建设，逐步建设附设式宏基站；在开发面积达到 50% 及以上、建筑竣工后入住率达到 70% 后，可开展增补微基站等优化工作。

2. 微基站

对于 5G 系统而言，需通过宏微结合、宏微转换的组网方式，提升 5G 网络广度及深度覆盖水平，逐步满足 5G 网络发展需求；由于微基站数量多、分布广、高度低，建设成本较低，必须结合宏基站设置，具有较大的不确定性和灵活性；在实际建设过程中，可充分利用现状市政资源和公共资源（如监控杆、路灯杆、便民警务站、电力杆、公交站、建筑物墙面等）灵活设置；必要时，也可单独立杆建设，满足网络覆盖、数据容量需求。

1) 室外信号弱覆盖

对于半径小于 200m 的弱覆盖或者盲区，可采用微基站补弱、补盲；对于半径大于 200m 的弱覆盖区域，如核心商业区，可采用宏微结合的立体覆盖方式。

2) 热点容量

用于解决局部容量不足的热点区域，如步行街、商业街、体育场馆、大型商场、交通枢纽等场景。

3) 限制宏基站建设的区域

医院、音乐厅等限制宏基站建设的区域，可采用微基站补充信号；超密区、密集区以及景观控制区等，也可通过设置微基站进行信号覆盖。设计微基站时，可结合监控杆、建筑物、路灯等采取集约共建方式建设微基站；在利用路灯杆等建设微基站时，需提前为光缆传输、电源线路等预留管孔，避免重复开挖施工等问题。

3. 室内覆盖系统

室内覆盖系统主要应用于室内信号盲区、话务量高的大型室内场所以及发生频繁切换的室内场所，为节省基站站址资源，室内覆盖系统的设置应满足多种制式、多种系统共建共享的要求，因此，建筑单体在开发时应预留共享式室内覆盖系统所需的机房、接入通道等配套基础设施，满足多家运营商合路建设的需求。一般情况下，地下室、电梯、高层建筑的混凝土框架结构对电磁波有屏蔽或较严重的阻扰，需通过室内覆盖系统等技术手段来满足信号覆盖要求，宜在高层或超高层建筑、功能重要建筑、人流量较大的公共建筑以及设有地下室或客梯的建筑等，优先设置并大力推广室内覆盖系统。

1) 下列建筑（含地下空间）的开发建设，应预留室内覆盖系统所需的配套基础设施，以满足移动通信室内覆盖系统的需求：

①　体育场馆、图书馆、博物馆、展览场所、大专院校、医院、大型市场、商场超市等人流量较大的公共建筑；

②　机场、火车站、轻轨站、汽车站候车室、地铁站、港口、码头、室内停车场等大型交通建筑；

③　政府及其部门行政办公楼；

④　需要深度覆盖的商务办公、商业、住宅等高层及以上建筑；

⑤　需要深度覆盖的三星级及以上酒店等人群密集场所。

2）下列市政工程的配套基础设施，应满足移动通信室内覆盖系统的建设需求：

①　700m 及以上的隧道。

②　地铁站点、地下敷设的轨道交通及区间段洞体。

7.8.2　典型应用场景

结合网络现状、建筑物功能、密集程度、用户分布等进行分类，主要有商业街区、城市道路、城中村等典型应用场景，具体如表 7-3 所示。

典型应用场景分类　　　　　　　　　　　　　　　　表 7-3

场景	场景特点	需求描述	设置方案
商业街区	由众多独立的零售商店、餐饮店、服务店等各种商业、服务设施集中，按一定的结构比例规律排列的繁华街区，是人流聚集的一个主要场所，商铺和周边建筑物密集	一般在外围已建设宏站，但由于街区两侧建筑物或其他障碍物的遮挡，底层商铺和步行街容易出现弱覆盖，深度覆盖存在不足。同时由于商业街区人流量大，除了需要满足网络覆盖要求，对容量也有较大的需求	对于商业街区的覆盖主要通过在周边建设宏站和内部部署室内覆盖系统解决；优先选择较高楼房的天面增加支撑杆或增高架安装设备，对于无法利用天面的场景，可选择路灯杆、监控杆、外墙等安装微小设备，天线波瓣正对弱覆盖的底层商铺
城市道路	连通城市的各地区，供城市内交通运输及行人使用，便于居民生活、工作及文化娱乐活动，并与市外道路连接负担着对外交通的道路，具有车流量大、两边建筑物密集、直道不长、多拐弯等特点	周边一般已建设宏站解决覆盖，但由于道路两侧建筑物或其他障碍物的遮挡，存在信号杂乱、不稳定、易出现信号中断现象	依托道路两侧或中间的水泥杆、路灯杆、监控杆安装微小设备。覆盖较大面积时，两台设备以背靠背方式沿交通干线两个方向覆盖，另一个扇区兼顾沿途其他区域的覆盖
多层住宅小区	多层住宅小区楼层较高，且高度接近，楼宇排列往往自成体系，呈封闭式或半封闭式，具有人流大、楼宇密集、排列整齐、楼宇高度相当的特点	多层住宅小区周边的宏站由于建筑物阻挡，很难对小区中心区域进行有效覆盖，尤其是大型住宅小区，深度覆盖存在不足	多层住宅小区业主对通信基站敏感度高，依托覆盖区域中间的路灯杆、监控杆以及对面楼层的天面、外墙、阳台等安装设备

场景	场景特点	需求描述	设置方案
城中村	楼层一般为 7～10 层左右，楼间距仅 1～2m 的村屋，这种楼群多集中在城市中心闹市区，建筑物密集，建筑高低不一，排列不规则，人口密度高且流动性大	一般在外围已建设宏站，但由于楼距过窄，无线信号到达低层时会比较差，内部深度覆盖存在不足	优先选择较高楼房的天面增加支撑杆或增高架安装设备，对于无法利用天面的场景，可选择村中村水泥杆、路灯杆、监控杆、外墙等安装微小设备
大型场馆	具有突发性人流量大，一般有建筑面积大、内部空阔、层高高的特点	受限于基站隐蔽性要求高，存在施工难度高和人流量突发导致容量严重不足的问题	对于大型场馆的覆盖主要通过在周边建设宏站和内部部署室分系统解决
大型商场	具有人流大，楼宇单层面积大，墙体、超市货架等障碍物多的特点	大型商场一般周边有宏站，但商场内深度覆盖存在不足	对于大型商场的覆盖主要通过在周边建设宏站和内部部署室内覆盖系统解决
交通枢纽	具有人流量大、建站面积大、结构复杂的特点，交通枢纽覆盖信号的良好覆盖是运营商优质网络的一面特殊旗帜	一般在外围已建设宏站，但由于交通枢纽的内部建筑物较复杂，深度覆盖存在不足。同时由于交通枢纽人流量大，除了需要满足网络覆盖要求，对容量也有较大的需求	对于交通枢纽的覆盖主要通过在周边建设宏站和内部部署室内覆盖系统解决
旅游景区	具有开放性、室内外相结合，覆盖需求范围广、人流量巨大、业务需求强等特点。旅游景区包括室外游玩区域、表演/展览场馆、餐厅、酒店等	对美化要求高，基站不能影响环境，同时由于旅游景区人流量大，除了需要满足网络覆盖要求，对容量也有较大的需求	对于旅游景区的覆盖主要通过在周边建设宏站，受限于物业美化要求高，利用景区内路灯杆、监控杆、建筑外墙安装微基站
乡镇农村	具有人流量小、建筑物稀疏、一般较为空旷的特点	一般建有宏站，由于山体等阻挡可能存在少量连续覆盖不足	对于乡镇农村的覆盖主要通过建设宏站解决
校园园区	各楼宇功能性、区域性较强，分别有办公楼、教学楼、宿舍楼、餐厅、体育馆等，建筑物一般采用钢筋混凝土框架，外加玻璃幕墙穿透损耗情况较为复杂，平层内部建设隔断较多，房间间隔主要为砖混结构	一般在外围已建设宏站，但由于校园内建筑物复杂，部分地方深度覆盖存在不足。同时由于校园园区人流量大，除了需要满足网络覆盖要求，对容量也有较大的需求	校园园区的覆盖主要通过在周边建设宏站和内部部署室内覆盖系统
高速公路	沿途一般经过城区、郊区、乡镇、农村、宽阔水面桥梁、桥下地道，对于山区丘陵地带还有隧道、坡地、峡谷拐弯等	一般已建设宏站，在空阔的地方，一般信号比较杂乱，在隧道、山体拐弯、桥下等路段信号衰减较大，存在弱覆盖情况	对于高速公路的覆盖主要通过建设宏站，由于无线环境复杂，部分地方存在室外连续覆盖不足等特点

7.8.3 附设式基站（建筑）设计

1. 宏基站

1）基本规定

为确保天馈支撑系统的安全、科学、准确，移动通信塔架的风荷载计算应遵循《建筑结构荷载规范》（GB 50009—2012）及《高耸结构设计标准》（GB 50135—2019）中的相关要求。

2）屋面基础墩柱及上线井道预留

建筑屋面需新建铁塔时，应在建筑屋面结构可靠的位置预留四个基础柱墩（建筑物高度超过 30m 时，可不做预留），墩柱设置要求如下：

① 四个墩柱应按矩形布置，墩柱间距应根据铁塔塔脚开展设计，且宜为 3～7m，墩柱必须设置在框架柱或主梁上，且中心与框架柱或主梁中心重合，做法参照图 7-11。

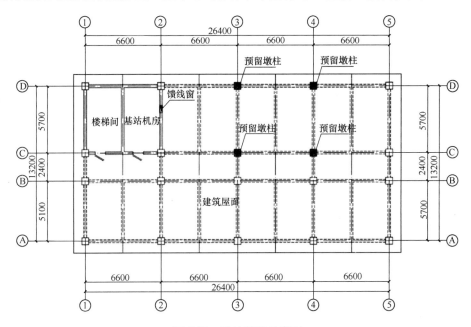

图 7-11　墩柱预留示意图

（图片来源：天元瑞信通信技术股份有限公司. 裕民县 5G 通信基础设施
站址专项规划（2020—2025 年）［R］.2020）

② 柱墩截面尺寸应根据安装铁塔的塔脚反力要求，与新建建筑同步设计，混凝土强度等级与主体建筑相同且不小于 C30，墩柱做法参照图 7-12。

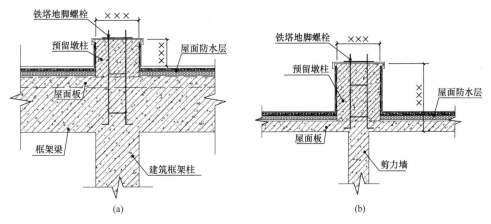

图 7-12　墩柱示意图

（a）框架柱上墩柱；（b）剪力墙上墩柱

（图片来源：天元瑞信通信技术股份有限公司. 裕民县 5G 通信基础设施站址专项规划(2020—2025 年)［R］.2020）

③ 机房建于铁塔下层房间时，应在机房顶板上设置上线井道，上线井应设置在机房内靠墙边并邻近铁塔一侧（图 7-13）。井道洞口处安装馈线窗，线缆安装完成后应采用防火材料封堵，并做好防水处理。

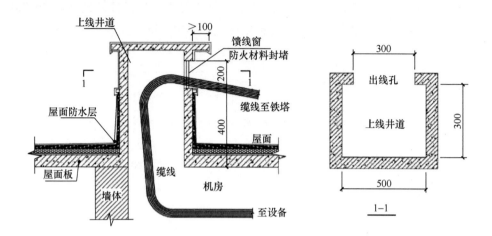

图 7-13　机房上线井道示意图

（图片来源：天元瑞信通信技术股份有限公司．裕民县 5G 通信基础设施站址专项规划

（2020—2025 年）［R］.2020）

3）塔桅地脚锚栓位置、法兰支承面的偏差应满足表 7-4 的相关规定。

支承面、支座和地脚螺栓的允许偏差（mm）　　　　　　表 7-4

项目	允许偏差
支承面（混凝土墩柱） （1）标高 （2）水平度	±3.0 小于 1/1000
支承表面（法兰上端面） 标高 水平度（法兰上端面）	±3.0 小于 1/500 且不大于 3mm
地脚螺栓位置扭转偏差 （任意截面处）	±1.0
地脚螺栓法兰对角线偏差	$\leqslant L/1500$ 且 <10，L 为对角线距离
地脚螺栓相邻之间偏差	$4b/1500$ 且 <10，b 为塔脚弯矩
地脚螺栓露出法兰面长度	$a\pm10$，a 为设计螺栓伸出长度
地脚螺栓的螺纹长度	$L_\omega\pm10$，L_ω 为设计螺纹长度

表格来源：天元瑞信通信技术股份有限公司．裕民县 5G 通信基础设施站址专项规划（2020—2025 年）［R］.2020.

信息基础设施墩柱应至少有两个墩柱引出接地扁钢与大楼接地系统进行可靠连接，扁钢规格不小于 4mm×40mm，扁钢出墩柱长度不小于 200mm，且接地测试电阻应小于

10Ω，不满足时应新增接地装置。

2. 微站及室内覆盖系统

对于 5G 系统而言，由于模拟式分布式天线系统的无源器件和馈线不支持高频段，不能对器件进行监控，改造成本高，不能大规模扩容，因此分布式天线系统只能用于某些低频段、低容量场景（例如隧道、地下停场、电梯等）。而新型数字化室内覆盖系统由于部署简单、运维可视化、支持大规模 MIMO 等优点，支持 4G、4.5G、5G 各阶段的业务、容量、用户体验等需求，更适合向 5G 平滑过渡，是 5G 室内分布系统的主角（图 7-14）。

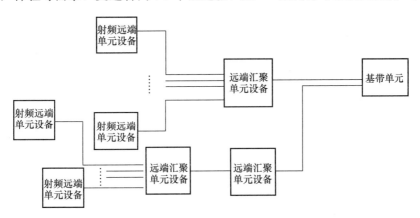

图 7-14　数字室内覆盖系统示意图

需要设置室内覆盖系统的场所包括人群密集的公共交通场所、政府行政办公及公共建筑、商业商住等建筑，建设单位需按照公众通信基站建设设计标准和规范，预留室内分布系统所需的机房、电源、管道及天面空间。

7.8.4　独立式基站（市政道路）设计

1. 宏基站

独立式基站通过独立杆塔布置在生态控制区及公园、绿地等城市公共空间内，一般不受市民投诉的影响，基站站址比较稳定，有利于移动通信网络的运行和发展。杆塔的设计基准期为 50 年，设计使用年限为 50 年，结构安全等级为二级，抗震设防类别为丙类，有特殊要求的基站可根据使用要求及现行相关国家标准另行确定。设计独立杆塔一般需满足如下要求：

1）荷载与防震

① 永久荷载

永久荷载包括铁塔塔身及附属构件（避雷针、爬梯、平台、天线、馈线）的自重、固定设备自重、拉线初应力等。

② 可变荷载

可变荷载包括风荷载、地震作用、覆冰荷载、平台活荷载、雪荷载、安装检修荷载等。

风荷载：风荷载计算应按现行国家标准《建筑结构荷载规范》（GB 50009—2012）的

规定执行。天线、平台及栏杆、单管塔杆身的体形系数按《钢结构单管通信塔技术规程》（CECS 236—2008）及《移动通信工程钢塔桅结构设计规范》（YD/T 5131—2019）的规定执行。

防震：铁塔结构抗震设防烈度应按铁塔所在地的抗震设防烈度采用。地震作用计算按现行国家标准《建筑抗震设计规范》（GB 50011—2010）的规定执行。

平台活荷载：平台竖向活荷载一般按 2.0kN/m² 考虑；平台栏杆顶部水平荷载按 1.0kN/m² 考虑。

覆冰荷载：覆冰荷载计算按现行国家标准《高耸结构设计标准》（GB 50135—2019）的规定执行。

雪荷载：雪荷载与平台活荷载不同时考虑，且平台活荷载大于雪荷载，故一般不考虑雪荷载。

2）材料选用

钢材的强度设计值、焊缝的强度设计值、螺栓连接的强度设计值、钢绞线及钢丝绳的强度设计值应按现行标准《移动通信工程钢塔桅结构设计规范》（YD/T 5131—2019）、《高耸结构设计标准》（GB 50135—2019）、《钢结构单管通信塔技术规程》（CECS 236—2008）及《钢结构设计规范》（GB 50017—2003）的相关规定选取。

2. 微站及多功能智能杆

目前，市政道路建设多功能智能杆正成为新趋势，多功能智能杆是 5G 宏基站及微基站的主要载体。根据广东省政府和深圳市政府文件精神，自 2019 年 9 月起，新建道路按统一规划建设多功能智能杆；从长远来看，随着道路建设或改造，道路上多功能智能杆的数量会越来越多，道路上大部分杆体都将建设成为多功能智能杆。多功能智能杆建设须按照《多功能智能杆系统设计与工程建设规范》的要求，预留搭载多种辅助功能和基础功能的接口，并为各种设备接入城市系统提供通信接入和 24 小时电源等基础设施；详细内容参见本书"8.7 多功能智能杆设计"。

7.8.5 配套基础设施及通道

基站是由天线、发射和接收设备、传输介质组成完整功能；正常工作的基站离不开电源、存放设备的通信机房（对于附设式基站是建筑面积，对于独立式基站是临时占用土地资源的小型构筑物）、存放传输介质的室内通道（弱电竖井或线槽）和室外通道（建筑物的接入通信管道）、布置天线的构筑物（对于独立式基站是杆塔，对于附设式室外基站是建筑物天面，对于附设式室内站是吊顶）等配套基础设施支撑。

1. 基站机房

由于 5G 基站数量会大幅增加，且 5G 基站机房的设置方式也发生了巨大改变，因此对城市通信基础设施的建设产生较大影响。早期宏基站附近一般设置配套机房，后来慢慢向一体化式通信机柜演变；采取 5G 组网方式后，由于 BBU 需要集中部署，需要在一定范围内集中设置单元机房，布置边缘计算等设备，满足周边 6～12 个基站的需求；同时，还需要汇聚机房来汇聚多个单元机房的传输需求，将基站信号接入通信传输网。尽管单元机房及以上的传输需求因边缘计算而减少，但其数量更集中，需求面积也比早期基站机房增大，需要结合城乡建设统筹布局，具体详见"6.9.2 基站机房"。

2. 电源

1）电源系统构成

基站电源系统一般由交流配电箱（含防雷器）、开关电源、蓄电池组等设备组成。

2）市电引入方式

基站新建引入外市电的电压等级可根据当地供电条件、用电容量、供电部门要求等综合确定。原则上应优先考虑使用公共电网所提供的直供电或转供电。从路灯箱变引电时，需提供 24 小时电源，与路灯控制回路分开。

① 直供电

采用 10kV 高压市电电源引入，并建设 10kV/380V 专用变压器。

引用 380V 公共电力的低压市电，宜采用三相五线制。

引用 220V 公共电力的低压市电，宜采用单相三线制。

② 各类转供电

指电源通过某些建（构）筑物转供给基站使用的低压供电方式。

3）供电系统

当电力负荷需求较大时，可采用用户分列智能配套综合柜，供电系统如图 7-15 所示。

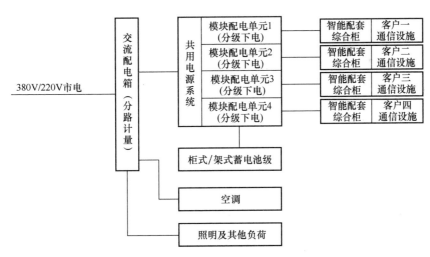

图 7-15　基站供电系统示意图一

（图片来源：中国铁塔股份有限公司. 新建基站机房技术要求 Q/ZTT 1006—2014〔S〕.2015）

当电力负荷较小时，可采用多用户共用综合柜，供电系统如图 7-16 所示。

4）交流供电系统技术要求

① 基站交流供电系统的工作方式以市电作为主用电源，市电停电时由发电机启动供电，市电与发电机的倒换可采用自动或手动，须具备电气和机械连锁。

② 交流配电箱应内置浪涌保护器（SPD），其通流容量的选择应符合《通信局（站）

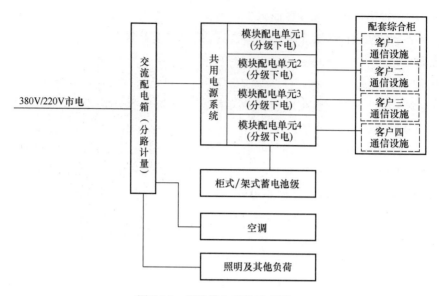

图 7-16　基站供电系统示意图二

（图片来源：中国铁塔股份有限公司．新建基站机房技术要求 Q/ZTT 1006－2014［S］．2015）

防雷与接地工程设计规范》（GB 50689—2011）的相关要求。

③ 交流配电箱应配置一台交流计量智能电表，对交流配电箱内需要监测的交流输入和输出分路进行交流电监控和计量。

④ 外市电引入容量、变压器容量、交流引入电缆线径、交流配电箱输入断路器容量等技术参考值，参见表 7-5。

外市电引入交流容量测算参考值表　　　　　　　　　　　　　　表 7-5

序号	基站负荷需求	对应外市电变压器需求容量	对应交流引入参考电缆线径	市电类型	对应交流配电箱输入断路器容量
1	8kW	—	3×25mm²	单相三线制	220V/63A
2	15kW	20kVA	4×25mm²	三相四线制	380V/63A
3	20kW	30kVA	4×25mm²	三相四线制	380V/63A
4	25kW	30kVA	4×25mm²	三相四线制	380V/63A

表格来源：中国铁塔股份有限公司．新建基站机房技术要求（Q/ZTT 1006—2014）［S］．2015.

⑤ 基站应配置市电/油机切换开关（自动或手动可选）、移动柴油发电机应急接口。移动柴油发电机应急接口配置为标准插头式（与交流引入电压制式相匹配）。

5）直流供电系统技术要求

① 直流供电方式应采用全浮充方式，在交流电源正常时经由整流器与蓄电池组并联浮充工作，对通信设备供电。当交流电源停电时，由蓄电池组放电供电，在交流电恢复后，应实行带负荷恒压限流充电的供电方式。

② 开关电源整流模块配置应满足近期通信负荷最大功率和蓄电池组充电最大功率之和的需求。

③ 共用电源系统后端配置的智能配套综合柜，应配装与开关电源相匹配的智能直流配电单元，为后期增加的各类设备提供基础电源。

④ 智能配套综合柜的智能直流配电单元分为一次配电部分和二次配电部分。智能直流配电单元应具备分路的通断检测功能，并通过智能接口将工作状况送入开关电源监控模块，统一管理。

⑤ 蓄电池组的容量应考虑客户需求、市电可靠性、运维能力、机房面积和机房承重等因素综合确定。

3. 管道

1）移动通信基站机房（柜）的电源引入电缆与基站的功率相匹配，可在电缆沟或电缆排管或照明管道内敷设，电缆排管管径大小及其内敷设最小管径宜大于 50mm。

2）移动通信基站机房（柜）的引入通信管道采用检查井加排管方式，管径大小以 110mm 为主，管道容量为 2～6 孔。为了满足光纤灵活组网方式，所需通信管道须与市政道路的现状管道全部连通。

3）室外一体化机房（柜）宜采用下进线、下出线方式；机房（柜）内左右两侧应分别设置不少于 3 个的线缆绑扎点，用于通信线缆和电源线的绑扎；室外柜底部左右两侧应分别设置至少 4 个进出线孔，进出线孔直径宜不小于 45mm。

4）电源线、信号线和光缆宜采用独立的进出线孔，避免相互干扰；进线孔、过线孔等开孔处应磨光，不能有毛刺锐角等；进出线孔处应进行密封处理，防止水或小动物进入室外柜。

7.9 基站电磁辐射分析

7.9.1 电磁辐射

1. 电磁辐射定义及类型

电磁辐射是指电磁能量以电磁波形式由源发射到空间的现象，根据法拉第电磁感应定律，电子电路中的任何变电都会向周围空间发射电磁能，形成交变电磁场。在交变电磁场中，变化的电场与磁场更替产生并以一定速度在空间传播，形成电磁波。在电磁波向外传播的过程中会有电磁能传播出去，即产生电磁辐射。

电磁发射是指从源向外发出电磁能的现象。电磁发射分为辐射发射和传导发射。辐射发射是通过空间传播的，含有用的或不希望有的电磁能量；而传导辐射是指沿电源线或信号线传输的电磁辐射。辐射发射即为通常意义上的电磁辐射，是一种能量流，且属于非电离辐射，能量较电离辐射弱。我国移动通信基站工作频率范围为 300MHz～100GHz，在此射频区间的通信都属于非电离辐射波的范围[①]。公众环境电磁波谱分布图，如图 7-17 所示。

---

① 张伟勤，李琦. 无线基站电磁辐射分析与探讨［J］. 电信工程技术与标准化，2020，6（33）：67-71.

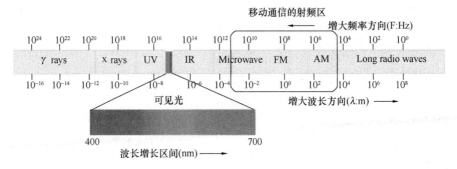

图 7-17　电磁波频谱分布示意图

[图片来源：张伟勤，李琦. 无线基站电磁辐射分析与探讨[J].

电信工程技术与标准化，2020，6（33）：67-71]

2. 电磁辐射危害及辐射源

当电磁辐射穿过人体时，其能量会被人体吸收，如果这种能量超过一定限值后，会对人居住和工作的环境造成严重的电磁干扰和电磁污染，从而对人体健康造成不良影响。电磁辐射对人体是否造成不良影响主要取决于以下两个因素：一是电磁辐射频率的高低；二是电磁辐射功率的大小，只有当其超过一定允许值而造成辐射污染时，才有可能对人体产生负面影响[1]，也就是说，并非所有的电磁辐射都对人体有害。

目前，电磁辐射源通常有以下几种：雷达系统、电视和广播发射系统、射频感应及介质加热器、射频及其微波医疗设备、各种电加工设备、通信基站、卫星地球通信站、大型电力发电站、输变电设备、工业科研医疗、高压及超高压输电线等，这些辐射源与生活紧密相关。随着通信技术的不断发展，通信基站的电磁辐射也引起了人们的广泛关注。

3. 电磁辐射污染特性

与其他环境污染源相比，电磁辐射对环境的污染具有可预见性、可控性以及不易察觉性。首先，电磁辐射与电磁信号是同时产生的，即电磁波在提供电磁信号的同时，也会产生电磁辐射，一旦电磁辐射设备停止工作，则电磁辐射立刻消除，有别于水、气、渣等环境污染；其次，人为造成的电磁辐射及其电磁辐射强度是可预见的，即电磁发射设备对周边电磁辐射的影响是可以根据发射设备的性能和发射方式进行估算，具有可预见性；再者，电磁辐射具有可控性，电磁设备对周边电磁环境的影响可通过改变发射设备发射功率或改变增益等技术手段控制电磁发射设备向周边发射的电磁辐射。除此之外，还可以通过调节电磁发射设备的发射角度、与周边建筑的距离及设备高度等手段，减少电磁辐射对周边居民的影响。最后，电磁辐射是不易察觉的，与大部分环境污染相比，电磁辐射无色、无味、无形、无处不在，难以察觉。

7.9.2　国内外电磁辐射防护标准

目前，电磁污染被国内外环保机构公认是排在大气、水、噪声污染物后，其环境影响

---

① 张乐乐，吴广芬，尹云丽. 移动通信基站电磁辐射影响因子分析[J]. 科技创新与应用，2018（24）：40-44.

244

日益凸显的一大公害，联合国环境大会也将其列为必须控制的主要污染物之一。针对电磁辐射防护标准，国内外存在一定差异。

1. 国内各行业电磁辐射防护标准

国内电磁辐射防护标准的制定，源于 20 世纪 80 年代末和 90 年代初，具体如表 7-6 所示。

国内个行业电磁辐射防护标准一览表　　　　　　　　　　　　　表 7-6

标准编号	标准名称	颁发部门	使用现状
GB 8702—1988	电磁辐射防护规定	国家环保局	废止
GB 9175—1988	环境电磁波卫生标准	国家卫生部	废止
GB 8702—2014	电磁环境控制限值	生态环境部、国家质量监督检验检疫总局	现行（替代 GB 8702—1988 和 GB 9175—1988）
GB 10436—1989	作业场所微波辐射卫生标准	国家卫生部	废止
GB 10437—1989	作业场所超高频辐射卫生标准	国家卫生部	废止
GB 12638—1990	微波和超短波通信设备辐射安全要求	国家技术监督局	废止
GB 16203—1996	作业场所工频电场卫生标准	国家技术监督局	废止
GB 18555—2001	作业场所高频电磁场职业接触限值	国家质量监督检验检疫总局	废止
HJ/T 10.3—1996	辐射环境保护管理导则 电磁辐射环境影响评价方法与标准	国家环保局	现行
HJ/T 24—2010	环境影响评价技术导则　输变电	生态环境部	现行

可见，颁布电磁辐射标准的主要是国家环保局（现生态环境部）和国家卫生部，两者制定标准时各有侧重。卫生部是在 20 世纪 80～90 年代制定的标准，是移动通信发展初期阶段的标准，因此，在标准中并没有提及移动通信电磁辐射问题，且该类标准主要是针对人群健康，限值更严格，提出一级安全区、二级中间区的分别控制值[①]。

目前，我国通信基站主要执行现行的《电磁环境控制限值》（GB 8702—2014），该标准于 2015 年 1 月 1 日实施，仅适用电磁辐射环境中控制公众暴露的评价和管理，如表 7-7 所示。同时，该标准豁免了小于 100kV 输变线路和频率范围在 3～300000MHz 向没有屏蔽空间辐射等效功率小于 100W 的辐射源。

《电磁环境控制限值》（GB 8702—2014）（30～3000MHz）电磁辐射控制限值　　表 7-7

照射类型	电场强度 (V/m)	磁场强度 (A/m)	功率密度 (W/m^2)
职业照射	28	0.075	2
公众照射	12	0.032	0.4

2. 国外各行业电磁辐射防护标准

国际上广泛采用两个机构制定的标准，分别是国际非电离辐射防护协委员会（ICNIRP）和美国电子电气工程师协会（IEEE）及美国国家标准协会（ANSI）。

---

① 袁佩佩，祁征．国内外电磁辐射标准综述[J]．邮电设计技术，2017(2)：86-88.

1）ICNIRP 导则

国际非电离辐射防护协委员会（ICNIRP）在 1998 年出版了 *Guirlelines for Limiting Exposeure to Time-Varying Electric，Magnetic and Electromagnetic Fields（up to 300 GHz）*，该导则将受众分为职业群体和公众群体，将受众接受限值分为基本限值和导出限值。一般情况下，基本限值难以测量，导出限值根据基本限值在特定频率下通过实验测得，具体限值如表 7-8 所示。

移动通信频段 ICNIRP 标准电磁辐射导出限值　　　　　　　　　表 7-8

频率范围 （Hz）		电磁强度 （V/m）	磁场强度 （A/V）	磁感应强度 （μT）	等效平面波功率密度 （W/m²）
职业 照射	1～400	61	0.61	0.2	10
	400～2000	$3\sqrt{f}$	$0.008\sqrt{f}$	$0.01\sqrt{f}$	$f/40$
公众 照射	1～400	28	0.073	0.092	2
	400～2000	$1.375\sqrt{f}$	$0.0037\sqrt{f}$	$0.0046\sqrt{f}$	$f/200$

该标准广泛地被欧盟、澳大利亚、新加坡等地采纳，但是，在具体实施过程中，欧盟使用了更为严苛的标准，其在移动通信频段范围内对应的功率密度如表 7-9 所示。

欧盟在移动通信频段功率密度导出限值　　　　　　　　　表 7-9

频率范围（Hz）	受众	功率密度（W/m²）
900	职业	22.5
	公众	4.5
1800	职业	45
	公众	9
1900	职业	47.5
	公众	9.5

2）IEEE C95.1—2005

在世界卫生组织的推动下，为了与 ICNIRP 导则统一，美国在原有标准 IEEE C95.1—1999 和 IEEE C95.1 b—2004 基础上，修订了该版本。此版本将限值定义为基本限值和最大容许暴露量。该标准基于人体工学，规定了身体不同部位对电磁辐射的电场强度基本限值，具体如表 7-10 所示。

IEEE C95.1—2005 标准公众区域移动通信频段功率密度最大容许暴露值　　表 7-10

频率范围（MHz）	功率密度（W/m²）
100～400	2
400～2000	$f/200$
2000～000	10

该标准被美国、加拿大、日本、韩国等地广泛采用，目前国际上存在多种电磁辐射防护标准，原因较多，大多数国家的目的在于保护本国的民族企业，防止外来技术在本国的恶性扩张。

3. 国内外电磁防护标准小结

由于中短波、调频广播及无线电视以及微波、雷达站等工作频率在 30～3000MHz，国内现行标准给出的公众电磁辐射控制限值为电场强度 12V/m 或功率密度 $40\mu\mathrm{W/cm^2}$，结合国家环保局制定的《辐射环境保护管理导则 电磁辐射环境影响评价方法与标准》（HJ/T 10.3—1996）行业标准，对于由国家环境保护总局负责审批的大型项目可取功率密度限值的 1/2，即 $20\mu\mathrm{W/cm^2}$，相应的电场强度限值的 $1/\sqrt{2}$，即 8.48V/m。其他项目则取功率密度限值的 1/5，即 $8\mu\mathrm{W/cm^2}$，相应的电场强度限值的 $1/\sqrt{5}$，即 5.37V/m。在实际应用过程中，可结合当地的社会经济和移动通信的发展需要，针对不同的环境保护目标、不同的场景，设定不同的电磁防护限值，如具有医院、学校、幼儿园、居民区等环境保护目标的区域，电磁辐射防护限值可设为 $8\mu\mathrm{W/cm^2}$，其他区域可根据需要适当增加至 $24\mu\mathrm{W/cm^2}$。值得一提的是，无论是上述哪种情景，均不允许超过《电磁环境控制限值》（GB 8702—2014）中规定的公众暴露限值，即 $40\mu\mathrm{W/cm^2}$。

综上，国内现行的电磁辐射防护标准要严于国外相关标准，且国内对等效辐射功率小于 100W 的通信基站豁免管理。

7.9.3　基站发射原理及电磁辐射属性

移动通信基站的电磁辐射由天线产生，其工作频率范围在 300M～100GHz 之间。为了描述这种电磁辐射的特性，一般把天线前方的空间分为感应近场区、辐射近场区和远场区，划分方法如图 7-18 所示。

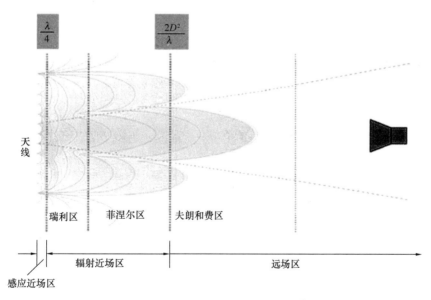

图 7-18　基站天线场区划分示意图[1]

（图片来源：高鹏程.复杂环境移动通信基站电磁辐射近场特性及其环境影响

评价方法研究［D］.合肥：合肥工业大学，2020）

---

[1]　高鹏程.复杂环境移动通信基站电磁辐射近场特性及其环境影响评价方法研究［D］.合肥：合肥工业大学，2020.

移动通信所使用的频率范围一般为 300M～3000MHz，相应的波长为 1～0.1m，使用的天线为天线阵。如果我们以 5λ 作为近场区和远场区的分界线，则以天线为中心、距离大于 5～0.5m 范围的区域均为远区辐射场。考虑到移动通信基站一般架设在建筑物楼顶，距离居民均在 5m 以上，因此基站的电磁辐射特性可用远场区规律来分析。

基站天线形式多样，但不管何种形式的天线，其增益在不同方向是不同的，分为主瓣方向和副瓣方向，主瓣方向增益最大，一般所说的天线增益即主瓣方向的最大增益，如图 7-19 所示。

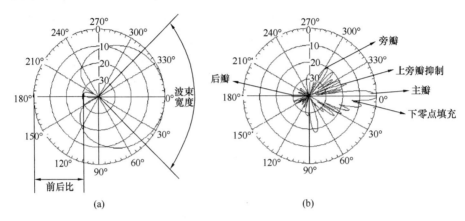

图 7-19　基站天线原场方向图

（a）水平面远场方向图；（b）垂直面远场方向图

（图片来源：高鹏程. 复杂环境移动通信基站电磁辐射近场特性及其环境影响

评价方法研究［M］. 合肥：合肥工业大学，2020）

7.9.4　基站电磁辐射预测

1. 预测模型

由于在基站周围存在着大量的反射物体，以及在测量点附近受到来自地面反射波的影响，因此，一般情况下使用自由空间传播模型与实际的测量结果会有一定的差别，但是在远离地面的空中且与天线的距离不太远（在远场区范围）的情况下，如果周围没有明显的反射物，可以使用自由空间传播模型进行计算。

根据《辐射环境保护管理导则——电磁辐射监测仪器和方法》（HJ/T 10.2—1996），基站辐射远场区的轴向功率密度为：

$$S = 100 \times \frac{P_t \cdot G_t}{4 \cdot \pi \cdot d^2}$$

式中　S——远场区的最大功率密度（μW/cm²）；

P_t——馈入到天线的功率（W）；

d——预测位置与天线轴向距离（m）；

G_t——天线增益（倍数）。

上式中的 P_t 和 G_t 应根据移动通信运营商具体使用的设备确定。

假设 S_0 是基站附近的电磁辐射背景值，那么在基站接收点距离发射天线的相位中心 d 处的功率通量密度为：

$$S = 100 \times \frac{P_t \cdot G_t}{4 \cdot \pi \cdot d^2} + S_0$$

应用上式时应考虑合路器衰减损耗和馈线损耗，合路器衰减损耗与设备类型有关，馈线损耗与线路长度有关。合路器损耗与馈线损耗根据运营商专业人士提供的经验值取值。由于损耗的单位为"dB"，功率的单位为"W"，两单位之间需要换算，即经合路器衰减后的功率合成公式为：

$$10\log(B) = 10\log(W_1 + W_2 + \cdots + W_n)$$

式中　　　　　　　　B——经合成器合成后的输出功率（dB）；

$W_1 + W_2 + \cdots + W_n$——发射机发射功率（W）。

天线增益的单位为"dB"，转换成倍数的公式如下：

$$G_{t_{倍}} = 10^{\frac{G_t}{10}}$$

当基站出现共站现象时，一个站址上会有多个辐射源。假设某基站共有 n 个辐射源（发射天线），第 i 个辐射源（发射天线）的最大输出功率是 $P_i(W)$，它的增益为 G_i，假设这些天线的最大辐射方向相同，则接收点距离发射天线的相位中心 d 处的功率密度 S 为：

$$S = \sum_{i=1}^{n} \frac{100 P_i G_i}{4\pi d^2} = \frac{100}{4\pi d^2} \sum_{i=1}^{n} P_t G_t$$

上式的计算结果是在自由空间中正对天线主瓣的结果。实际上，由于基站天线通常架设在一定的高度上，有一个小的倾角，基站天线在竖直方向的主瓣宽度在 7°左右，所以在地面或楼顶平台上，通常只是正对竖直方向的第 n 副瓣，而竖直方向的第 n 副瓣比主瓣增益低 20dB 以上，所以，如果在基站周围的地面上测的话，得到的结果一般情况下应该远远小于用上面公式计算出来的值。

根据上述公式，可估算出基站的电磁辐射防护距离及不同距离的电磁辐射的功率密度。

2. 4G 基站与 5G 基站的区别及其影响

通信基站通常由基站设备和配套设备组成。其中，基站设备包括基带单元、无线射频单元和天线，配套设备则包括传输设备、电源、备用电池、空调、监控系统和铁塔（抱杆）等。5G 基站和 4G 基站一样，都少不了配套设备，其主要差异在于基站设备。

4G 基站设备由基带单元（BBU）和射频拉远单元（RRU）组成，RRU 通常会拉远至接近天线的地方，BBU 与 RRU 之间通过光纤连接，而 RRU 与天线之间通过馈线连接。而 5G 基站设备将 BBU 分割为 CU（中央单元）和 DU（分布式单元），并通过光纤与 AAU（有源天线单元）连接。AAU 包含了 RRU 和天线功能，即有源射频部分与无源天线基于一体。

5G 基站设备之所以从 RRU＋天线进化为有源射频部分和天线集成的 AAU，主要是因为 5G 采用了 Massive MIMO 技术。Massive MIMO 主要有两大技术优势：一是通过波束赋形（Beamforming）提升覆盖范围和减少干扰；二是通过空间多路复用提升小区容量。由于 5G 具有波束赋形的技术优势，使得 5G 基站设备能够通过调整多天线的幅度和相位，赋予天线辐射图特定的形状和方向，使无线信号能量集中于更窄的波束上，并通过智能天线控制波束的功率和方向，从而增强覆盖范围和减少干扰。有了波束赋形，可形成精确的用户级超窄波束，并随用户位置而移动，将能量定向投放到用户位置，相对传统宽波束天线可提升信号覆盖，同时降低小区间用户干扰。因此，5G 技术与 4G 相比，可以通过不同配置手段使天线满足各类覆盖场景的复杂覆盖要求。

Massive MIMO 天线的波束赋形功能使得电磁辐射的能量集中在需要的业务方向和信道上，反倒降低了天线的发射功率，同时，由于大阵列天线动态的波束赋形造成其产生的电磁辐射在基站周围环境中非均匀分布情况更复杂，变化更频繁，故对 5G 基站周围的电磁辐射环境监测时间要求更连续更持久[①]。5G 基站的电磁辐射情况与用户实际使用情况相关，其实际发射功率较 5G 基站发射功率小，且基站电磁辐射在周边环境中分布较为复杂，难以进行精准的定量分析，因此，采用上述预测模型对 5G 基站电磁辐射进行预测时，其实际达标距离理论达标距离小。

3. 预测案例

以深圳为例，对通信基站的电磁辐射影响预测进行介绍。根据《深圳市信息通信基础设施专项规划》，基站电磁辐射主要考虑天线的主瓣方向。同时，考虑到在实际工作中，运营商共址时单家运营商多种制式并存及多家运营商多种制式并存时，各家天线同时功率最大、增益最大及主瓣方向相同等极限情况几乎不存在，因此在考虑多源辐射叠加时，需分场景对通信基站的防护距离进行讨论。不同运营商不同制式的参数列表如表 7-11 所示。

不同制式参数列表　　　　　　　　　　　　表 7-11

运营商	基站类型	设备发射功率		天线增益		单扇区可复用的最大载频数	合路损耗	馈线损耗	发射时间比例
		dBm	W	dBi	倍数				
移动	2G（包括 GSM900 和 GSM1800）	43	20	15	31.62	7	−3dB	−4dB/100m	1/8
	4G（TDD-LTE）	43	20	15	31.62	5	−1dB	−4dB/100m	3/5
	5G	53.8	240	25	316	1	−1dB	−9dB/100m	2/8
联通	2G（包括 GSM900 和 GSM1800）	43	20	15	31.62	7	−3dB	−4dB/100m	1/8
	4G（FDD-LTE）	49	40×2	18	63.1	2	−1dB	−4.5dB/100m	1/8
	5G	53.8	240	25	316	1	−1dB	−9dB/100m	2/8
电信	3G（CDMA2000）	43	20	15	31.6	3	−1dB	−3dB/100m	1/8
	4G（FDD-LTE）	49	40×2	18	63.1	2	−1dB	−4.5dB/100m	1/8
	5G	53.8	240	25	316	1	−1dB	−9dB/100m	2/8

表格来源：深圳市城市规划设计研究院有限公司．深圳市信息通信基础设施专项规划［R］．2020．

---

① 姜日敏，符新，刘冰婷．5G 基站电磁辐射情况分析［J］．中国新通信，2020，22（20）：1-3．

场景主要分为以下四种：

1）场景一：具有环境保护目标，如医院、学校、幼儿园、居民区等公众活动的区域

具有环境保护目标，如医院、学校、幼儿园、居民区等敏感点的区域的功率密度限值设置为 $8\mu W/cm^2$，实际发射功率按设备功率的 30%～50%同时考虑环境损耗通常为 10～20dB，则根据预测模型以及不同制式的参数得到表 7-12 所列预测结果。

具有环境保护目标如学校、幼儿园、居民区等敏感点的区域的达标距离　表 7-12

距离（m） 基站类型	载频数	理论达标距离（m）
移动　2G	1～7	2.31～2.99
移动　4G	1～5	5.39～6.96
移动　5G	1	12.79～16.51
联通　2G	1～7	2.31～2.99
联通　4G	1～2	3.02～3.90
联通　5G	1	12.79～16.51
电信　3G	1～3	5.68～7.38
电信　4G	1～2	3.02～3.90
电信　5G	1	12.79～16.51

注：以上距离为主瓣方向公众活动区域的达标距离。

表格来源：深圳市城市规划设计研究院有限公司. 深圳市信息通信基础设施专项规划[R]. 2020.

2）场景二：不具备环境敏感点的城区及海边等区域

不具备环境敏感点的城区及海边等区域的功率密度限值设置为 $24\mu W/cm^2$，实际发射功率按设备功率的 30%～50%计，同时考虑环境损耗通常为 10～20dB，采用穿透损耗较小的情况（即取 10dB），则根据预测模型以及不同制式的参数得到表 7-13 所列的预测结果。

不具备环境敏感点的城区及海边等区域的达标距离　表 7-13

距离（m） 基站类型	载频数	达标距离（m）
移动　2G	1～7	1.33～1.72
移动　4G	1～5	3.11～4.02
移动　5G	1	7.38～9.53
联通　2G	1～7	1.33～1.72
联通　4G	1～2	1.75～2.25
联通　5G	1	7.38～9.53
电信　3G	1～3	3.30～4.26
电信　4G	1～2	1.75～2.26
电信　5G	1	7.38～9.53

注：以上距离为主瓣方向公众活动区域的达标距离。

表格来源：深圳市城市规划设计研究院有限公司. 深圳市信息通信基础设施专项规划[R]. 2020.

3）郊野公园、景区等区域

一般城市区域及海边等区域的功率密度限值设置为 $24\mu W/cm^2$，实际发射功率按设备功率的最大发射功率计，同时考虑环境损耗通常为 $10\sim20dB$，采用穿透损耗较小的情况（即取 10dB），则根据预测模型以及不同制式的参数得到表 7-14 所列预测结果。

郊野公园、景区等区域的达标距离　　　　　　　表 7-14

距离（m）基站类型	载频数	理论达标距离（m）
移动 2G	1～7	2.44
移动 4G	1～5	5.68
移动 5G	1	13.48
联通 2G	1～7	3.19
联通 4G	1～2	2.76
联通 5G	1	13.48
电信 3G	1～3	7.37
电信 4G	1～2	3.19
电信 5G	1	13.48

注：以上距离为主瓣方向公众活动区域的达标距离。

表格来源：深圳市城市规划设计研究院有限公司．深圳市信息通信基础设施专项规划［R］．2020.

4）郊野公路、郊区高速公路等区域

由于郊野公路、郊区高速公路存在多家运营商共址，且天线的主瓣方向相同的情况，因此需要考虑多家运营商共址、辐射源叠加的情况。郊野公路、郊区高速公路等区域的功率密度限值设置为 $24\mu W/cm^2$，实际发射功率按设备功率的最大发射功率计，则三家运营商共址，且多系统、多制式、主瓣方向相同的情况下，主瓣方向公众活动区域的达标距离为 51.26m。

综上，在实际工作中，通信基站存在多家运营商共址的情况，由于通信基站具体位置不确定，则天线型号、方向等无法确定。因此建议在进行通信基站建设前，应充分监测当地的辐射背景值，在有建设容量的基础上，可适当增设对应建设容量的通信设施，否则不允许相关运营商增设相关天线设备。

7.9.5 基站电磁辐射减缓措施

通信基站运行后，要对敏感信息通信基础设施的电磁辐射水平进行定期监测，以保证基站周围公众的身心健康；另外，在公众提出监测要求的情况下，要随时请有资质的单位进行辐射水平的监测。

如果经预测或实测的电磁辐射水平超标，应采取技术措施如架设增高架、降低相应扇区的发射功率、调整天线方向等，使敏感建筑物内的电磁辐射水平符合国家规定限值的要求，如确实不能通过技术措施实现的，则须另择站址，易地搬迁。

减少辐射影响的措施主要通过以下几个方面进行：

1）尽量减少在人口密集的地方建设通信基站，特别是在居民住宅区楼顶建站。如果一定要选择在住宅区内建站，则应采用增高架或天面铁塔或减小天线下倾角度，使人群不能直接进入高辐射区域，以确保安全，如与相邻建筑的距离大于 $d \cdot \sin\alpha$，与相邻建筑高度相差 $d \cdot \cos\alpha$（图 7-20）。在蜂窝系统中使用减小主瓣下倾角的方法来降低辐射功率值，主波瓣倾角对发射天线附近的辐射值有影响，倾角越大辐射值就越大，反之越小。

2）所有信息通信基础设施设置及验收时，应由有关部门对其电磁辐射进行测试，运营商应从人身安全的角度出发，配合测试工作。如发现有可能造成的电磁辐射危害，应对天线架设位置及时进行调整。

3）在多源辐射环境下，每个测量点上同时存在来自多个发射天线的辐射分量，考虑降低辐射水平时，应确定主辐射源并进行弱化。

4）在短期无法搬迁的情况下，可采取部分控制措施来减少或降低

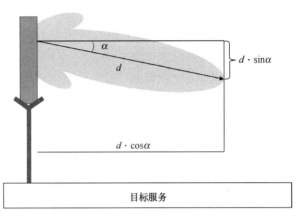

图 7-20　基站电磁辐射示意图

电磁辐射对市民的影响，如出现超标区域，应采取加电磁辐射屏蔽网。根据测算，缩比采用 2.8cm×2.8cm 网孔的屏蔽网一般都可以屏蔽 20dB 以上（辐射量减小 100 倍）的电磁辐射，如实际尺寸采用 $(2.8 \times 50) \times (2.8 \times 50) = 1.4\text{m} \times 1.4\text{m}$ 的屏蔽网即可以得到 20dB 以上的屏蔽效果，只要在家里阳台、楼顶加装屏蔽网，能大大降低中波辐射对居民的影响。

此外，工作人员在进行电磁辐射测试时，要做好必要的防护措施，穿辐射防护衣服、戴辐射防护帽等。做好宣传工作，以科学的态度减少群众对电磁辐射的盲目恐慌。

最后，为了消除群众对基站电磁辐射的心理顾虑，美化城市环境，部分通信基站、天线架设装置进行了景观美化，有些还采用了隐蔽天线，将天线装饰为广告灯箱、树木等造型，使天线与周围环境相协调。这种做法非常值得推广，但如在人群可达处的辐射强度较高，应采取必要措施，防止人群在不知情的情况下，进入高辐射区域。

7.10　6G 基站规划展望

目前，5G 尚未在世界范围内普及，全球很多地区还在使用 4G 甚至 3G 网络。但我们仍然能展望 6G 时代。6G 与 5G 不同，并非仅借助于光纤与基站，其拥有无与伦比的卫星通信优势，可实现全球无缝覆盖，网络信号能够抵达任何一个地方。因此，6G 将是一个地面无线与卫星通信集成的全连接世界。

1. 6G 工作频率

随着通信技术的不断发展，移动通信系统需要更多的频谱，由于 6GHz 以下的频谱已经分配殆尽，毫米波频段也分配给 5G 使用，6G 将使用更高频段（太赫兹频段），以满足更高容量和超高体验速率的需求，6G 的传输能力可能比 5G 提升 100 倍，网络延迟也可能从毫秒降到微秒级。太赫兹频段是指 0.1T～10THz，是一个频率比 5G 高出许多的频段，有约 10THz 候选频谱，具有通信速率高的特点，也有通信距离短、易受障碍物干扰的缺点。从 6G 移动通信网络的部署来看，需要有效使用所有可用的频率资源。6GHz 以下的频段仍发挥重要作用，特别是提供无缝网络覆盖，毫米波将发挥更重要作用，太赫兹将在短距离场景提供更大容量和更高速速率。因此，6G 时代需要 6GHz 以下、毫米波、太赫兹等频段的深度融合组网，以优化网络质量。

2. 特点及应用场景

4G 已让城市感受到移动通信的巨大优势，5G 以极高的速率、极大的容量、极低的时延等特点来改变全社会，而 6G 具备空、天、地、海全域覆盖的特点，6G 的应用场景将基于 5G 但更加广阔，其主要应用场景如下：空中高速上网（超越 5G 的广覆盖，实现空天地立体全覆盖）、全息通信（以更加逼真的真三维显示能力）、进阶智能工业（通过毫米级定位，深度参与工业制造，实现工业互联网更先进的解决方案）、人体智能孪生（通过无数的人体传感器对人体实时监控，实现人体数据在虚拟世界的孪生）、智能移动载人平台（智能车联网的进阶，将汽车、各类飞行器、巡舰等各类载人工具组网）等。

3. 基站布局分析

随着移动通信技术的发展，到了 6G 时代，我们使用的无线电磁波的频率将迈入频率更高的太赫兹频段，由于太赫兹的空间传输损耗很大，因此在地面通信中不适用于远距离传输，而适合在短距离场景提供更大的容量和更高的速率，届时，我们周围将充满微基站。当然，频率越高，信号发射需要的能量越大，但传输距离会更短。比如 5G 使用的频段要高于 4G，在不考虑其他因素的情况，就信号频率而言，5G 基站的覆盖范围比 4G 要小。到了频段更高的 6G，基站的覆盖范围会更小。因此，6G 的基站密度将比 5G 高很多。

7.11 管理政策研究

7.11.1 基站的规划管理

1. 基本框架

根据《自然资源部关于以"多规合一"为基础推进规划用地"多审合一、多证合一"改革的通知》、国家部委的"简化手续、支持基站建设"最新文件精神，各地级市以上市自然资源主管部门推动基站建设，对于独立式基站审批，按国家相关规定进行；对于附设式宏基站进行规划审查。

附设式基站具有数量多、选址难、建设难度大、对城市影响较小等特点，受制约的因素多，易与敏感建筑冲突，但其位置的不确定性强。对现状建筑上增补基站是管理的难点，国内部分城市回避对此类基站审批管理，部分城市出台技术管理规定明确此类基站豁免管理；如城乡规划主管部门对附设式基站开展审查，可核实新建基站与周边建设用地、建筑性质的关系及空间距离，判断其与城乡规划建设是否冲突。

独立式基站数量虽少，但体量大，主要分布在城乡公共空间内，与城乡景观关系密切，容易与城乡建设用地和规划路网冲突，且此类基站一般有独立的杆塔，有时还需要设置机房，对未来城乡规划建设产生影响，按照类似项目（高压架空线）塔体进行管理，核发《建设项目工程规划许可证》，简化申报材料，建设单位只需提交 5G 通信塔基数量和用地面积汇总表、项目建设依据与有关图件及相关说明。独立式基站一般附设在道路、公园等红线内，不单独占用土地；机房机柜方式多样，且基站属于与移动通信系统密切相关的临时设施；因此，独立式基站不需要用地审批。

2. 与新建主体工程同步建设基站

对于与新建主体工程同步建设基站，可参考城乡基础设施的管理办法对基站进行管理；与水电气和通信基础设施一样，纳入新建地块的建筑工程和交通市政等主体工程的《建设项目用地规划许可证》《建设项目工程规划许可证》之中，并纳入主体工程的规划设计要点内。对于独立式基站，如基站建设主体与主体工程建设主体一致时，不单独核发基站的《建设项目工程规划许可证》；如基站建设主体与主体工程建设主体不一致，可针对新建基站核发《建设项目工程规划许可证》，但作为新增基础设施，建议在相关许可证和设计要点单独提出，以示与已往项目的不同。在建设阶段，基站与主体建设工程的各阶段设计同步开展、同步建设、同步验收。

3. 在现状建设区增补基站

1）在现状建筑上增补基站

为了弥补现状建成区站址资源不足的情况，按照住房和城乡建设部《关于加强城市通信基础设施规划的通知》要求，政府管理物业和国企物业以及交通市政设施物业将成为基站的候选站址，即使如此，还有大量基站需要落实在其他已建现状建筑上。此类基站进行规划审查时，建设单位需提供业主或物业管理单位同意使用建筑的证明文件，以及相关技术方案，规划主管部门据此判断与规划站址的吻合情况，核实基站布局与敏感建筑的空间关系。

2）在公共空间内补建基站

城市公共空间包括道路、干线公路等线型用地和城市绿地、城市公园、郊野公园等面状用地，其中宏基站主要布置在快速路和主干道等道路的绿化带内，也可布置在干线公路的控制范围内，或者布置在城市公园等用地内。基站建设单位需提供公共空间管理单位同意使用土地的证明文件以及相关技术方案，规划主管部门对此判断与规划站址的吻合情况、布局上与建设用地和规划路网的冲突情况、与周边敏感建筑距离等空间关系，条件符合时可核发《建设项目工程规划许可证》。对于重要景观控制区域，加强基站的景观化方案的规划指引，加强景观化基站的建设力度，增加方案比选和论证，强化重点地区景观化基站的审批，使基站建设形式与环境深度融合，切实降低基站对城市景观的影响，提高城市整体景观效果。

需要特别说明的是，运营商或建设单位在山体、农用地及其公路旁等非城市建设区域申请建设独立式基站时，由于此类基站分布在城市非建设用地范围内，没有控规或类似规划覆盖；按照《城乡规划法》第四十二条，规划主管部门不对此类进行规划管理，建设单位需到对应的主管部门办理允许使用土地的行政许可文件，再到土地的主管部门或管理单位办理建设手续。

4. 现状建设区保留基站

国家相关部委于 2015 年 9 月才正式发文明确基站是城市基础设施，并按城市基础设施进行管理；在此之前，各城市存在大量未报已建基站，且建设程序尚未完全理顺。由此导致现状基站中有大量未取得规划审批手续而开展建设的基站，此类基站可通过多个政府部门协商采取评估后补办相关手续的做法，可能需要较长时间来完成；但在办理过程中，现状基站是保持移动通信网络正常运行的基本保障，政府主管部门应采取一定措施，尽量保护站址稳定，避免出现被逼迁等状况，以便维持城市移动通信的正常运行。

7.11.2 基站的台站执照管理

基站的台站执照是针对基站本身，与基站的建设形式无关，按照国家无线电管理条例的要求对基站频率、设备等进行审批。运营商在建设之初，先填写基站建设申报表，并对规划、电磁辐射等管理进行承诺；提出台站申请时需要提供基站无线电频率使用许可文件，以及基站设计图等必要的技术文件，验收合格后由主管部门核发台站执照。

7.11.3 基站的电磁辐射管理

基站电磁辐射管理主要针对宏基站，小站、微站、室内覆盖系统免于电磁辐射管理。按照生态环境部颁布的《建设项目环境影响评价分类管理目录》（2017 年 9 月 1 日正式实施），所有基站均采取《登记表》按照备案制进行管理。基站的日常管理工作已由市环保主管部门进行管理。如果出现基站投诉或信访事件时，站址所有单位及运营商需提供站址的城市建设信息和电磁辐射检测报告；当出现疑义时，由环保部门组织第三方进行检测。

第 8 章 多功能智能杆规划与设计

多功能智能杆是正在国内外广泛探索、试点应用的新型基础设施，是智慧城市感知终端的最佳承载体，其大规模应用的时机因不同城市的发展水平略有差异；作为新型基础设施，其先建区域、建设密度、布局方式、建设方式和配套通信和电力缆线，以及对应数据的传输和管理，存在广泛的探讨空间，也会因不同城市智慧感知体系和分项建设需求的差异，采取适度差异化推进策略。

8.1 国内外发展情况

8.1.1 国外建设情况

自 2010 年以来，全球很多城市在开展智慧城市建设探索过程中布局试点了多功能智能杆，包括美国、新加坡、印度、德国、西班牙等多个国家的政府能源管理部门推出的产业政策，计划通过大规模采用 LED 路灯来减少能源消费，以达到减少碳排放的目标。各国在改造路灯系统的过程中将灯杆与交通管理系统高度集成，并连接到集成管理平台，强调道路交通智能化管理、集中运营和绿色节能理念。智慧城市建设重要的一环就是城市感知体系，包括感知对象、感知数据架构、感知数据模型、感知数据治理等内容，感知对象是环境、物体以及市民等，感知层的设备主要包括摄像头、光线传感器、温度传感器、移动设备、定位服务等小型设备，比较适宜挂载在多功能智能杆上，使多功能智能杆成为智慧城市感知设施挂载的综合载体。

1. 美国

美国是全球较早推广智能灯杆的国家，2018 年美国国内进行了大量智能灯杆改造和新装项目，开发采用节能照明光源，并具有电动车充电器的智能灯杆产品，成为该国智能灯杆业务市场增长的主要驱动因素。美国自提出智慧城市建设计划以来，出台了系列政策和资金扶持，同时举办了相关各类活动，鼓励全国社会力量积极参与智慧城市发展建设；同时大力支持智慧城市与私营公司和高等教育院校之间的合作和知识共享。其中，芝加哥对城市的路灯加以改造，通过"路灯杆装上传感器"，进行城市数据挖掘，无处不在的传感器被应用在了芝加哥市的街边灯柱上；通过"路灯传感器"，可以收集城市路面信息、检测环境数据，如空气质量、光照强度、噪声水平、温度、风速等。在洛杉矶，利用大范围的智能互联路灯设施，布设新技术和物联网功能，智能信号控制器能有效管理洛杉矶1500 多个路口的交通信号灯；它们可以照亮人行横道，引导自行车通行，并调节交通流量，以提高安全性和车辆效率，同时减少碳排放。未来，智能灯杆还要担起与自动驾驶汽车通信的任务。

2. 新加坡

新加坡大力发展"智慧国家 2025"的背景下，新加坡陆路交通运输部（LTA）提出对公共照明进行"智能化＋LED"升级改造的方案，计划将全国 110000 套现有的高压钠灯改造成含智能控制系统的 LED 智能路灯，包括计划安装近 60 万个各种智慧城市传感设备。

3. 西班牙

在西班牙的巴塞罗那，大力采用传感器使城市管理更便捷。在巴塞罗那一个红绿灯上的小黑盒子，可以给附近盲人手中的接收器发送信号，并引发接收器振动，提醒他已经到达了路口；地上突起的停车传感器，司机只需下载一种专门应用程序，就能够根据传感器发来的信息获知空车位信息。在圣家族大教堂也利用路灯建立了完善的停车传感器系统，以引导大客车停放。

4. 日本

在 2019 年 8 月，日本东京都发布《TOKYO Data Highway 基本战略》，明确开放路杆、电线杆等城市公共资源，大力支持运营商建设 5G 基站，以推动运营商加快 5G 网络建设。2020 年 5 月，日本住友商事、NEC 宣布与东京都政府合作，推出多种 5G 路灯型智慧杆。该智慧杆将 5G 基站、LED 路灯、公共 WiFi、摄像头、广告牌、USB 充电等多功能融为一体，支持多家运营商共享。

8.1.2 国内多功能智能杆发展情况

在国内，2012 年 12 月住房和城乡建设部发布《关于开展国家智慧城市试点工作的通知》；2014 年 8 月 27 日，国家发展改革委联合七部委发布《关于促进智慧城市健康发展的指导意见》，为中国的智慧城市建设确立了基本原则，包括应用智慧技术推动综合公共服务，推动数字平台的数据收集与分享等。从国家开始推进智慧城市建设以来，住房和城乡建设部发布三批智慧城市试点名单。各地也在积极响应智慧城市建设试点，建设了一些有本地特色的智慧城市项目。

1. 深圳市

深圳市自 2005 年起就启动城市报警与监控系统建设，经过多年建设，以摄像头为主的治安动态网络视频监控系统已经形成整体规模，已在全市建成各类监控杆近十万根；并建立以视频图像为基础的多种智能分析应用，极大地提高了城市综合治理能力。到 2020 年，深圳率先在全国实现 5G 独立组网全城覆盖，3 家通信运营商至 2020 年底已累计建成 5G 基站超过 4.5 万个，获评工业和信息化部最佳 5G 独立组网城市。5G 网络建设的提速，也给多功能智能杆的应用带来了大规模建设契机；随着 5G 全面应用，深圳市多功能智能杆业务可能在未来几年出现一个规模增长建设发展时期。

1）5G 发展战略要求

为全面深入贯彻落实党的十九大会议精神，决胜全面建成小康社会，开启全面建设社会主义现代化国家新征程，深圳市将建成国家新型智慧城市标杆、全国信息化和 5G 网络商用先导区。智慧城市是城市管理革命和城市发展模式创新相结合的成果，其核心在于运用现代信息通信技术构建无所不在的高速融合网络和智能感知系统，改革城市信息系统管理机制，提高城市管理和服务水平，提升公众的生活方式和质量，推动发展高端产业，促进经济繁荣，以科技驱动智慧城市，实现可持续发展。在建设智慧城市的过程中，多功能智能杆应运而生。

2）政策、规划及标准

广东省自 2017 年以来，发布《广东省信息通信接入基础设施规划设计标准》《广东省 5G 基站和智能杆建设计划（2019—2022 年）》，开始推行一系列支持多功能智能杆业务发展的产业政策。

自 2017 年以来，深圳市相关政府主管部门陆续发布了《深圳市"雪亮工程"工作方案（2017—2020 年）》《深圳市多功能智能杆建设发展行动计划（2018—2020 年）》《深圳促进第五代移动通信（5G）创新发展行动计划（2018—2020 年）》《深圳市信息基础设施建设三年行动计划（2018—2020 年）》《深圳市关于率先实现 5G 基础设施全覆盖及促进 5G 产业高质量发展的若干措施》《深圳市 5G 基站和多功能智能杆近期建设规划（2019—2025 年）》等多个产业政策文件或规划计划；深圳市工业和信息化局、深圳市规划和自然资源局、深圳市通信管理局联合组织编制了适应 5G 和智慧城市发展需求的《深圳市信息通信基础设施专项规划》，将数据中心、机楼、机房、基站、多功能智能杆、通信管道六类信息通信基础设施全面纳入"规划一张图"进行管理，在全球范围内率先实现系统建设信息通信基础设施的典型范例。

另外，深圳市工业和信息化局联合华为及多家规划设计单位编制《多功能智能杆系统设计与工程建设规范》团体标准，又在全国率先编制《多功能智能杆系统设计与工程建设规范》等深圳市地方标准，本地产业协会组织编制了《智能杆系统建设与运维技术规范》等标准。

3）建设实践

在城乡建设中，路边照明路灯杆、监控杆、行人指示牌、运营商通信杆等多杆林立，不仅对城市景观产生影响，而且会造成空间资源浪费、重复建设等问题，相关情况参见图 8-1。为落实深圳市人民政府印发的《深圳市关于率先实现 5G 基础设施全覆盖及促进 5G 产业高质量发展的若干措施》及其他相关政策文件，解决城市建设中多杆林立、多头建设、多头管理等问题，深圳市市属国企特区建发集团全资设立了全国首家多功能智能杆运营主体公司——深圳市信息基础设施投资发展有限公司，统筹管理全市多功能智能杆。

目前，深圳市在多个片区和多条城市道路已建设多功能智能杆，包括华强北路、福田中心区、留仙洞总部基地、侨香路等。其中，华强北路借地铁建设契机改造为步行街，多功能智能杆挂载功能以照明、公共安全监控、微基站、公共广播、WiFi 为主，共建设 98 根多功能智能杆，合杆率 95.9%，公安监控上杆率 28.6%，基站上杆率 14.3%，该项目试点比较成功，建成后挂载设备上杆率高，但也存在配套建设的低压电缆线路截面不足、后期新增大功率设备困难等问题。福田区侨香路借道路整体改造契机，建设了 703 根多功能智慧杆，挂载功能以照明、交通监控、交通标示标牌为主，合杆率 26.6%，交通设施

图 8-1　多杆林立实景图

上杆率 2.1%；其他道路改造时，同步建设多功能智能杆，相关指标与侨香路接近，没有移动基站上杆，主要还是交通监控设备上杆，没有真正体现多功能智能杆的优势。

2020 年 12 月，经深圳市政府批准，《深圳市信息通信基础设施专项规划》颁布实施；按照该规划，至 2025 年，深圳市多功能智能杆杆址资源总规模不少于 5 万根，相关情况参见图 8-2；其中，规划预控杆址约 4.2 万根，随新建道路同步统一建设多功能智能杆不少于 8000 根。

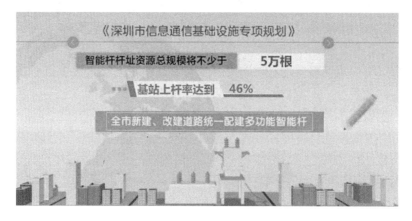

图 8-2　《深圳市信息通信基础设施专项规划》站址规划情况

（图片来源：新闻截图）

2. 广州市

1）5G 发展战略背景

广州市积极支持并推进 5G 与行业应用深度融合，以 5G 网络建设夯实广州智慧城市基石，实现 5G 产业集聚发展，推动新时代广州实现老城市新活力，重点打造若干国家级应用示范项目，推动 5G＋智慧交通、5G＋4K/8K、5G＋智慧政务、5G＋智慧医疗、5G＋工业互联网（智能制造）、5G＋智慧城市、5G＋智慧农业等 5G 应用。2020 年 7 月，广州市在发布新基建方案时，同步发布《广州市智慧灯杆建设管理工作方案》（简称"方案"）、《2020 年度智慧灯杆试点建设工作计划》两道新政，开启了多功能智能杆建设新征程。

2）建设实践

广州市新基建方案，"智慧灯杆"被放在新基建首位。到 2025 年，全市将建成 8 万根多功能智能灯杆，与广州在 2022 年建成的 5G 基站数基本相同。目前，从化生态设计小镇、广州平云广场、广州国际空港中心、开罗大道、临江大道、南大干线、南沙明珠湾等地已开始建设智慧灯杆试点，部分项目已建成。

广州平云广场建设了多根 6m 智慧灯杆，及 15m 的 5G 多功能高杆灯，配置了无线WiFi、智慧环境监测、智慧安防、一键求助、智能发布、智能交互、智能充电桩、USB手机充电装置等，同时预留了无人驾驶 RSU、5G 微基站站址等荷载和接口，方便智慧灯杆日后拓展更多功能。

广州临江大道是沿着珠江北岸新建的一条主干道，在建设道路的同时配套新建 12.5m多功能综合杆，集成交通指示灯、交通指示牌、智慧照明、通信基站、环境监测、智能广播、无线 WiFi、一键呼救等功能。

广州国际空港中心是广州空港经济区重点首发项目，是比肩京沪、代言广州空港的门户标杆。该项目以园区建设为基础，配合新建多个 9m 多功能智慧灯杆，集成智能照明、多媒体显示屏、环境监测、安防监控、无线 WiFi、公共广播、5G 基站等功能模块。通过整合杆体功能，实现多杆合一，提供智慧园区条件，多功能智慧灯杆云平台综合管理，绿色节能，智能管理，提升园区品质。

3. 上海市

1）5G 发展战略背景

为加快落实 5G 引领战略，推动 5G 应用创新发展和产业集群集聚，着力打响"双千兆宽带城市"品牌，上海市政府及相关部门陆续发布了《关于加快推进本市 5G 网络建设和应用的实施意见》《上海市推进新型基础设施建设行动方案（2020—2022 年）》《上海市5G 移动通信基站布局规划导则》《上海市道路合杆整治技术导则（试行）》等政策和设计标准，促进 5G 与城市建设管理、社会治理及各行各业融合应用，支撑城市高效率运行、市民高品质生活。

2）建设实践

自 2018 年起，上海市启动全市架空线入地及合杆整治工作，自此上海开始了一场城市街道"整容"般的手术。在上海中心城区内，各类立杆密度大、数量多、种类杂、架设乱,特别是在道路交叉口,平均杆件数量高达 27 根,严重压缩了行人通行空间,严重影响市容市貌;针对这种情况,上海将在 2020 年累计完成全市重要区域、内环内主次干道、风貌道路以及内外环间射线主干道约 470km 道路架空线入地,实现内环内架空线入地率从 29% 提高到 62%;以此为契机,开展现状杆体合杆整治、新增挂载功能、加强基础设施建设等工作,整治路段立杆减量 50%,同时老城区通信、电力等基础设施建设水平大幅提高。

8.2 认识多功能智能杆

8.2.1 现行技术规范标准及解读

2019 年 9 月,深圳市工业和信息化局、市市场监督管理局、市公安局、市城市管理与综合执法局、市政务服务和数据管理局 5 家单位共同发布《多功能智能杆系统设计与工程建设规范》。该规范是我国发布的第一个多功能智能杆的设计规范,针对多功能智能杆的结构功能、性能指标、施工验收、运行管理与维护等方面制定了详细的规定,目的是提高多功能智能杆的规范化、标准化设计生产及建设水平,提高系统的安全性和可靠性,促进多功能智能杆产品质量提升。

其他省市随后也发布了适应本地建设的地方规范。广州市于 2019 年发布了《广州市智慧灯杆(多功能杆)系统技术及工程建设规范》,江苏省在 2020 年发布了《多功能杆智能系统技术与工程建设规范》,越来越多的城市或省级政府、行业管理部门开始编制适应本地的多功能智能杆建设规范。

以建设规范为基础,相关政府管理部门、行业协会陆续开展多功能智能杆系统、运行、管理以及接地、专业模块等标准制订,如《智慧城市智能多功能杆系统总体要求》《智慧城市 智慧多功能杆 服务功能与运行管理规范》等。随着众多管理部门、咨询机构、专业厂家加入多功能智能杆标准制订以及建设、运行和管理,多功能智能杆也将逐步形成系统完善的体系,行业发展的广度、深度也将得到进一步拓宽。

8.2.2 定义及相关概念

1. 定义

根据深圳市地方标准《多功能智能杆系统设计与工程建设规范》DB4403/T 30—2019 的定义,多功能智能杆(又称智能杆、智慧杆)是集智能照明、视频采集、移动通信、交通管理、环境监测、气象监测、无线电监测、应急求助、信息交互等诸多功能于一体的复合型公共基础设施,是未来构建新型智慧城市全面感知网络的重要载体。

从新型智慧城市全面感知网络的角度看,多功能智能杆是智慧城市的神经元,不仅可以采集各类数据,结合人工智能、5G 以及 AI 等新技术,还能在边缘侧对数据进行及时处理,因此,多功能智能杆又被称为城市的"数字站点",在智慧园区、智慧社区、智慧交通、智慧环保等各个领域内产生丰富应用,推动数字政府和数字经济的快速发展。

2. 主要特征

作为智慧城市的新型基础设施，硬加软是其主要特征。硬件方面不仅包括前端的杆体和各种信息采集设备，还包括边缘侧计算、存储等设备以及传输和配套设施。多功能智能杆杆体经过专业设计，集成电力和通信缆线敷设通道，具备 24 小时连续供电和通网的基本条件。灵活集约挂载各种设备并将设备接入信息通信网，通过信息通信网络，将上述设备产生的数据或信息流传给相关数据资源管理平台与设备监管平台。软件方面包括综合管理平台、应用场景解决方案以及相关的专利和技术。通过硬加软的融合创新，实现前端杆体和设备集成、后端数据共享。

3. 组成

多功能智能杆作为独立完整的系统，除了前端的杆子系统外，还包含了供电和防雷子系统、通信子系统和后端多功能智能杆管理平台，每个子系统相互关联，不可分割。其系统总架构包括：基础设施层、接入感知层、传输层、平台层、应用层。整个多功能智能杆的系统示意图如图 8-3 所示。

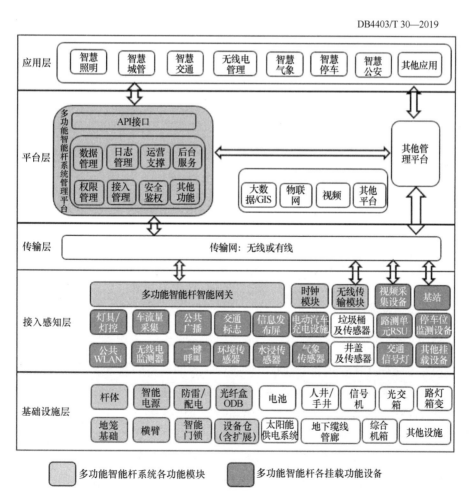

图 8-3　多功能智能杆系统示意图

（图片来源：深圳市地标《多功能智能杆系统设计与工程建设规范》）

多功能智能杆通过结构上预留设备悬挂、增加功能悬臂等方式，加载照明灯具、道路灯控系统、智能交警卡口、智能警察监控、5G 基站设备、车路协同设备、环境数据采集设备、应急广播设备、信息发布屏、公共 WiFi、智能充电桩等设备。典型的多功能智能杆前端硬件组成如图 8-4 所示。

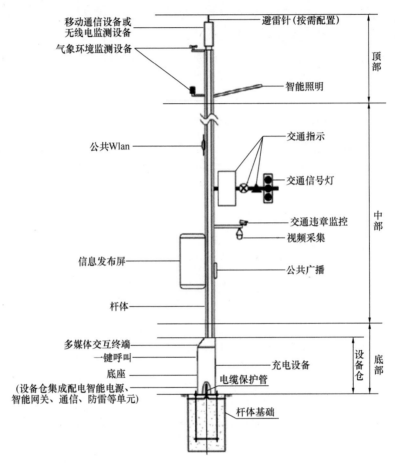

图 8-4　多功能智能杆功能示意图

（图片来源：深圳市地标《多功能智能杆系统设计与工程建设规范》）

8.2.3　应用场景分析

在多功能智能杆挂载感知和信息通信设备中，不同设备的数量及设置规律存在差异，也决定了多功能智能杆应用场景的区别。通过对国内主要城市多功能智能杆建设试点分析，多功能智能杆应用场景可分为主要应用和一般应用两种。

1. 主要应用

主要应用是指应用频次高、近期需求突出且为智慧城市产生连续数据或信息流，一般包括智慧交通外场设施、公共安全视频监控、移动通信基站三种应用。

1）挂载智慧交通外场设施

智慧交通是智慧城市的重要组成部分，也是各级政府和数据管理单位近期关注的重点，在不同城市、不同片区、不同道路有不同应用；外场设施承担将道路上的信息送到交通管理中心，也可将交通管理中心的指令等信息送到现场，及时引导交通正常运行。在智慧交通外场设施中，与多功能智能杆密切相关的主要有四类设施，分别为交通信号灯控设施、交通执法取证设施、交通信息采集和发布设施、车路协同设施。交通信号灯控设施是维持交通秩序的最常见设施，一般分布在城市主干道、次干道、支路路口及其四个方向；交通执法取证类设施一般分布交通干道和城市道路上；信息采集和发布设施一般分布在交通干道上；车路协同设施一般分布在城市道路上，目前以服务公交汽车为主。在新建或整体改造道路时，上述四类设施是合杆的主要设施；另外，交通标示标牌尽管不能产生信息流，但经常作为合杆的主要对象。

2）挂载公共安全等领域视频监控

如前所述，视频监控具有浏览直观、信息量大、便于远程管控和存储回放等优点，有球机、枪机、高空远程瞭望、热成像等多种专业产品，近几年在智慧交通、公共安全、建筑等领域得到广泛应用，也在收集信息的基础上，开展数据分析、AI 等深层应用。与多功能智能杆密切相关的应用，除了在智慧交通中收集信息外，也在城市公共安全、各行各业日常管理等行业应用，是多功能智能杆挂载频率十分高的设施；实现道路、公共空间等范围内监控头共建，并将其收集信息共享给相关单位，在多功能智能杆系统建设中有十分迫切的需求。

更广泛面向城市治安防控和交通管理需求，多功能智能杆的网关设计了千兆网口和光纤口，可接入高清户外监控等设备，为城市管理者提供便捷的管理窗口，可对检测路段内的道路、井盖、垃圾桶等信息进行监控。

3）挂载移动通信基站等通信设备

信息通信网络已全面融入社会生产和市民日常生活，其中移动通信基站、无线 WiFi 对形成泛在、无缝覆盖的信息通信网络有重要作用。建设多功能智能杆的初衷就是为 5G 微基站（数量庞大、分布广泛）灵活挂载提供便利条件，6G 系统商用时这种需求更加普遍、迫切；由于城乡建设区域面积十分宽广，只有经过 5～10 年的持续建设，才能为未来 6G 全面商用创造条件。目前，我国移动通信运营商有中国移动、中国电信、中国联通、中国广电四家通信运营商，四家通信运营商对宏基站、微基站都存在广泛需求，需要为 5G、6G 的宏基站、微基站做好挂载或预留。

2. 一般应用

一般应用指主要应用之外的其他应用，包含多功能智能杆定义中可挂载的其他功能需求，即在建设多功能智能杆的同时，搭载相关的其他设施，完善智慧城市的感知体系。

1）搭载照明灯具

照明是城市道路的基本功能，为此建立成熟管理方式，照明灯杆是道路空间内数量最庞大的杆体，是理想的多功能智能杆杆址；但因挂载感知设备和信息通信设备存在电源不匹配、杆体内通道不完整、产生数据或信息流有限，需要向挂载能力更强的多功能智能杆转变。照明灯具可成为多功能智能杆的最常见挂载设备，同时依托网络促进照明精细化、智能化管理；照明灯杆和多功能智能杆融合建设是需要探讨的内容。

2）搭载环境、气象等监测设施

随着环境、气象管理日趋精细化、科学化，除了环境、气象等主管部门布置的专业检测设备外，还需要数量更多、分布更广泛的监测数据，这种需求正好可利用多功能智能杆作为载体，选择位置合适的多功能智能杆（如路口），布置环境、气象监测设施，收集温湿度、气压、雨量、辐射、紫外、噪声、风向、风速、PM2.5 等监测数据，实现对城市环境、气象数据的网格化、精细化管理。

3）搭载信息发布设施

由于多功能智能杆将广泛分布在道路、广场、步行街、公园等多种场所，结合多功能智能杆所处的位置，可搭载信息发布屏、公共广播等设施，将管理单位的信息发送给市民，也可在步行街等慢行场所将宣传、广告等视频信息发送给市民，也可将应急事故、紧急情况等通知相关人员，提高城市抗灾减灾的能力，减少灾害和二次灾害造成的损失。

4）搭载应急报警按钮

在治安状况较差的场所，建设多功能智能杆时配置报警按钮及监控摄像头等设施；当市民遇到突发情况，可按下多功能智能杆上的一键呼叫按钮与后台进行对讲，监控摄像头一键联动，自动转动视角，捕捉和记录现场情况，促进改善治安状况。

5）预留加载其他设施

随着科学技术的发展和城市管理水平的提高，数量庞大、分布广泛的多功能智能杆可搭载更多的智慧城市感知和控制设备、信息通信接入设施等，如自动驾驶、网联汽车、人脸识别等技术，推动智慧城市向更深层方向演进。

8.2.4 特点

1. 业务需求特点

多功能智能杆属于新型信息基础设施，覆盖城市公共道路及其毗邻区域，适于在多功能智能杆上部署的业务，一般具有以下需求特点：

1）需求差异化，分布不确定性强

不同类型的业务在不同应用时期出现，挂载的设备也分散布置在不同的道路，通过信息通信网络形成有机整体；有的业务需要对城市的道路连续覆盖，有的业务只需要点状覆盖即可。在实际建设过程中，也会不可避免地出现业务需求与多功能智能杆覆盖错位的情况；需要建设之初，多分析多种系统的设置规律。

2）需求动态变化，跟踪技术发展变化

对于同一种系统而言，也存在不同阶段需求发生变化的情况，需要持续跟踪技术变化，建立多功能智能杆更广泛的适用性。以移动通信基站为例，4G、5G 对宏基站、微基站需求规律差异较大，且基站站址需求与市场发展和周边空间等密切相关，基站的需求处于动态变化，站址的需求也是变化的，远期需求发展变数大，需要持续跟踪各种分项系统及技术的发展变化。

2. 项目建设特点

1）需要建立适应性强的设置标准，来统筹分散建设项目。

2）需要以近期需求的业务为主，统筹中远期建设计划。

3）根据业务需求及道路建设计划等条件，采取多种模式建设。

4）杆体基础及配套通信电力等基础设施能支撑未来各种业务滚动发展。

3. 管理特点

1）促进行业总体发展和分期分批建设协调统一

多功能智能杆是新生事物，发展还存在较大不确定性，需协调多方因素平衡发展。在市场经济发展大背景下，充分考虑其经济性、合理性、扩展性、可实施性等因素，做好行业总体规划，确定阶段发展目标和行动计划，促进行业持续发展；对于多功能智能杆建设项目而言，在建立统一的技术标准的基础上，促进行业总体规划和分区分项建设项目的协调统一，满足项目分期分批实施的发展需求。

2）促进行业平台系统和政府相关规划协调统一

多功能智能杆挂载多个行业多种感知设备和信息通信接入设备，在智慧城市发展的大背景下，建立行业本身的管理平台和计算机系统，实现对杆体及电源、通信等设备状况以及资产、资源等进行统筹管理；同时，各种设备产生的数据与公安、交通、交警、城管和政府数据管理平台关系密切，需满足相关政府部门的规划管理要求；平台系统及数据管理之间需要高度协调统一。

8.3　面临的问题及对策

8.3.1　面临的问题

多功能智能杆是挂载各种感知设施和信息通信接入设备的综合载体，既有政府部门的感知设施，也有企业的建设需求；既有当下的实际需求，也有未来的发展需求；既有成熟的管理要求，也有处于探索阶段的新管理。每种设备需求时间、设置规律以及资金来源、管理要求均存在较大差异；实践中我们发现面临以下主要问题：

1. 规划统筹难

规划统筹难在需求搜集难和计划统筹难。一方面，对多功能智能杆有挂载需求的单位涉及公共安全、交通管理、城市管理、政务服务、通信运营、供电水务等十多个部门或机构，不同部门或机构对各自业务需要利用多功能智能杆挂载设备都有各自特殊的要求，目前尚未有政府部门从规划阶段就开始统筹各政府部门的需求；另一方面，有些部门对于自己的业务发展，特别是业务信息化和智能化发展不清晰，或者基于原有的管理模式，不知道如何提供需求。上述两方面原因，导致无法在城乡规划和建设计划阶段获取到真实、全面和翔实需求。

2. 建设审批难

建设审批难在审批程序不清晰、施工协调难度大以及原有市政系统难以支撑新型信息基础设施的建设。作为新兴事物，多功能智能杆建设没有一个固定和明确的审批流程，进行项目建设需要向城市管理部门、交通管理部门、区级或者街道地方政府、通信运营商、管道运营商等多个单位报批报建，建设审批和杆型选择相比常规的路灯、广告牌等更复杂，审批环节多、审查时间长、审批结果难以预估，对能否建设成功影响很大；随道路建设的多功能智能杆项目的施工需要同道路主体建设单位进行协调，道路主体建设单位为保证自身工作的顺利完成，给多功能智能杆项目留下的建设窗口期和进场时间往往不够，短工期会对项目质量产生较大影响；此外，多功能智能杆还包括基础、传输系统和供电系统，传输和供电系统需要布置在城市道路等公共空间地面以下，原有市政系统的布局和容量并没有考虑到新事物多功能智能杆对用电和用光的需求，因此需要重新规划以便匹配。

3. 数据共享难

多功能智能杆作为城市神经末梢和城市数据站点，通过杆体的集约建设、设备的集成，可以实现前端统一采集数据，结合 5G 新一代信息技术以及人工智能、加载边缘计算和分布式存储能力，还可以对数据进行有效治理，从而为政府部门提供高质量的数据。目前，各政府部门各自建设杆体、购买设备，各自采集数据，数据重复采集，不仅加大传输和存储的能耗，云端存储的数据也无法互通，加大后期数据治理的难度，这也是我们通常所说的"数据烟囱"。如何通过多功能杆实现数据共享，不仅需要技术创新，更需要体制和机制的创新。

8.3.2 对策

针对上述问题，提供解决思路如下：

1. 加强建设规划统筹力度

结合多功能智能杆的多种应用场景，认真分析和总结各类设施的设置规律和建设条件，明确其位置需求，按照先整合主要功能、再整合主要功能和一般功能的优先顺序整合杆址资源，对未来可能业务需求进行预测和预留；以整合杆址需求为基础（非路灯排列方式），兼顾道路路口、小区出入口、商业楼宇区、重要机关、公共设施等区域的业务需求，统筹布置杆址，通过精准规划引导多功能智能杆有序建设，并有选择地预控关键杆址。具体规划思路如下：

1）以业务需求为主线

制定业务发展目标：在充分了解城市功能定位和国土空间规划的基础上，熟悉信息化建设、城市管理、公众信息服务等指标，重点分析基于市政道路建设进行广域覆盖，需要大范围信息感知与管理，尤其是对市政交通、治安管理、应急管理、区域管理、公众信息服务等相关内容；多功能智能杆建设规划应围绕上述指标和内容进行分析，制定业务发展目标，以及完成目标的方式与路径。

确定主要次要业务：对于需求范围广、出现频次高、对智慧城市重要的业务，可确定为主要业务，规划多功能智能杆时应优先满足这类需求，如交通灯控、电子警察执法、公共安全视频监控、5G/4G/WiFi/物联网宏基站及微基站、应急公共广播等。对于需求范围小、出现概率较小，或市政服务功能相对次要的业务，可按次要业务考虑，如信息发布屏、气象及环境信息采集、桥梁与边坡监测、智能井盖管理、城市水位监测等；对于需求频次高但产生数据或信息流少的设施，可按照次要业务进行考虑和整合，如照明、小型交通标示标牌等。

2）建立梯级推进的丰富应用场景

在确定主要、次要业务的基础上，还需进一步分析各种业务的应用场景，以便在空间上确定多功能智能杆布局。

功能片区：结合国土空间规划，落实城市中心区、副中心、组团中心以及市区两级商业区、高新产业园区等城市重要功能区的空间分布，针对不同片区的功能，分析各片区主要业务、次要业务的需求特点和需求时间，确定多功能智能杆覆盖功能片区规划。

城市道路及公路：结合城市交通及道路路网规划，了解道路交通主管部门制订的智慧交通建设计划，分析城市道路及公路的业务需求，分析不同道路对应的主要业务、次要业务的需求特点和需求时间，确定多功能智能杆覆盖城市道路及公路规划。

建筑单体及小区：在城市建成区，已建建筑单体、小区的功能性质及开发强度等已确定，人群密度及流向也基本成型，重点分析不同片区交通枢纽、文体设施、医院学校等公共建筑，党政军等重要机关场所对多功能智能杆的需求特点，了解不同政府主管部门对多功能智能杆上挂载功能的需求时间，初步确定多功能智能杆在现状城区的需求规划，做好"插花式"补点改造规划及建设时间的初步安排。

3）基础设施符合设备分项管理要求且适度超前

多功能智能杆对基础设施的需求远大于常规的路灯，需要确定电力供应、通信组网和数据管理等方面相对应的思路，推动多功能智能杆协调发展。

电力供应：多功能智能杆挂载设备大部分都需要 24h 电源保障；由于多功能智能杆上设备功率是常规照明功率的 3～10 倍，且需要 24h 连续供应。需结合多功能智能杆的数量、空间分布及需求时间，采取就地取电、与现状路灯箱变共电源、设置单独箱变提供电源三种供电方式。

通信网络组网：城市功能及业务需求决定多功能智能杆成片、成批或零散分布在城市不同的片区或道路上，需要通信网络将其组成有机整体。在多功能智能杆末端组网时，对于大部分挂载业务，可根据多功能智能杆的数量、位置及现场电力和通信资源，采取光纤线路终端（OLT）＋无源光网络（PON）或光交换机＋光纤方式，再通过星形网络汇聚到行政区（街道）政务网，或者接入通信运营商网络，最终与城市多功能智能杆管理中心、分区管控中心连通。对于网络等级要求较高的挂载设备，其网络一般需要单独组网，可采取其对应的常规组网，并与相关域域网连通，如通信运营商的通信网络、军队网络等。

数据管理：与上述网络组网相对应，除了上述单独组网、传输数据外，多功能智能杆上各种设备的公共数据一般传到政府部门指定的数据中心进行存储管理，按照业务分类管理，或上传到上级政府部门指定的数据中心；部分对前端管理要求较高的设备，其数据一般直接传到第一责任单位，再按政府部门之间对数据及其安全要求进行管理。

4）融入城乡基础设施总体规划

在逐步完善多功能智能杆设置规律以及杆址规划、杆体基础建设、管线基础设施建设的同时，利用新型基础设施的创新管理契机，积极寻找多功能智能杆与城市景观、道路建设、数据管理等协调统一，实现多功能智能杆与城市基础设施协同发展，并融入城乡基础设施总体规划和整体建设中。

2. 选用因地制宜建设策略

在多功能智能杆规划布局的指引下，开展建设时，采取合适的建设策略对加快推进项目工作起到事半功倍的效果，也对后期运营管理有莫大裨益。具体如下：

1）多种模式推进建设

多功能智能杆规模化建设模式是与市政道路改造、扩建、新建同步建设，在规划上与市政道路规划紧密对接，在建设上优先与整体改造道路、新建道路同步建设。对旧有道路有业务需求的，尽量考虑通过简单的外电改造、杆体改造方式直接满足需求，也可采用插花式替换杆体方式改造。根据相关条件因地制宜地采取多种模式建设多功能智能杆。

2）以近期主要业务需求为主线兼顾中远期发展需求

多功能智能杆可能挂载多种设备，既有近期已确定的主要需求、次要需求，也有预留未来发展的次要需求；由于信息通信技术发展不确定性较强，部分设施（如微基站）更是与已建设施（宏基站）密切相关，位置存在变化的可能；因此，开展多功能智能杆建设时，只能以近期已确定的主要需求为主线来建设，兼顾中远期的发展需求。如新建道路一般以交通监控、智慧交通外场设施以及照明为主，整合三者之间功能，兼顾中远期的公共安全视频监控、移动通信基站需求即可确定近期建设杆址。

在实施路径上，宜采取规模化建设和高质量建设相结合的方式。一般根据道路新建（改造）计划，采取随道路连片的规模化建设方式，并与道路同步建设，既便于开展各项业务设备搭载，又便于提高基础设施的建设标准，降低工程实施的边际成本；另外，针对社会效益重大、需求数量相对较多、业务需求急迫的分散业务，采取"插花式"散点建设，以此为基础整合其他需求，尽量提高上杆率和挂载设备价值；并注重两种方式之间的数量平衡，促进行业持续发展。

3）采取适度差异化标准引导建设

不同城市的功能定位、经济发展水平、信息化建设水平差异较大，同一座城市的不同行政区、片区的定位和人口密度、开发强度也存在较大差异，开展多功能智能杆建设时，需采取适度差异化标准引导多功能智能杆有序发展。

差异化地区建设标准：在中心城区、市级商业区、总部基地等城市重要功能片区，各类设备以及多功能智能杆的设置密度取高标准，建设时间也需要优先保障；在城市副中心区、高新园区、区级商业区、重点建设片区等城市重要发展片区，各类设备以及多功能智能杆的设置密度取中标准；一般城区、县镇城区、城乡接合部等，则可选取相对稀疏的设置标准，建设时间也可适当后置（图 8-5）。

差异化道路优先覆盖标准：对于城市道路及公路来说，需要优先满足干线路网的智慧交通设施需求；对于城市道路来说，需要优先覆盖主干道及主干道之间的路口、次干道及次干道之间的路口等。

差异化建筑优先覆盖标准：对于各种性质的建筑来说，需要优先保障大型文化体育、医院学校、交通枢纽、政务服务中心、商业中心等建筑及其周边需求，此类建筑既有城市管理职能需求，也是公众信息服务需求最丰富的片区，建设时间也可相应提前。

图 8-5　建设标准分区示意图

差异化杆型标准：由于多功能智能杆挂载的业务、设备存在较大差异，一般可分为大型、中型、一般、小型等多种杆型，因挂载业务区别可选取不同杆型，配套建设杆体基础和电力通信基础设施。

4）建设适应性更强的基础设施策略

多功能智能杆的杆体基础、电力通信管线及缆线对后期业务发展有着重要影响，且其建设受较多外部因素制约，改造难度大，需要适度超前地建设上述基础设施，使其适用性更强。

杆体基础：在现场环境允许的情况下，对于部分可能在较长时期以后才出现旺盛业务需求的杆址，一般比杆型高一级配置杆体基础，增加杆基础的适应性，以便后期根据业务发展灵活地更换杆体，且较少地影响多功能智能杆运营管理。

电力供应及缆线：电力电缆敷设后，改变的难度较大，其线径一般比空气开关容量高1～2级，既满足长距离的电力传输需求，也满足今后因设备功率增加仅替换空气开关即可便捷完成施工的需求。

通信管道及传输线路：通信管道价格便宜、使用期限长、能满足多根光缆需求，在建设通信管道时，接入管道可按4～6孔及以上规格建设，同时在平交路口等处建设专门的过街管道；主干光缆宜采取144芯及以上光缆。

3. 顶层规划数据采集及治理

在逐步完善多功能智能杆数据清单、数据服务标准、数据安全规范的同时，利用新型数字化城市建设的契机，从顶层设计中规划数据采集和数据应用要求，明确多功能智能杆作为城市数字底座重要组成部分，实现多功能智能杆服务数字城市和数字政府，促进数字经济发展。

由于多功能智能杆将广泛分布在道路、广场、步行街、公园等多种场所，结合挂载的智能传感器，能够对城市的方方面面进行全域感知，需要从城市管理、产业经济、民生服务等维度整体规划感知数据采集和治理，服务城市管理和全社会。

1）多维度全方位分析数据类型

多功能智能杆采集的数据主要分为三种类型，基于物联网的传感器数据、基于视频的流媒体及 AI 识别数据和基于雷达的扫描数据。基于物联网的传感器数据主要有：大气颗粒度、环境温湿度、雨量、风速、噪声、水位等，这些数据具有数据量小、传输实时性不高等特点；基于视频的流媒体数据主要有：人流、车流、人像、车牌号、车型、人车行动轨迹、违停、垃圾满溢等，这些数据具有数据量大、AI 算力要求高、数据挖掘难度高等特点；基于雷达的扫描数据主要有：周边行人位置、周边车辆位置、周边交通设施位置等，这些数据具有信息量大、传输实时性高、响应速度超快等特点。

2）以需求为导向建立数据规范

从业务系统的实际需求出发，多功能智能杆采集的数据很难直接应用到各个业务系统上，需要对这些数据进行清洗、归一、提炼等加工处理，形成多维多类型的可直接服务各个业务系统的数据，我们要从业务需求和价值链两个层面的数据价值点进行数据分类、体系规划，通过对主数据进行鉴别来确定数据分类的原则、标准和接口，从功能智能杆数据清单、数据服务、数据安全等方面建立标准规范，输出城市数据管理指南和数据管理程序化文件。

3）云边协同合理部署数据存储

基于多功能智能杆采集数据的特点，必须从系统上进行存储和算力规划，实时性要求高、响应要求高的数据必须采用边端算力和边端存储，流量大、数据挖掘难的数据必须采用区域汇聚的分布式存储和算力架构，流量小、实时性低的数据可以采用无线传输的云服务架构。

8.4 目标及原则

8.4.1 规划目标

基本实现多功能智能杆在城市道路的全覆盖，促进城市感知网络体系进一步完善，协助市政管理、公共安全、交通出行、环境保护等领域的城市治理水平提升，进一步提高城市管理效率和公共服务水平。

8.4.2 规划原则

功能主导：根据城市发展的基础条件，在确保安全（城市安全、数据安全、管理安全等）的前提下，围绕多功能智能杆的主导功能开展分析布局，重点满足主导功能需求，兼顾辅助功能需求；同时，考虑多功能智能杆位于城市公共空间内，在杆型选择时还要兼顾城市景观功能需求，不同道路、不同杆体之间的外观尽量接近或一致。

因地制宜：结合片区发展、道路情况，根据不同片区、不同道路、产业特色、信息化条件等，应用适应片区的技术，并结合周边环境设计不同外观的多功能智能杆，科学推进多功能智能杆的建设。

可管可控：强化信息安全管理，责任落实到位，加大依法管理数据和信息的力度，加强重要子系统的信息基础设施保障，做到各个系统数据的安全可控。

协同创新：探索多功能智能杆的建设优势、管理方式和运维模式。以实用为主，鼓励创新，建立可推广、可持续发展的建设管理机制。

8.5　功能规划

8.5.1　功能划分

根据已知业务的划分情况，多功能智能杆的挂载业务分为主要功能、次要功能和基本功能。对应的，我们将智能杆的挂载功能分为主要功能、次要功能和基本功能。

1. 主要功能

主要功能包括道路沿线的智慧交通的外场设施（交通执法取证设施、交通信息采集设施、交通信息发布设施、车路协同设施四类）、无线基站（5G/4G/WiFi/无线物联网）、公共安全视频监控等；主要功能是决定杆址位置的主要因素，也决定杆体的主要性能、参数指标。

2. 次要功能

次要功能包括其他目前使用较少，或业务稀疏分布的挂载需求，如宣传/信息发布/互动设备、气象信息采集、人车流量采集、水位监控、桥梁边坡安全监控、井盖监控等；或者使用频繁但产生数据或信息流较少的设施，如照明灯具、节假日庆祝设施等。

3. 基本功能

基本功能包括照明和路牌、小型指示牌悬挂等。

8.5.2　功能需求分析

在上述功能划分的基础上，重点分析主导功能的需求及其特点，明确其挂载要求、挂载数量，并确定挂载设备的优先级和要求。相关情况参见表 8-1。

多功能智能杆功能需求分类分析表　　　　　　　　　　　　表 8-1

优先级	业务类别	功能名称	主要分布区域	杆址定位要求
1	智慧交通类	交通信号灯系统	道路平面交叉口、人行横道、连续道路中段人行横道口位置等	严格。信号灯杆安装位置有国标要求限制，必须严格遵守
		交通执法取证设施	公交场站、重要交通场所、连续道路中段、对外交通干道、道路交叉口附近、园区/小区入口位置等	严格。电子交警系统用于监控、抓拍车辆行人违章情况，对摄像机等的设置位置（高度、到停车线距离、覆盖特定车道等）有严格的国标、行标要求，必须精确满足需求

优先级	业务类别	功能名称	主要分布区域	杆址定位要求
1	智慧交通类	交通信息采集设施	连续道路中段位置	较宽松。主要用于道路断面监控，对相对位置要求不严
		交通信息发布设施	连续道路中段位置	较宽松。主要用于对车辆的信息提示，位置相对不敏感
		车路协同设施	道路平面交叉口、连续道路中段	较严格。车路协同设备用于车辆自动驾驶，提供车辆周边信息，必须相对均匀覆盖路段，且在交叉道口附近需有良好视界，需要较精准安装位置
2	公共安全视频监控	治安视频监控系统等	道路交叉口附近、人车流量较大的区域附近、小区和大厦出入口附近、连续道路终端、园区/小区周边	较严格。道路治安监控有特定监控范围要求，对摄像机安装高度、视野等有较高要求，但摄像机位置可较灵活设置，满足特定范围的覆盖即可
3	通信设施类	无线基站系统	道路沿线，尤其是周边建筑密集且较高的商业区、住宅区附近，一般对道路交叉口附近、密集商业楼宇附近的杆址需求较旺盛	较宽松。灯杆站一般用于无线信号补盲，而解决特定小范围(100～200m)信号覆盖的方式有较多选择，使用特定的天线，能覆盖特定区域即可
4	辅助功能	信息采集、人车流量采集、信息发布/互动设备等	采集设备需覆盖道路主要断面；信息发布、互动等覆盖道路侧人行道	宽松。对道路断面的信息采集不要求特定位置；信息发布系统一般覆盖人群密集的步道区域

8.5.3 功能整合及优化

多功能智能杆主要分布在新建道路和现状道路上，两类道路上开展功能整合时侧重点略有不同。新建道路的两侧用地尚未开发，确定性需求以智慧交通（含交通灯控设施、智慧交通外场设施、交通标示标牌等）以及道路照明为主，整合时兼顾其他主导功能需求；现状道路因两侧地块已开发建设，除了智慧交通及照明需求外，还要结合道路两侧建筑功能、人群分布、小区出入口等，整合公共安全、移动通信、信息发布等功能需求。

1. 主导功能整合优化

智慧交通类业务的信号灯系统与交通执法系统一般分布在道路路口、道路中段重要控制点，且设备集中度较高；车行道和人行道信号灯一般布置在路口人行横道及停车线附近，电子警察一般布置在沿道路行车方向、距离停车线 20m 左右位置，两者均可与路灯进行整合。

公共安全监控系统布置在道路交叉口人行横道交汇处，可能与交管系统或交通执法系统需求相同杆址，但其摄像头多为球机或具有较宽视野范围的枪机，需求数量较少，一般可单独占用较短的悬臂解决。

移动通信宏基站一般结合周边宏基站和建筑空间形态布置，在周边没有高度和功能合适的建筑可附设时，宏基站布置道路交叉路口，高度合适时可整合建设；微基站作为宏基站的补充，结合宏基站布局有选择地设置，一般布置在小区出入口、地铁出入口、人流密集处等，可与多种主要功能整合，且基站安装高度较高，一般位于杆顶，而非悬臂上安装。

对于需求位置、高度相同的功能需求，可考虑通过悬臂协调其需求；如果无法解决则可考虑在邻近杆址分散设置不同的主导功能。

2. 其他功能整合优化

在主导需求确定后，再综合其他常见次要功能的需求。在不影响主导功能需求实现的情况下，可通过配置更多悬臂，或在杆体不同高度上分层悬挂安装辅助功能的挂载设备；在此基础上，再配置基本功能，促进杆体与其他区域杆体协调一致，并将数据或信息发送至指定的数据中心。

综合而言，杆址的功能规划方案应在满足挂载现有业务和客户明确需求的新增挂载能力的基础上，保证多功能智能杆在近中期（5～10年）内不需进行杆体更换，只需通过增加悬臂、更换电表等简单建设，就可满足未来新增业务挂载需求。

8.6　规划布局

8.6.1　规划要点

开展多功能智能杆规划，主要围绕以下要点开展工作：

1. 确定城市多功能智能杆建设目标、设置标准及分区

首先，确定城市多功能智能杆的建设目标；多功能智能杆的建设数量、覆盖区域、承载业务等目标，应与当地城市经济发展水平、城乡规划和信息化建设目标匹配，适度超前地促进当地智慧城市或信息化有序建设。

其次，建立多功能智能杆建设标准；针对城乡规划建设的功能区划和空间分布，分别总结智慧交通、智慧社区、信息通信等对感知系统的设置要求，建立不同功能区的差异化设置规律、设置标准和设置要求，明确不同功能区各类杆体的建设标准，有序引导感知终端、信息通信终端的规模化发展和智慧场景的区域化应用。

最后，确定多功能智能杆的总体布局；在分析5G应用示范、智能网联汽车实验、智慧交通的系列需求、城市公共安全监控等主要功能需求的基础上，开展杆址的功能整合，结合政府制定的道路建设改造计划、城乡功能区划和智慧城市业务发展，选取近期开展建设的功能分区、道路、园区等，并进行空间布局和建设时序的统筹，确定规划总体布局。

2. 确定近期建设规划

近期建设计划主要围绕新建（整体改造）道路上成批建设和现状道路补建两条路径开展工作，满足多功能智能杆规模化建设和高质量业务需求的双重平衡。鉴于多功能智能杆是新型基础设施，业务需求和未来发展不确定性较强，正处于试点、推广阶段，宜以近期建设计划作为规划重点，确定 5 年内建设计划。

在收集市区两级道路主管部门的道路建设改造计划的基础上，了解道路建设中与多功能智能杆建设的相关内容，分析各项主要功能需求，确定对应的规划方案；在现状道路补建方案中，重点分析主要功能需求，优先选取城市主干道、城市快速路、高速公路以及步行街、市级公园、特色街区等区域，以整合后的主要功能需求为基础确定杆址；综合上述两方面内容，整合适合连片覆盖的相关区域，可确定多功能智能杆的近期建设规划，通过网络形成系统，再不断滚动发展。

3. 确定近年建设的道路及片区

在近期建设计划中，结合城市功能片区划分、道路建设（改造）计划、急需建设的主要功能需求等因素，按照随新建（改造）道路整体建设、在现状道路中插花式改造两条路径，仔细筛选近 1~2 年拟建设多功能智能杆，落实到具体功能片区、道路、园区并整合所建道路或区域的周边情况，尽量形成规模效应，便于成片开展各种业务的试点和联网。

8.6.2 确定杆址及建设时序

1. 功能叠加整合

功能叠加是确定杆址的最重要依据，需要从主要功能之间叠加、主要功能和次要功能叠加分别考虑；进行功能叠加后，再加上基本功能需求，即可最终确定多功能智能杆的杆址及功能布置，指导后期建设。

功能叠加就是对多功能智能杆的功能进行整合，锁定杆址布局和单杆挂载方案的一个过程。在照明功能需求分布等确定后，应根据主导功能的业务配置优先级别，逐一将特定业务的配置需求落地，叠加到具体杆址上。当所有的多种业务均落实到具体多功能杆之后，各杆址上需要承载的业务类型、数量就确定了。

在上述工作的基础上，再分析各杆址的挂载需求，分析其中主次挂载需求是否存在位置、资源冲突的情况。此时应优先保证主导功能挂载需求，通过改造杆体结构、调整挂载位置、改变挂载杆址等方式逐步解决资源占用冲突情况，落实次要挂载功能。

在这个过程如果重点业务有特定的杆址需求，可对基本的杆址方案进行小规模调整，再重新回到业务叠加、落地环节。经过杆址确定、业务叠加、冲突解决等步骤，多功能智能杆建设项目的杆址布局方案就基本确定了。

一个典型的功能叠加方案如图 8-6 所示。

2. 确定杆址

在规划阶段，确定杆址位置是规划的重要内容，一般需要确定落实到杆址坐标。确定杆址的一般工作流程如下：

在进行连续道路沿线覆盖规划时，首先应确定道路的起止范围和道路宽度情况，并确

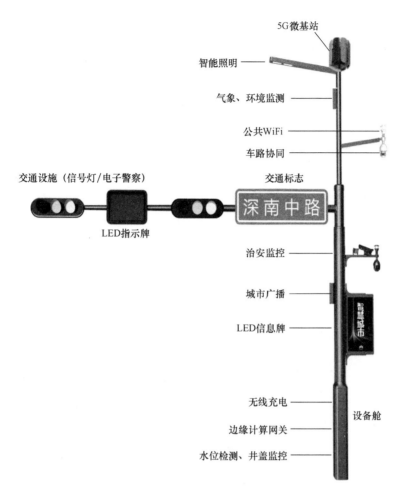

图 8-6　多功能智能杆典型功能方案图

定现有照明杆的分布情况。参照《城市道路照明设计标准》（CJJ 45—2015）确定多功能智能杆在沿线的布设方式，包括：杆址位于道路两侧还是中央隔离带，杆址是在道旁两旁成对配置还是间隔配置，灯头设置在机动车道一侧还是需要在人行道也设置辅助光源，灯杆高度与灯杆间距要求等。确定照明灯杆的高度、规格、行列、杆距等，就确定了多功能智能杆的基本分布模型。

在此基础上，在道路平面交叉口开始定位重点杆位。确定路段沿线杆址时，应确保重点的道路路口、街区（小区、公园）出入口、重点地标建筑、商业街区、重要机关、交通枢纽、大专院校、中小学校园等不同路段的业务覆盖需求，对重点位置进行定位，保证多功能智能杆能就近落于这些区域附近，承载业务设备挂载需求。在重点杆址定点后，再根据《城市道路照明设计标准》的杆距设置要求，依次在地图上确定重点杆位之间的其他各杆杆址。至此可确定出一个初步杆址方案。

杆址方案应与市政道路主专业设计单位进行沟通确认。如果因业务挂载需求改动杆址位置，也需将位置变动需求与市政专业进行沟通，协商取得共识后方可变更杆址方案，避免因沟通不及时，造成不同专业之间场地空间资源冲突，影响实施的情况出现。

对于在现状道路增补（改造）建设多功能智能杆，由于是采取定点改造，确定杆址时以业务功能需求为基础，在功能整合后，结合现状照明灯杆的位置、外观，确定新建杆址的位置和建设方式，使新建多功能智能杆与周边杆体基本一致。

在规划阶段，杆址坐标主要用于指导建设，在施工图阶段，杆址坐标可结合地下管线和现场实际进行调整；结合深圳开展的实践经验，规划杆址的弹性控制范围约为 10m，即以规划位置为基准点，杆址偏移距离控制在 10m 范围内；相关示意图参见图 8-7。

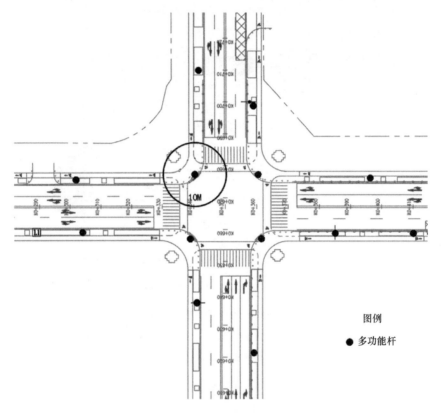

图 8-7　多功能智能杆弹性控制范围图

3. 建设时序

根据道路建设计划和主导业务功能来确定多功能智能杆的建设时序，并与城市经济发展和市政建设能力基本适应。

新建道路或整体改造道路，道路的建设时间即为多功能智能杆的建设时间；第一批上杆设备与多功能智能杆的建设时间相同。对于现状道路增补（改造）多功能智能杆，其建设时间由主要功能需求的时间决定；有多种主要功能时，以最先需求功能的时间作为多功能智能杆的建设时序。

由于开展功能叠加、确定杆址位置等工作是按照一定时期内的业务需求来确定，而实际建设、运营中，不同业务功能的上杆时间不同，因此，杆址布局方案还需考虑建设过程的实施时序问题，做好一定的资源和空间预留、配套设施规划等，以保证较晚实施的业务需求能够顺利上杆挂载。

8.6.3　主要分布与设备挂载规律

1. 分布区域

多功能智能杆挂载设备的需求决定多功能智能杆分布。对于一座城市而言，一般根据城市功能片区、道路等级、市区两级商业和公共设施等因素来决定优先建设区域，且尽量成网成片，提高各种挂载设备开展业务的使用率。

多功能智能杆宜优先布置在中心城区，推动智慧城区、智慧交通有序发展以及 5G 优先示范应用。在中心城区中，优先保障市级中心区、总部基地、CBD 区域、市级商业区及街区、国家高新区、市级公园等；其次，保障城市副中心、组团中心、区级商业区及街区、省市级高新区等；另外，从道路等线型基础设施角度来看，优先保障城市快速路、主干道（特别是生活性主干道）、景观轴带等。

2. 设置要求

各类设备均按照自身功能特点，挂载于多功能杆特定高度、特定方向，如无线基站一般位于杆顶，各种摄像头一般位于悬臂上，针对特定车道的摄像头、传感器可安装于多功能杆的长悬臂或龙门架上，提供信息发布的显示屏一般安装于略高于普通人身高的位置，用于交互信息查询的触摸显示屏一般安装于略低于普通人身高的位置，机动车道上的交通信息提示屏则安装在机动车道上方。以上特点使得同一根多功能杆能提供多种信息服务设施的挂载需求。

在各类设施的空间位置分布上，各类设施也有自身的设置规律（间距）和设置要求（高度），主要情况如下：

1）道路的平面交叉道口是业务功能密集的区域，道口位置除了安装交通信号灯、交通管理设施之外，作为人流车流汇集的区域，还是公共安全视频监控、车路协同设施的安装密集区域。

2）城市道路两侧园区、住宅区、商业建筑群的出入口附近，作为人车流量汇聚地点，一般需提供交通管理、公共安全管理等多种社会管理功能，并可能需要提供无线信号覆盖、信息发布等业务需求，在入口区域附近的站址也会有丰富的业务挂载需求。

3）人流密集区域，如步行街、社区广场、场馆周边、风景区周边之类的地方，因行人流量大的特点，具有较高密度的公共安全监管、信息发布、应急救灾管理、无线通信设施挂载等业务需求。

4）在连续道路上，各类监控、信号、信息采集业务，一般均以不同距离间隔重复提供设备挂载，以实现对道路连续覆盖的需求。

主要挂载设备的设置规律参见表 8-2。

多功能智能杆功能设置规律表 表 8-2

业务类别	功能名称	主要分布区域	设置要求	挂高
智慧交通类	交通信号灯（红绿灯）	道路平面交叉口、人行横道连续道路中段人行横道口位置等	1）路口各方向，按功能需求设置； 2）靠近人行横道及停车线布置	4～6m

续表

业务类别	功能名称	主要分布区域	设置要求	挂高
智慧交通类	交通执法取证设施（视频监控、卡口电警等）	公交场站、重要交通场所、连续道路中段、对外交通干道、道路交叉口附近、园区/小区入口位置等	1）视频监控在相关场所附近按需设置； 2）次干道及以上道路监控点之间的间距宜小于 200m，城市重点片区的监控点的间距宜小于 100m； 3）电警靠近停车线 20～30m 布置	4～6m
	交通信息采集设施（数据流采集、环境监测）	交通干道主要断面、主要匝道及出入口等	1）按功能需求布置； 2）靠近车行道设置	4～6m
	交通信息发布设施（LED 屏）	交通干道的交通状况复杂路段等	1）按功能需求布置； 2）靠近车行道侧设	4～6m
	车路协同设施（路侧单元、地基增强站、边缘计算）	道路平面交叉口、连续道路中段等	1）布置在重要交通路口； 2）重点片区间距 60～100m，一般片区 200m； 3）靠近车行道侧布置，设置高度约 6～8m	6～8m
公共安全视频监控	治安视频监控系统等	道路交叉口、重要建筑功能场所、人流密集场所、小区和大厦出入口附近、治安复杂场所附近、连续道路终端等	1）按功能需求设置； 2）靠近人行主要通道设置，高精度摄像设备设置高度 3～5m；一般要求按需设置； 3）重要片区或重要道路的交叉路口的各个方向宜设置视频摄像机，一般路段的视频摄像机间距宜小于 100m	3～5m
通信设施类	宏基站	1. 高速公路、快速干道、高铁等沿线； 2. 新建城区内先期建设的城市主干道、次干道的交叉路口； 3. 用地面积大于 20hm² 的城市公园等公共空间内； 4. 小于或等于 500m 的短隧道的两端；	1）优先设置在道路拐点、变坡点、圆曲线交点附近； 2）依托多功能智能杆建设的基站，每根杆不宜设置超过两家运营商的基站； 3）宏站一般间距 200m 以上； 4）宏基站应尽可能避开幼儿园、小学、医院等红线范围内以及红线外 20m 范围内； 5）城市景观控制区域的基站，基站天线应采取美化措施，并与周边环境协调一致	10～20m
	小微站	1. 步行街、商业街等人群密集处； 2. 交通场站附近； 3. 城中村和围合式小区出入口和通道交叉口	1）结合通信运营商宏基站的布局，布置在步行街、特色街区等人流密集的信号盲区或热点地区； 2）人群密集处间距 50m，一般情况下 100m； 3）靠近人行通道，设置高度 6～15m	6～15m

续表

业务类别	功能名称	主要分布区域	设置要求	挂高
辅助功能	信息发布屏	市级、区级商业区、重要城市公园、步行街、人流量较大且道路等级较低的城市支路	1）随多功能智能杆设置； 2）靠近人行道侧设置，设置高度约3～4m	3～4m
	气象监测	城市道路路口	1）高速路、快速路站点间隔1000m，其他场景站点间隔200～500m； 2）与车行道信号灯合设	6～10m
	环境监测	城市道路路口、公园广场等	1）设备安装位置应位于杆体的顶端或伸出的横臂上，周边10m范围内无影响源； 2）四周空旷平坦，保持气流畅通和自然光照，保证仪器的感应面通风和不受遮阴	6～10m
	电动汽车充电设备	专用停车场、路边停车位等允许停车且不影响城市交通的场所	1）在停车位旁设置； 2）多功能智能杆上的电动汽车充电设备宜采取交流充电方式，必要时建设单位自建直流供电系统	1～2m

8.6.4 现状道路补建

在现状道路上补建多功能智能杆是较常见的建设场景，也是满足近期业务挂载需求或对位置邻近的现状杆体整合的主要方式。为满足多功能智能杆的社会效益，解决社会信息服务的急迫需求，需要开展现有道路上的多功能智能杆补建工作。现状道路补建多功能智能杆包括两种情况：一是以实际主导功能需求为主，统筹周边需求；二是对同址内多杆林立的现状杆体进行整合。

1. 功能需求与叠加

现状道路两侧的城区功能明确，规划时可从以下方面确定其主要挂载需求：

1）道路上现有灯杆、设备杆上的在用业务；

2）根据两侧城区属性确定的主要业务类型；

3）其他市场调查确认的上杆挂载业务需求。

对于现有道路补建多功能智能杆项目，应首先确保沿途的交通灯控信号系统、电子警察、监控系统等主要业务需求的上杆、合并改造需求；再考虑满足沿途现有功能杆业务合并上杆需求；再与运营商沟通，分析街道两侧无线信号盲区、弱区情况，给出新建无线基站补盲挂载需求方案，确定挂载杆址；最后再考虑新增信息发布、环境数据采集等次要功能的需求。

2. 确定杆址

现状道路补建一般遵循原有道路照明灯杆的布局和杆位分布现状,不对道路多功能杆位置进行大范围调整,以免因调整杆位造成地下管线资源冲突,或杆位改址遮挡路边商业门店、出入口等,影响建筑使用功能等纠纷,增加实施阶段的实施风险和协调成本。

在总体布局不变的情况下,现状道路补建项目在杆址规划上应考虑:

1)对城市景观影响较大的多杆林立的景观控制场所,应尽量合杆,减少杆柱数量。

2)道路沿途连续区域尽量保留现有多数杆址,不宜随意减少杆址,以免影响道路照明功能。部分杆址的位置调整应慎重,同时做好调研及与各方沟通工作。

3)对于沿路现有业务杆的合并上杆需求(如在用的道路信号灯),如果现有路灯杆址位置无法满足需求,可考虑将现有灯杆址迁移到在用业务杆位,以满足特定业务的精准杆址位置需求。

4)位于在平面交叉道口、丁字道口的杆址,以及道路两侧高楼耸立、道路狭窄、无线信号较弱处的杆址,可提前与运营商沟通,确认其作为 5G 站址的需求可能。

5)应提前开展现有道路沿线已有业务杆的情况摸查,确认业主单位及已有挂载业务的需求细节,以做出更好的多杆合并方案。

3. 确定建设年限

对于现状道路补建多功能智能杆项目,交管、电子警察等业务一般跟随补建工程同步实施,在补建完成后就进行业务迁移;无线基站、业务则可能较后实施,甚至可能在后期使用过程中,随着电信运营网络的站址调整变化才有需求;信息发布、环境数据采集等业务同样属于滞后产生的需求,可能在工程完成后一段时间才被提出。

4. 确定配套设施及其做法

多功能智能杆的电力、通信线路的管孔数量需求大于现有照明杆路,现有照明杆路可能采用电缆套管直埋敷设(缺少检查井、晚上供电),难以在原位置进行扩建。如现场空间条件允许,可考虑沿路新建管线,这样除保证本期项目可实施外,新建管道资源可用于今后新增业务需求。

如果道路沿途不具备另行开挖建设管道的可能,则应争取沿现有线缆敷设路由开挖,新增若干管孔。若现场施工条件便利,则还可考虑将现有直埋的路灯电缆迁移到新建管道管孔中,以规范建设,降低安全风险。由于现有照明杆路的电力需求较小,一般需考虑另外新建一级配电箱,自电网变压器房取电,用于智能杆专用电源。

现有道路补建的另一个工作要点是做好沿线管道资源摸查,保证改造杆路的组网方案可行,路由可达。

8.6.5 新建道路配建

新建道路的特点是道路两侧尚未开发建设,公共安全、通信功能需求不明确,因此应以智慧交通的外场设施需求为主,同时考虑道路照明需求;结合城市功能分区,预留相关功能,预判、控制重要杆址位置。在各杆址具体配置上,应充分做好重点杆址的挂载业务能力预设、预留，保障今后有较大业务内容调整情况下的改造灵活度。总体而言，新建城区新建道路场景的杆址方案自由度较大，可充分优化，满足多专业的挂载需求。

新建道路的主体工程以及多功能智能杆和配套基础设施均为同步新建，全部杆址可相对自由规划，如果道路主体专业对杆位布置没有归于严格的要求，则主要考虑杆址布置的合理性，充分满足未来业务发展的需求。

1. 功能需求与叠加

新建道路配套建设项目因为道路属于新建，道路两侧的城区建筑建设相对滞后，因此较为确定的业务仅有交通信号灯、交通管理等业务，其他信息化挂载业务，如电子警察监控挂载、5G 基站挂载等需求，往往需要等到两侧建筑群建成投入使用才开始提出。

新建道路配套建设的功能需求叠加思路为：

1）充分做好新建交通信号灯系统、交通管理系统以及照明等功能需求整合工作；

2）收集道路两侧国土空间规划详细资料，了解道路两侧用地功能，预判今后可能出现的主要业务挂载需求；

3）根据两侧用地功能及开发强度，预判道路两侧的无线信号覆盖情况与无线业务热区、热点分布情况，提出合理的 5G 基站挂载需求；

4）多功能杆挂载能力适当超前，为未来业务预留挂载能力与资源配备，并预留改扩建潜力。

2. 确定杆址

根据国土空间规划确定的道路两侧的用地性质和开发强度，按照各类设施设置规律预判主要功能分布区域，重点在路口、路口之间的中间路段等关键位置，设置多功能智能杆杆址，以满足今后可能出现较多业务挂载的需求情况。

在前述关键杆位确定后，沿途按《城市道路照明设计标准》均匀布设照明杆，并在其中每隔 150～200m（按标准分区的差异化标准）预设业务杆址，以备业务挂载需求。

可提前与运营商沟通，确认可能的 5G 及其他站址需求。当多家运营商有需求时，应考虑分别指派不同杆位的方案，以简化施工、维护协调管理，方便业务推广。

3. 确定建设年限

新建道路一般随道路建设年限确定多功能智能杆建设年限；根据业务需求确定挂载设备的年限。

新建道路配套项目应充分了解城市规划部门对沿途城区的功能规划，以及该城区的近期建设计划，当期业务主要考虑交通信号灯、交通管理业务的需求，其他业务只需预留扩建可能，在未来需要时进行简单改造以满足需求。

4. 确定配套设施及其做法

新建道路有条件按照高标准统一建设配套基础设施，具体做法如下：

1）新建配套基础设施应进行完整的电力供给方案和通信线路方案，并在此基础上开展管道规划方案。

2）规划方案应充分考虑外电引入、与现有市政管道、运营商管道、广电公司管道的互联互通需求，保证多功能智能杆易于供给需求单位使用。

3）杆体基础与杆体结构应作较充分预留，杆体结构可预设滑槽、出线孔等设施，每杆预留较大的电源、光缆容量，方便今后快速扩充悬臂，安装业务设备。

4）对于其他功能需求，可参考类似道路情况，提前与可能有业务需求的单位进行沟通，摸查未来可能的业务挂载类型，在杆址方案、杆体设计方案中做适当预留。

8.6.6 整体改造道路同步建设

整体道路改造同步建设的情况，兼具现状道路与新建道路建设多功能智能杆的特点。

此类道路一般位于城市建成区，道路两侧的功能已基本稳定，需要分析通信挂载需求，如微基站、室外分布系统等的建设需求，同时要考虑公共安全需求，如步行街、特色街区、高人流量区域的城市管理的要求，并充分满足沿街区域的公众信息服务，如信息发布牌、公共交通信息、气象预报信息、宣传与商业信息等设施挂载需求。

增加杆址一般考虑占用原有照明灯杆所在位置的附近（现有照明功能不能中断，建新拆旧），结合已形成的小区路口布局，有利于利用现有照明杆路的管线位置进行电力、信息管线建设。如果是新建或扩建道路，杆址位置应遵循市政专业的规划方案，在指定的位置进行建设。

因此，其规划思路需要考虑两方面问题：一方面，其杆址规划可完全按需求布点，灵活度较大；另一方面，杆址规划需要充分考虑道路沿线现有业务功能杆的位置、需求情况，重点满足现有业务的合并上杆需求。

1. 整合功能及确定杆址

1）首先应针对道路的平面交叉道口情况，在道路路口区域开展关键杆址布设，满足交通信号、交通管理、电子警察视频监控等主要业务的挂载需求。

2）在此基础上，考虑现有其他在用功能杆的位置及业务需求，考虑在用功能杆的合并上杆需求，落实这些关键杆址。

3）根据沿线街区区域特点，确定其他可能发生的业务需求及位置，尤其是可能出现的 5G 挂载需求，确定各关键杆址。

4）应与在用功能杆的使用单位提前做好充分沟通，确认在新的道路规格、新的杆柱位置分布情况下，相关单位对业务设备挂载的需求，以便在杆位规划中考虑这些需求并满足其要求。

2. 确定建设时序和配套基础设施

此类多功能智能杆的建设时间与道路改造时间相同，处于项目工程的后半段时间。

1）在满足现有业务迁移上杆需求的情况下，可按照类似新建道路杆址规划的方式进行杆位调整与预设。在道路整体改造情况下，应尽量完整新建满足中长期需求的管线设施，减少今后反复开挖路面改建的需求。

2）规划方案应充分考虑外电引入、与现有市政管道、运营商管道、广电公司管道的互联互通需求，保证多功能智能杆今后可易于供给需求单位使用。

8.6.7　综合布局

综合现状道路补建、新建道路配建、整体改造道路同步建设三种情况，可得出多功能智能杆建设的综合布局方案；结合道路和多功能智能杆建设时序，可确定分期建设需求规模。

在多功能智能杆综合布局中，交通信号灯、标示标牌等大中型交通设施，因体量大或横臂长，需要配置大型多功能智能杆及杆体基础，此种杆型占比约 5％～8％；交通视频监控、公共安全视频监控、小微站、信息发布屏等设施，因数量多、设置要求严格、对基础设施需求大增等原因，需要配置中型多功能智能杆，此种杆型占比约 5％～12％；仅需配置照明及预留扩展功能的多功能智能杆，为一般多功能智能杆，占比约为 80％～85％。三种杆型的具体情况如下。

大型多功能智能杆：采用大型的杆基础和重型杆体结构，杆体一般带 6～10m 长悬臂或大型道路指示牌等重型结构物，或承载跨道路的龙门架，或杆高达 20～30m。杆体应配置大容量电源和设备舱，杆体结构强度应保证挂载多套设备的需求，管道进线空间丰富。配电箱和光缆交接箱一般应设置在大型业务杆附近，以就近提供各类业务能力。

中型多功能智能杆：采用较大的杆基础，除当期业务需求外，杆体应预留加装多支悬臂的结构，杆体设备安装空间、配电设施、通信进线资源除满足当期需求外，还需有较丰富的资源预留，并具备远期继续扩容的可能。

一般多功能智能杆：除满足基本的照明、道路和信息指示牌挂载功能外，杆体仅预留增加 1 支 2～3m 的短悬臂，杆体设备舱只提供配电设备、光纤盒安装空间和少量其他设备安装空间，杆下设电力、通信管道及进线空间。这样可确保杆址建设成本接近普通照明灯杆，但也具备一定的快速改造满足少量设施挂载的能力。

8.6.8　配套基础设施规划

多功能智能杆项目的配套基础设施主要包括供配电系统规划、组网规划、管道规划以及多功能智能杆管理系统架构规划。

配套基础设施的建设方案合理性、可行性是整个多功能智能杆项目能否顺利实施的关键所在。因此，在规划设计时应注重现场勘查，与配电网、道路专业、规划部门均做好沟通，确保方案可实施，充分满足近期需求并具有扩容建设的可能。

1. 管道和光缆建设规划

1）管道建设规划

为保障电力供应和数据传输，多功能智能杆建设须同步建设电力管道和通信管道，根据现状道路和新建道路条件可采取不同的建设方式。

实际项目建设中，电力管道与通信管道可采取同管道沟、不同管孔方式建设，或在电力与通信管道路由不同的情况下分别建设。如果采用"同沟不同管"敷设方式，应保证电力管孔与通信管孔之间有足够的保护间距，满足相关规范要求。

① 现状道路

市政道路沿线一般已有管网资源存在，在多功能智能杆建设过程中，可考虑利用现有管网资源，或随路新建专用管网。利用现有管网可节约投资，但需要协调现有管网使用单位，对现有管网资源进行清查，并且仍需建设现有管网到新增多功能智能杆位置的联络管道，在工程管理及后期维护管理上较为复杂。与管道业主方的权利、责任划分界面也较为复杂。

如果道路沿线具备开挖路面建设随路电源管道的可能，一般应同路由建设通信管道，这样可以在成本较低、可控的前提下，较好地保证后续业务拓展的需求，并可形成具有出租潜力的管线资源。

② 新建道路

随新建多功能智能杆项目新建管网，一般都具备开挖管道的条件。在这种情况下，可充分考虑业务需求进行规划，这样管道建设方案较为简单。但因为新建管道较多，投资略大，还可能由于市政道路沿线空间狭小，存在因场地不足、建设方案受阻，造成工程无法实施的可能。同时，即使主要管道按新建考虑，仍需要在新建管道和现有市政、通信、电力管道之间建设联络管道的需求。

在具体项目实施中，一般可以采用新建管道与利用现有管道资源两种方式的组合，灵活解决工程对管网的需求。在管网建设方案的设计过程中，应多方调研、准确勘察，提出多种方案，充分咨询各方意见后实施，以保障方案可行性与经济性。

2）光缆建设规划

为提供大容量、价格低廉的通信接入能力，多功能智能杆建设项目宜采用有线通信，具体来说采用光纤作为通信组网的主要手段。为保证多功能智能杆业务组网的安全性、经济性、可扩展性等需求，一般应统一考虑通信光缆的规划建设方案。

多功能杆的配套通信光缆建设规模，取决于整个多功能杆的业务种类及其通信需求。一般来说，通信光缆的容量可保证完全满足各类业务的带宽需求，因此，光缆组网的纤芯需求，一般仅受限于各类业务的独立组网要求。这种情况下，应调研确认在长期范围内，各类业务有多少是需要独立组网的，然后按照每类业务 2 芯光纤的需求计算，并预留 4～6 芯作为未来新业务的需求预留，这样计算出总的纤芯需求数量，再考虑光纤配线箱的位置，以及沿路光缆敷设的路由方案与端接出线方案。

光缆交接箱一般应设置在沿路连接多条管道的大型通信井附近，以利于多个不同方向的光缆汇聚，节省光缆布放数量。现场应有一定操作空间，利于管理操作，且远离行人通行区域。

2. 组网规划

1）组网架构

在城市管理与服务上，一般的管理架构是按照市一区一街道三级行政机构设置，进行分级管理的。多功能智能杆在业务管理上也须遵循这个管理规则。

多功能智能杆属于覆盖整个市域的信息基础设施，杆址随道路建设而呈现分散布置，组网也与管道资源密切相关；因此，多功能智能杆在组网上无法直接对应市一区一街道三级行政区划进行切块管理，须跳出行政区域划分的限制，组建全市网络，再通过网络设置、权限划分等方式，用权限管理方式切分、匹配行政区划所要求的分片管理需求。

根据这种思路，多功能智能杆的管理网络一般采用目前主流扁平组网模型，分为接入、汇聚、核心网络三级架构，或接入、核心网络二级架构方式组网。一个典型的三级组网方案示意图参见图 8-8。

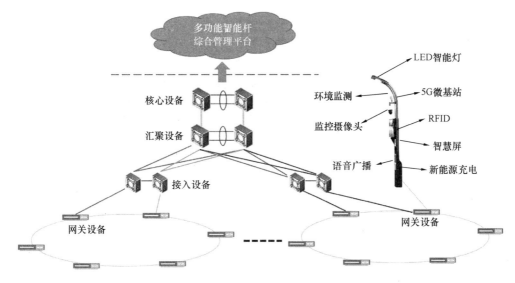

图 8-8 多功能智能杆组网示意图

2）组网设备

常见的接入层网络组网方式包括基于以太网或基于无源光网络（PON）的星形组网，如果承载某些重要的业务，可考虑利用道路两侧的光缆管道进行环形组网，以形成多路由保护。

PON 组网方式具有设备廉价、光分配网络不需电源、维护简便、设备可多级串接、组网灵活的优点，但其上行方向电路采用共享带宽方式，所能提供的最大带宽受到一定限制。根据多功能智能杆目前所承载的需要较大带宽的视频监控类业务的实际带宽开销计算，目前的 PON 组网方式可以满足多功能智能杆网络建设需求，是多功能智能杆设备联网的推荐组网方式。

汇聚层到核心层的组网，一般可采用以太网组网，通过光路保护＋电路保护方式解决数据传送的安全问题。

3）多功能智能杆接入方式

多功能智能杆可采用星形或环形接入上一级设备，采用星形或环形接入方式并没有绝对的优劣势之分，更多的要从建设规模、挂载业务类型、建设成本等方面进行综合考虑。如建设规模小且各杆的业务相对独立，则宜采用星形组网；如建设规模大且各杆的业务关联度高，则宜通过网关设备组环接入。

3. 供配电系统规划

多功能智能杆应满足各信息服务系统 24 小时持续不间断的工作，因此，供电系统设计应充分考虑供电的可靠性。

1）挂载设备功率预测

多功能智能杆挂载有城市照明、智能交通、无线通信基站及杆体管理所需的设备，设备种类和用电电压等级各有要求，结合设备厂家提供的相关设备参数及实际运行数据，多功能智能杆设备的典型功耗参考参见表 8-3。

多功能智能杆挂载设备用电需求表　　　　　　　表 8-3

业务类型	业务子类	设备名称	电压等级	典型功率（W）
城市照明	照明系统	路灯照明	交流 220V	60～600
智能交通	交通执法取证	超高检测红外设备	直流 32V	30
		公交站台监控摄像头	直流 32V	30
		违章停车监控摄像头	直流 32V	30
		卡口监控摄像头	直流 32V	30
		电警监控摄像头	直流 32V	30
	交通信息采集	交通监测摄像头	直流 32V	30
		交通流数据采集	直流 32V	50
		非机动车流量采集	直流 32V	50
		环境监测仪	交流 220V	100
	交通信息发布	动态信息标志	交流 220V	300
		LED 信息显示屏	交流 220V	600
	车路协同设施	LTE-V 路侧单元	直流 32V	50
		地基增强站	直流 32V	100
		边缘计算网关	交流 220V	1000
无线基站	蜂窝网基站	5G/4G/物联网基站	直流 -48V	1300
		基站传输设备	直流 -48V	300
	无线数据接入	WiFi AP	直流 -48V	50
辅助功能	电子警察系统	治安监控摄像头	直流 32V	30
		一键报警装置	交流 220V	20
	环境气象数据采集	气象全站仪	直流 32V	100
		噪声粉尘监测设施	直流 32V	50
		大气数据采集	直流 32V	50
	宣传信息发布与应急管理	LED 信息显示屏	交流 220V	600
		互动触摸屏	交流 220V	50
		应急广播设施	交流 220V	100

多功能智能杆采用在杆底设备舱安装智慧电源模块的方式，提供 220V 交流和 32V/12V 直流电输出来驱动各种挂载设备的方式解决。

2）供电方式

① 电源引入

在工程实践中，对高标准建设的重点区域一般优选设置独立变压器的方式，以应对较为高密度、多样化的业务需求；对中标准建设区域，可采用设置独立变压器或与路灯共用变压器的建设方式；在业务需求较小的区域，可采用与路灯共用变压器，或在业务特别系数低的情况下，采用就近接入周边电源的建设方式，以有效节省投资。

在工程实施过程中，常见的供电方式主要有与路灯共用变配电系统、新建变配电系统、就近接入转供电等类型，主要优劣势分析如下：

与路灯共用变配电系统：利用市政照明杆路的箱式变压器作为电源引入点，不需要建设变压器/动力配电箱，具有节省投资、实施快捷的优点。其缺点主要是市政照明杆路的单杆电力需求较小，因此，照明箱式变压器一般来说电力容量的余量较小，往往只能解决少量改造杆址的供电需求，如果是连片大面积改造，那么箱式变压器富余容量不能够满足项目需求，需要更换变压器。而路灯箱变作为市政照明专用设施，其资产归属不一定属于多功能智能杆建设单位，在取电协调上存在不确定性。

新建变配电系统：需要为多功能智能杆单独申请电力变压器和输出配电箱，这种建设方式的优点是设施为智能杆项目专用，直接向供电部门进行报批，管理协调上较为简单，容量规划自主性高，可结合业务拓展发展需要扩容，不受其他业务的干扰。缺点是建设成本高、建设周期长。

就近接入转供电建设方式：特指多功能智能杆分散地从周边区域民用电设施取得电力。这种建设方式建设速度快，不受电网电力设施位置分布的影响，平均配电长度较短。缺点是需要维护多个独立的电源设施，应对紧急、大容量扩容需求的能力差，且电源来源分散，难以进行统一的维护管理。

② 供电回路

多功能智能杆的照明系统和智慧设备系统对供电的持续性要求不一样，前者是周期性供电，后者是不间断供电，另照明系统的维护单位和智慧设备系统的维护单位、照明系统的主管部门和智慧设备系统主管部门往往不是同一单位，在建设供电回路时，要充分考虑这种差异性。为此，多功能智能杆的供电回路设置不宜少于两个供电回路，一个供电回路供照明系统设备取电，另一个供电回路供智慧设备取电。

③ 不间断电源系统

智慧设备系统的重要设备如摄像头、通信基站等，宜采用24小时不间断供电，市政供电往往不能满足24小时不间断供电，这就需要配置后备不间断电源系统。

供电方式：结合建设规模，不间断电源系统可采用集中式供电或分散式供电。建设规模大且集中，宜采用大容量的不间断电源系统供电；建设规模小且分散，宜采用小容量的不间断电源系统供电。

供电电压等级：不间断电源系统可采用交流不间断电源系统、240V/336V高压直流供电系统、48V/24V直流供电系统，交流不间断电源系统和240V/336V高压直流供电系统宜用于供电范围较大、功率高的多功能智能杆项目，48V/24V直流供电系统由于电压等级低，宜用于供电范围窄、功率低的多功能智能杆项目。

4. 多功能智能杆管理平台

多功能智能杆是构建新型智慧城市全面感知网络的重要载体，是实现智慧城市数字化运营的重要抓手。多功能智能杆管理平台是对多功能智能杆相关设备进行管理、控制、运维以及联动的中枢控制系统；是数据共享、信息交换、创新繁荣数字生态的核心平台；是全市统一的多功能智能杆信息交互、设施设备运维与运营服务平台；是新型智慧城市的数字底座。

多功能智能杆管理平台总体架构参见图 8-9。

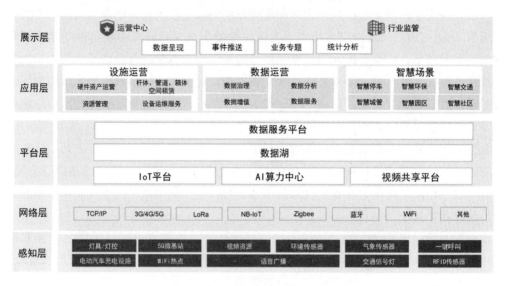

图 8-9　多功能智能杆管理平台架构图

多功能智能杆管理平台主要功能如下：

1）城市基础设施感知平台

城市基础设施全域全要素感知，综合多种网络通信技术实现基础设施数字化，成为城市新型基础设施感知体系网络的重要一环。

实现多功能智能杆规、建、管、养全生命周期体系管理，实现相关设施设备的统一管理、智能控制、自动运维以及协同联动。

2）城市泛物联网络平台

城市运行状态通过各类智能传感器进行全面感知，这些感知数据统一网络接入多功能智能杆管理平台，实现数据统一接入、统一管理。

3）城市信息基础设施运营平台

城市公共空间范围内人、车、物、事等要素感知，建立以城市环境、视频、能源、交通等数据为基础的集约共享数据湖，采集按需构建数据模型，打破传统数据共享方式，提供面向政府、企业、行业的统一数据源共享服务和城市智慧应用集成服务平台。

8.7　多功能智能杆设计

8.7.1　设计服务基本工作

多功能智能杆建设项目的设计工作与其他市政、通信建设工程的勘察设计过程类似。

整个勘察设计过程分为准备阶段、勘察阶段和设计阶段。准备阶段工作主要是了解项目需求、收集资料、编制工作计划等；勘察阶段工作主要包括勘查准备、现场踏勘、编制勘察报告等；设计阶段工作主要包括方案设计、初步设计、施工图设计等。

1. 准备阶段的主要工作内容

1) 了解项目需求：主要是与建设方明确主要的设计工作界面、工作时限要求、交付要求等，明确双方权利义务。

2) 收集资料：收集涉及的道路与灯杆建设资料、杆址周围的杆体设施及管线资料、项目周边电力设施及电力线路设计资料、灯杆与照明灯具资料、相关道路的地下管线物勘探、地质钻探等资料。

3) 编制计划：根据工作任务要求与时限要求，编制完成勘察设计工作的时间计划表，协商确定甲方提供资料的时限要求与设计方提交交付产品的时间计划。

2. 勘察阶段的主要工作内容

1) 勘查准备：收集与项目相关道路工程的前期勘察、设计资料，确定需要现场勘察的工作范围。准备勘察记录表格，明确勘查工作人员编排与时间计划，准备勘察工器具与车辆。

2) 现场踏勘：根据勘查工作计划，到现场确认项目现场的资源与地形地貌现状，确认主要设备安装、管道线路建设现场工作条件，绘制勘察草图，记录勘查现场资源情况，拍摄勘查现场照片，现场初步确定设计方案草稿，记录需要重新确认的现状与方案细节。

3) 编制勘察报告：根据现场踏勘情况，编制各条道路、各施工地点的现场工作条件，确定设计尚需与建设方协商的工作界面、原则、细节、标准、配置方法等，对不确定的细节提出需建设方确认的问题，描述初步的设计方案，给出可供建设方选择的对比方案。

3. 设计阶段的主要工作

1) 方案设计：主要明确项目建设的建设原则、组网方式、技术指标、组网模型、技术工艺等，并给出初步的项目费用估算。

2) 初步设计：根据建设方确认的方案设计，给出进一步细化的设计方案，明确各主要工作的建设地点及建设方案，明确项目建设的设备组网图、拓扑图等，细化到具体设备的型号、数量、规格及现场安装方案，估算电缆等辅材使用量，编制项目概算。

3) 施工图设计：根据初步设计结果，编制各设备安装地点的详细施工方案，给出具体的安装示意图、大样图、设备安装配置表、设备布线配置表、详细设备清单、安装注意事项、场地环境要求等项目建设细节，设计深度应能良好地指导项目建设；同时编制工程预算。

4. 施工图设计输出主要内容

① 确定多功能智能杆的设备挂载方案（近期挂载设备、远期挂载设备，现状道路包括整合杆址周边的现状杆体及设备）；

② 确定多功能智能杆的杆型；

③ 确定多功能智能杆的基础设施（供电方案、光缆连接及平台衔接，电力管道和通信管道）；

④ 确定配电线路的电源连接方案与配电拓扑图；

⑤ 确定杆体配套光缆建设的拓扑图与配线图；

⑥ 确定杆址的资源编号；

⑦ 确定本工程的主要设备表、布线表；

⑧ 明确各项工作的实施顺序、工作要点、参考技术标准；

⑨ 确定各项工作的施工工艺要求与质量标准要求。

8.7.2 高速公路场景

高速公路沿线多功能智能杆建设项目可分为新建项目和改造项目两种类型。从路灯角度来看，高速公路有布置路灯和不布置路灯两种情况。

1. 业务需求

高速公路为机动车专用公路，一般实行封闭式管理，路边无人行道，高速公路与其他道路只有少数出口连通，多数情况下采用立交方式跨越交错；高速公路的限速规则，使得全路较少需要信号灯进行行车管理。因此，高速公路信息通信设施主要为基于行车安全监管、道路维护监控和收费管理为主的业务需求。

多功能智能杆的业务需求以高速公路本身的需求为主，不兼顾道路两侧的地块需求，沿线主要业务挂载需求包括：智能道路交通管理、高点交通监控、道路车道与流量监控、无线通信与无线物联网基站、道路与桥梁边坡灾害监控管理、气象与环境信息采集、应急灾害管理等分项工程所需的设备。

由于高速公路车流量较多，沿途公众无线通信网的覆盖属于通信运营商的建设重点。在城市建设区，覆盖高速公路的 5G 基站可与覆盖建设用地基站一起考虑；在非建设区，一般需要单独建设基站，满足非建设区域站点补盲和隧道出入口的定向覆盖基站为主。挂载需求可能是宏站、小微站或无线室分信源站。

2. 设计要点

高速公路上多功能杆的核心业务是覆盖道路监控、指引所有车道行车的交管业务的挂载需求，其次是视频监控业务和收费亭区域的视频监控、信号指示系统的挂载需求。

高速公路沿线业务比市政道路沿线更稀疏，一般各类设备设施的挂载距离在 0.5～1km 甚至更远。业务高发区域主要为：高速公路出入口区域，高速服务区区域，隧道、桥梁出入口区域，收费站区域，区间测速监管路段等。主要的高价值杆址均分布在上述区域附近。

由于业务类型少于普通市政道路，高速公路沿途多功能智能杆的挂载密度也相对小于普通城市道路沿线多功能智能杆。但高速公路的监控设备，往往具有对所有车道的管理需求，因此龙门架等特殊设施的应用场景较多。

在进行杆址规划的业务叠加时，应以交通管理需求为主要业务进行叠加；在立交桥路段，可结合高灯杆建设宏基站；如果沿途有布置路灯的需求，应以路灯为基础叠加相近功能。

高速公路项目建设地点一般分布在高速公路红线内，场地管理权限在高速公路管理公司，沿途的电源变压器、通信与电力管线资源一般也属于高速公路管理公司所有，因此需要协调的管理部门相对较少。由于没有人行道和非机动车道，杆体基础的开挖也相对限制较少。

高速公路项目的工程实施受高速公路运营的限制，对施工流程、工艺、场地围护等有较严格要求，勘察、施工均需与高速公路管理部门、交警部门做好密切配合与沟通，保证安全设计、安全施工。高速公路项目的部分路段在高架桥上，相关的设计、施工方案需考虑桥梁上施工的特殊管理要求（如杆体基础与桥梁共建），并符合交通道路设计施工的相关标准规范要求。

高速公路沿线的管道线路资源一般较离散，跨路联络管线资源有限。电力、通信管线设计方案应围绕联络管道等分布情况开展，争取最短最优路由方案。高速公路的杆址分布较稀疏，单杆取电距离较长，应注意电力配电方案优化与设计合理性，尽量压缩配电距离，以期降低配电线路投资。高速公路是车辆高速行驶的专用道路，无人行道，电力通信管线建设难度大，一般需要与高速公路主体同步建设，避免出现交通事故。

3. 设计指标

高速公路场景的设计目标是满足高速公路沿线的交管、监控、无线覆盖及其他信息通信感知、管理业务的需求。

由于高速公路管理控制点位分布稀疏，在沿途有路灯照明需求的高速公路上，多功能智能杆占比一般在 5%～8%，其余为照明杆，低于一般市政道路的业务杆需求比例。在无照明要求的高速公路上，则所有新建杆体均为多功能智能杆。

8.7.3　城市道路场景

城市道路包括快速路、主干道、次干道和支路等，每个等级道路又含新建道路和现状道路两种情况；城市道路一般布置路灯，路灯可根据道路等级、红线宽度、横断面采取单侧布置、双侧交叉布置、双侧对称布置、中心线布置和双侧双线布置等多种情况，以路灯为基础布置多功能智能杆是常见的建设方式。

普通城市道路一般有机动车道和非机动车道两部分，兼具机动车通行与非机动车通行功能，并为道路两侧地块服务；因此其业务除了智慧交通等需求之外，还有大量的移动通信设备以及公共安全监控、信息发布等需求，满足非机动车道、人行道等业务需求。

1. 业务需求

1）新建道路

新建道路的多功能智能杆业务包括智慧交通外场设施、移动通信基站、公共安全监控等主导功能需求，以及气象环境监测、信息发布等辅助功能；但由于新建道路两侧的社区建设尚未完成，多功能智能杆的近期挂载需求以智慧交通（交通信号灯及执法取证、信息发布等）和路灯需求为主，设计时兼顾其他业务需求，待后期社区建设完成后其他设备可顺利挂载和投入使用。

2）现状道路

现状道路的业务需求主要为交通信号灯、交通管理、治安视频监控等业务，并有较多的信息发布及其他基于信息通信基础设施的服务需求。现状道路上现有业务杆的合并上杆是多功能智能杆建设优先考虑的重要业务。

不管是新建道路还是现状道路，均以交管、交警、治安监控业务为主要业务。在进行多功能智能杆建设时应以满足上述需求为主，再考虑其他业务挂载需求。城市道路的 5G 建设需求一般发生在步行街、商业街等容量不足或弱信号区域，也可利用高架桥、立交桥附近的高灯杆建设宏基站。

2. 设计要点

1）新建道路

在新建道路进行多功能智能杆方案设计时，应考虑利用新建道路易于建设的便利条件，在估算业务需求时适当放宽，使杆体、配套设施的建设规模能充分满足今后较长年限的业务需求，对配电箱、光交箱的位置规划也应考虑整条道路的走向与业务分布，并考虑多功能智能杆今后继续覆盖相邻道路、小区等可能。

在开展新建道路整体多功能智能杆建设时，还应充分咨询所在地区行政管理部门对杆型的特定规划、约束性要求，在限定杆型要求下进行杆体功能的细节设计。

在具体杆址的设计方面，应注重现场勘查，与道路专业及其他专业进行充分的信息交流沟通，在现场管线建设、杆体基础、工期协同、工艺要求等各方面，与业主单位、其他设计单位做好沟通确认，以保证后期方案合理，现场可实施，建设成果满足业务需求。

2）现状道路

城市现状道路沿线地下管线复杂，应提前做好勘探，在具备管道和杆体基础开挖条件的情况下，应尽量做到电力、通信管道同路由建设，以降低后期扩建难度，支撑业务发展需求。在现状道路上进行多功能智能杆建设设计，主要设计重点应考虑方案的可实施性，确定杆址的具体位置，确定现有业务杆的合并上杆挂载方案、外电引入方案、光缆连接互通方案。多功能智能杆建设一般包含零星改造和整体改造两种场景；在可能情况下，多功能智能杆建设应尽量利用市政道路改造的时机同步建设，以解决占道施工、影响交通问题，以及路面开挖成本高、难以协调等问题。

确定合并上杆的系统方案：合并上杆是对现有业务杆体及系统整合改造的全新方案。新方案应充分调研现有业务杆的业务性质、分布等基础资料，充分考虑现有业务需求的特殊性，做好需求对接，确保现有业务能顺利迁移；同时，充分配置挂载相关设备所需空间、配套资源。另外，方案还应考虑业务系统迁移可行性，与业务的业主单位和原有设计单位良好沟通，明确双方的工作界面，并尽可能充分考虑迁移割接需求，为相关业务系统设备迁移到多功能智能杆提供连续工作的条件和基础。

确定基础设施设计方案：外电引入方案则应与电力部门做好沟通，明确取电点位置，并合理测算本期、近期、中远期对电力的需求，并争取就近取电以节约投资。在取电位置确认的情况下，应尽早确定电力电缆走线路由，并进行可行性分析，确认方案是否可实施；同时，考虑后备取电点或后备管道路由。

确定联网方案：由于多功能智能杆属于信息服务基础设施，其挂载业务均需要联网，一般需租用运营商的光纤或者管道，其光缆组网与连接互通方案主要考虑与三家通信运营商的管道或光缆资源对接；这是现有道路改造的难点。

开展项目报建及准备工作：现状道路建设多功能智能杆，可能是单独立项的项目；在现状城市道路上开展多功能智能杆建设，一般与城管、交警、交委等多个政府职能部门审批有关，管道建设受限于电力、通信、燃气、供水等多种市政管线，项目报批报建手续复杂；设计时应与建设方做好沟通协作，提前做好调研与工程勘察，尽最大可能保证设计方案的可实施性。

3. 设计指标

新建道路的多功能智能杆占比初期一般在 10%～15%；随着道路两侧的地块建设完成投入使用，现状市政道路的多功能智能杆占比一般可达到 20%～40%。

在现状与新建市政道路进行多功能智能杆建设时，均应充分考虑对现有业务杆进行合并上杆。在现状道路上一般应保证现有业务杆上 50% 以上设备合并到新建多功能杆上，在新建道路上应保证 80% 及以上设备合并到新建多功能杆上。

4. 设计案例

以南方某城市现状主干道多功能智能杆建设案例为例：该路段长约 500m，沿途有公交站台 5 座，现状杆体 90 根；在置换全部路灯杆为多功能杆，并进行多杆业务整合后，杆体数量下降为 61 根，其中多功能杆数量 44 根。在路口区域合杆率达 50% 以上，路段综合合杆率达 32%。该道路改造后的多功能智能杆分布情况参见图 8-10。

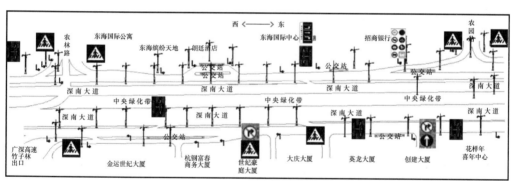

整合前：路段共90根杆柱，其中40根为照明杆，其余为专用业务杆

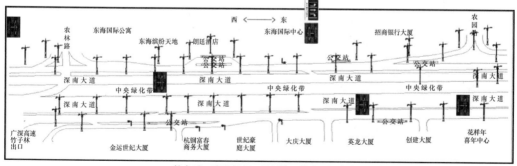

整合后：路段保留61根杆柱，其中44根为多功能杆

图 8-10 城市道路多功能智能杆改造设计案例示意图

8.7.4 园区或小区道路场景

在园区（小区）开展多功能智能杆建设分新建小区和现状小区两种场景。新建小区可与小区基建项目同步开展，施工较为方便，而现状小区建设则需避免施工扰民，道路开挖等工作相对复杂。

1. 业务需求

不管是新建还是现状小区，多功能智能杆建设项目主要考虑对小区内部道路、小区出入口、停车场出入口、公共会所、小区附属中小学校、配套市场等区域周边进行覆盖，主要通过多功能智能杆满足小区内治安视频监控、5G 基站挂载、公共应急广播、电子宣传栏、公益 WiFi 热点等业务挂载需求。

2. 设计要点

园区（小区）范围内多功能智能杆建设，建设地点可能是小区公共道路，也有可能是绿化或建筑物，进行方案设计时应充分考虑这个特殊情况，并与建设方做好协调沟通，确定是否具备建设条件。小区道路上的多功能智能杆，应加强信息化服务方面的需求挖掘，尽可能与小区智能化管理结合综合考虑设施挂载，利用多功能智能杆服务于小区安全、信息、服务、管理。

小区内多功能智能杆一般较低矮，应考虑设备挂载的安全性，避免非维护人员接触到各类挂载设备，产生人身安全与设备安全问题的可能；小区道路多为非机动车道，还应充分考虑施工方案的可行性，确保施工安全。

此外，对于开发强度较高的小区，其内多功能智能杆易作为移动通信微基站站址使用，但使用时需考虑基站设施的美化伪装，避免造成扰民。

3. 设计指标

小区道路场景的设计目标是满足园区/小区范围的信息服务、安全监控、无线覆盖等业务需求。小区多功能杆建设项目的多功能智能杆占全部灯杆的比例可能超过 20%，但是单杆上挂载的业务设施设备的类型相对较少。

8.7.5 其他场景

其他常见场景包括步行街、城市公园、风景区等类别。

1. 业务需求

步行街是典型商业区域，人流密度大，但没有机动车穿行。多功能智能杆建设需要满足的主要功能需求包括视频监控、5G 及其他无线基站挂载、公共应急广播、大屏广告牌等。

在公园、风景区等区域，多功能智能杆主要业务需求是覆盖道路，承载各种管理用途的视频摄像头、公共广播、5G 及其他无线基站、信息指示牌、电子告示牌等。公园、风景区与住宅区内的情况较为相似，均有大量行人通行，须保证多功能智能杆设备施工与使用安全。

2. 设计要点

步行街的多功能智能杆建设需求，主要对接物业单位、公安部门的监控管理需求，并满足应急管理情况下的应急通知、人员疏导广播功能；同时提供通信运营商针对建筑底层、密集建筑群的户外无线通信信号补盲的需求。

公园景区的设计要点是充分了解园区各区域的场景功能划分，以及主要游览道路的分布情况，结合照明需求，做好杆址布点方案，确保杆址能覆盖主要的道路交叉点和园区各出入口及附近。此外，在园内的较高处应考虑 5G 基站挂载需求，可配合通信运营商提供园区无线信号覆盖需求。

3. 设计指标

上述区域机动车管理需求较少，多功能智能杆主要建设目标是满足公园、景区、步行街等区域的治安监管与应急管理需求，无线基站建设需求，以及所在区域的信息化服务需求。

上述区域多功能杆建设项目的多功能业务杆占比可能达到 40%～80%，是比较理想的多功能智能杆首选建设区域，特别是人流量较大的市级商业街、市级公园等。

8.7.6　杆型选取

多功能智能杆作为城市新型公共基础设施，随着其建设规模的逐步扩大，将会遍布于城市的大街小巷，成功的多功能智能杆不仅能提升城市景观形象，成为城市一道风景线，甚至还能成为弘扬城市文化，传递城市精神的载体，当然失败的杆型设计也会直接影响到城市的容貌，这也是多功能智能杆的造型设计被高度关注的原因之一。

1. 杆型分类及应用场景

大型多功能智能杆：15m 及以上，用于道路路口、高速公路监控、宏基站挂载、高空瞭望、火灾监控等需求场合；

中型多功能智能杆：8～15m，用于城市道路场景；

小型多功能智能杆：4～8m，用于园区、小区道路以及步行道场景。

多功能智能杆使用场景广泛，挂载功能多样，也就造成了杆型的多样性和复杂性。从应用场景来看可分为城市道路和园区，而城市道路又可细分为高快速路、主干道、次干道、支路等，园区又可细分为工业园区、公园景区、商业街区等；从挂载功能又可分为普通多功能杆、信号杆、电警杆、大型指路牌等；从造型上又可分为简约风格和装饰风格；相关情况参见图 8-11～图 8-13。

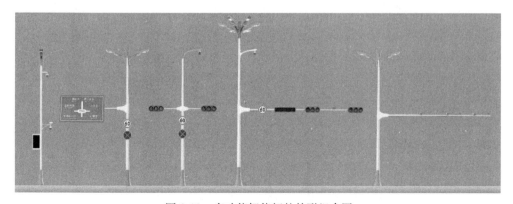

图 8-11　多功能智能杆的外形组合图

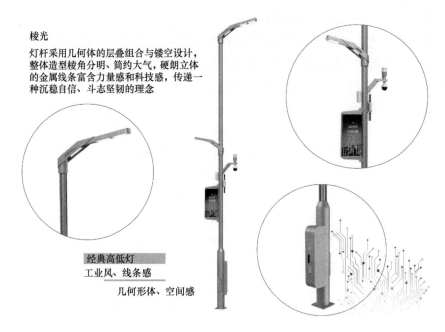

棱光

灯杆采用几何体的层叠组合与镂空设计，整体造型棱角分明、简约大气，硬朗立体的金属线条富含力量感和科技感，传递一种沉稳自信、斗志坚韧的理念

经典高低灯

工业风、线条感

几何形体、空间感

图 8-12　简约风格多功能智能杆

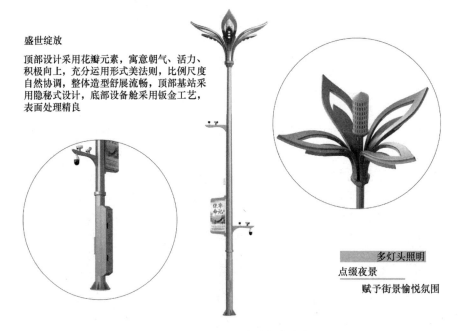

盛世绽放

顶部设计采用花瓣元素，寓意朝气、活力、积极向上，充分运用形式美法则，比例尺度自然协调，整体造型舒展流畅，顶部基站采用隐秘式设计，底部设备舱采用钣金工艺，表面处理精良

多灯头照明

点缀夜景

赋予街景愉悦氛围

图 8-13　装饰风格多功能智能杆

2. 杆型设计原则

多功能智能杆虽然由多个子系统、子产品组合而成，但从整体来说多功能智能杆仍是一个集成的产品，通用的安全、实用、经济、美观四大设计原则也适用于多功能智能杆，多功能智能杆对四大原则也有一些衍生性要求。

1）安全性

安全性是多功能智能杆非常重要的原则之一，多功能智能杆集合了基站、信息发表屏等，部分设备重量重、迎风面积大、挂载高度高，对于杆体的荷载影响很大，尤其是在沿海台风高发地区，在设计过程中必须经过精准的力学模拟计算，材料选取、结构设计、焊接工艺等都直接影响多功能智能杆的安全性。

2）实用性

多功能智能杆集众多设备于一体，既要满足现阶段的功能需求，又要考虑后续扩展的新需求，这就对多功能智能杆设计提出了新要求。目前比较主流的方式是采用滑槽式设计，如图 8-14 所示，等距离预留一定的出线孔，可以方便快捷地满足新设备的挂载，实现即插即用的效果。

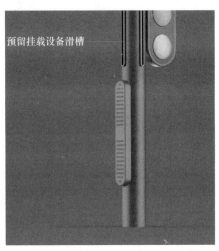

预留挂载设备滑槽

图 8-14　多功能智能杆滑槽结构

3）美观性

虽然人们在审美上见仁见智，但也能找到一些共同点。多功能智能杆的美观性涉及两方面：一是杆型本身的设计是否符合形式美法则，比如比例和尺度是否合理，色彩是否协调等；二是杆体与所在应用环境的协调性，杆体本身设计得很漂亮，但如果与周围环境不匹配，仍然是个失败的设计，比如在名胜古迹放置现代简约的多功能智能杆，就明显出现环境不相容。

4）经济性

从狭义的角度去理解，指的就是通过合理的设计降低多功能智能杆生产成本以及运维成本，便于设备安装和维护。从广义的角度去理解，还应该包括运用新材料、新工艺等，从环保低碳多方面去评价，如采用新型复合聚酯材料代替钢材，并成为多功能智能杆主材。

3. 确定杆型

以项目为单位确定杆型，是较常规的确定杆型方法。同一项目的杆型宜尽量一致，同一条道路的新旧杆型的外观尽量一致，并与周边道路、环境协调融洽。杆型应取得当地政府、市政管理部门的认可，方可进行采购与施工实施。

在杆型外观设计确定的情况下，仍需由设计单位提出各类杆型（大型、中型、小型）的各种设备挂载指标，如承载设备总重量、等效迎风面积、抗震等级需求、抗风能力需求、孔洞预留、悬臂预留等，交由厂家进行杆体深化设计。厂家完成设计后，再交由设计单位进行结构力学性能复核计算，确认结构强度符合要求，才可投入生产和交付。

8.7.7 规划建设指引

1. 规划设计阶段

多功能智能杆建设成本较高，规划、设计单位应考虑不同业务分布的特点，对关键杆址的业务需求进行场景化预测，形成高价值杆址清单，保证重点杆址的挂载能力有较大余量，具备充分的可扩展性；同时，根据城市定位、业务需求预测分析，确定低价值杆址的建设模型，合理控制整体造价。

在设计单位完成多功能智能杆位置后，应将杆址方案提交路灯管理部门、交警、派出所等主导功能需求单位，确认杆址方案符合其需求预期。只有经过确认的杆址规划方案，才能开展下一步的细化设计工作。同时，建设方应组织设计单位、业务需求单位进行充分沟通，确定业务挂载的需求意向、需求数量、分布情况、配套设施要求等，并就设施挂载费用进行意向性谈判，达成共识，可能的情况下签署战略合作协议或杆址租用协议，以确保建设后形成的杆址设施能快速投入服务，形成收入来源。

2. 报建、施工阶段

多功能智能杆建设涉及多个政府管理部门，建设方需与主要业务需求方进行充分沟通，以满足后期业务挂载需求，尽早与设计、监理、施工单位做好配合，协调设计单位的调研、需求确认等工作，协调施工、监理单位的报批报建、开工申请、现场管理等工作。

在建设时，施工方案应考虑不同设备设施的挂载顺序，按照较高处的设备先施工挂载，较低处设备后挂载进行建设。同类业务应尽量避免完全占据对称位置的两侧悬臂，满足后期其他业务系统可能需要杆上特定位置的需求。

各类业务的实际上杆顺序可通过了解客户需求获得。在确认各类业务的上杆时间顺序后，应对各类设备上杆安装建设的过程进行管理，确认先安装的设备不会影响后续上杆设备的安装与使用。如果存在位置冲突、先装设备干扰后续设备安装使用的情况，则应考虑修改设备安装工程的细节，为后上杆业务预留操作安装空间、设备搬运通道、走线空间、电源与光缆端子、维护操作空间等，或者论证确定后续设备安装可通过特定的作业车辆、安装工艺等方式避开前期已安装设备的干扰，顺利上杆；同时，把控好因建设时序变更可能带来的配套材料、建筑安装成本等，并将其纳入后期编制项目概预算中。

3. 验收阶段

建设方应组织监理方、施工方，充分研究当地城市建设管理规定，充分准备各类竣工验收资料，并对政府管理要求进行确认，保证项目验收顺利。

工程验收完成后，应组织施工、设计方进行工程资料归档，形成工程建设竣工档案，并及时移交给维护部门，作为项目完成交维的附件资料。

8.8 管理政策研究

1. 管理探索

多功能智能杆是新型城市基础设施,其建设、管理模式正在探索;深圳、上海、广州、雄安、成都等是多功能智能杆建设较早的城市,各城市探索情况如下:

1)上海市

结合老城区电力、通信架空线入地整治的契机,上海市系统地开展道路综合杆建设管理工作;自2018年起,市政府先后出台了《上海市道路合杆整治技术导则》《道路综合杆技术要求》《关于开展本市道路箱体整治工作的实施方案》《上海市道路箱体设置要求》等系列规范性文件,引导本市道路综合杆有序建设。

因道路综合杆纳入道路改造计划同步建设,上海市采取政府出资统筹建设、专业单位运营维护的模式。上海市住房和城乡建设管理委员会作为道路综合杆部署建设的统筹部门,下设上海市城市综合管理事务中心,具体运营管理道路综合杆,上海市经济贸易和信息化委员会作为挂载通信基站部署的分管部门。

通过对城市道路上多种杆体实行"共建、共治、共享"的建设和管理,有效避免重复立杆、重复设箱、重复排管、重复掘路等行为,效果十分明显。目前,上海已经建设了约1.5万根综合杆;同时,上海市还发布了《推进新型基础设施建设行动方案(2020—2022年)》,计划到2022年底再建设2万根综合杆,并以此为契机推动3.4万个5G基站和城市感知系统建设。

2)广州市

广州市将智慧灯杆作为城市新型基础设施统筹建设,采取市场化方式对智慧灯杆进行建设运营管理,并带动垂直产业、功能模块整合发展。自2019年以来,广州市推动广东省出台《智慧灯杆技术规范》《广州市智慧灯杆(多功能杆)系统技术及工程建设规范》等标准,于2020年陆续出台了《广州市加快推进数字新基建发展三年行动计划》《广州市智慧灯杆建设管理工作方案》《广东省推进新型基础设施建设三年实施方案》《广东省建设国家数字经济创新发展试验区工作方案》等政策文件,引导全市智慧灯杆有序发展。

广州市成立智慧灯杆投资建设运营主体(广州信息投资有限公司),投资并统筹建设智慧灯杆项目。目前,运营主体已在南沙明珠湾、北京路步行街、广钢新城、开萝大道、临江大道、南大干线等多区多场景建设了智慧灯杆;市政府还制定了五年建设计划,拟在天河区、荔湾区、海珠区、白云区、增城区、花都区、番禺区、黄浦区、南沙区等9大区同时建设智慧灯杆,智慧灯杆合计近7万套,投资近32亿元。

3)南京市

南京市以照明工程主营业务为基础,统筹公安雪亮工程、5G基站、智能公交、交通监控、环保检测等设施建设,促进全市道路范围内各种杆体"共杆",并于2016年8月印发《南京市环境综合整治三年行动计划(2016—2018年)》,发布《并杆导则》和《杆件管理办法》,促进路灯转型成为综合杆体。2017年,南京路灯出资成立全资子公司"江苏未来城市公共空间开发运营有限公司"，作为共杆工作的建设、运营、维护单位。

随着城市建设和道路改造，南京市共开展 150 条约 300km 的道路共杆建设，并同步开展配套管网建设；同时，建立以杆体为基础的信息通信网络，服务市区两级政府部门，也为相关客户提供各种延伸服务。按照目前南京市政府制定的每年覆盖约 150km 道路的推进速度，预计 2021 年可以实现南京主要道路的共杆工作全覆盖。

综上，从国内多功能智能杆近几年发展情况来看，除了上述上海、广州、南京等城市已自发开展多功能智能杆（各城市对其称呼略有不同）建设及管理探索外，深圳、成都、北京经济开发区等市区也开展多功能智能杆的建设管理探索。粗略来看，国内多功能智能杆建设管理有两种模式，一种是以路灯灯杆为基础进行延伸管理，如南京、上海等，建设以政府资金为主，适度引入市场化理念管理；这种方式与路灯管理方式比较接近，公司经营压力小，以服务政府和相关企业为主。另一种是采取建立专营公司来推动，如深圳市、广州市，以政府资金、社会资金同时来推动建设，完全按市场化方式来运营；这种方式有利于培养专业化运营公司，但由于多功能智能杆是新型基础设施，还处在发展初期，其建设、运营存在诸多探索的空间，也因此存在一定经营风险。

2. 专项法规政策

在各城市多功能智能杆管理探索中，部分城市还出台专项法规，如深圳市出台了《深圳市多功能智能杆基础设施管理办法》（以下简称《办法》）专项法规，同时出台使用多功能智能杆体的租借、维护等价格；北京经开区出台了《北京经济技术开发区多功能综合杆及配套设施管理办法》专项法规；专项法规、政策出台，有利于多功能智能杆向更加专业的方向发展。

《办法》对多功能智能杆基础设施及挂载设备的投资、规划、建设、验收、运营、维护和监督管理等活动进行规范；同时，《办法》还明确，在充分保障政府公共管理与服务的前提下，由市政府确定的运营主体负责对多功能智能杆进行统一运营、统一维护，并探索多功能智能杆运营产业化、市场化；多功能智能杆挂载的设备由运营主体组织统一维护。

3. 规划管理

广东省自然资源厅印发《关于继续深化若干规划用地改革事项的通知》（粤自然资函〔2020〕552 号）（以下简称《通知》），根据《通知》，两类工程建设项目免于办理建设工程规划许可证：一是建（构）筑物类；二是部分小微型市政公共设施及设备类，如在道路原有红线内单独建设道路附属设施（如路灯、路牌、垃圾回收箱等），公安部门和城市管理部门设立的用于城市安全、治安管理的监控设备、岗亭等公益性设施，以及装设电信设施、无线电发射设施、供电开关箱、箱式变压器等基础设施。按照该文件要求，在广东省建设多功能智能杆时，可免于办理建设工程规划许可证。

按照《办法》，"运营主体建设多功能智能杆基础设施，按照多功能智能杆基础设施年度建设计划和相关标准、规范要求编制建设方案报市主管部门备案后，按照小散工程或零星作业办理安全生产备案以及社会投资项目备案，无须办理规划用地和施工许可手续。涉及占用挖掘道路、迁移或砍伐城市树木、占用城市绿地的，应当取得相应许可文件。"上述政策和法规，为多功能智能杆采取便捷路径建设创造了有利条件。

4. 建设管理

目前，深圳市正按照《办法》推动多功能智能杆建设。《办法》提出了两种多功能智能杆基础设施的建设方式，一是在新建、改扩建道路工程项目中，由市、区按现行政府投资事权划分原则分别组织统一规划和投资、同步建设多功能智能杆基础设施；二是其他提供公共管理与服务的多功能智能杆基础设施，由运营主体组织投资建设。

另外，《办法》对市区政府部门管理职责分工提出了明确要求，一是在综合协调方面，在市新型智慧城市建设领导小组的领导下，建立多功能智能杆建设和管理联系会议制度，统筹全市多功能智能杆基础设施的建设和管理工作；二是部门分工方面，明确市工业和信息化部门作为多功能智能杆基础设施的市级主管部门，承担政策制定、推进规划建设、日常监督管理职责，各区政府制定部门负责推动多功能智能杆基础设施建设和管理，开展绩效考核、落实购买服务费用、竣工验收、移交、产权档案信息管理等相关工作。

第9章　通信管道及通道规划与设计

通信行业的发展历史形成多元化的管道资源状况和不平衡的可用管道资源，信息社会和现代化城市产生多元化的管道需求和公平使用管道的要求，而城乡建设又要求管道必须集中建设，从而形成通信管道的独特局面。

9.1　通信管道发展历程及趋势

通信管道的建设经历了几个发展阶段后，形成了稳定、高效的建设方式。

1. 初期发展阶段

该阶段时间为1990年以前，通信尚处于发展初期，通信管道的材料以素混凝土管为主。在1990年以前，各种通信终端还是一种奢侈品，通信需求相对较小，通信管道主要在通信机楼附近及城市中心城区，投资主体为各城市邮电局，极少数城市的管道投资主体为当地政府；管材主要是素混凝土管，管道的容量及规模均较小，管孔容量主要有4孔、6孔、12孔等，通信机楼周围的管孔一般为18~24孔。

2. 快速发展阶段

该阶段时间为1991~2000年，通信处于高速发展阶段，通信管道材料以塑料管为主。大约在1990年，我国出台鼓励通信、能源等基础设施政策，通信进入超快速发展阶段，1991~2000年十年间电信业务收入年均增长41.6%，为同期GDP的四倍左右。随着通信业务需求激增，导致通信线路也快速增长；在1995年光缆大规模商用以前，通信传输介质仍以电缆为主，伴随城市发展和通信业务快速增长，对通信管道的需求急剧增加，管材逐步过渡到以塑料管为主。由于早期建设的管道容量较小，难以满足通信发展需求，导致各地邮电局（或改革后的主导运营商）对部分道路通信管道进行扩容，部分城市还进行2~3次扩容。管道容量比1990年以前整体提高6~12孔，管材以双壁波纹管和硬质塑料管为主。

3. 多元化发展阶段

该段时间为2000年以后，通信仍基本处于快速发展阶段，使用通信管道的单位呈多元化格局。1994年联通的成立，标志着我国电信改革的开始；有线电视网络在各地城市相继开始建设。通信进入多元化时代的更重要标志是1998~2000年期间，邮政和电信分离、中国移动脱离中国电信以及中国网通的成立，使得使用管道的单位急剧增加，与多家运营商相对应，管道需求呈多元化格局。但由于政策和法规缺失，国内绝大多数城市的新运营商基本无法使用现状存量管道，只能通过反复开挖道路来分散建设自有管道，从而造成同沟分井、分沟分井的多路由、多元化管道现象十分普遍。同时，管材也出现多元化格局，不仅有双壁波纹管、硬质塑料管，还有蜂窝管（梅花管）、栅格管等新型材料。

4. 第三方管理阶段

由独立第三方建设管理通信管道是通信管道建设的新趋势，自2003年初信息产业部正式发文将管道划出电信网络元素外后，各地政府都在尝试建立一种新制度、新监管，解决通信运营商公平使用通信管道的基本需求，通信管道在全国也逐步形成一种新产业。上海市在2000年成立上海市信息管线有限公司，主要从事上海市集约化信息管线的投资建设和经营管理，业务范围包括通信管道、通信机房和光纤线路的建设、销售和出租、运营维护及工程抢修。上海市信息管线有限公司是国内首家信息基础设施投资建设体制改革的探索者，首次提出了将通信管线建设实行统一规划、统一建设、统一管理的理念。深圳市政府于2004年底初步确定按"管线分离"的前提条件和"统一规划、统一建设、统一管理、有偿使用"的基本原则来管理信息管道。目前，深圳市在市政府的指导下新建道路统一规划、统一建设、建设后移交给信息管线公司统一管理；现状道路扩建管道由信息管线公司根据实际使用需求统一扩建。

随通信网络重心下沉和智慧城市深入发展，接入通信管道需求更加普及。经过近20年的建设，从优先满足骨干、主干路由的需求，到现在需要满足接入管道甚至双路由接入管道的需求，可以看出接入管道建设十分普遍，智慧城市建设的方方面面都需要通信管道提供基础支撑，一个城市巨型的网络对管道安全也提出了更高的要求。

9.2　需求分析

9.2.1　通信网络对管道的需求

与水电等传统市政行业相比，通信技术发展更加迅猛，通信业务需求也在不断变化，逐渐向智能化、宽带化和个性化方向发展，广泛分布的接入点急剧增加，接入点信息都需通过管线传输汇聚至信息通信机房、机楼，建设通信管道就显得尤为重要了。

随着通信城域网的重心不断下移，通信网络对接入网机房的依赖逐步增强，相应地对通信管道的需求更加普及化，使得一般管道和小区管道容量增加。另外，智慧城市的持续深入发展，会出现大量智慧设施分布在城市道路上、建筑单体内、公共空间中，种类繁多、分布广泛、数量庞大的智慧设施接入需求，也需要建设相对应的通信管道系统。同时，对于已经大规模商用的5G而言，由于5G的工作频段较高，相对应基站的覆盖半径会比现在4G基站覆盖半径要小，从而基站的布点会越来越密，也需要建设大量的小微站来满足覆盖和容量的需求；5G和智慧城市的发展需求，对通信管道建设管理提出更加多元的需求。

上述多重因素叠加，会导致一条道路中单路由通信管道将逐步向道路双侧双路由通信管道转变；这对有限的道路空间提出严峻的挑战。因此，规划通信管道时需要有一定的前瞻性，管道的位置和容量均需预留适当弹性，以满足各种分散接入需求。

9.2.2　机楼机房等基础设施对管道的需求

城市级的智慧城市建设离不开传统的通信机楼和新型数据中心，机楼从早期电缆时代的分散布局到现在光缆时代的少局址、大容量的演变，对通信管道体系和容量产生影响，规划新建的通信机楼基本都是大型、综合型机楼，且部分机楼兼顾数据中心的功能，通过对机楼内设备端对通信管道需求估算，考虑一定的冗余系数，1 座通信机楼对单出局管道路由的需求基本都在 60 孔以上，且应保证不少于 3 处的出局通道。数据中心也和通信机楼类似，应保证不少于 3 处的出局通道。

在信息化发展和智慧城市建设的需求下，信息通信机房的数量越来越多，机房呈网格分布，布局也趋于均匀；每家运营商的机房又可分为单元机房、片区机房和区域机房，各层级的机房都应保证不少于 2 处的出局通道；且多家通信运营商的机房彼此交叉布置，机房整体布局对通信管道体系和容量产生较大影响。

9.2.3 多功能智能杆建设对管道的需求

多功能智能杆是近几年新出现的新型基础设施，正迅速在全国试点和普及，由于其数量较多、分布较广，对通信传输需求更加普及，对通信管道体系影响更大。以深圳为例，深圳市计划在五年内建设近 5 万根多功能智能杆，深圳市政府在《关于率先实现 5G 基础设施全覆盖及促进 5G 产业高质量发展若干措施的通知》中也明确要求，全市新建、改扩建道路要统一规划和建设多功能智能杆；多功能智能杆不仅建设在市政道路上，也建设在园区、小区、公园内。多功能智能杆上挂载的设备有流量较大的视频采集设备，有对传输要求高的移动通信设备，还有公共 WLAN、交通流监测、环境监测、无线电监测、一键呼叫等功能需求，未来还会有车联网、无人驾驶等设备，对稳定、可靠的传输线路需求迫切，对通信管道布局产生较大影响。深圳市通信管道一般敷设在道路的西侧和北侧，对于红线宽度超过 40m 的道路，因双侧布置多功能智能杆，也需要双侧建设通信管道，并与通信主管一起形成通信管道新布局。

9.3 通信线路及敷设特点

9.3.1 通信网络的特点

经过多年快速发展和改革，通信已形成多家运营商平等竞争的格局；加上通信行业的特殊性，决定了通信及信息网络有许多独特特点。

1. 多种通信网络彼此独立且并存发展

城乡通信线路一般由多种彼此独立并存的网络叠加而成。由于各通信运营商是彼此独立的实体，且市场规模、业务重点及其分布、财务状况等均不相同，由此决定其传输网络是彼此独立的；另外，随着信息化和智慧城市发展，以及网络传输容量的大幅提高，也会产生通信专网线路和政务公共网络需求。上述多种通信城域网彼此独立，共同叠加形成一个城市复杂的通信城域网。

2. 通信网络复杂且有个性化需求

每家通信运营商的传输网均是以机楼为节点，通过区域机房、片区机房、单元机房、通信设备间等层次延伸至用户；机楼（机房）是建立通信管道系统的关键节点。由于不同运营商的机楼是交错布置，且运营商众多，由此决定城市通信网络的复杂性。各通信运营商城域网因承担的义务、主要业务、用户分布等均不相同，其传输网络的组网方式、拓扑结构、路由分布等也不相同；除了骨干层和主干层重要但路由少、接入网分布广泛和需求量大的共性外，个性化特征比较明显。如电信固定网以固定电话和数据为主，其网络的传输介质最多、资源最丰富、分布也最广；有线电视网以住宅为主；移动通信随着5G网络重心逐步下沉，以及逐步渗透宽带业务，对传输网络需求更加普及；加上分期实施，各种城域网的个性化需求更加突出。

3. 通信网络全程全网

通信是生产和消费同时完成的特殊行业，建立完善的通道十分重要；由于用户分布在不同的国家、不同的城市、不同的片区，从而要求通信网络覆盖不同国家、城市、片区，并通过卫星、海底光缆等超级通道形成完整的整体；另外，固定电话、移动电话、网络、有线电视等通信方式丰富多样，每种方式都需要建立覆盖广泛的局域网、城域网、广域网，从而形成覆盖全球的全程全网，满足以任何方式进行随时、随地通信的要求。

9.3.2 通信管道的特点

通信管道是通信线路在道路内敷设的公共通道，主要用于布放各类城域网的光缆及电缆。通信行业和网络的特点决定通信管道除具有市政基础设施的一般特点外，还具有以下独特的特点。

1. 需同时满足多种城域网的需求

多种城域网并存和城市管线综合决定各类通信线路须统一敷设在通信管道内，通信管道需满足各通信运营商的城域网、有线电视网、各类通信专网、信息化或计算机网络等多种网络需求，成为满足城市所有通信城域网的综合性地下公共通道。同时通信管道还要满足特殊城市的特殊需求，比如边境口岸城市、边界城市、军队驻防城市等，要考虑海关、口岸、边防、军队等光缆的敷设需求。

2. 需同时满足多类通信线路及传输介质的需求

一般的工程管线的"源"、主干、接入是单向且分开敷设，通信管道一般需同时敷设一种或多种通信网的长途、中继、接入等多类线路，且不同通信网采用传输介质不同，有电缆、光缆、同轴电缆等多种，通信管道需同时满足上述多类通信线路的要求。

3. 需敷设在多种道路下，满足通信全程全网的需求

给水排水、电力等市政管道通常敷设在城市市政道路下，而通信管道除了敷设在城市道路外，还敷设在高速公路、各等级公路、隧道及桥梁内，并形成管网，满足多种通信城域网及各类信息化传输线路的全程全网需求。

4. 通信管道可灵活地根据需求扩容

随着信息化发展，各类通信业务层出不穷，早期建设的管道因管容小，难以满足业务对管道需求，城市的大部分道路都经历过扩容；业务密度高的区域出现过不止一次管道扩容，管道扩容增加了管道规划的不确定性。同时，通信管道是由一根根管径较小（约

10cm）的管道组成管束，也比较适合通过扩容来满足不同时期的发展需求。

5. 管道的公益性明显，宜制定公平合理的规划、建设、维护管理政策

通信管道是敷设在各类道路下的为城市所有通信网络服务的公共通道，其公共特性十分突出，需制定公平合理的规划、建设、管理及维护的系列配套政策，为各运营商平等竞争创造条件。

通过上述通信网络及通信管道的特点分析可以看出，由于各运营商的市场重点不一样，传输网络特点不一样，管道的个性化需求也会体现在不同路段及片区，这种需求会长期维持不变。随着市场竞争的持续和深入，各运营商会逐步向全业务方向扩展，各运营商之间的业务界限会逐步变得模糊。因此，建立全程全网的可用管道资源平台十分重要，也十分必要，以满足各种使用单位对通信管道的需求。

9.4 管道建设方式

9.4.1 通信传输介质

通信网络除了包含通信设备外，还包含连接这些设备的传输介质，常用的传输介质分为有线传输介质和无线传输介质两大类。与通信管道相关的是有线通信传输介质，有线通信传输介质是指在两个通信设备之间实现物理连接部分，它能将信号从一方传输到另一方，有线通信传输介质主要有双绞线、同轴电缆和光缆。目前，光缆是使用十分广泛的传输介质；双绞线和同轴电缆传输电信号，光纤传输光信号。

双绞线：由两条互相绝缘的铜线组成，将两条铜线拧在一起，就可以减少邻近线路的电气干扰。双绞线既能用于传输模拟信号，也能用于传输数字信号，其带宽决定于铜线的直径和传输距离。但是许多情况下，几公里范围内的传输速率可以达到几兆比特每秒。由于其性能较好且价格便宜，双绞线得到广泛应用，双绞线可以分为非屏蔽双绞线和屏蔽双绞线两种，屏蔽双绞线性能优于非屏蔽双绞线。

同轴电缆：它比双绞线的屏蔽性更好，因此在更高速度上可以传输得更远。它以硬铜线为芯（导体），外包一层绝缘材料（绝缘层），这层绝缘材料再用密织的网状导体环绕构成屏蔽，其外又覆盖一层保护性材料（护套）。同轴电缆的这种结构使它具有更高的带宽和极好的噪声抑制特性。

光缆：光缆是由几十上百根光纤和护套、加强芯等组成，光纤通常被扎成束，外面有外壳保护。光纤全称为光导纤维，是一种由玻璃或塑料制成的纤维，传输原理是"光的全反射"，纤芯外面包围着一层折射率比芯纤低的包层，包层外是塑料护套。光纤的传输速率可达 100Gbit/s。光纤是目前有线通信中最常见、使用最广泛的传输介质，光纤通信的优点有：①传输频带宽、通信容量大、价格低。②传输损耗低、传输距离长。③不受电磁干扰、安全保密性强。④线径细、重量轻、资源丰富。⑤不怕潮湿、耐腐蚀。

9.4.2 通信管道建设模式

通信管道建设从早期主导通信运营商建设逐渐转变为政府主导成立管线公司建设和多

家通信运营商共同建设的新阶段，各城市根据本地的情况有选择地采用相应的建设方式。从近 10 多年发展经验来看，超级大城市、特大城市选择成立专业管线公司居多，而大城市及以下的城市选择由通信运营商共建的居多；两种建设方式的优缺点参见表 9-1。以深圳市为例，深圳市采用统一规划、统一建设、统一管理的模式，这是市政府确定的信息管道发展的基本框架，这也是深圳市多年摸索、探讨、总结的行之有效的建设方式，是深圳市现有管理政策的一种延续，是信息化向深度和广度发展的必然结果，特别是今后需建设的管道更应在统一规划的指导下实施统一建设，为统一管理奠定良好的基础；在这种模式下，通信运营商通过较公正的价格租用通信管道。

从全国来看，通信管道建设都应该让政府建设部门与管道需求单位密切合作，共同做好基础通信管道的建设，共同进行规划。相关部门应严格遵循"三统一"的原则，对基础通信管道的建设制定有效计划，对于通信管道已建设的区域，任何单位不得进行重复性建设[①]。

通信管道建设方式的优缺点　　　　　　　表 9-1

建设方式	优点	缺点
运营商分别建设	建设速度快，针对性强	无序建设，挤占道路空间
"三统一"建设	建设有序，方便管理	效率低

9.4.3　管道建设形式

通信管道建设主要有新建道路配套建设、现状道路改扩建、现状道路补建等几种形式。同时，小区红线内的管道和适应新型基础设施需要的通信管道第二路由也是不可忽视的建设形式。

1. 新建道路配套建设管道

新建道路配套建设管道对于新建高速公路、快速路、各等级市政道路，在建设道路的同时，需按规划管容、道路管线的标准断面与道路同步配套新建管道（包括主管群以及过路管）。管道的建设主体与道路投资建设单位一致，以政府部门为主，如市建筑工务署、区及街道政府等，建设验收合格后交由政府指定的第三方管理公司进行管理和维护。

2. 现状道路扩建管道

此类管道包括配合市政道路改造、沿现状道路扩建管道两个部分。对于配合市政道路改造而建设的管道，要掌握各级政府改造道路的计划，充分利用市政工程建设或改造的机会，与道路改造同步配套扩建管道，如地铁建设工程、交通综合整治工程、各等级道路改造工程等。对于存在管道瓶颈而需扩建管道的单项工程，需与城市架空线改造计划相结合，系统扩建管道。上述两类扩建沿现状管道路由采取同沟同井（至少是同沟分井）方式统一扩容建设，避免出现多路由管道；如果现状管道为多路由管道，在整合现状管道的基础上，需先确定一条管道为今后发展的主要路由，扩容管道沿主要路由建设。扩建管道需

---

① 吴振华. 试论城市基础通信管道建设发展对策［J］. 广西城镇建设，2021（2）：73-74＋77.

满足与其他管道的安全距离，特别是强制性规范确定的与燃气管道的最小安全间距。配合市政道路改造而建设的管道建设主体是相关政府部门，沿现状管道扩建管道的建设主体为政府指定的第三方管理公司。

3. 现状道路补建管道

对于未建设管道的城市道路（主要分布在老城区）、公路（乡镇、城乡接合部、边缘地区）、城中村等道路，如果近期有建设管道的需求，需按规划管容和道路的横断面补建管道。管道的建设主体是政府指定的第三方管理公司，按正常管道建设程序补建管道。

4. 小区红线内管道

对于用地红线内管道，其管道宜由开发商统一配套建设，建设完成后交由第三方管理公司统一管理，并对所有运营商平等开放。

5. 通信管道第二路由

随着多功能智能杆和 5G 基站的广泛建设，城市道路上会逐步出现海量的信息接入点，在道路某一侧（如西侧或北侧）建设通信管道主管群难以解决海量的接入需求，需要在道路的另一侧建设通信管道的第二路由。需要建设第二路由的道路有两种情况：一是四车道以上的新建道路；二是整体改造的道路。

9.5 主要问题及挑战

9.5.1 规范通信管道建设

规范通信管道建设是最大的挑战，由于通信技术更新快，通信管道建成若干年后就会出现管道资源不够用的情况，加上管理不到位，通信管道的无序建设会挤占市政道路上其他管线的建设空间。所以应继续采用统一规划、统一建设、统一管理的建设方式，新建小区、园区、市政道路等，按照规划的管道容量予以建设。构建等级清晰、布局合理的通信管道体系；需要扩容的通信管道尤其要注意采用同沟同井的扩容方式，由政府制定的第三方公司收集各运营商及相关单位的需求后统一建设，持续推进规范建设通信管道。

9.5.2 创新通信管道建设形式

通信管道除了传统的在道路西北侧敷设以外，还要应对信息通信网络及智慧城市的新需求，通信缆线还会敷设在综合管廊、缆线管廊内，有些地方还会增加通信第二路由的建设。

综合管廊是多种管线敷设的综合载体，有结构稳定、安全性高、管线易维护、提高城市综合防灾能力等优点。通信光缆具有外径小、传输容量大、抗干扰能力强等特点，占用空间也小，在综合管廊内布置灵活，基本不受管廊横纵断面变化和高程变化的限制，还可以与其他管线同舱敷设，方便扩容；但也有进出综合管廊不太方便的缺点。结合综合管廊和通信管线的特点，通信缆线是入廊的优选管线，在规划综合管廊断面时应优先考虑将通信缆线纳入综合管廊中。敷设在综合管廊内的通信缆线，应布置在专用桥架上（应避免在桥架上再敷设管道），并应符合《综合布线系统工程设计规范》（GB 50311—2016）、《光缆进线室设计规定》（YD/T 5151—2007）和《通信线路工程设计规范》（GB 51158—2015）等相关国家标准的规范要求。

缆线管廊作为通信管道敷设的载体时，可以分仓设置也可以合仓设置，分仓设置时可化解电力缆线事故对通信缆线的不利影响，但此时缆线管廊节省平面空间的优势将不复存在；合仓设置可以节省空间，在城市的支路上应用更为方便。

通信管道第二路由的提出是为了满足智慧城市发展和 5G 移动通信基站建设需要，在道路两侧出现大量的通信接入，需要道路两侧都提供通信线路的接入通道，主管群另一侧的管道作为通信缆线布放的备选路由，同时应综合考虑市政道路的其他市政管线，合理利用地下空间资源设置通信管道第二路由，注意与电缆沟保持安全距离，明确位置信息，以保障后期通信缆线运行的安全。

9.5.3　加大公用产权管道和接入管道建设

加大政府投资管道建设力度，争取在近期覆盖所有的市政道路，实现政府产权（可用管道资源）的管道道路覆盖率 100%。

按照我国市政建设惯例，随道路新建的通信管道一般只做主管群和过路管；后期地块开发建设时，小区管道通过接入管道与市政管道连通。但由于通信管道建设与电信改革配套政策之间存在空挡期，较多小区管道未实现与通信主管群接通，或由某家通信运营商建设，未形成对所有通信运营商公平开放的全程全网管道系统，导致管道可使用性差，利用率低；因此，需要加大接入管道的建设，连接市政管道与小区管道以及与道路上接入设施需求管道的连通，同时明确管线公司承担管道公益性服务的权利和义务，在承接通信管道"三统一"的权利的同时，必须承担管道全程"端到端连通"的普遍服务义务，实现所有的驻地网（含工业园、办公写字楼、商业综合体、商住楼、住宅小区、城中村等）接入公用的主干管道，向客户提供全程全网端到端的优质服务。城市新建项目按照通信管道全程全网连通的要求开展建设，并纳入建设项目的验收条件。

9.6　规划要点分析

9.6.1　确定通信管道的体系、路由和容量

确定通信管道的体系、路由和容量是通信管道规划的主要内容。这三方面内容与机楼机房等基础设施的布局和管道建设条件有关；同时，结合城市道路的等级和功能，以及道路两侧的用地功能和对信息通信需求，综合确定通信管道的体系、路由和容量。

9.6.2　确定通信管道建设模式

通信管道是由有线通信的需求演变而来。在邮电分离后，早期通信管道是由企业化的中国电信公司建设，其使用权归属于中国电信（南方城市）或中国联通（北方 10 省）；同

时，对管道有需求的还有政府、军队等通信专网，所需管孔容量较小。到 20 世纪 90 年代后期，因早期建设的管道已不能满足通信持续高速发展需求，也不能满足新出现的中小型通信运营商的需求，城市对管道容量的需求进一步加大，也需要对管道扩容。目前，通信已进入多元化时代，管道建设也形成通信运营商联合建设和第三方管道公司建设两种模式，各城市根据本地情况选择确定建设通信管道模式，按照统一规划、统一建设、统一管理的原则开展通信管道建设。对于成立第三方管道公司的城市，管道公司按规划部门的要求建设管道，通信运营商或其他使用单位以租用或购买的形式获得管道资源；对于没有成立管线公司的城市，由规划部门统一规划管道容量，管道建设采用由运营商联合建设的模式。

9.6.3 集约建设通信管道

通信管道是现代化城市的重要基础设施，也是衡量通信工程建设水平的重要指标；如果没有通信管道的系统性规划作为指导，其建设会存在较大的盲目性和随意性，对城市市政管网的有序建设也是十分不利的。管道建设较多出现在新建城区，当现状城区出现管道瓶颈时，也需要通过扩容来建设管道。在新建城区，各运营商还没有开展通信业务，道路也尚未形成，需要城市规划部门根据通信需求统一规划；在已建城区，当现状可用管道无法满足通信线路需求时，可根据道路实际情况和其他管道建设情况等因素来扩容管道，扩建管道容量可以向所有运营商征求意见后再综合确定。

9.7 通信管道规划的主要工作

1. 开展规划的前期准备

在开展规划前，首先要充分调研当地的通信网络现状、通信基础设施建设情况、通信管道建设情况、建设管道的主要单位、管道使用情况、管道建设和使用中存在的主要问题，以及城市发展的主要方向、产业布局、产业结构和商业区、住宅区、工业区、办公区等重要功能区域分布等基本情况，为通信管道规划打好基础。

2. 汇总信息通信基础设施布局

充分调查各类通信城域网的网络结构，对重要节点重点保障；汇总现状及规划数据中心，信息通信机楼，机房的位置、功能及规模，这对于通信管道的体系及管道容量规划有着至关重要的影响。同时，了解新型基础设施布局，例如 5G 基站、多功能智能杆等；然后根据实际情况对通信管道和通信路线进行合理规划。

3. 管道须满足多家运营商需求

通信管道是城市所有通信线路在地下敷设的公共通道，包括电信固定网、移动通信网、有线电视网以及交通监控、党政军等通信专网，受人行道资源有限和工程管线综合强制性规范要求，通信管道必须集中建设。经过大量专项规划实践，作者团队建立管道规划的基本技术路线，不仅系统建立通信管道体系，同时还借鉴国际电联推荐确定通信管道容量时采用发展备用量等先进理念，以光缆和多家通信运营商为基础，科学合理地确定管道容量，并对管网进行系统规划，满足新建道路、现状道路、改建道路等多种情况下的管道建设需求。

4. 统筹管道路由

通信管道是城市内各通信运营商的传输网络的敷设通道，由于通信行业有多家运营商城域网并存发展，每家城域网都包括信息通信机楼、机房和数量庞大的接入设施，且这些基础设施交叉布置、分布十分广泛，相互叠加后就形成全程全网的通信网络，也需要在城市建设区域建立全程全网的通信管网系统。通信管道不仅需布置在各等级城市道路上，也需要分布在高速公路、其他等级公路以及隧道、桥梁等区域，且相互连通形成管网。国土空间规划需根据机楼机房布局、业务密度、土地利用规划等要素来统筹布局通信管道路由。

5. 滚动适应新技术对管道的发展需求

我国近年来发布了"5G 试点""光纤入户""宽带中国""智慧城市"等系列政策，智慧城市和 5G 网络建设将是未来较长时间内的建设重点。

智慧城市将充分借助互联网、物联网、传感网和通信、云计算、智能控制等技术，开展智能楼宇、智能家居、智能电网、智慧交通、智能政务、智慧环境、城市生命线管理、家庭护理、个人健康等诸多领域的智慧（智能）控制，并将随通信技术、计算机技术、控制技术、集成技术等技术发展，产生更多的新型业务和新型需求，从而形成智慧环境，以及基于海量信息和智能过滤处理的生活、产业发展、社会管理等模式，构建面向未来的全新城市发展方式，对通信管道的需求也会产生革命性变化，逐渐出现双路由管道和大量接入管道。

近十多年来，通信传输技术发展迅猛，光纤传输技术使单个城域网传输容量更大，对管道的需求会逐步减少，但多种城域网彼此独立、环形组网等因素会增加部分管道需求，也使得管道需求从以电缆为主的递减网向容量逐渐接近的匀称网方向演变。另外，随着城域网的重心逐步下移，未来信息通信网络更加依赖接入机房，接入机房层次更丰富，需求量也增加，对通信管道的需求更加普及化，使得一般管道和小区管道容量增加，也需要系统地考虑机房对通信管道的影响。先进技术以及数量不断增加的信息通信基础设施等，都会对通信管道规划产生影响，需要不断地跟踪相关技术发展，持续改进通信管道的规划方法和措施。

6. 科学合理地确定管道容量

首先，整合现状管道，并找出管道瓶颈；通过相关措施整合现状管道，使之成为完整整体，在建立公共价格平台的基础上，充分提高存量管道的使用率；结合现场调研管道使用情况，找出现状管道瓶颈。其次，系统扩建现状管道，形成可用通信管网；在疏通管道瓶颈的基础上，根据瓶颈的轻重缓急，结合道路改造计划，系统扩建现状管道，使之成网成片，建立建成区全程全网的可用管道资源平台，促进通信运营商公平开展业务竞争。最后，综合规划与新建道路配套新建管道；根据总体规划、近期建设规划，在确定管道体系和各等级通信管道容量的普适标准的基础上，结合与道路等级、机楼机房布局等具体情况，规划各条道路的管道容量。在有空间条件的道路，建立主辅结合的通信管道新局面。

7. 合理安排管位

市政道路的管道空间有限，而通信管道又是扩容次数最多、布放缆线最频繁的管群组合，功能上需要布置在人行道或绿化带下；加上城市轨道交通、地下空间开发需求不断增加，需要控制好扩容管道的空间；在规划通信管道时不仅要在平面上合理安排通信管位，还要处理好通信管线和其他市政管线的竖向交叉，指导后续管线设计和施工。尽可能将通信管线布置在人行道和非机动车道下，采取扁平方式排列，并与现状通信管线和已设计的通信管线连接。由于市政管线种类较多，在考虑管线综合时，要保证通信管线满足《城市工程管线综合规划规范》（GB 50289—2016）的平面和竖向间距要求。同时，结合新建道路和多功能智能杆规划，合理建设双路由管道。

9.8　通信管道体系

光缆大规模使用、城域网种类增多、机楼交叉布置且设置原则发生变化等因素使得确定通信管道容量的基础条件正逐步改变。为了更好地把握这种变化，根据各类通信用户的特点和对通信管道的需求，结合城市用地性质和道路等级，作者团队提出通信管道体系，将通信管道分为骨干通信管道、主干通信管道、次干通信管道、一般通信管道和接入通信管道五级。

1. 骨干通信管道

骨干通信管道是指敷设多类城域网的长途线路以及局间中继线路且位于连接城市主要区域的连续性道路上的通信管道。

2. 主干通信管道

主干通信管道包括以下两种：

① 重要信息通信机楼（枢纽机楼、中心机楼、有线电视机楼、通信发展备用地等）的出局方向 1k～3km 范围内的管道。

② 道路两侧均为商业、办公、金融等信息高密区的城市主干道、次干道上的通信管道。

3. 次干通信管道

次干通信管道包括以下两种：

① 一般信息通信机楼（一般机楼、区域机房、有线电视分中心、通信专网中心等）的出局方向 0.5k～1km 范围内的管道。

② 组团或片区内的主要通信管道。

4. 一般通信管道

一般通信管道是用于敷设一般通信线路的管道，泛指普通的无特殊需求的市政通信管道，主要分布在城市支路和次干道上，随着多功能智能杆所需的通信管道已经慢慢开始作为普适性的建设要求，市政道路上的通信管道第二路由也是一般通信管道。

5. 接入通信管道

是指小区内通信管道，以敷设配线光（电）缆为主。

上述管道体系兼顾管道的重要性及容量，骨干管道主要界定管道的重要性，其他层次管道主要从管道容量的角度来定义。多类一般信息通信机楼合建或者分建但共用道路管道时，管道的等级体系上升一级，如一般机楼与区域机房等合建时，其周围的出局管道由原来次干通信管道上升为主干通信管道。敷设在骨干通信管道内的通信线路构成宽带高速的通信网络。

9.9　通信管道容量计算

信息通信设备和通信线路是通信系统正常工作的必要组成部分，而通信管道是承载设备和线路的基础设施；在城乡景观要求越来越高的情况下，通信管道已成为城乡所有通信线路在地下敷设的公共通道，与给水排水管道、电力和燃气管道一样，是一种城市基础设施，也受城市道路地下空间有限等因素的制约[①]。

9.9.1　管道容量的计算方法

规划管道分布在新建城区和现状城区，新建城区计算管道容量时强调普遍规律和特殊情况相结合，现状城区以扩建管道为主；管道总数与管道排列模数相吻合。另外，城市的通信环境及建设环境千差万别，很难精确计算每条道路、每段道路的具体容量；规划以总结普遍规律为主，按各类网络的常规组网方式考虑，即接入网层按普通的物理调度考虑，汇聚层及中继考虑光缆复用。

1. 新建城区管道容量的计算方法

新建通信管道主要收集管道需求并预留一定备用量，管道容量＝基本需求之和×（1＋通信发展需求）＋备用管孔。在完成各层次管道体系、容量计算的普遍规律之后，确定某些特殊地段通信管道容量时，还需要结合以下具体情况对管道容量进行优化。

1）立交桥、桥梁范围内管道以及穿越铁路及高速公路的管道宜提高 1～2 个管群模数（2～6 孔）。

2）当骨干通信管道与主干、次干通信管道重叠时，管道容量宜在主干、次干管道的基础上适当增加 1～2 个管群模数（2～6 孔）。

3）一般通信管道若是主干、次干通信管道的延伸段，或者较独立片区内主要的一般通信管道适当增加 2～3 孔。

4）位于城市边缘或主导通信运营商（电信固定网机楼）服务边界的管道容量适当降低 2～6 孔。

2. 现状城区扩建管道的计算方法

扩容管孔数＝通信发展需求＋备用管孔。在现状城区的现状管群中，仍有部分电缆在继续使用，管道的容量也比较大，现状管孔数较难作为确定扩建管道数量的基数。当现状

---

① 陈永海，蒋群峰，梁峥. 深圳市通信管道计算方法及应用［J］. 城市规划，2001（9）：71-75.

管群中空余管道小于备用管孔时，需考虑统一扩建管道；扩建管道主要满足通信发展备用需求、没有管道资源的运营商需求和主导运营商的局间中继需求等。同时，扩容的管孔数也要与现状通信管道的排列模数相吻合。

9.9.2 通信管道的基本需求

1. 管道容量的计算年限

管道容量按中远期确定，规划年限一般为 15～20 年，国际上管道规划年限也一般为 15～25 年。我国《城市道路管理条例》规定，新建道路 5 年内不允许开挖道路，鉴于新建道路与周边土地使用（即开始使用管道）存在 3～5 年时间差，且我国正处于快速城市化过程、不确定因素也比早期大很多。因此，管道容量的计算年限以 10 年比较合适（加上新建管道的建设和使用之间的 3～5 年时间差，10 年计算年限可满足 15 年左右使用需求）。

2. 电信固定网的基本需求

电信固定网的设备节点主要有枢纽机楼、中心机楼、一般机楼、单元机房等。枢纽机楼与中心机楼之间采用网状网和环网；光纤接入网具有组网灵活、适应多种业务接入、备用光纤芯数多的特点，一般由骨干层、汇集层及接入层组成，一般网络拓扑结构参见图 9-1。

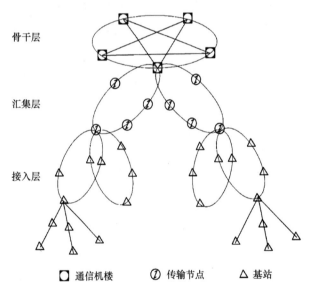

图 9-1 电信固定网拓扑结构图

1）一般区域用户的管道需求

主干层光纤环按 144 芯、288 芯光缆（均按占用 0.25 孔）考虑，形成不递减光纤环。每根 144 光缆带 5～6 个光交接点（或光分接点），按环型拓扑考虑管孔。每一个光交接点可带 5～6 个光节点，每个光节点带 1000～2000 光纤端口（可灵活扩容），光节点光缆按星形拓扑（使用管道最不利的情况）考虑管孔，从光交接点两侧各以 3 根光缆集散。每根 144 芯光缆带光纤端口数为 5（光交接点数）×5（光节点数）×1000（光节点平均用户数）＝2.5 万光纤端口，1 根主干层光缆及 1 根光节点光缆均按 0.25 孔考虑。

通过上述计算可以粗略看出，由于 1 根光缆最少可覆盖 2.5 万光纤端口，用户数的多少对管道需求影响变化不大。一般管道（只存在光节点地路段）约需 0.5 孔（一进一出共 2 根光缆）管道，次干管道（一般存在光交接点的路段）约需 1 孔（一进三出共 4 根光缆）管道。

2）信息高密区用户的管道需求

316

对于主干管道（信息高密区），除光纤端口按次干管道考虑外，还应根据光纤接入的组网特点考虑以下重要用户所需占用的管道：

重要用户（党政机关、重要办公楼宇等）的光节点光缆从相邻光交接点（或不同中心机楼主干光缆）双向引入（需增加 0.25 孔的基本需求）。

数据需求量较大的地段（如证券、银行、期货、商业旺地等）需考虑数据进网节点设置及光缆占用管道（需增加 0.5 孔的基本需求）。

用户光纤主干环在主、次干通信管道上考虑物理链接点（主、次干通信管道容量相应增加 0.5 孔）。

3）出局管道

按与光纤接入网用户占用管道比例控制。一般端局的"中继""用户"比例为（0.2～0.3）：1，中心机楼比例为（0.3～0.4）：1，重要（综合）枢纽机楼比例为（0.5～0.8）：1，不带用户的传输枢纽局单独计算。每个中心机楼考虑相邻中心机楼（共两个）10%的重要用户电路双归保护光缆（主、次干通信管道容量相应增加 0.5 孔）。

4）需求小结

作为传统电信网的主体，网络更多倾向于向党政机关、企事业单位、金融等重要用户提供安全、可靠的数据网络保障，建立城域网时预留光纤冗余量较多，网络也比较复杂，分期建设次数较多；另外，在上述计算过程中已考虑党政及企事业大客户、虚拟网络、数据专线等数据需求，在备用量中按 100% 需求统筹考虑。

3. 移动通信网的基本需求

移动通信网的设备节点主要由信息通信机楼、区域机房、片区机房、单元机房、基站等组成。

1）一般区域用户的管道需求

一般 1 根基站环光缆平均覆盖 2.8 万户，用户数的多少对管道需求影响变化不大。基站分布较广，与人流量关系密切。从管道角度来看，在一般城市边缘区域，基站之间的距离约为 600～800m；在人流密集区，基站之间的距离约为 100～200m，分布密度基本与道路一致。与此相对应，一般管道、次干管道、主干管道（大部分只存在基站需求的路段）约需 0.5 孔（一进一出共 2 根光缆）管道。

2）出局管道需求

通信机楼按照基站光缆和中继光缆分别考虑出局管道。通信机楼的基站环（由通信机楼直接承载基站环）光缆与汇集层光缆的比例为（0.4～0.6）：（0.6～0.4），其中，中心城区的通信机楼取前者数据，边缘地带的通信机楼取后者数据。局间中继、长途中继与基站占用管道的比例为（0.3～0.4）：1。汇聚层传输节点按汇集 20 个左右宏基站考虑进出光缆的管道需求。

3）需求小结

移动通信网缆线敷设比上述理想情况复杂，且移动通信发展十分迅速，移动通信技术已经从 2G 逐步向 5G 发展，且多种系统并存发展；分期建设次数较多，可按 3～4 次考虑。为简化计算，在实际操作中按主干、次干、一般通信管道将上述各分项需求叠加后再备用 50% 即为移动通信网的基本需求。

4. 有线电视信息网的基本需求

有线电视综合信息网是垄断性十分强且与传媒相关的特殊通信网络，受国家政策要求，电信与广电之间存在一定的业务壁垒。早期网络按照"分层管理"组建，目前全国有上千张有线电视网络；随着数字电视、三网融合、宽带上网等业务的日渐普及，有线电视网络整合成一张完整网络已是大势所趋。在中国广电取得 5G 系统 700MHz 黄金频段，有线电视网络整合的大幕已开启，国内部分城市（如深圳）和省份（如浙江）已完成网络整合。在网络整合完成后，电信与广电之间的业务壁垒会逐渐取消，最终实现三网融合。

有线电视网络的特殊性还体现在业务的重心和采用传输介质上。有线电视网络的重心以居住用户为主，虽然办公、商业等功能的建筑也存在有线电视用户，但数量较少。有线电视网络的传输介质以光缆和同轴电缆为主，接入网主要采用星型、树型结构。与此相对应，主干、次干、一般管道所需管道数量相对较少，而居住区内所需的管道数量相对较多。有线电视网络一旦形成后，相对比较稳定，发展备用量按 50% 预留可满足要求。

有线电视网络的设备节点主要由机楼（总前端、中心）、片区机房（分中心、分前端）、小区管理站、光节点四级结构组成（图 9-2）。中小型城市一般没有分中心、小区管理站，光节点直接从中心引出。中心与分中心之间一般采用环状网，分中心以下一般采用星型、树型的广播式拓扑结构。

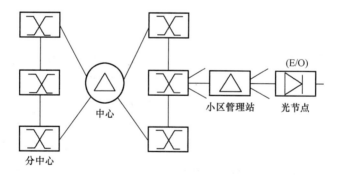

图 9-2　有线电视网络拓扑结构图

1）一般区域管道需求

在上述拓扑结构中，为了今后开展电信业务，一个光节点通过 4（8）芯以星树型接入分中心，其覆盖的用户数为 200~500 户；分中心之间通过大对数光缆以环网接入中心，一个分中心覆盖的用户数为 2 万~5 万户。对于主干、次干管道，其管道需求一般考虑 2~3 根设备节点之间的迂回光缆；对于住宅区周围的一般管道，一般考虑 3~4 根光缆的管道需求，而其他情况的一般管道考虑 1~2 根光缆的管道需求。

2）出局管道

中心按照节目中继光缆、承载分中心和光节点光缆分别考虑出局管道。三者之间的比例约为 1:（4~6）:4，具体情况根据各城市网络组建情况分别计算。

分中心的出局管道以大对数光缆（4 根）和同轴电缆（4～10 根）出线为主；光节点的出局管道以同轴电缆出线为主，约 8～24 根。

3）需求小结

有线电视的主干网络一旦形成后，由于采取星型、树型的广播方式传输，增加用户时一般不改变主干传输网络，网络的稳定性较强；即使各城市的有线电视网络整合（网络容易整合为一个网络整体，资产和人员整合的难度较大），对网络的稳定性影响较小。因此，有线电视网络的发展备用量按 30%～50% 预留可满足要求。

5. 多功能智能杆的接入通信管道

新建或整体改造道路宜同步建设多功能智能杆，今后道路上会配套建设越来越多的接入设施，包括各类摄像头、5G 基站、物联网设施等，配套建设通信接入管道和通信主（辅）管，管道之间相互连通，通信管道的辅助通道建议建设至少 6 孔管道，可以满足多功能智能杆上挂载各种信息通信的传输需求。

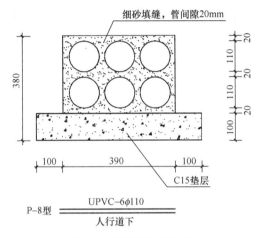

图 9-3   管道埋地做法图

9.9.3   计算各层次管道容量

1. 骨干管道容量

骨干管道侧重管道的重要性，不提倡频繁扩容骨干管道，以提高中继光缆的安全；管道备用需求按 150% 考虑。此处骨干管道是指仅敷设长途线路的路由；如长途线路与城域网线路重合时，其管道容量则按其他办法确定。计算骨干通信管道的容量如表 9-2 所示。

骨干通信管道计算表（单位：孔）   表 9-2

类别	骨干管道	备注
电信固定网基本需求	1～2	
移动通信网基本需求	0.5～1	
有线电视网基本需求	0.5	
其他基本需求	0.5～1	适应于信息专网较多情况
发展备用量 150%	3.75～6.75	
备用管孔	1	
管道容量(考虑模数)	6～12	

2. 主干、次干及一般管道容量

以上述各类网络的基本需求为基础，计算主干、次干、一般通信管道的容量，如表 9-3 所示。

主干、次干及一般通信管道计算表（单位：孔）　　　　　　表 9-3

类别		主干管道	次干管道	一般管道	备注
电信固定网	业务需求	1～1.5	0.5～1	0.5～1	
	2～3 期实施	2～4.5	2～3	1～2	上一项的倍数
	备用量	2～4.5	2～3	1～2	备用量为 100%
	基本需求	4～9	4～6	2～4	上两项之和
移动通信网	业务需求	1.5～2	1～1.5	0.5～1	
	分期实施	3～4	2～3	1～2	上一项的倍数
	备用量	2.25～3	1.5～2.25	0.75～1.5	备用量为 50%
	基本需求	6.75～9	4.5～6.75	2.25～4.5	上三项之和
有线电视网	业务需求	0.5～0.75	0.5～0.75	0.25～1.0	
	备用量	0.15～0.375	0.15～0.375	0.25～0.5	备用量为 30%～50%
	基本需求	0.75～1.25	0.75～1.25	0.5～1.5	上两项之和
基本需求之和		11.5～19.25	9.25～14	4.75～10	
*其他需求		(2～3)	(1～2)	(1)	仅适应特大型城市
通信发展备用量		6.5～12.5 (7.5～13.5)	4.5～6 (5.25～8)	1.75～3.25 (2.25～3.75)	
备用管道		1～2	1	1	
管道容量		20～35 (24～40)	16～21 (18～25)	8～15 (9～16)	考虑管道排列模数

注：1. 上表中括号内数据适应于各类信息化专网独立组建物理网的特大型城市。

　　2. 上表中数据为集约建设和集约使用情况下计算的管孔数。如果以运营商为单位建设管道，各参与建设的单位分别预留备用管道，总管孔数基本一致。

3. 配线管道容量

小区管道是所有运营商开展业务竞争的共同需求通道。随着宏观政策逐步明朗，竞争会进一步加剧，其管道应作为开展公平竞争的平台。对于以居住区为主的小区，各类接入网机房附近建设 6～8 孔，其他分支管道为 3～6 孔；对于办公、商业、商务等大楼而言，与市政管道的接入管道需建设 6～12 孔。

4. 机楼及机房的出局管道容量

按照上述各类机楼、机房出局管道的计算方法，可以粗略计算出其出局管道，如表 9-4 所示。

出局管道容量表（单位：孔）　　　　　　表 9-4

类别	出局管道	类别	出局管道
中心机楼	34～54	有线电视中心	12～24
移动通信机楼	18～28	有线电视分中心	8～12
中型机房	8～12		

9.9.4 管道容量计算总结

从管道容量计算可以看出，由于光缆的传输容量已大大提高，各运营商需求管道的差别在缩小，各条道路的管道容量的差别也在缩小，城市通信管网正从递减网（以电缆为主时各路口的管道容量从机楼向外递减）向匀称网（以光缆为主时各路口的管道容量比较接近）方向转移。

我国正处于快速城市化过程中，各类通信业务的增长越来越依赖新增土地供给、城市道路延伸等。多数城市通信管道已经由管线公司建设，有利于运营商的公平竞争；而对于新开发建设区域，适度超前地建设通信基础设施，有助于加快我国向工业化、信息化、城镇化、市场化、国际化的方向转移。尽管管道的建设方式、使用方式、搭建和租借管道的价格等因素会适当影响管道的容量，但是，管道集约建设、集约使用的大趋势不会改变，整个城市的通信管网逐步从递减网向匀称网方向转移也不会改变。

本次选取了几个比较有代表性的城市，深圳市、中山市和茂名市均已出台当地的城市规划标准与准则，对城市通信管道的容量均有相应的规划标准，详见表 9-5～表 9-8。

深圳市城市通信综合管道规划管孔数（单位：孔）　表 9-5

通信管道类型	管道功能	管孔数(孔)
骨干管道	城市间长途联络通信管道	6～12
主干管道	信息高密区或通信机楼间联络通信管道	30～48
次干管道	信息密集区与区域内汇聚机房通信管道	18～24
一般管道	一般地区通信管道	9～15
配线管道	小区内通信管道	4～6

表格来源：深圳市规划和国土资源委员会. 深圳市城市规划标准与准则[S]. 2013.

中山市城市通信综合管道规划管孔数（单位：孔）①　表 9-6

通信管道类型	管道功能	管孔数(孔)
骨干管道	城际长途联络通信管道	10～14
主干管道	信息高密区或通信机楼间联络通信管道	10～16
次干管道	信息密集区与区域内汇聚机房通信管道	8～18
一般管道	一般地区通信管道	6～9
配线管道	小区内通信管道	4～6

① 中山市城乡规划局. 中山市城市规划技术标准与准则[S]. 2016.

321

茂名市城市通信综合管道规划管孔数（单位：孔）[①] 表 9-7

通信管道类型	管孔数(孔)	通信管道类型	管孔数(孔)
主干管道	24～32	一般管道	10～16
次干管道	16～24	配线管道	6～10

钦州市城市通信综合管道规划管孔数（单位：孔）[②] 表 9-8

通信管道类型	管孔数(孔)
主干管道	18～24
分支管道	8～16

9.10 通信管道布局规划

通信管道是各类城域网对城市通信基础设施规划的最直接要求；开展新建道路通信管道规划时，需结合城市土地利用规划、城市开发强度以及规划机楼、机房等条件，将普适性管道容量与本地城市建设管道模式相结合，并具体量化各层次管道需求。开展新建道路管道规划时，可按以下步骤及要求进行；同时，结合现状管道建设与使用情况，疏通管道瓶颈，建立可用管道资源平台。另外，所有新建道路的通信管道都应与道路同步一次性建成，既可降低建设成本，缩短建设周期，也可减少施工对市民生活的影响。

9.10.1 新建管道

1. 详细了解城市规划建设的相关情况

城市规划建设是开展通信管道规划的前提条件，需认真详细了解，需了解的内容有城市功能和定位、空间结构、中心城区分布以及片区定位、开发强度、土地利用规划等基础资料，以及近期建设规划、重点建设地区、近期建设道路等建设资料。另外，还需掌握四个运营商的现状和规划通信机楼、通信机房（一般与管道规划同步开展），以及各类专网的中心（如政务网络中心、智慧城市资源中心、数据中心等）。

2. 确定管道敷设路由

通信管道的路由原则上均应建设在道路两侧的人行道或绿化带下，遵守《城市工程管线综合规划规范》（GB 50289—2016）的相关要求。

不同城市对各种市政管道布置都有规定，通信管道一般与电力通道（电缆沟或电力排管）分别布置在道路两侧，如深圳市通信管道一般布置在道路的北侧或西侧，而电力通道则布置在道路的南侧或东侧，有的城市对通信、电力的要求正好相反，也有的城市是其他要求；开展规划时按当地城市规定执行即可。遇到斜向道路或圆弧形道路等难以精确区分方向的特殊情况时，在与其他市政管线充分协调之后，可根据市政管线综合的统一安排改变路由。另外，需要在道路两侧规划双路由通信管道时，通信主管按计算容量布置，通信

---

① 茂名市城乡规划局. 茂名市城市规划技术标准与准则[S]. 2010.
② 钦州市规划局. 钦州市城市规划技术标准与准则[S]. 2015.

辅管则需要与电力通道协调，并修改电力通道的断面，或提出相关建议由主管部门来统筹协调。

3. 确定各条道路的管道体系和容量

在分析道路等级、城乡规划建设、信息通信机楼和机房、新型通信基础设施的基础上，确定各条道路上通信管道在管道体系中的层次；以 10～15 年管道需求为基础，确定管道容量范围；结合每条道路的具体情况、道路两侧地块的功能及开发强度、通信机楼通信机房对出局管道及路由、新型通信基础设施的要求，确定各条道路的管道容量，并与管道的排列模式相吻合。

4. 其他注意事项

1）保持管网系统的完整性

由于光纤组网以环状网为主，通信网络安全也需要不同物理路由来保障，因此，在不同发展阶段均要保证管网系统的完整性，以便不同城域网可以灵活组网。

2）建立全程全网的管网系统

由于每种通信城域网都是全程全网的网络，不同运营商城域网叠加后更要求通信管道也是全程全网的网络，管道不仅分布在快速路、主干道、次干道、支路和小区道路等城市道路上，也要分布在桥梁、隧道、地铁及轨道沿线，还需要分布在高速公路、各等级公路上以及各类通信机楼通信机房及接入点的附近，提供普遍服务的能力，满足各行业、各类用户、各类设施对基本通信的需求，也满足所有运营商组网的需求。

3）应对新型信息基础设施的需求

多功能智能杆的管道预留，结合地方相关标准，道路全线按设置多功能智能杆预留配套线路。

4）各类管道之间互联互通

规划新建的通信管道必须保证与现状管道互联互通，各运营商之间的管道也需要互联互通，市政管道也需要与小区管道互联互通，杜绝出现新的"管道瓶颈"。

9.10.2　扩建管道

当现状管道无法满足使用需求（可使用的管道数小于应急管道容量）时，就必须在现状路由上开挖道路进行扩建，一般扩建后应保证 5 年内不再开挖，扩建管道容量与管道排列模数相吻合，如 4 孔、6 孔、8 孔、9 孔。当某一家管道需求单位向管线公司提出扩建要求时，管线公司有义务向其他所有的管道需求单位征询意见、确认扩建需求，待汇总所有意见后再一次性集中进行扩容，避免发生管道扩建后仍无法满足管道使用单位需求的问题。若扩建管道道路上存在早期分散建设的管道，应在通信管道主管群采用同沟同井的方式扩建，有条件时应对这些多路由管道进行整合，使之成为一个整体，形成一个覆盖面广、通达性好的管道系统。

对于改造道路而言，如果近期有扩容计划，就需要抓住时机进行管道扩容。先了解现状管道的容量及管道的使用情况，同时了解道路的改造计划和道路断面，确定现状管道扩建的方式。需要注意的是，如果现状管道位于改造后道路的机动车道或非机动车道下，需对现状管道进行加固保护，以免造成通信线路的大规模迁移而增加建设投资，同时沿新建人行道统一新建通信管道；按照我国《通信设施保护法》，需在新建管道中赔补企业通过正常报建程序开展建设的管道（包括道路两侧的管道），同时留有供其他企业发展的空间。

9.10.3 通信管道第二路由

通信辅助管道是通信管道主管群之外的管道，主要为解决道路上的室外宏基站、多功能智能杆以及其他智慧城市的市政基础设施间的连接管道，辅助管道一般可以与路灯电源线、视频电源线、公交供电、多功能智能杆供电线路等合并为一个管群，有效地集约建设。随着新基建建设的普遍开展，不少城市都出台与多功能智能杆相关的设计规范和设计导则文件，以深圳市为例，深圳市在 2019 年发布了《多功能智能杆系统设计与工程建设规范》，其中对多功能智能杆的管线敷设提出了一系列要求，主要为线缆应采用保护管敷设；强弱电缆应分别单独穿管敷设，强电管道数量不少于 2 孔，弱电管道数量不少于 6 孔，线缆用保护管敷设的最小覆土深度和线缆保护管之间的最小水平净距应符合相关技术规范的要求，并给出了保护管道排列方式示意。其实，这里的弱电管道就是通信的辅管（也称通信管道第二路由），由于多功能智能杆等设施还有电源的要求，故通信辅管已经较少单独建设，一般都要与其他电力线路统筹考虑，采取同沟分井的方式建设。

9.10.4 出局管道

若地块建筑内附设建设信息通信机房，则要考虑机房的出局管道，通信接入管道及通道宜结合通信主管道及通道布置，并保持基本一致。接入管道及通道满足宏基站及通信设备间、基站机房、单元机房、片区机房等接入线路敷设需求，通信机房等设施的接入管道出局容量一般按：通信设备间及基站机房为 2~4 孔，单元机房为 4~6 孔，片区机房为 5~8 孔，区域机房 10~18 孔，出局管道的连接通道在 2 个方向以上[①]。市政接入管道路由、容量及管材选择应满足《通信管道与通道工程设计标准》（GB 50373—2019）的相关要求。

信息通信机房的对外连接管道容量控制（单位：孔）　　　　　表 9-9

信息通信机房	连接通道	管孔数(孔)
信息通信区域机房	3 个及以上	10~18
信息通信片区机房	2 个及以上	8~15
信息通信单元机房	2 个及以上	6~8

9.10.5 与综合管廊衔接

如前所述，通信缆线是入综合管廊的优选管线，在规划综合管廊断面时应优先考虑将通信缆线纳入综合管廊中。敷设在综合管廊内的通信缆线，应布置在专用桥架上（应避免

① 《广东省信息通信接入基础设施规划设计标准》DBJ/T 15-219—2021。

在桥架上再敷设管道），并应符合《综合布线系统工程设计规范》（GB 50311—2016）、《光缆进线室设计规定》（YD/T 5151—2007）和《通信线路工程设计规范》（GB 51158—2015）等相关国家标准的规范要求。

综合管廊内通信缆线是通信线路的主要通道，也是通信主管道的路由；但由于综合管廊内管线集中引出口相对较少，无法满足通信系统广泛的接入需求，所以在已敷设管廊的市政道路上，还需要为密集的接入点规划通信接入管道，管道容量为6～12孔。

9.10.6 规划案例

以南方某城市《××片区信息通信基础设施详细规划》为例，介绍新建管道、扩建管道、通信管道第二路由等情况，该案例的片区与第6章中多个机房规划案例的片区相同，以便读者更好地在通信管道与机房建立有机联系。

1. 现状管道情况

规划区内部分现状道路均已建设通信管道，位于道路西（北）侧人行道下，其中现状通信管道容量大部分为12孔，现状通信管道容量最多为48孔。已设计的通信管道容量为12～24孔，具体情况参见图9-4。

图9-4 现状通信管道情况图

2. 信息通信机房规划

综合第 6 章机房规划，该片区共规划区域通信机房 2 个、片区通信机房 2 个、综合接入机房 12 个；同时，规划 1 个 4600m² 的公共数据机房，相关机房布局参见图 9-5。

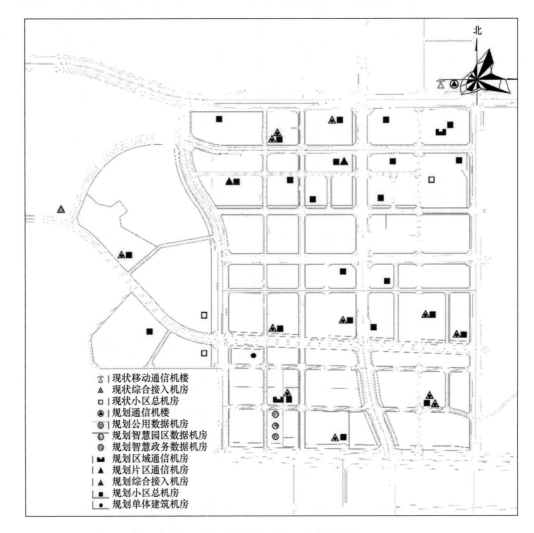

图 9-5　数据机房和通信机房规划汇总图

3. 通信管道规划

该片区是城市总部基地，属于通信用户超密区；根据规划信息通信机房以及多功能智能杆布置情况，除了在常规的道路西、北侧建设通信管道主路由外，还在道路东、南侧将电缆沟改造为缆线管廊，为通信接入线路提供通道；此种情况主要适用于非电缆综合沟的路段，辅管通过过路管与主管连通，规划图如图 9-6 所示。在电缆综合沟路段，由于有 110kV 及以上的电缆线路，出于安全考虑，通信线路不与电缆综合沟合建，在部分电缆沟旁建设通信辅管。通信辅管主要解决小微基站、多功能智能杆等接入设施需求。无法建设缆线管廊，通信管道加密过路管，人孔井间距也相应变小，以解决两侧的通信业务需求。

图 9-6　通信主管和第二路由通信管道规划图

9.11　通信管道设计

9.11.1　市政通信管道设计

　　通信管道设计有较为成熟的规范要求，一般来说需要满足《城市工程管线综合规划规范》（GB 50289—2016）、《通信管道与通道工程设计标准》（GB 50373—2019）等规范的相关要求，现在已经有一些城市出台了适用于地方的多功能智能杆设计与工程建设标准。通信主管群，也就是常规的市政道路通信管道设计在这里不展开描述。对于适应新型信息通信基础设施建设的通信管道是需要在以后的城市规划和设计中考虑的，结合深圳的设计和建设实践，对于建设多功能智能杆的路段，宜全线按设置多功能智能杆预留配套管线，一般可以考虑与路灯电源管路合设，新建 6～12 孔 ϕ110 的管道，管道采用塑料排架固定，管道间隙充填细砂，排架间隔 2m 左右，管道设置于非机动车道下方，管道埋深一般为0.7m，中间在多功能智能杆处设置检查井连接，过机动车道时要求用混凝土包封，密实度需达到相应的道路标准（图 9-7）。

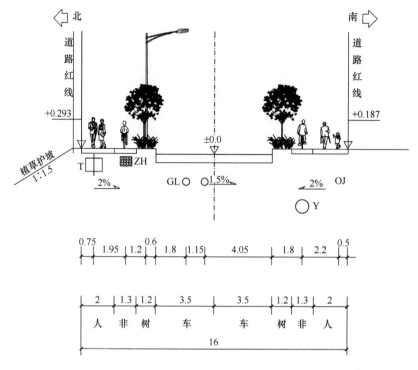

图 9-7 多功能智能杆管道位于非机动车道下横断面图

9.11.2 建设技术要求

通信管道是城市公共基础设施，在地下通信管道建设完成后，一般开启检查井即可通过人工布放通信线路，提高了通信线路敷设和维护的工作效率，保障了通信线路的安全，也符合城市建设减少拉链路的需要。通信管道在施工时一定程度上影响了城市交通和人民生活，一旦建成将成为永久性基础设施。因此，在建设时需要考虑到信息网络发展和城市规划扩展的需求，让通信管道能随城市发展而延伸。

1. 管道路由选择

通信管道路由选择应沿现状通信线路路由或充分利用现状通信管道，尽量不在分区边界道路上建设主干通信管道，尽量不在沿铁路、河流等区域建设管道；避免在有腐蚀性、电气干扰、地质条件不好的路段敷设管道；在新建城市道路上均应建设通信管道。

总体而言，在通信管道路由选择上，充分了解城市规划情况和道路地质情况，对需要重点保障的片区、地块和单体建筑采用物理上的双路由，并考虑通信网的发展方向，保障通信管道的安全。

2. 通信管道位置选择

通信管道尽量敷设在人行道或绿化带下，减少交通影响，若无明显的人行道界限，应尽量靠近路边敷设；在考虑通信管道与其他地下管线的最小净距、与建筑物的最小净距、与道路路缘石和行道树的距离时，应满足《城市综合管廊工程技术规范》（GB 50838—2015）的要求。扩建通信管道的敷设位置尽量在原有管道或需要引出的同一侧，减少引入管道和引上管道穿越道路和其他管线的机会；在已有现状管线的道路上扩容时，最好采取同沟同井方式，扩建管道位置尽量在主管群上扩容；采取同沟分井扩容时，新建管群要与现状管群连通①。

3. 人（手）孔位置选择

人（手）孔检查井位置应选择在通信管道的交叉点、道路的交叉路口和入地块红线的交叉点；由于检查井是布放通信缆线的工作人员的操作区域，检查井（井口及缆线参见图 9-8）一般须布置在人行道或绿化带上，避免布置在车行道上，即使是交叉路口的三通、四通人孔井也是如此。在道路弯曲较大的道路应至少设置一处人（手）孔；在道路坡度变化较大的地方应至少设置一处人（手）孔；通信管道穿过铁路和公路时，应在合适的位置设置人（手）孔；在使用顶管施工的路段，应在顶管两端设置人（手）孔；人（手）孔的位置应与其他市政管线错开，其他市政管线也不得在人（手）孔内穿过；人（手）孔的位置不应设置在小区的车辆出入口，避免影响车辆进出；人（手）孔的间距一般为 120～130m，最大不宜超过 150m；对于需满足大量智慧设施接入需求的道路，可适当缩小人孔间距至 50～80m。

图 9-8　通信人口井口及通信缆线现场照片图

---

① 管明详. 通信线路施工与维护 ［M］. 北京：人民邮电出版社，2014.

4. 通信管道管材选择

通信管道主要使用的管材有水泥管块、硬质单孔塑料管、半硬质聚氯乙烯塑料管（PVC 管）、硅芯管、塑料多孔栅格管、蜂窝管以及特殊位置安装的钢管，根据实际情况灵活选用。一般城市道路可选用外径 $\phi 114mm$PVC 塑料管，在穿越河流、沟渠、涵洞时在管外增加 $\phi 125mm$ 的无缝钢管；高速公路上通信管道一般可选用硅芯管（人孔井之间距离也可加长到几百米甚至上千米）；如有建设资金限制，地势平坦地区的主干管和配线管可采用水泥管块。

5. 通信管道埋深及坡度

为了充分保障通信管道的铺设延续性和安全性，通信管道敷设深度一般距离地面大于 70cm；检查井的上覆板底与通信管道管顶之间的距离大于 30cm 及以上，满足布放缆线的施工操作距离；人孔井两侧的管道高差小于 0.5m；在通信管道的埋深达不到相关规范的情况下，应采用混凝土对管道进行包封，适当提高管道埋深。为了防止管道内积水，在管道设计和建设过程中，检查井之间的通信管道应保持一定的坡度，使积水顺着坡度流入检查井中。

9.11.3 连接管道

市政通信连接管道是指道路红线内两侧通信设施接入市政主辅通信管道之间的连接管道。随着智能城市深入发展，道路上通信接入设施的种类和数量正逐步增加，除了独立式基站外，多功能智能杆、智慧设施也逐步增加，且分布在道路两侧，这种趋势还会不断加强，从而需要道路两侧都能提供市政通信接入管道。市政通信接入管道除了满足道路两侧城市建设用地对通信的接入需求外，还须满足道路两侧基站、多功能智能杆及其他智慧设施等多种通信接入设施的需求。

9.11.4 小区接入管道

小区接入管道包括对外连接管道和地面小区管道（含小区不建地下室时建筑单体之间的管道），对外连接通道不受用地红线限制，应与市政通信管道的检查井连通。考虑到建筑单体或小区的对外连接管道是多家通信运营商开展通信业务的共同通道，建筑单体或综合小区红线内各类通信基础设施由开发单位建设，在现实操作中容易出现对外连接管道只建设到红线附近的情况，出现管道连接中断现象，不利于后期缆线敷设。小区接入管道应遵循市政工程的系统性、通信网络全程全网对通道连续性的要求，按照后建设施连通先建设施的工程常规，对外连接管道需与最近的通信管道检查井连通。

对于小区接入管道的管孔数，应结合地块内的通信业务需求而定。主要分为几种情况：地块内附设建设信息通信单元机房等小区；地块内仅设置通信设备间的小区；地块内仅设置通信设备间的建筑单体等几种典型的情况。一般来说，地块内建设有信息通信机房的，宜按面积最大机房设置对外连接管道，对外连接管道的容量宜为 6～18 孔；仅设置通信设备间的小区，对外连接管道的容量宜为 3～8 孔；仅设置通信设备间的建筑单体，对外连接管道的容量宜为 2～8 孔。同时，考虑到小区内有附设移动通信基站的可能性，对于附设建设移动通信基站的小区，宜额外增加 1～2 孔小区接入管道。

共用地下室小区对外连接管道容量控制（单位：孔）　　　　　　　　表 9-10

机房面积（m²）	管孔数（孔）
15～30	3～5
30～40	4～6
40～60	5～8

9.11.5　建筑接入通道

建筑物室内接入通道按照分布分为水平通道和垂直通道，通道应与信息通信机房、对外连接管道、通信用户或基站之间形成连续通道，满足室内覆盖系统、小微站、宏基站、重要数据用户等通信用户需求，并为重要数据通信用户提供专用接入通道。与小区接入通道类似，建筑接入通道同样有 3 种情况，分别是建筑物内设置机房的、建筑内仅设置通信设备间的、建筑内有特殊需求的。

1. 建筑物内设置机房时

1）信息通信机房之间、信息通信机房至对外连接管道之间应设置专用电缆桥架。

2）信息通信机房与对外连接管道位于不同平面层时，应在通信机房、竖井、对外连接通道之间配置专用电缆桥架。

2. 建筑内仅设置通信设备间时

1）通信设备间与对外连接管道之间宜设置专用桥架。

2）通信设备间与塔楼竖井之间宜设置专用线槽。

3）对于商业、商务、办公等建筑物，竖井至通信用户之间的水平通道，宜设置线槽与竖井连通。

4）中高层及以上的建筑宜设置弱电和通信共用竖井，竖井内宜设置专用通信桥架，并与弱电线路分开布放在不同桥架或线槽内。

5）超高单体建筑仅建筑底部通信设备间配置对外连接通道，超长、超宽单体建筑的每个通信设备间分别设置对外接入通道。

6）当建筑屋顶、裙房屋顶设置宏基站时，竖井至屋面之间预留 $9\phi70$（或 $3\phi110$ 或等管径的通道）管道。

3. 有特殊数据通信需求时

1）宜在建筑内建立相互独立的双路由及以上通信保障接入通道。

2）设置两处对外连接管道，分别接入不同方向的市政通信检查井内。

3）垂直通道宜设置两个弱电竖井，条件受限时宜在强电井内设置专用通信线槽，作为第二路由，并与强电线槽分别布置在强电竖井的两侧，采取隔离措施降低强电线路对通信线路的影响。

9.12 管理政策研究

为了让通信管道管理走上可持续发展的轨道，更好地为信息通信产业服务，应按照"统一规划、统一建设、统一管理、有偿使用"的原则，进一步做好通信管道的建设和管理[①]。

1. 建立通信管道管理新机制

考虑运营商之间是平等竞争的关系，当通信管道由某家运营商管理时，可能会出现其他运营商较难公平使用管道的情况。因此，城市通信管道可由运营商之外的第三方进行统一管理，并提供有偿服务。

1）统一规划

统一规划是管道建设的基础，需加强各层次的协调统一，强化管道专项规划对工程设计和管道建设的引导作用，科学的规划既能充分整合、利用现状资源，合理预见未来发展需求，也能有效协调行业需求与城市建设的关系。

2）统一建设

统一建设是管道有序管理的关键，不仅可以节约建设成本，缩短建设周期，也能更好地利用道路有限的平面位置和地下空间，减小其对城市发展和市民生活的影响。不同道路可采取差异化方式推进通信管道的统一建设，新建道路配套建设的管道可沿用由土地基金或政府建设的常规做法，实现统一建设。改扩建管道可由管道公司牵头，联合运营商沿现状管道扩容建设，避免出现多路由管道和多次开挖城市道路的现象。小区管道应由开发商建设，免费给各运营商使用，避免出现驻地网的"圈地运动"和新壁垒，阻碍通信网络的全程全网接入。

3）统一管理

按照管线分离来管理管道，统一管理是管理的保障。一方面可以更加高效地维护管道，另一方面也有利于更加快捷地实现管道的互联互通和资源共享。在决策管道管理模式时，应改变由运营商管理管道的模式，避免出现管理者既是"运动员"，又是"裁判员"的现象，影响运营商公平开展业务竞争。由第三方专业公司统一管理管道，可避免不平等的同业竞争；同时对政府或公司建设的管道征收使用费，将收回的资金继续用于管道的建设，形成资金的良性循环，避免国有资产的流失。另外，在通信管道步入统一管理的轨道后，还需择机开展通信管道资源的统一管理，建立统一、正确、完整的管道资源（特别是可用管道资源）平台，实现资源共享；在建立全市性的数字化档案管理系统时，宜以 GIS 为平台，采取开放式架构，并按每次布放缆线来滚动更新管道的使用情况。

4）有偿使用

有偿使用是市场经济体制下的必然措施，管道的主要使用单位是通信运营商，通信运

---

① 陈永海. 通信管道：新产业、新内容、新管理［A］//中国城市规划学会. 规划 50 年——2006 中国城市规划年会论文集（下册）［C］. 北京：中国城市规划学会，2006：4.

营商是运营良好的优质企业，且大部分单位为上市公司，拥有较强的经济实力，有能力有
偿使用公共通道。另外，由于城市基础设施建设的投资日趋多元化，实行通信管道的有偿
使用，也可以多渠道地吸收民间资本来参与通信管道建设。

2. 有针对性地出台法规与政策

1）优化法治环境

自《行政许可法》实施以来，依法行政已经成为政府部门日常管理的行为准则。要想
理顺管道的管理体制，管理好通信管道，充分发挥其公共基础设施的作用，必须从宏观环
境出发，优化和完善通信管道的法治环境，从根源上制止各类违法和违章行为，出台《通
信管道管理条例》或与其他通信基础设施一起出台相关管理办法，并按法规来管理通信
管道。

2）完善审批程序

针对大多数城市普遍存在越权审批、无权审批以及管道乱挖乱建现象等问题，需收紧
审批权力，精简审批环节，明确相关政府部门的角色分工，多部门紧密协作，以提高审批
效率。通信管道是信息化时代的重要资源，资源是有限的，而需求是无限的；多元化通信
必将导致对通信管道需求的多元化，通信管道产权的多元化进一步加大市场规范管理的迫
切性。规范通信管道的规划设计、建设、使用、维护管理等程序，杜绝管道的乱挖乱建
现象。

3. 建立通信管道专项规划，滚动修编机制

变化快是通信工程的显著特点，通信管网也是如此。随着道路网络的不断改造与完
善、管道使用情况的改变、机楼位置的调整以及管道管理等条件的变化，需对管道专项规
划中现状通信管道和规划通信管道实行滚动更新，保持与通信的同步发展，逐步实行通信
管道的地理信息系统管理。

后　记

本书由多家单位组成作者团队共同编撰而成，其中第1章绪论由陈永海、陈晓宁等编写，第2章新需求对基础设施的影响由陈永海、张文平、申宇芳等编写，第3章基础工作由黄正育、张雅萱、韩毅斐等编写，第4章信息通信机楼规划与设计、第5章数据中心规划与设计由刘冉、张文平、温亮等编写，第6章信息通信机房规划与设计由张翼、黄正育等编写，第7章公众移动通信基站规划与设计由江泽森、张婷婷等编写，第8章多功能智能杆规划与设计由陈晓宁、彭坷坷、张捷、蔡衍哲、陈旭、马龙彪等编写，第9章通信管道及通道规划与设计由徐环宇、陈若忻等编写；由陈永海进行统稿，最后由司马晓、丁年、刘应明审阅定稿，共历时近12个月。

本书是《城市通信基础设施规划方法创新与实践》的延续，是作者团队对近3年从事信息通信基础设施专项规划和相关接入基础设施规划设计标准的回顾和总结。作为社会主义先行示范区，深圳市充分利用信息通信技术发展需求与我国城市化共振的历史机遇，率先在全国系统开展信息通信基础设施规划，并与深圳市城市更新等无缝对接，将信息通信机楼、数据中心、信息通信机房、基站、多功能智能杆、通信管道六类基础设施纳入"规划一张图"进行统一建设管理，为世界范围信息通信基础设施系统建设贡献中国方案，这种做法正是先行示范区的先行代表，也为深圳市未来在信息通信行业持续发展奠定良好的基础！

在信息通信融合发展的宏观背景下，5G移动通信以增强宽带、海量机器通信、低时延高可靠三大性能，将迎来十分广阔的应用场景，也将改变基站、机楼、机房、通信管道等基础设施的设置规律和发展布局。智慧城市发展理念已深入政府管理和政务治理，以及各行各业的业务管理和效率提升，触发以数据中心为代表的新型基础设施蓬勃发展，也影响和改变城市基础设施设置规律和布局。5G和智慧城市对城市未来10～20年时间内信息通信基础设施的建设产生重要影响，作者团队以5G和智慧城市的需求为主导，对六类基础设施的设置规律进行全面梳理和总结，同时引入规划和设计案例，进一步加强技术人员对新型基础设施的理解，并对六类基础设施的公共政策也进行探讨，为信息通信基础设施持续发展提供有力支撑。

我国政府洞悉信息通信行业对城市和社会发展的重要作用，高瞻远瞩地提出"宽带中国"战略、"大数据"战略、"网络强国"战略和"数字中国"战略，为智慧城市、信息通信发展打开了广阔的发展空间。信息通信基础设施是信息通信行业发展的基础，抓住科学技术发展和我国新型城镇化发展汇集的难得历史机遇，积极推动战略性基础设施高标准建设，正是时代赋予城市信息通信基础设施规划建设工作者的历史使命；我们愿与同行一道，为我国跻身世界科技强国贡献绵薄之力！